中国海洋发展研究文集
（2016）

王曙光　主　　编
高　艳　执行主编

海洋出版社

2016年·北京

图书在版编目（CIP）数据

中国海洋发展研究文集. 2016/王曙光主编. —北京：海洋出版社，2016.9
ISBN 978-7-5027-9582-5

Ⅰ.①中… Ⅱ.①王… Ⅲ.①海洋战略-中国-文集 Ⅳ.①P74-53

中国版本图书馆 CIP 数据核字（2016）第 229902 号

责任编辑：白 燕 张 荣
责任印制：赵麟苏
海洋出版社 出版发行
http://www.oceanpress.com.cn
北京市海淀区大慧寺路 8 号 邮编：100081
北京画中画印刷有限公司印刷 新华书店北京发行所经销
2016 年 10 月第 1 版 2016 年 10 月第 1 次印刷
开本：787 mm×1092 mm 1/16 印张：22.75
字数：543 千字 定价：70.00 元
发行部：62132549 邮购部：68038093 总编室：62114335

序　言

依法治国是建设中国特色社会主义的本质要求和重要保障，是全面建设小康社会，实现伟大中国梦的必然要求。在以习近平同志为总书记的党中央的领导下，中国特色社会主义法律体系日趋完善。党的十八届四中全会通过了《中共中央关于全面推进依法治国若干重大问题的决定》，全面依法治国已成为党执政治国的基本方略。建设法治海洋是海洋强国战略实施的保障，国家海洋局全面落实中央部署，在海洋领域全面推进依法治海、加快建设法治海洋，制订了《关于全面推进依法行政加快建设法治海洋的决定》。海洋事业关系到国家海洋权益维护、海洋经济发展、海洋生态安全和沿海地区社会稳定，国家海洋局起草的《海洋基本法》列入《国务院 2015 年立法工作计划》研究项目，充分体现了海洋法治建设的重要性。

中国海洋发展研究会自 2013 年 1 月成立以来，坚持以“打造中国海洋发展智库”为目标，以“为国家海洋重大问题决策提供咨询服务、为涉海政府部门（企事业单位和院校）提供工作服务、为海洋科学技术人员提供平台服务和为海洋科技队伍建设提供条件服务”为宗旨，全面筹划研究课题、搭建研究平台和组织研究工作，充分发挥海洋智库的优势和职能，对我国海洋领域重大问题开展了卓有成效的研究，取得了一批重要的研究成果。为了贯彻落实党中央、国务院的重大战略部署，中国海洋发展研究会举办第三届中国海洋发展论坛，并选择“加快法治海洋建设，服务海洋强国战略”为主题。旨在紧紧围绕党的十八届四中全会“全面推进依法治国”的精神，结合我国建设法治海洋的需要，在“四个全面”战略布局的指导下，启迪思想，博采众长，戮力齐心，深入探讨，为海洋强国建设提供智慧碰撞、信息分享、观点交流的平台，致力于打造海洋领域最具影响力的专业论坛。

值此之机，中国海洋发展研究会秘书处从本年度论坛征文和近期资助项目的研究成果中，择优录用相关论文，汇编成《中国海洋发展研究文集（2016）》，献给关注、关心和热爱海洋的每一位读者。错误与不当之处，敬请批评指正。

中国海洋发展研究会理事长　王曙光

2016 年 7 月

目　次

第一篇　海洋法律

第二篇　海洋战略

第三篇　海洋经济

第四篇　海洋生态

第一篇　海洋法律

论海洋法的发展与挑战

——纪念联合国成立 70 周年

金永明[*]

摘　要：在联合国成立 70 周年之际，回顾联合国海洋法的立法与发展进程，对于构筑海洋安全秩序有重大的意义和作用。联合国对海洋法领域的贡献主要为，制定了“日内瓦海洋法四公约”和《联合国海洋法公约》及体系。它们的实施对于海洋法律秩序的构筑做出了重大贡献，但由于《联合国海洋法公约》是折中和调和的产物，其模糊性在实施过程中出现了一些不同的认识和理解，甚至对立的国家实践，同时，也出现了一些未曾预料的海洋新问题，这些均是对《联合国海洋法公约》的挑战。作为《联合国海洋法公约》的缔约国，如何依据海洋情势的发展，进一步完善中国海洋法律体系也是紧迫而重要的任务，以确保国家海洋政策实施和海洋权益的维护。

关键词：联合国；海洋法；发展与挑战；中国的实践

在联合国成立 70 周年之际，回顾联合国的重要领域海洋法的立法与发展进程，对于我们正确地认识和理解海洋秩序和海洋制度，处理现今的海洋问题争议有一定的借鉴及启示意义。而联合国在海洋法领域的主要贡献在于组织和编纂海洋法，标志为制定了“日内瓦海洋法四公约”及《联合国海洋法公约》，构筑了国际海洋法体系。尤其是《联合国海洋法公约》的制定和实施对于建立海洋法律秩序，便利国际交通和促进海洋的和平用途，海洋资源的公平而有效的利用，海洋生物资源的养护以及研究、保护和保全海洋环境等，发挥了不可替代的重大作用。[①] 其被称为“海洋宪章”，并成为综合规范海洋的普遍性法律文件。但随着《联合国海洋法公约》的实施，特别是各国对海洋空间及资源需求的日益增长，海洋科技的发展，《联合国海洋法公约》中一些未曾预见并存在模糊规范的问题也不断涌现，对海洋法制度提出了新的挑战，进而呈现需要不断地丰富和完善的必要。

---

* 金永明，中国海洋发展研究会海洋法治专业委员会副主任委员、秘书长；上海社会科学院法学研究所研究员，法学博士；研究方向：国际法、海洋法。

① 参见《联合国海洋法公约》前言。

一、联合国编纂海洋法的历程及成就

依据《联合国宪章》规定，联合国之主要机关之一的大会，具有应发动研究，并作成建议，以促进政治上之国际合作，并提倡国际法之逐渐发展与编纂的职权。① 所以，作为海洋领域的国际法（即国际海洋法）的发展与编纂任务自然地成了联合国大会的职权。②

海洋法的编纂是指国际上将有关海洋方面的原则、规则和规章、制度按其性质与类别制定成公约（条约），以便各国依照国际法上条约的生效程序采取措施对其发生效力，以确定各种不同海域的法律制度并调整各国在利用和开发海洋方面的权利和义务。[1]

联合国海洋法的编纂主要是通过会议讨论和审议并缔结条约完成的。重要的 4 次会议为：国际联盟于 1930 年召开的海牙国际法编纂会议以及联合国主持召开的 3 次海洋法会议。

（一）海牙国际法编纂会议

1930 年 3 月 13 日至 4 月 12 日，国际联盟召开的国际法编纂会议在海牙举行，领海成为会议讨论的 3 大问题之一。由于沿海各国对领海的宽度和毗连区的建立存在不同意见，在海洋法编纂方面虽然成效甚微，但其是国际法史上，包括海洋法史上是由各国政府参加的第一次较大规模的会议。同时，与会代表提出的“关于领海的法律地位”草案，为其后编纂海洋法打下了初步的基础，其是对海洋法编纂的第一次尝试。[2]

（二）第一次联合国海洋法会议

第一次联合国海洋法会议于 1958 年 2 月 24 日在日内瓦召开，于 4 月 27 日结束。会议成果为制定了 4 个公约（《领海与毗连区公约》《公海公约》《捕鱼与养护公海生物资源公约》以及《大陆架公约》，简称“日内瓦海洋法四公约”）和一项关于强制解决这些公约可能产生的争端的任意签字议定书。③

但由于当时不少亚非国家还没有获得独立而未能参加会议，所以，日内瓦海洋法四公约根本不能如实反映广大发展中国家的合理要求，而某些条款仅有利于少数海洋大国。例如，《大陆架公约》第一条在规定大陆架的定义时使用了两个标准：200 米等深

① 参见《联合国宪章》第 7 条第 1 款，第 13 条第 1 款。

② 1947 年联合国大会决定成立国际法委员会，具体负责“促进国际法的逐渐发展与编纂”。而国际法的编纂又被称为法典化。国际法委员会可将自认为合适的事项予以法典化，研究后的条约草案提交联合国大会，大会如认为合适，可举办联合国外交会议，或联合国大会可审议条约草案。国际法委员会在法典化方面已取得了一定的成就。例如，1958 年日内瓦海洋法四条约，1961 年减少无国籍状态公约、维也纳外交关系公约，1963 年维也纳领事关系公约，1969 年维也纳条约法公约、特别外交使团公约，1973 年关于防止和惩处侵害应受国际保护人员包括外交代表的罪行的公约，1978 年关于国家在条约方面的继承的维也纳公约，1983 年关于国家对国家财产、档案和债务的继承的维也纳公约，1986 年关于国家和国际组织间或国际组织相互间条约法的维也纳公约，1998 年国际刑事法院规约等。

③ 日内瓦海洋法四公约及其议定书的生效日期分别为：《公海公约》和《关于强制解决争端的任意签字议定书》，1962 年 9 月 30 日；《大陆架公约》，1964 年 6 月 10 日；《领海与毗连区公约》，1964 年 9 月 10 日；《捕鱼及养护公海生物资源公约》，1966 年 3 月 20 日。参见魏敏主编：《海洋法》，法律出版社 1987 年版，第 17 页。

线或超过此限度而上覆水域的深度容许开采其自然资源的海底区域的海床和底土（即可开采标准）。对于可开采标准，大陆架究竟能延伸到何处为止，不仅可以有不同的解释，而且取决于沿海国的海洋技术力量。而日内瓦海洋法四公约最大的缺陷为，未能就领海宽度问题达成一致意见。

（三）第二次联合国海洋法会议

第二次联合国海洋法会议于 1960 年 3 月 17 日至 4 月 17 日在日内瓦召开，目的是解决领海宽度和捕鱼区界限问题。但因各国对领海的宽度存在重大分歧，对捕鱼区的界限问题也存在激烈的争论，所以，该次会议无果而终。同时，其与第一次联合国海洋法会议间隔时间太短、会期又短，因此，无法统一各国意见并达成协议也就可想而知。

（四）第三次联合国海洋法会议

为解决前两次会议中的未决事项，尤其是领海宽度、大陆架的可开发标准的修改问题，同时，鉴于海洋资源勘探和开发技术的发展，发达国家开采海底资源的深度日益提升，为此，以马耳他为代表的发展中国家提出了制定国际海底制度的建议，加速了第三次联合国海洋法会议的召开。①

第三次联合国海洋法会议于 1973 年 12 月 3 日在纽约开幕，到 1982 年 12 月 10 日《联合国海洋法公约》签字，持续了 9 年，共举行 11 期 16 次会议。会议成果为制定了《联合国海洋法公约》（以下简称《公约》）1994 年 11 月 16 日生效。其由序言、17 个部分，计 320 条，并有 9 个附件组成，共计 446 条。

关于《公约》与日内瓦海洋法四公约的关系问题，《公约》第 311 条第 1 款规定，在各缔约国间，本公约应优于 1958 年 4 月 29 日的日内瓦海洋法四公约。

二、《公约》的基本特征及其完善

如上所述，《公约》是综合规范海洋的普遍性法律文件。这种普遍性的标志之一为批准、加入《公约》的国家数量众多，现今《公约》的成员为 167 个（包括欧盟）。②而《公约》的普遍性是由《公约》所蕴涵的内容和特征决定的。

（一）《公约》的基本特征

主要体现在以下 6 个方面：第一，确立了领海宽度的最大范围，例如，《公约》第 3 条，即国家可以将领海宽度确定为最大 12 海里的界限。第二，根据海域的不同地位

---

① 1967 年 8 月 17 日，马耳他驻联合国大使帕多提议在第 22 届联大会议议程中补充一项议题，即“关于专为和平目的保留目前国内管辖范围外海洋下海床洋底及为人类利益而使用其资源的宣言和条约”的议题，并附有一项解释性备忘录。为此，联大通过了第 2340 号决议（1967 年 12 月 18 日），成立了由 35 个成员国组成的研究各国管辖范围以外海床洋底和平使用特设委员会，启动了联合国国际海底制度研究进程。在 1970 年的第 25 届联大会议上，通过了第 2750 号决议。该决议由三部分组成，即第 2750A 号决议、第 2750B 号决议和第 2750C 号决议。其中第 2750C 号决议决定于 1973 年召开第三次联合国海洋法会议以全面研究海洋法的多方面问题。以上内容，参见金永明著：《国际海底制度研究》，新华出版社 2006 年版，第 7-23 页。

② 参见 http：//www. un. org. depts/los/reference_ files/chronological_ list_ of_ ratification. htm，2015 年 4 月 14 日访问。

细化了海域范围，从而改变了传统意义上的领海以外即公海的二分法观点。[①] 第三，修改了大陆架制度的标准或范围并创设了大陆架界限委员会，例如，《公约》第 76 条。同时，《公约》为限制沿海国的大陆架范围做出了制约性规定，即大陆架外部界限制度。其内容表现在 3 个方面：一是在界限距离方面的限制；二是在界限设定程序方面的限制；三是在开发非生物资源上的制约。[②] 此外，为切实遵循外大陆架制度，《公约》设立了大陆架界限委员会。[③] 第四，建立了专属经济区制度。内容包括以下 4 个方面：①关于专属经济区的范围。专属经济区是领海以外并邻接领海的一个区域，从测算领海宽度的基线量起，不应超过 200 海里。②关于专属经济区的划界。依据《公约》第 74 条，专属经济区的划界既没有言及等距离原则或中间线原则，也没有言及公平原则，只是强调了有关国家应根据协议划界且划界结果公平的重要性。③国家在专属经济区内的权利。包括两个方面：一是沿海国在专属经济区内的权利；二是其他国家在专属经济区内的权利。[④] ④关于专属经济区内的权利和管辖权归属冲突的预备性规定。例如，《公约》第 59 条。第五，创设了国际海底制度并设置了专职机构。即《公约》不仅建立了以"人类共同继承财产"原则为基础的国际海底制度（简称"区域"制度），例如，《公约》第 136 条。而且还设置了管理"区域"内活动的机构——国际海底管理局（简称管理局），例如，《公约》第 157 条第 1 款。同时，《公约》确立了开发国际海底资源的平行开发制，例如，《公约》第 153 条第 2 款。第六，创设了争端解决制度并设立了国际海洋法法庭。《公约》为解决海洋争端不仅规定了解决争端的方法，而且建立了解决争端的程序和机构——国际海洋法法庭。具体内容规定在《公约》的第 15 部分（争端的解决）及附件六（《国际海洋法法庭规约》）。

（二）《公约》的发展与完善

《公约》不仅具有上述 6 个特点，也存在一些缺陷。例如，针对专属经济区内的剩余性权利归属不明，岛屿制度概念过于模糊，专属经济区和大陆架的划界原则缺乏可操作性，国际海底开发制度对少数工业大国照顾过多等，因而在国家实践中出现了对立和分歧，所以仍有修改和完善《公约》的必要，但其依然是综合规范海洋问题的法典，各国必须遵守。

在《公约》制定后，为修正其缺陷，包括完善深海探矿的规范、满足《公约》普遍性要求，联合国大会于 1994 年 7 月 28 日通过了《关于执行 1982 年 12 月 10 日联合海洋法公约第十一部分的协定》（1996 年 7 月 28 日生效，简称《国际海底执行协定》），现批准的国家为 147 个；同时，为解决公海生物资源被过度捕捞的问题，联合国大会于 1995 年 8 月 4 日通过了《执行 1982 年 12 月 10 日联合国海洋法公约有关养护和管理跨界鱼类种群和高度洄游鱼类种群之规定的协定》（2001 年 12 月 11 日生效，简

---

① 例如，《公海公约》第 1 条规定，"公海"一词是指不包括领海或内水内的全部海域。

② 参见《公约》第 76 条第 2-7 款，《公约》第 76 条第 8 款和《公约》附件二（大陆架界限委员会），《公约》第 82 条。

③ 例如，《公约》附件二第 1 条规定，按照第 76 条的规定，应依本附件以下各条成立一个 200 海里以外大陆架界限委员会。

④ 参见《公约》第 56 条、第 58 条。

称《鱼类种群执行协定》），现批准的国家为82个。① 这样就进一步地完善了《公约》的体系。

对于《公约》与上述两个执行协定之间的关系问题。第一，《公约》（第十一部分）与《国际海底执行协定》之间的关系。《国际海底执行协定》第2条规定，本协定和第十一部分的规定应作为单一文书来解释和适用；本协定和第十一部分如有任何不一致的情况，应以本协定的规定为准。可见，《国际海底执行协定》是修改《公约》第十一部分的规定，并优先适用于《公约》。第二，《公约》与《鱼类种群执行协定》之间的关系。《鱼类种群执行协定》第4条规定，本协定的任何规定均不应妨害《公约》所规定的国家权利、管辖权和义务；本协定应参照《公约》的内容并以符合《公约》的方式予以解释和适用。第2条规定，本协定的目标是通过有效执行《公约》有关规定以确保跨界鱼类种群和高度洄游鱼类种群的长期养护和可持续利用。可见，《鱼类种群执行协定》是协助执行《公约》规范的制度，起补充的作用。②

总之，1982年通过、1994年生效的《公约》现已成为国际社会综合规范海洋问题的条约，受到各国的普遍遵守。但不可否认的是，《公约》仍存在一些问题，也面临一些挑战。

三、《公约》生效实施以来的发展与面临的挑战

如上所述，由于《公约》是折中与调和的产物，不可避免地存在多种问题和缺陷。尤其是《公约》设立的组织机构（大陆架界限委员会、国际海底管理局、国际海洋法法庭）自《公约》生效后运作以来，虽然获得了发展，但也遇到了一些问题，面临未曾考虑和审议的一些挑战。

（一）与大陆架界限委员会有关的发展与挑战

于1997年成立的大陆架界限委员会，是专司执行统一解释《公约》有关大陆架外部划界规定，作为各缔约国在划定大陆架外部界限的主要依据，以统一处理《公约》有关大陆架外部界限规定之方法相当复杂，且具很高的科学性及技术性问题的专职机构。[3]同时，沿海国在大陆架界限委员会所提建议基础上划定的大陆架外部界限具有确定性及拘束力。③ 大陆架界限委员会为履行上述职权，对如何运作该制度做出了规范并不断地加以完善，包括制定了《委员会的工作方式》（1997年2月），《联合国大陆架界限委员会议事规则》（1998年9月），《大陆架界限委员会科学和技术准则》（1999年5月13日），《大陆架界限委员会内部行为守则》（2005年9月），《大陆架界限委员会议事规则》（2008年4月17日）等，从而具备了可启动大陆架外部界限划界案审议工作的条件。

---

① 参见 http：//www. un. org/depts/los/reference_ files/status2010. pdf，2015年4月14日访问。

② 关于条约之规定可否分离、条约因缔结后订条约而默示终止或停止施行内容，参见《维也纳条约法公约》第44条、第59条。

③ 例如，《公约》第76条第8款规定，从测算领海宽度的基线量起200海里以外大陆架界限的情报应由沿海国提交附件二在公平地区代表制基础上成立的大陆架界限委员会。委员会应就有关划定大陆架外部界限的事项向沿海国提出建议，沿海国在这些建议的基础上划定的大陆架界限应有确定性和拘束力。

而依据《公约》附件二第4条的规定，按照第76条划定200海里以外大陆架外部界限的沿海国，应在本公约对该国生效后10年内提出详情的科学和技术资料，以便委员会审议。但由于提交划界申请案的高度复杂性和高难度性，在《公约》的第11次缔约国会议（2001年）上通过了延长申请期限的决议，即凡是在1999年5月13日以前正式批准或加入《公约》的国家，都可以从这一天开始起算法定的10年提交期限。为此，自2001年12月20日俄罗斯联邦向委员会提交首份国家大陆架外部界限划界案以来，至2009年5月13日委员会已收到了50份国家划界申请案。①

尽管在《公约》的第11次缔约国会议上做出了提交划界案延迟的决议，但对于众多的发展中国家来说，在申请划界案中提交大陆架的调查数据和情报依然是很大的负担，所以，在《公约》的第18次缔约国会议（2008年）上又通过了缓和条件的决议，即只要在2009年5月13日前提交包含未完成数据的初步信息，即可被视为履行了相应的义务。

迄今，向大陆架界限委员会提交的外大陆架划界案有77个，其中21个已提供了建议案；② 而向大陆架界限委员会提交初步信息的国家有49个。③ 从这些国家外大陆架划界案可以看出，它们既有单独划界案，也有联合划界案；既有部分划界案，也有整体划界案。同时，大陆架界限委员会仅审议提交的资料和数据，并形成了对有争议的区域不予审议且提出建议的惯例。从其数量也可以看出，大陆架界限委员会审议外大陆架划界案的工作量还是很大的，任务还是很艰巨的。④

同时，沿海国是否依据大陆架界限委员会的建议划定外大陆架以及如何评议这些外大陆架的界限，依然是比较重要的问题，因为《公约》并未做出相关审查程序的规定。此外，对于沿海国划定的外大陆架超出大陆架界限委员会建议范围时如何处理，《公约》也不存在相关的程序性规定。[4]这些均是大陆架界限委员会面临的挑战。

（二）与国际海底管理局有关的发展与挑战

依据《公约》最后文件决议一（《关于国际海底管理局和国际海洋法法庭筹备委员会的建立》）设立了执行“区域”资源勘探和开发制度的机构——国际海底管理局筹备委员会。其在1983—1994年间的主要工作体现在两个方面：第一，解决了7个先驱投资者的登记问题，标志为1986年达成了“阿鲁沙谅解”，解决了法国、日本、苏联和印度4个先驱投资者达成的关于解决申请区域重叠和进行矿区分配的谅解。第二，通过关于执行决议二的声明。筹备委员会以“阿鲁沙谅解”为基础，经过反复而紧张的磋商，于1986年通过了“关于执行决议二的声明”。其最大特点为规定了申请登记的

---

① 参见 http：//www. un. org/Depts/los/clcs_ new/commission_ submission. html，2009年5月14日访问。

② 参见 http：//www. un. org/Depts/los/clcs_ new/commission_ submissions. htm，2015年4月14日访问。

③ 参见 http：//www. un. org/Depts/los/clsc_ new/commission_ premissions. htm，2015年4月14日访问。

④ 在第三次联合国海洋法会议期间的1978年预备性讨论中，预计33个国家将涉及外大陆架，而在2009年的研究中发现将有70个国家涉及外大陆架，且这些国家的近80%属于发展中国家。鉴于外大陆架问题的复杂性和困难性，2001年设立了信托基金，此基金由缔约国任意出资，以支付大陆架界限委员会的参加费用，并确保外大陆架制度的实施。参见佐藤地：《联合国海洋法公约与日本——为开放签署30周年而作并以两个新制度的发展为中心》，《国际法外交杂志》第112卷第2期（2013年），第89-91页。

时间和程序，推进了先驱投资者登记制度，有利于实施《公约》体制内的“区域”资源开发制度。[5]

国际海底管理局在国际海底制度上的新发展，主要体现在以下方面：第一，于2000年7月在第6届会议上通过了《“区域”内多金属结核探矿和勘探规章》。第二，在2010年5月的大会上通过了《“区域”内多金属硫化物探矿和勘探规章》。第三，于2012年通过了《“区域”内富钴铁锰结壳探矿和勘探规章》。上述3个规章均是根据各种矿产资源的赋存条件和资源分布情况以及针对各种矿产资源的勘探活动对环境可能带来的影响和对技术条件的需求等做出的不同规定，应该说它们的制定为“区域”内资源的探矿和勘探活动规定了一套系统的程序和规则，使“区域”内的活动更为具体和细化。在2013年国际海底管理局的第19届会议上，审议通过了《“区域”内多金属结核探矿和勘探规章》的修正案。[6]

此外，国际海底管理局于2010年5月11日向国际海洋法法庭的海底争端分庭提出了咨询意见的申请，要求其对进行国际海底活动的自然人或行为体提供保证的国家的责任和义务予以明确。① 2011年2月1日海底争端分庭出具了咨询意见，认为保证国应采取预防性的方法、确保由合同者履行环境影响评估义务，以及保护和保全环境的义务。② 这是国际海底管理局依据《公约》利用咨询意见制度做出的第一个案件。

鉴于国际海底管理局授予的第一批多金属结核勘探合同将于2016年到期。按照合同规定，这些合同将进入商业开发阶段，而如何评估它们的工作计划以及延期这些合同，如何制定这些资源的开发规章，以及如何分配“区域”内资源的收益，则是国际海底管理局面临的重大问题。此外，在国际海域区域还发现了其他资源，例如，生物基因资源，而如何制定相关的规章，如何协调与《生物多样性公约》之间的关系，也是国际海底管理局面临的挑战。

（三）与国际海洋法法庭有关的发展与挑战

国际海洋法法庭自1996年成立以来，不仅依据《国际法院规约》及其规则，制定了《国际海洋法法庭规则》，同时迄今已受理了23个案件。③ 在这些案件中，既有9个船只/船员“迅速释放”的案件和5个“临时措施”的案件，也有国际海底管理局请求发表咨询意见的案件（2010—2011年），以及海洋划界案（2009—2012年孟加拉和缅甸海洋划界案）和包括请求咨询意见在内的其他案件。这些变化不仅体现了法庭快速审判的优势和特点，而且所受理的案件类型也出现了多样化的趋势，即国际海洋法法庭

---

① 例如，《公约》第191条规定，海底争端分庭经大会或理事会请求，应对它们活动范围内发生的法律问题提出咨询意见。

② *Responsibilities and Obligations of States Sponsoring Persons and Entities with Respect to Activities in the Area* (*Request for Advisory Opinion submitted to the Seabed Disputes Chamber*) (Case No. 17), Advisory Opinion of 1 February 2011, Seabed Dispute Chamber of International Tribunal for the Law of the Sea. 参见 https://www.itlos.org/fileadmin/itlos/documents/cases/case_no_17/17_adv_op_010211_en.pdf，2015年4月27日访问。

③ 参见 http://www.itlos.org/en/cases/，2015年4月27日访问。

的重要性日益提升。①

同时，包括中国在内的35个国家已依据《公约》第298条规定做出了排除《公约》第15部分适用选择性例外的书面声明。② 例如，中国政府于2006年8月25日依据《公约》第298条规定，向联合国秘书长提交了书面声明，即对于《公约》涉及的海洋划界、领土争端、军事活动和法律执行活动的争端等，中国政府不接受《公约》第15部分第2节规定的任何国际司法或仲裁管辖，而采取由相关国家通过协商解决的立场。

而对于菲律宾针对南海问题提起的强制仲裁案，法庭或仲裁庭不仅要考虑菲方提起仲裁的前提条件是否满足，也要考虑所提事项是否属于《公约》的解释或适用方面的争端，更要考虑菲方所提事项是否属于中国已排除的事项，即可受理性和管辖权问题，以及如果做出裁决，裁定的可执行性及效果等问题。③ 所以，国际海洋法法庭或仲裁庭面临如何处理此案的严峻挑战，以确保其权威性、独立性和合理性。对此，国际社会将严重关注，关注的焦点主要为仲裁庭对菲律宾提起的事项是否具有可受理性和管辖权等方面。④

（四）针对岛屿制度有关的问题与挑战

自日本政府于2008年11月12日向大陆架界限委员会提交包含冲之鸟为基点主张的外大陆架划界案以来，针对岛屿制度的对立显性化。[7] 日本提交的以冲之鸟为基点主张专属经济区和大陆架的外大陆架划界案，是日本片面理解岛屿制度内涵所采取的措施，自然遭到了包括中国和韩国在内的许多国家的反对。⑤ 最后，大陆架界限委员会未对日本与冲之鸟有关的外大陆架界限提出建议（2012年4月19日）。⑥

对于岛屿制度，从《公约》第121条第1款至第3款的条款结构看，它们都是关于岛屿制度的规定。其关系为：第1款是指广义岛屿概念的规定，其缺陷是仅从自然属性规定了岛屿的概念，而用该款判断岛屿是否拥有专属经济区和大陆架的利益就比较困难，因为这种岛屿概念规定存在严重的不完整性，它没有考虑其他诸如社会和经济等方面的属性。第2款是狭义岛屿的规定，即具有与陆地领土相同地位的岛屿可主张相应的

---

① 参见国家海洋局海洋发展战略研究所课题组编：《中国海洋发展研究报告（2014）》，海洋出版社2014年版，第24-26页。

② 参见 http：//www.un.org/depts/los/settlement_ of_ disputes/choice_ procedure.htm，2015年4月14日访问。

③ 外交部受权发表中国政府关于菲律宾所提南海仲裁案管辖权问题的立场文件内容，参见 http：//www.gov.cn/xinwen/2014-12/07/content_ 2787666.htm，2014年12月8日访问。

④ 有关仲裁庭是否具有可受理性和管辖权方面的内容，参加高圣惕：《论中菲南海仲裁案的管辖权及可受理性问题》，《中国海洋法学评论》2015年第1期，第64-165页。

⑤ 中国常驻联合国代表团于2009年2月6日向联合国秘书长提交了针对日本冲之鸟的书面声明，参见 http：//www.un.org/Deps/los/clcs_ new/submission_ files/jpn08/chn_ 6feb09_ c.pdf，2009年3月12日访问。韩国于2009年2月27日针对冲之鸟问题向联合国秘书长提出了与我国政府声明内容相同的书面声明，参见 http：//www.org.un/Deps/los/clcs_ new/submission_ files/jpn08/kor_ 27feb09.pdf，2009年3月12日访问。

⑥ 大陆架界限委员会仅对日本主张的74万平方千米外大陆架内的31平方千米做出建议。对于中国和韩国反对的与冲之鸟有关的部分未提出建议，因为存在着不同的意见，所以大陆架界限委员会没有审议相关区域。但这并不表示对该区域要求的建议的否定，而仅是作为保留做出的决定，也即今后仍有可能做出建议的可能。参见古贺卫：《大陆架界限委员会的活动与功能——国际机构对海洋法的发展》，《国际法外交杂志》第112卷第2期（2013年），第42页。

海域权利方面的规定。第 3 款是关于岩礁的规定，它不是从岩礁的概念直接出发做出的规定，而是从岩礁效力的角度做出的规定。所以，第 3 款是对第 2 款的制约，也就是说，并不是所有的岩礁都能与第 2 款的岛屿一样可主张专属经济区和大陆架的。从第 121 条第 3 款可以看出，岩礁是狭义岛屿以外的一种，从广义的岛屿来看，这种岩礁也应符合岛屿的要件。可见，《公约》第 121 条中的第 1 款至第 3 款各具不同的特点，对各款的理解不能单一地解释和适用，应从该条 3 款整体含义出发理解。

在无法修改《公约》岛屿制度，而国际社会未能对岛屿和岩礁地位形成统一共识的情形下，应该严格地解释岛屿制度内岩礁的法律要件，避免扩大解释，进而造成对公海制度和国际海底区域制度的损害。① 这样做不仅符合《公约》制定岛屿制度的初衷和宗旨，也符合《公约》第 300 条缔约国诚意履行义务、避免滥用权利所要求的内容。

（五）针对剩余性权利有关的问题与挑战

在《公约》中，针对剩余性权利归属未明的代表性问题为专属经济区内的军事活动争议（军事测量活动、军机谍报/抵近侦察活动、联合军事演习）问题。即中美两国针对专属经济区内军事活动问题的自由使用与事先同意之间的对立和分歧。由于《公约》未对军事活动问题做出明确的规范，所以即使从海洋和平利用、海洋科学研究的角度进行分析，也存在不同的理解和认识，进而在国家实践中出现不同甚至对立的做法。换言之，军事活动问题无法在《公约》框架内解决。[9] 鉴于军事活动问题的高度敏感性和现实必要性，所以，只有在《公约》第 58 条第 3 款，并结合《公约》第 59 条的原则精神和立法宗旨，根据特定活动的状况加以判断。②

鉴于中美两国无法在《公约》规范的制度框架内解决专属经济区内的军事活动问题争议，则只能通过双边协商包括缔结相关协议予以处理，以增进互信，避免误解和误判，为此，中美两国特别应遵守两国军事部门已经缔结的《重大军事行动相互通报机制谅解备忘录》（2014 年 10—11 月）和《海空相遇安全行为准则谅解备忘录》（2014 年 11 月）制度，以规范两国军事部门海空安全行为，确保专属经济区内军事活动规范有序，进而共同维护海洋的航行自由和安全。③

此外，也可对专属经济区内军事活动问题制定新的诸如《国际海底执行协定》、《鱼类种群执行协定》等那样的规范，为完善《公约》制度做出努力。这方面的内容可以借鉴国际社会已存的成果，例如，日本海洋政策研究财团于 2005 年 9 月制定的《关于在专属经济区水域航行与上空飞越的行动指针》，2013 年 10 月制定的《亚太专属经

① 从修改《公约》制度的规定看，修正案需以协商一致方式达成协议进行，即使有采用简化程序修正《公约》的提议，实质性地修改完善《公约》是相当困难的。参见《公约》第 312 条，第 313 条。

② 《公约》第 58 条第 3 款规定，各国在专属经济区内根据本公约行使其权利和履行其义务时，应适当顾及沿海国的权利和义务，并应遵守沿海国按照本公约的规定和其他国际法规则所制定的与本部分不相抵触的法律和规章。《公约》第 59 条规定，在本公约未将在专属经济区内的权利或管辖权归属于沿海国或其他国家而沿海国和任何其他一国或数国之间的利益发生冲突的情形下，这种冲突应在公平的基础上参照一切有关情况，考虑到所涉利益分别对有关各方和整个国际社会的重要性，加以解决。

③ 中美两军《重大军事行动相互通报制度》内容，参见 http：//www.defense.gov/pubs/141112_ MemorandumOfUnderstandingOnNotication.pdf，2015 年 2 月 10 日访问。中美两军《海空相遇安全行为准则》内容，参见 http：//www.defense.gov/pubs/141112_ MemorandumOfUnderstandingRegardingRules.pdf，2015 年 2 月 10 日访问。

济区内互信和安全构筑原则》的文件，以推动新的针对专属经济区内军事活动问题磋商和协定进程，并为进一步完善《公约》做出贡献。① 而能否在国际社会制定一部《公约》体系下的针对专属经济区内军事活动问题的统一性文件，则是包括公约成员国在内的国际社会面临的重大挑战。

（六）《公约》未曾预料或未明确规范的问题与挑战

对于海域划界问题尤其是专属经济区和大陆架划界问题，《公约》仅在第 74 条和 83 条规定了公平解决的结果，但它们未就划界的方法、标准等规定明确的内容，而为实现公平解决的目的，只能通过国际社会的实践尤其是国际判例的实践予以发展和确立，而在迄今的国际判例实践中，已形成了实现公平解决的范式，那就是考虑各种不同海域的具体情况予以综合判断。具体包括以下方面：第一，划定临时的等距离线或中间线；第二，为实现公平结果考虑相关情况，并探讨是否有必要调整临时的等距离线或中间线；第三，对海岸线的长度和所分配海域面积的比例进行校验，判定是否带来不公平的结果以便修正。②

此外，在《公约》通过后，针对保护海洋生物多样性问题的讨论日趋活跃。而在《公约》的审议过程中，并未对海洋生物多样性问题予以充分认识，即使在《公约》中也没有海洋生物多样性的用语；③ 更没有对被认为对保全海洋生物多样性有用的方法如海洋保护区做出规定。同时，国际社会曾于 1992 年 6 月通过《生物多样性公约》，而如何协调、补充这两个条约（公约）之间的关系，对于保全海洋生物多样性和可持续发展这些国际社会关注的共同事项，也是《公约》面临的挑战。[10]

对于在公海包括国际海底区域内出现的海洋基因资源问题，其调查、开采和研究等活动应适用什么样的国际法，也已成为国际社会关注的焦点。其争议的焦点在于应适用国际海底区域制度基础的人类共同继承财产原则，还是应适用公海的海洋科学研究的自由原则。

总之，为保全包含海洋基因在内的海洋生物多样性和可持续利用问题，应考虑的具体内容包括如何分配利益，如何制定包括海洋保护区在内的区域管理规则和环境影响评估制度，以及能力建设和海洋技术转移等方面。[11]这些均是《公约》无法回避的问题。

四、中国的实践与今后的任务

中国是坚定维护《公约》体系及制度的重要国家之一，尤其是联合国大会在 1971 年 10 月 25 日通过第 2758 号决议，决定恢复中国在联合国的合法席位后，中国对参与

---

① 参见日本海洋政策研究财团编：《海洋白皮书：日本的动向，世界的动向》（2006 年），2006 年 3 月，第 195-197 页；Ocean Policy Research Foundation Edition: *Principles for Building Confidence and Security in the Exclusive Economic Zones of the ASIA-PACIFIC*, 30th October 2013, pp. 1-12。

② 参见田中则夫：《联合国海洋法公约的成果与课题——基于公约通过 30 周年的时点》，《国际法外交杂志》第 112 卷第 2 期（2013 年），第 17 页。Also see Mariko Kawano, *International Courts and Tribunals and the Development of the Rules and Methods Concerning Maritime Delimitation*,《国际法外交杂志》第 112 卷第 3 期（2013 年），第 14 页。

③ 例如，《公约》第 194 条第 5 款规定，按照本部分（第 12 部分）采取的措施，应包括为保护和保全稀有或脆弱的生态系统，以及衰竭、受威胁或有灭绝危险的物种和其他形式的海洋生物的生存环境，而有必要的措施。

《公约》制度建设更为重视，主要标志为中国参与了《公约》审议的全过程，并于1996年5月15日通过了“关于批准《公约》的决定”。①

同时，中国依据《公约》的相关规定和制度，中国大洋矿产资源研究开发协会向国际海底管理局申请了“区域”内多金属结核矿区（1997年）、多金属硫化物矿区（2010年）和富钴结壳矿区（2012年），并分别于1997年、2011年和2013年获得了批准，而成为在“区域”拥有优先勘探和开发多个矿区资源的国家之一。② 此外，在中国政府的担保下，中国五矿集团公司于2014年8月8日向国际海底管理局提交了多金属结核资源勘探矿区申请，国际海底管理局理事会于2015年7月20日通过决议核准了中国五矿集团公司提出的东太平洋海底多金属结核资源勘探矿区申请。而该矿区位于东太平洋克拉克恩-克利珀顿断裂带，面积近73万平方千米。③ 另外，中国政府于2009年5月11日向大陆架界限委员会提交了“中国关于确定200海里以外大陆架外部界限的初步信息”，并于2012年12月14日提交了“东海部分大陆架外部界限划界案”。④

最后，应指出的是，中国依据《公约》的原则和精神制定了与海洋有关的法律制度，初步构筑了中国海洋法律体系。⑤ 但尽管如此，中国依然不存在综合规范海洋的基本法律，例如，海洋基本法，也缺乏诸如《中国专属经济区和大陆架法》的配套性法规，以及其他诸如海洋安全法、海岸带管理法、深海矿产资源开发法等那样的新的具体法规。而这些法律法规的制定和完善，对于我国提倡的和谐海洋，建设海洋强国，新海洋观无疑有重大的意义和作用。同时，这些海洋法律法规的制定和完善应该是我国今后的重大任务和课题，以真正实现和谐海洋，构筑海洋新秩序的目标，并为维护国家海洋权益、确保国家海洋安全做出贡献。

参考文献

[1]　魏敏．海洋法．法律出版社，1987：12-15.

[2]　周忠海．国际海洋法．中国政法大学出版社，1987：2，6.

[3]　傅昆成．海洋管理的法律问题．文笙书局，2003：218.

[4]　古贺卫．大陆架界限委员会的活动与功能——国际机构对海洋法的发展．国际法外交杂志，

---

① 全国人民代表大会常务委员会关于批准《联合国海洋法公约》的决定内容，参见国家海洋局政策法规办公室编：《中华人民共和国海洋法规选编》（第三版），海洋出版社2001年版，第3页。

② 参见国家海洋局海洋发展战略研究所课题组编：《中国海洋发展研究报告（2014）》，海洋出版社2014年版，第22-23页。

③ 《中企获东太专属勘探探矿区》，《解放日报》2015年7月22日，第7版。

④ 参见 http：//www. un. org/depts/los/clcs_ new/commission_ primitary. htm，和 http：//www. un. org/depts/los/clcs_ new/commission_ documents. htm，2015年4月14日访问。

⑤ 中国海洋法律体系内容，主要为：《中国政府关于领海的声明》（1958年9月4日），《领海及毗连区法》（1992年2月25日），《中国政府关于中国领海基线的声明》（1996年5月15日），《专属经济区和大陆架法》（1998年6月26日），《海洋环境保护法》（1982年8月23日），《海上交通安全法》（1983年9月2日），《渔业法》（1986年1月20日），《矿产资源法》（1986年3月19日），《测绘法》（1992年12月28日），《海域使用管理法》（2001年10月27日），《海岛保护法》（2009年12月26日），《中国政府关于钓鱼岛及其附属岛屿领海基线的声明》（2012年9月10日）等。

2013，112（2）：46-47.

[5] 金永明. 海洋问题专论（第一卷）. 海洋出版社，2011：220-222.

[6] 国家海洋局海洋发展战略研究所课题组. 中国海洋发展研究报告（2014）. 海洋出版社，2014：21-24.

[7] 金永明. 日本外大陆架划界申请案内涵与中国的立场. 中国海洋法学评论，2009（1）：28-39.

[9] 金永明. 中美专属经济区内军事活动争议的海洋法剖析. 太平洋学报，2011（11）：74-81.

[10] 田中则夫. 联合国海洋法公约的成果与课题——基于公约通过30周年的时点. 国际法外交杂志，2013，112（2）：20-21.

[11] 佐藤地. 联合国海洋法公约与日本——为开放签署30周年而作并以两个新制度的发展为中心. 国际法外交杂志，2013，112（2）：102.

论文来源： 本文原刊于《南洋问题研究》2015年第3期，第1-11页。

基金项目： 国家社会科学基金重点项目（14AFX025）；
中国海洋发展研究会重大项目（CAMAZDA201501）的阶段性成果。

国际法上的历史性权利

曲　波*

摘　要：历史性权利是一国长期在某一特定领土（海洋及陆地）行使主权或特定权利，并得到其他国家容忍而形成的历史性所有权或不具有主权性质的权利。历史性所有权属于主权的范畴，而不具有主权性质的权利很难整齐划一，要视具体情况而定。历史性航行权、历史性捕鱼权等是常见的历史性权利。大量存在的历史性权利的证据证明了历史性权利构成习惯国际法。

关键词：历史性权利；历史性所有权；构成要件；习惯国际法

历史性权利并不是国际法中的新概念，但是直到2009年，历史性权利才成为国际法中的热点问题。① 2009年5月6日，越南和马来西亚共同向大陆架界限委员会提交了在南海南部的划界申请，由于该划界申请侵犯中国在南海的主权、主权权利和管辖权，5月7日，中国向联合国秘书长提交照会，指出“中国对南海诸岛及其附近水域有无可争辩的主权，并对相关海域及其海床和底土享有主权权利和管辖权”。② 该照会同时附了南海断续线地图，但对断续线的具体性质没有说明。学界对此线性质有诸多观点，其中一种认为该线是历史性权利线。③ 本文目的不在于论证南海断续线的性质，但认为“历史性权利”观点正确与否的一个先决条件是要清楚到底何为历史性权利，本文从历史性权利与其他概念间的关系、历史性权利的特征及其在国际法中的地位来进行分析。

---

* 曲波，女，中国海洋发展研究会理事，大连海事大学法学院教授，法学博士，主要从事海洋法方面研究。

① 就学者研究来看，在联合国第一次海洋法会议和第二次海洋法会议召开后，西方学者对历史性海湾及历史性所有权进行了研究，并出版了相关著述：L. J. Bouchez, The Regime of Bays in International Law, A. W. Sythoff, 1964; M. P. Strohl, The International Law of Bays, Martinus Nijhoff Publishers, 1963; Yehuda Z. Blum, Historic Titles in International Law, Martinus Nijhoff Publishers, 1965. 21世纪以来，国外较有代表性的著作是Clive R. Symmons, Historic Waters in the Law of the Sea-A Modern Re-Appraisal, Martinus Nijhoff Publishers, 2008年、2009年后历史性权利成为热点问题的一个表现就是对历史性权利的研究相对增多，2015年美国国务院颁布的China: Maritime Claims in the South China Sea, Limits in the Seas, No. 143. 是较有影响的对历史性权利进行分析的资料。在中国知网查询国际法中“历史性权利”的文章，2010年至2014年间共有17篇，2010年以前，除了中国南海研究院完成了《历史性权利与历史性水域研究》的报告外，并无该方面的学术论文。

② Note Verbale No. CML/18/2009 from the Permanent Mission of the People's Republic of China to the UN Secretary-General (May 7, 2009), http://www.un.org/depts/los/clcs_new/submissions_files/vnm37_09/chn_2009re_vnm.pdf, visited on 11 August 2013.

③ 贾宇：《南海问题的国际法理》，《中国法学》2012年第6期，第33页。

一、历史性权利与相关概念的厘清

（一）历史性权利与历史性所有权

谈到这两个概念，首先涉及的是其表述方式。查阅文献，不难发现学者们采用的相关表达方式有以下几种：historic titles[1]；historic rights[2]；historical rights[3]；historical titles[4]。就 historical 和 historic 而言，historical 指的是历史上的（以别于传说或虚构的）[belonging or pertaining to history（as contrasted with legend and fiction）]、有关历史的（having to do with history）；Historic 指的是历史上著名的（notable or memorable in history）；与过去时代有关的（associated with past time）。[5] 所以在法律中，“权利”前面的“历史性”这一限定词，更适宜用 historic 这一用语，是指与过去时代有关的权利。就 right 和 title 而言，在法学中 right 有权利的意思。[6] 在国际法中，这种权利首先可以表现为对领土的所有权，实质属于领土主权的范畴。即一国对其领土完全可以享有国内法中所言的所有权的权能，有完全支配和处理其领土的权力。因此历史性权利可以表达历史性所有权的含义。其次，从权利的内容看，不仅包括主权性质的权利，也体现为国家享有的非领土主权性质的权利，因此，历史性权利也包括历史性航行权、历史性捕鱼权等。而 title 有所有权的含义，[6]1622 因此，historic titles 强调的是历史性所有权范畴或者说国家主权范畴，即前文所述的 right 中的第一种情况。比如《联合国海洋法公约》（以下简称《海洋法公约》）第 15 条“海岸相向或相邻国家间领海界限的划定”、第 298 条第 1 款（a）项涉及的划界争端的解决中都提到了 historic titles，而划界这种确定国家间界限范围的问题本身就是要明确所有权，所以将 historic titles 理解为历史性所有权比较恰当。总之，如果从“权利”和“所有权”的范畴讲，历史性权利（historic rights）属于属概念，历史性所有权（historic titles）属于种概念，历史性权利是包含历史性所有权的，有时历史性权利指的就是历史性所有权，有时则指的是不具有主权性质的权利，其具体含义需要通过上下文背景来确定。

（二）历史性权利与历史性逐渐巩固

“历史性逐渐巩固（historical consolidation）”①这一概念最初是在英国挪威渔业案中提出的。在论及挪威实施其领海制度形成的历史性权利时，法院指出：由于挪威 1869 年和 1889 年领海法令的公布及其实施都没有引起外国的任何反对，“这些法令是对挪威领海制度的一贯实施，而正是该制度本身取得了其他国家普遍容忍，历史性逐渐巩固足以使其对抗所有的国家”。②正如学者所言：“历史性所有权是包含一系列的作为、疏忽以及行为模式的一个长期过程的结果，这些过程构成一个整体，并且通过其累积效果才产生了所有权，并使它逐渐巩固为国际法上有效的所有权。”[1]335 所以说，历史性逐渐巩固强调的是领土权利取得的过程，是说这种历史性权利的取得不是一蹴而就的，而是在日积月累中渐进增强的。历史性逐渐巩固是历史性权利产生的一个基础，意在表达

---

① 也有学者将其译为“历史性逐渐强化”。参见王军敏：《领土所有权的形成过程—历史性逐渐强化》，《中共中央党校学报》2009 年第 2 期，第 91-95 页。

② Fisheries Case (United Kingdom v. Norway), Judgment, I. C. J. Reports 1951, p. 138.

历史权利形成的过程。①

（三）历史性权利与历史性水域（历史性海湾）的关系

历史性权利与历史性水域（历史性海湾）的关系，首先涉及的是历史性水域与历史海湾的关系。历史性海湾一词首先是在1910年的北大西洋渔业仲裁案中使用的，②但是该案并没有对历史性海湾进行界定。《海洋法公约》虽然也提到历史性海湾，但同样也未进行界定。学者们一般认为历史性海湾是指那些沿岸属于一国③，湾口宽度超过领海宽度的两倍，本不应被视为内水但根据沿岸国历史性权利被确立为沿岸国内水的海湾。④ 至于历史性水域，《海洋法公约》并没有提及这一概念，有学者指出历史性水域"是沿海国明确、有效、连续和长期地行使主权、并得到国际社会默认的水域。"[7]可见，历史性水域与历史性海湾是包含与被包含的关系，历史性海湾只是历史性水域的一种类型。就历史性权利与历史性水域的关系来说，一国是基于历史性权利而取得历史性水域的。在法律中，权利可作为一种根据而产生具体的制度。所以说，"历史性水域是被视为内水的水域，但是如果不存在历史性权利，这种水域就不会有内水的特征"⑤、"历史性水域是指历史性权利所涵盖的海域。"[8]

（四）历史性权利与既得权利

有学者从既得权的角度论证历史性权利，认为历史性权利是《海洋法公约》和一般国际法明确承认和保护的权利[9]，这实际涉及如何对既得权进行理解。《牛津法律词典》将既得权解释为：权利人已实际取得的权利。[10]既得权的取得以该权利产生时的法律为依据，不应以新法或后法推翻，除非既得权的产生和存在与一般国际法强行规范相抵触。[9] 152既得权利实际强调的是法不溯及既往，所以在历史上已经取得的了权利实质上就是一种既得权，即便有新的立法也不能否认一国基于既得权已取得的权利。笔者认为，历史性权利概念与其他诸多概念间既有联系也有不同。本文将历史性权利界定为一国长期过程中对某一特定领土（陆地或海洋）行使主权或特定权利，并得到其他国家容忍而形成的历史性所有权或不具有主权性质的特定的权利。历史性权利实质上是一种既得权，历史性权利不是一蹴而就的，而是历史性逐渐巩固的结果。

---

① 参见 Johnson, Consolidation as a Root of Title in International Law, the Cambridge Law Journal, 1955: 225. R Y Jennings, The Acquisition of Territory in International Law, Manchester: Manchester University Press, 1963: 25. 王军敏：《领土所有权的形成过程—历史性逐渐强化》，《中共中央党校学报》2009年第2期，第95页。

② 参见 the North Atlantic Coast Fisheries Case (Great Britain v. United States of America), Award, P. C. A. P. 25.

③ 大多数情况下历史性海湾沿岸属于一国，丰塞卡（Fonseca）湾是个例外，由萨尔瓦多，洪都拉斯和尼加拉瓜三国拥有。但该湾历史上是中美洲联邦共和国的历史性海湾。中美洲联邦共和国是在1823~1838年由危地马拉、萨尔瓦多、洪都拉斯、尼加拉瓜和哥斯达黎加组成的联邦国家，后该国虽不复存在，但丰塞卡湾作为历史性海湾由萨尔瓦多，洪都拉斯和尼加拉瓜所继承。

④ 参见曾令良等主编：《国际法》，法律出版社2005年版，第338页；魏敏主编：《海洋法》，法律出版社1987年版，第45页；王铁崖主编：《国际法》，法律出版社1995年版，第191页；Malcolm N. Shaw, International Law, fifth edition, Peking University Press, 2005: 499; Tim Hillier, Principles of Public International Law, Second edition, Cavendish Publishing Limited 1999: 187.

⑤ 参见 Fisheries case (United Kingdom v. Norway), Judgment, I. C. J. Reports 1951, p. 130.

二、历史性权利的特征

通过前文分析可知，历史性权利至少具有以下4个特征。

（一）享有历史性权利的主体是国家

由于历史性权利针对的对象涉及领土，而在国际法的主体中，领土是国家构成的重要因素，所以国家当之无愧的是享有历史性权利的主体。

（二）历史性权利的范畴包括领土所有权及不具有领土性质的特定的权利

（1）就历史性所有权来说，包括以下两种：第一，历史性水域。按照《历史性海湾备忘录》中的规定，历史性水域不仅限于海湾，而同样适用于“海峡，群岛中的水域，以及通常可被包含在一国海域管辖范围内的各种海域”①。第二，对陆地领土的历史性所有权。从国家领土构成看，海洋和陆地一样是领土的组成部分，如果能够依据历史性权利取得对海洋的权利，那么同样也能依据该权利取得对陆地领土的权利。对此很多学者也持肯定态度。② 在厄立特里亚与也门之间领土争端案中，仲裁庭毫不怀疑历史性权利是既可以适用于包括岛屿在内的领土，也是可适用于海洋的。③ 在喀麦隆与尼日利亚的陆地和海洋边界案中，有法官认为领土取得方式显然并不局限于法院在判决中所提到的“已确立”的那些模式，如果有足够的证据支持（如长期的实践、众多利益和关系的紧密结合、有关默示的证明等），“历史性权利的巩固”就可以成为一种有效的领土取得方式。④

（2）就非领土主权性质的权利而言，侧重的是对某领土的依赖性，而非对该领土的主权。比较典型的权利包括：第一，对陆地领土的过境通行权。在印度领土通行权案中，法院判决葡萄牙有过境通过印度领土的某些权利，而且指出这种历史性权利的建立所需要的国家的数目并不必然要多于两个国家。⑤ 也就是说，只要在两个国家之间存在这种国家实践，该历史性权利就可在这两个国家之间建立。第二，历史性航行权。基于历史性权利可在特定海域享有航行权，如之所以在群岛水域规定“群岛海道通过权”就是因为在未划定群岛水域时，历史上群岛国以外的国家在该海域是可以自由通过的，所以为了平衡群岛国及其他国家的利益，要照顾群岛国以外的国家在历史上享有的权利。除此之外，司法实践中还存在为行使特定活动而享有的航行权。如在厄立特里亚与也门的海域划界案中，仲裁庭不仅确认了长久存在于红海两岸的“技艺性”捕鱼活动，

---

① Historic Bays：Memorandum by the Secretariat of the United Nations. A/CONF. 13/1. para. 199.

② 参见 Artur Kozlowski, the Legal Construct of Historic Title to Territory in International Law-an Overview, Polish Yearbook of International Law2010, 30：64.

贾宇：《南海问题的国际法理》，载《中国法学》2013年第6期，第33页。

③ Eritrea—Yemen Arbitration, Phase 1：Territorial Sovereignty and Scope of the Dispute, Award, P. C. A. 1998, pp. 35-43, paras. 117-144.

④ 参见 Land and Maritime Boundary between Cameroon and Nigeria (Cameroon v. Nigeria：Equatorial Guinea intervening), Dissenting Opinion of Judge Koroma, Judgment, I. C. J. Reports 2002, p. 476, para. 8；Dissenting Opinion of Judge Ajibola, Judgment, I. C. J. Reports 2002, p. 560, para. 58.

⑤ Right of Passage over Indian Territory, I. C. J. Reports, 1960, p. 39.

同时也指出了渔民借助有简单动力装置的船舶、独木舟或小木筏等工具，航行至裁决书确定的特定海域捕鱼作业的权利。① 第三，历史性捕鱼权。历史性捕鱼权的产生也与海域划分有关。由于传统的海洋法将海洋只分为领海和公海，这样国家在领海外的海域就都有捕鱼权。但是随着沿海国专属渔区或专属经济区的设立，致使原本能够自由捕鱼的公海成为沿海国有专属捕鱼权的海域。从而就产生了一国基于历史性捕鱼权而主张在他国海域捕鱼的问题。在联合国第二次海洋法会议上，与会国基本达成了共识：沿海国在扩大领海、设立专属渔区时，应尊重其他国家的渔民长期以来在原来是公海的一部分、现在却成为沿海国专属捕鱼或管辖范围的海域进行捕鱼活动的历史性权利。[11] 按照《海洋法公约》关于专属经济区的规定，沿海国在准许其他国家在其专属经济区捕鱼时，应考虑到所有有关因素，除其他外，包括：尽量减轻其国民惯常在专属经济区捕鱼或曾对研究和测定种群做过大量工作的国家经济失调现象的需要。② 这里与历史性权利相关联的部分有两处，一是"除其他外"这一用语，可考虑是否包括历史性捕鱼权，二是"以及尽量减轻其国民惯常在专属经济区捕鱼……的需要"，"惯常"这一用语实际体现了历史性权利这一情况，所以即便从"除其他外"这一用语不能确定是否包括历史性捕鱼权，但是后来提及的"惯常"这一用语也体现了历史性权利这一含义。但是这一历史性捕鱼权只是沿海国在准许其他国家进入其专属经济区时考虑的因素，这一因素与其他因素处于同样的地位，也就是说，一国并不能基于历史性捕鱼权在他国专属经济区有捕捞可捕量的剩余部分的优先权。在判例法中，2006 年的巴巴多斯与特立尼达和多巴哥仲裁案中涉及历史性捕鱼权；③ 在英国与冰岛的渔业案中，有法官发表独立意见指出：除了沿海国的特殊利益及优先权利外，沿海国在公海的历史性的捕鱼权也应被考虑在内。④

总之，一国对领土能够享有哪些权利，取决于一国具体实施了哪些行为且得到他国容忍，所以，这种权利的范围很难一概而论，如果一国持续对海底进行资源开发且他国未反对，也可能享有资源开发的历史性权利，甚至也可能享有包括在特定海域的科考活动的权利。[12]

（三）历史性权利的形成需要一国长时间内持续对某领土行使主权或行使不具有主权性质的权利

这种权利的行使的有效性需要注意以下几点：①该行为需要是国家或可归因于国家的行为。一般说来，"个人出于自身利益，但没有得到政府授权主动而为的行为不能赋予国家主权的性质，即便其行为经过时间的流逝且没有遭到其他国家国民的干扰"⑤。但是由于个人是国家的构成要素，国家在某领土的权利具体是通过个人来实现的，所以此时的个人行为是一国在该领土享有权利的证据，有确证作用。在敏基埃艾岛和艾克里

① 参见 Eritrea-Yemen Arbitration, Phase 2: Maritime Delimitation, Award, P. C. A. 1998, pp. 33-34, paras. 106-108.

② 参见《海洋法公约》第 62 条第 3 款。

③ 参见 Barbados/Trinidad and Tobago Arbitration, Award, P. C. A. 2006, p. 32, para. 112.

④ 参见 Fisheries Jurisdiction (UK v. Iceland), Separate Opinion of Judge De Castro, I. C. J. Reports 1974, p. 99.

⑤ Fisheries Case (United Kingdom v. Norway), Separate Opinion of Judge Hsu Mo, I. C. J. Reports 1951, P. 157.

荷斯岛案中，国际法院认为英国人在这些岛上世代居住，是这些岛属于英国的证明。还有法官指出“某国国民的个人的存在，可能意味着或者涉及该国对个人所在的领土的占领……尤其是当这些人定居在岛上时，这种作用就更加明显。”① 尤其是渔民捕鱼的权利与沿海国对此海域的主权有密切关系，“一个国家的居民有在他们沿岸进行捕鱼的原始的排他性的权利。这一部分海洋必须属于沿海国的主要理由之一是，如果任何人都可以自由捕鱼，这些鱼类就会有灭绝之虞”②。总之，从司法实践看，“有关领土问题的国际法律实践表明，只有一国人民居留或进行经济活动的区域，对确定这个地区属于该国往往有着决定性意义”[13]。②该行为是公开的行为，由于历史性权利形成与其他国家的态度有关，只有一国行为是公开的行为才能使其他国家有了解的机会，也才有可能对主张国的行为承认或抗议。所以从公平角度讲，秘密的行为不会促成历史性权利的产生。③必须是连续有效的行使主权。由于不同时期的国际法对何为有效行使主权的规定并不相同，因此这种有效性的判断必须以际法为标准。

（四）历史性权利的形成与其他国家的态度有关

在历史性权利的形成中，外国的态度在重要性方面处于次一级的地位，但无论如何，对历史性权利的完整理解需要分析外国如何以及在何种程度上对该权利的形成发展有所影响。当利害相关国通过武力、抗议等方式对一国主张的历史性权利反对时，会阻碍历史性权利的产生。当然这一反对与时际法也存在关联。因为一国在外国普遍容忍下已经在相当长的实践对某领土行使主权或行使了权利后，该国对其历史性权利就已产生。

上述 4 个特征中，后两个特征实质上涉及历史性权利的构成要件。③ 由于构成要件是判断一定法律效果能否发生的前提条件，对判断行为具有规范性的作用。这与分析历史性权利的特征是不同的，构成要件是判断标准，而特征是“作为事物特点的征象或标志”[14]964，二者有重叠，如构成要件中的一些要素也是某事物特征的表现，但特征的征象未必都是构成要件。因此，本文将历史性权利的特征总结为四点，但认为只有后两个特征才是构成要件。

三、历史性权利的法律地位

历史性权利的法律地位包括其是否是习惯国际法及是否为国际公约所承认。由于国际公约与习惯国际法存在关联性，一些条约规定具有习惯国际法的效力，另外一些条约本身是对习惯国际法的编纂，最终使条约成为习惯国际法的证据，因此，本部分要论证的是历史性权利是否是习惯国际法。历史性权利是否是习惯国际法取决于它是否是“客观的、事实的要素和主观的心理的要素的统一”[15]8。1951 年国际法委员会将习惯

① The Minquiers and Ecrehos Case, Individual Opinion of Judge Levi Carneiro, I. C. J. Reports 1953, pp. 104–105, para. 19.

② 希金斯，哥伦伯斯：《海上国际法》，法律出版社 1957 年版，第 111 页。转引自刘楠来等著：《国际海洋法》，海洋出版社 1986 年版，第 107 页。

③ 对于历史性权利的构成要件参见曲波：《海洋法中历史性权利构成要件探究》，《当代法学》2012 年第 4 期，第 3–9 页。

国际法的证据表现形式归纳为：条约；国内法院和国际法院的判决；国家立法；外交文书；国家法律顾问的意见及国际组织的实践。[16]20 所以如果能够证明历史性权利存在这些证据，实质上也就能够证明历史性权利是可以构成习惯国际法的。①

（一）与历史性权利有关的国际条约

国际上一些国家间缔结了与历史性权利有关的双边条约。如 1942 年英国与委内瑞拉的《关于帕里亚湾海底地区的条约》在划界时考虑了历史因素和公平原则[17]570-574；1974 年印度、斯里兰卡签订了《关于两国间历史性水域的疆界及有关事项的规定》②；1982 年越南与柬埔寨签署了《关于历史性水域的协议》③；1978 年《澳大利亚与巴布亚新几内亚关于包括托雷斯海峡在内的两国间主权及海洋边界协议》规定保护传统居民的传统权利④。此外，《海洋法公约》这一多边公约也对历史性权利进行了规定⑤，而且历史性权利一定程度上促进了国际海洋秩序的发展。具体包括对历史性海湾及历史性所有权的规定⑥、历史性权利对基线的影响⑦、历史性权利对通行制度的影响⑧及对历史上特定权利的尊重⑨。

（二）涉及历史性权利的案例

就仲裁裁决来说，北大西洋渔业仲裁案最早提及了历史性海湾；在格里斯巴丹那划界案中，法院在确定海域界线时，考虑了瑞典历史上在格里斯巴丹那区域的活动要多于挪威⑩，认为瑞典在格里斯巴丹那有特殊的历史性权利的基础是基于“实际存在并已长期存在的事务的状态应该尽少的加以改变，这是国际法的确定规则”⑪。在厄立特里亚与也门的领土争端案中，双方缔结的仲裁协议要求仲裁庭应根据适用于该问题的国际法

---

① 关于历史性权利习惯国际法地位也可参见曲波，于天一：《历史性权利的习惯国际法地位思考》，《大连海事大学学报》，2012 年第 2 期。本部分侧重从历史性权利的证据角度阐述其习惯国际法地位。

② 该协议的序言中称两国政府“愿意以对双方公正及公平的方式”决定两国之间“历史性水域”的疆界线，其中“历史性证据”应被考虑。

③ 参见 Agreement on Historic Waters of Vietnam and Kampuchea. Kriangsak Kittichaisaree，the Law of the Sea and Maritime Boundary Delimitation in South-East Asia，Oxford University Press 1987：180-181. 1983 年 1 月 10 日，新成立的民主柬埔寨联合政府废除了该历史性水域协议，因为这是越南“扩张主义及兼并政策”的一部分，该政府同时宣布柬埔寨人民共和国签订的所有协议都是无效的。

④ 参见《澳大利亚与巴布亚新几内亚关于包括托雷斯海峡在内的两国间主权及海洋边界协议》第 11 条和第 12 条。

⑤ 本问题具体可参见曲波：《历史性权利在<联合国海洋法公约>中的地位》，《东北师大学报》（哲学社会科学版）2012 年第 3 期，第 31-34 页。

⑥ 第 10 条第 6 款、第 15 条及第 198 条第 1 款 a 项。

⑦ 历史性权利对基线的影响表现在两个方面。一是第 7 条第 5 款体现的历史性权利对直线基线的影响，二是第 47 条第 6 款体现的历史性权利对群岛国直线基线的影响。

⑧ 历史性权利对通行制度的影响主要体现在《海洋法公约》第 8 条第 2 款内水特殊情况下的通过制度、第 38 条第 2 款的过境通行权、第 52 条的群岛水域的无害通过权和第 53 条的群岛海道通过权。

⑨ 对历史上特定权利的尊重主要体现对历史性捕鱼权的尊重及对国际海底先驱投资者权利的尊重。

⑩ 参见 Grisbadarna Case（Norway V. Sweden），Award，P. C. A. 1909，pp. 6-7.

⑪ Ibid，p. 6.

原则、规则和实践，特别是依据历史性权利加以解决。[①] 仲裁庭对双方的主张进行了分析，认为无法适用历史性权利来解决争端，原因在于仲裁庭认为当事方提供的证据不足以构成历史性权利，但是仲裁庭指出："历史性权利"不是一个正在发展的主张而是一个已清楚确立的权利，历史性权利是法律问题，而不是占有问题，尽管该权利通常是通过占有来体现的。[②]

就司法判决来说，英国、挪威渔业案是国际法院讨论历史性权利较典型的案例。该案中，法院不仅对历史性水域进行了界定，而且认为挪威"从1869年开始持续不断的并未受干扰的使用其划界制度直到争端发生……外国对挪威实践的普遍容忍"[③]，最终肯定了挪威的主张，实际指出了历史性权利的构成要件。在印度尼西亚和马来西亚的利吉丹岛和西巴丹岛主权争端案中，为了保护和捍卫菲律宾政府对北婆罗洲领土的统治和主权而产生的历史性权利和法律权利[④]，菲律宾递交请求书，请求准许参加此案。突尼斯与利比亚大陆架划界案中，法院对历史性权利作了如下解析：第一，历史性权利应该受到尊重，并且保留其长期运用的原貌。[⑤] 第二，历史性权利或历史性水域和大陆架的概念是由国际习惯法中不同的法律制度调整的。第一个制度以取得和占领为根据，第二个制度以"根据事实本身和自始占有"的权利的存在为根据。毫无疑问，两者有时可能部分地或全部地巧合，但这种巧合只是很偶然的才会出现。[⑥] 第三，历史性权利在划界中的适用情况。当法院认为妥当的划界方法可能侵犯历史性权利区域的时候，法院才不得不根据大陆架划界的情况来决定这些权利的有效性以及利比亚对这些权利的可反对性。[⑦] 法院最后之所以没有依据历史性权利划界，不是因为不能依照其划界，而是因为该案判决的结果基本上没有使突尼斯失去它基于历史性权利主张的区域。阿查格（Arechaga）法官的独立意见指出"历史性因素能够作为大陆架划界'特殊情况'加以考虑。"[⑧] 在国际海洋法法庭受理的首例海洋划界案"孟加拉国与缅甸的海洋争端"中，法庭认为在划界区域没有历史性所有权的证据，并且任何当事方也没有援引这一权利。[⑨] 此外，也有国内法院审理的历史性权利的案例。2005年做出判决的阿拉斯加州诉美国政府案就是典型案例。该案中，阿拉斯加主张亚历山大水域为历史性内水，最后因其提供的证据不符合历史性权利的构成要件而未得到支持。[⑩]

---

① 参见 Eritrea-Yemen Arbitration, Phase 1: Territorial Sovereignty and Scope of the Dispute, Award, P. C. A. 1998, pp. 1-4.

② Ibid, pp. 31-32, para. 105.

③ Fisheries case (United Kingdom v. Norway). Judgment, I. C. J. Reports. 1951, p. 138.

④ Sovereignty over Pulau Ligitan und Pulau Sipadan (Indonesia/Malaysia), Application for Permission to Intervene, Judgment, I. C. J. Reports 2001, P. 580. para. 7.

⑤ 参见 Continental Shelf (Tunisia/Libyan Arab Jamahiriya), Judgment, I. C. J. Reports 1982, pp. 73-74, para. 100.

⑥ Ibid, p. 74, para. 100.

⑦ Ibid, p. 76, para. 105.

⑧ Continental Shelf (Tunisia/Libyan Arab Jamahiriya), Separate Opinion of Judge Jimenez De Arechaga, I. C. J. Reports 1982, P. 123, para. 80.

⑨ Dispute Concerning Delimitation of the Maritime Boundary Between Bangladesh and Myanmar in the Bay of Bengal (Bangladesh/ Myanmar), Judgment, ITLOS, 2012, p. 46, para. 130.

⑩ 参见 Alaska v. U. S., 545 U. S. 91-92 (2005).

（三）国内立法和实践

立法是一国意志的明确体现，一些国家在其立法中明确提出了历史性权利主张，典型的如下：①1982 年 11 月 12 日越南颁布的《关于领海基线声明》的第 3 点声明是："北部湾是位于越南与中国之间的海湾；两国在该海湾的海上边界，依照 1887 年 6 月 26 日法国与中国清政府签订的边界条约划定"，"属于越南的海湾部分构成历史性水域，受越南内水管辖制度调整"。① 越南的这一声明出台后，不仅受到新成立的民主柬埔寨联合政府的反对，中国也不承认北部湾为越南的历史性水域。[18]70但不能否认的是越南也是积极主张历史性权利的国家，只不过是因为其权利主张不合法而未被承认。②菲律宾 1961 年 6 月 17 日的《菲律宾界定领海基线的法令》（第 3046 号法令）开宗明义指出：菲律宾宪法规定其领土包括根据 1898 年 12 月 10 日美国与西班牙缔结的巴黎公约、1900 年 11 月 7 日美国与西班牙在华盛顿缔结的条约及 1930 年 1 月 2 日美国与英国缔结的条约，菲律宾行使管辖权的全部领土。② 菲律宾以此为依据将南海大片海域宣布为其"历史性领海"，但其这一主张很快遭到公约的签字国美国的反对。[19]再如，20 世纪 70 年代，菲律宾在侵占南沙群岛的部分岛礁后，其总统签署的第 1596 号总统令中认为菲律宾将侵占的岛礁编入其巴拉望省的就是基于"法律、历史及公正"的理由提出的。可见，菲律宾也提出了"历史性权利"观点。[20]③泰国也有适用历史性权利的实践。如泰国 1959 年 9 月 22 日，《泰国政府公报》根据历史性水域这一理论，宣布 53 海里长的直线基线包围的泰国湾内的水域作为内水。[21]虽然有人认为这一主张的证据有所缺失③，但毕竟泰国是存在历史性权利主张的国家。④中国 1998 年的《专属经济区和大陆架法》第 14 条也规定了该法的实施不影响中国享有的历史性权利。⑤1887 年，汤加国王宣布《皇家公告》，划定汤加领土包括位于南纬 15°—23°30′，西经 173°—177°之间的"所有岛屿、岩礁、暗礁、海滩和水域"[22]128。2009 年，汤加向联合国大陆架界限委员会递交外大陆架划界申请时指出："汤加过去 120 年来，一直持续对《皇室公告》确定的海域及陆地领土行使管辖权，这一行为从未遭到任何国家的反对"④。"历史性所有权是为国际法和《海洋法公约》承认的。汤加主张其递交的划界主张与其 1887 年《皇室公告》主张的历史性所有权及《海洋法公约》确立的海域管辖权是一致的。"⑤

① Statement of 12 November 1982 by the Government of the Socialist Republicof Viet Nam on the Territorial Sea Baseline of Viet Nam, http: //www. un. org/Depts/los/LEGISLATIONANDTREATIES/PDFFILES/VNM_ 1982_ Statement. pdf. 2000 年中越签署了《北部湾领海、专属经济区和大陆架的划界协定》对中越北部湾海上边界进行了划定，所以《越南海洋法》中的这一规定实际上已经作废。

② 参见 An Act to Define the Baselines of the Territorial Sea of the Philippines, Republic Act No. 3046 of 17 June 1961.

③ Phiphat Tangsubkul. ASEAN and the Law of the Sea. Institute of Southeast Asian Study（ASEAS）, Singapore, 1982: 18. 转引自高伟浓：《国际海洋法与太平洋地区海洋管辖权》，广东高等教育出版社 1999 年版，第 127 页。

④ A partial Submission of Data and Information on the Outer Limits of the Continental Shelf of the Kingdom of Tonga Pursuant to Part VI of and Annex II to the United Nations Convention on the Law of the Sea, http: //www. un. org/depts/los/clcs_ new/submissions_ files/ton46_ 09/ton2009executive_ summary. pdf. p. 1.

⑤ Ibid, p. 2.

（四）国际组织的实践

在联合国组织下，起草了1957年的《历史性海湾备忘录》及1962年的《历史性水域（包括历史性海湾）的法律地位》的报告。两个报告对历史性权利的发展有重要影响，其中还对很多国家的实践进行了总结和评析。

国家实践及司法判例证明了国际法中存在大量的历史性权利的实践，虽然一些主张最后未被承认，主要是因为该主张不符合历史性权利的构成要件，但不能否认这些实践的存在，正是这些实践及由此表现出的法律确信可以证明历史性权利构成了习惯国际法，尤其是南海周边国家间存在历史性权利的证据，至少历史性权利在南海周边国家间是存在的。

历史性权利是一种理论依据，根据该权利，可以取得对水域和陆地的所有权及某些不具有主权性质的权利。历史性权利在国际法中是存在的，且已构成习惯国际法。提出历史性权利主张的国家必须提供证据证明其长期持续有效的对某领土行使主权或权利，并得到他国容忍，唯其如此，才能证明其历史性权利的存在。

参考文献

[1] Blum Y Z, Historic Titles in International Law. Martinus Nijhoff, 1965.

[2] Florian Dupuy and Pierre-Marie Dupuy, A Legal Analysis of China's Historic Rights Claim in the South China Sea, the American Journal of International Law, 2013, 107: 124.

[3] Nozomu Hayashi. Official Says Beijing has 'Historical Rights' over South China Sea, Asahi Shimbun, January 26, 2012, http://ajw.asahi.com/article/special/pla/AJ201201260061a, 2014-06-13.

[4] McDorman, The South China Sea after 2009: Clarity of Claims and Enhanced Prospects for Regional Cooperation? In M. McConnell, S. Coffen-Smout and A. Chircop (eds). Ocean Yearbook 24. Leiden: Martinus Nijhoff 2010: 515.

[5] 牛津现代高级英汉双解词典．北京：商务印书馆，1988.

[6] Bryan A. Garner. Black's Law Dictionary, 8th ed., West, a Thomson business, 2009: 1436.

[7] Leo J. Bouchez, The Regime of Bays in International Law, A. W. Sythoff, 1964: 281.

[8] 黄异．海洋秩序与国际法．台北：台湾学林文化事业有限公司，2000：400.

[9] 赵建文．联合国海洋法公约与中国在南海的既得权利．法学研究．2003，(2)：147-160.

[10] Jonathan Law Elizabeth A. Martin, Oxford Dictionary of Law, Oxford University Press. 2013: 576.

[11] 王军敏．历史性捕鱼权在专属经济区划界中的地位和作用．湖北行政学院学报，2009，(4)：16.

[12] 余东晖．专访贾兵兵教授：在美国“南海年会”上舌战群儒阐述中国主张．中国评论新闻，2014.

[13] 王可菊．中国对南沙群岛拥有主权—兼平越南在南沙群岛问题上出尔反尔的行为．法学研究，1990，(2)：72.

[14] 商务印书馆辞书研究中心修订．新华词典（2001年修订版），北京：商务印书馆，2001：964.

[15] ［日］村濑信也．国际立法—国际法的法源论．秦一禾译．北京：中国人民公安大学出版社，2012：8.

[16]　Tim Hillier, Principles of Public International Law, second edition, Cavendish Publishing Limited, 1999：20.
[17]　许森安．国际海域划界条约集．北京：海洋出版社，1998：570-574.
[18]　Epsey Cooke Farrell. The Socialist Republic of Vietnam and the Law of the Sea：An Analysis of Vietnamese Behavior within the Emerging International Oceans Regime. Martinus Nijhoff Publishers, 1988：70.
[19]　顾德欣．南海争端中的海洋法适用．战略与管理，1995，(6)：101.
[20]　郭渊．论海洋法中的"历史性权利"．中国海洋法评论，2008，(1)：44.
[21]　高伟浓．国际海洋法与太平洋地区海洋管辖权．北京：高等教育出版社，1999：162.
[22]　陈德恭．现代国际海洋法．北京：海洋出版社，2009：128.

论文来源： 本文原刊于《吉林大学社会科学学报》2015 年 05 期，第 69-77 页。
基金项目： 国家社会科学基金项目（15BFX192）；
中国海洋发展研究会项目（CZMAZD201405）；
辽宁省高等学校优秀人才支持计划资助项目（WR2014002）。

第281条：《联合国海洋法公约》中的“超级”条款

贾兵兵*

摘　要：本文试图证明，《联合国海洋法公约》第281条第1款本质上能阻止强制程序发挥作用。它可以构成管辖权前提，即：如果申诉国的申请未满足该条款的要求，上述《公约》第二节所规定的程序根本无法启动，从而不会产生该节之下的管辖权问题。当然，在诉讼中这个条款也可以作为“受理性”问题被提起。在措辞基本没有模糊的情况下，第281条之解释主要取决于缔约国。在上述分析的基础上，如果某个《公约》缔约国在与其他缔约国之间已经达成协议的情形下，还有权单方面结束第281条的适用，那么该协议下的受损方将本能地质疑《公约》基本原则的有效性。

关键词：平行协议；管辖权前提条件；可受理性；条约的“自我解释”

一、引　言

1982年《联合国海洋法公约》（以下简称《公约》）第279条规定了应以和平方式解决有关公约解释或适用的争端的一般性义务，但是，就具体解决争端的方法来说，该条下的规定并不是排他性的；正如本文将要提到的，实践中也确实存在着与《公约》争端解决机制并行的其他解决争端程序。因此，本文的前提是某一争端与《公约》和平行条约的解释或适用同时相关，那么应该使用哪一个条约机制？在此背景下，将着重讨论第281条的不同解释以及相应后果。后者是一个经典的条约法问题。

在展开本文讨论之前，需要提到如下个人观点：假如《公约》中不存在“冲突法”式的规则，此类争端与两个条约的双重相关性会引起在争端解决中应当适用哪一条约的问题。但是，笔者认为第281条第1款即是《公约》下的“冲突法”规则之一。进一步说，通过该条款，《公约》似乎纳入了一个能够完全排除《公约》第十五部分（争端解决）适用性的“超级”条款。因此，相对于其他条约中的类似条款，《公约》对缔约国意志的让步更为明显。

---

* 贾兵兵，中国海洋发展研究会理事，清华大学法学院教授，法学博士，博士生导师；国家领土主权与海洋权益协同创新中心特聘研究员。本文写作的部分资助来源于中国海洋发展研究会重点项目（CAMAZD201404）。

本文将讨论以下问题：①第 281 条第 1 款的具体内容；②该条款的性质是管辖权的前提条件？还是与管辖权直接相关的条款？抑或属于可受理性问题？③该条款的排除性效果是什么？④平行协议的优先性问题以及《公约》第 311 条的作用；⑤该条款能否由《公约》缔约国自行解释？

二、《公约》第 281 条第 1 款的内容

第 281 条第 1 款规定："作为有关本公约的解释或适用的争端各方的缔约各国，如已协议用自行选择的和平方法来谋求解决争端，则只有在诉诸这种方法而仍未得到解决以及争端各方间的协议并不排除任何其他程序的情形下，才适用本部分所规定的程序。"

该条款包含三项要件：首先，其涉及的争端应与《公约》解释或适用相关；其次，作为争端方的缔约国已协议用自行选择的和平方法来谋求解决该争端；第三，《公约》第十五部分的程序只有在满足下面两项条件后方可适用，即：在诉诸自行选择方法后争端仍未得到解决，且争端各方间的协议"并不排除任何其他程序"。

第一项要件适用于《公约》第十五部分的所有争端解决程序，是诉诸此类程序的基本要素。特别值得强调的是，在《公约》第 288 条所确立的属事管辖权中，此要件是管辖权得以存在的首要因素。在最近结束的"毛里求斯诉英国案"的仲裁裁决中，在《公约》附件七下成立的仲裁庭认为：

"当一项争端涉及《公约》的解释或适用时，第 288 条第 1 款赋予法院或法庭的管辖权包括做出为解决争端所必要的事实查明或相关法律决定……然而，当'案件真正的争点'和'权利主张的对象'……与《公约》的解释或适用不相关时，争端与《公约》的次要性联系并不足以将整个争端归入第 288 条第 1 款的范围之内。"[①]

上述裁决反映了现阶段司法实践在这一问题上的主流看法。鉴于除了争议应与《公约》的解释或适用相关外，该要件并无其他限制性要求，那么基于该要件对《公约》第 287 条提及的法院或法庭应能够找到其他的管辖权异议。比如，争端只要与《公约》相关，其产生时间可在《公约》于 1994 年 11 月生效的或前或后；假如《公约》的适用在时间方面有限制，它必定会明文规定[②]；如果争端方认为争端与《公约》相关，《公约》的适用甚至可以溯及既往。当争端方在此问题上立场相左时，该分歧构

---

① *In the Matter of the Chargos Marine Protected Area Arbitration*, Award of 18 March 2015, para. 220. http://www.pca-cpa.org/showpage.asp?pag_id=1429, last visited on 24 March 2015. 然而仲裁庭并未排除下述可能性，即：领土主权可以作为"次要"问题附属于与《公约》解释或适用相关的争端；而仲裁庭可因此能处理这样的混合争端（para. 221）。

② 《公约》第 298 条第 1 段（a）款（i）项："一国在签署、批准或加入本公约时，或在其后任何时间，在不妨害根据第一节所产生的义务的情形下，可以书面声明对于下列各类争端的一类或一类以上，不接受第二节规定的一种或一种以上的程序：关于划定海洋边界的第十五、第七十四和第八十三条在解释或适用上的争端，或涉及历史性海湾或所有权的争端，*但如这种争端发生于本公约生效之后，经争端各方谈判仍未能在合理期间内达成协议*，则作此声明的国家，经争端任何一方请求，应同意将该事项提交附件五第二节所规定的调解……"（斜体由作者所加）

成一项由第288条第4款所规范的争端[①]。

第二项要件直指本文主题，含两个问题。其一，争端的产生与谋求争端解决之协议的达成之间存在先后次序，争端应先于协议存在。然而，有理由推定，任何争端均可满足此项要件，即便争端在产生时未被明定为有关《公约》的解释或适用的争端，前提是：争端各方在争端产生时一致认为，《公约》既是争端产生的基础，也是争端解决的依据。换言之，符合《公约》机制下属事管辖权要件的争端可产生于1994年《公约》生效之前。其二，解决争端的协议完全可能存在于《公约》对协议与《公约》共同缔约国生效之前，只要此类协议仅笼统地设置了适用范围（比如1976年《东南亚友好合作条约》）[②]。

第281条第1款第二项要件的法律后果表现于第三项要件中，即该条款在满足两个条件的基础上，能够自始（*ab initio*）阻止第十五部分全部程序的适用。这一阻止效果使第281条具有“超级条款”的效力。第一个条件——诉诸所选择的方法后仍未得到解决——在第286条下得到重申，后者还明确了这种情况下的后果，即启动第十五部分第二节所确立的争端解决强制程序。第286条为第二节第一个条款，措词采用了国际司法程序中“协议条款”的典型模式，内容如下：

“在第三节限制下，有关本公约的解释或适用的任何争端，如已诉诸第一节而仍未得到解决，经争端任何一方请求，应提交根据本节具有管辖权的法院或法庭。”

第286条承认了“立案程序”（the seisin of the court or tribunal）的步骤，亦即向法院或法庭正式提起诉讼的步骤[③]。之后，法院或法庭对案件的实体内容是否具有管辖权尚待确定，但通过条约、特别协定或单方声明的立案本身，会赋予法院或法庭某种管辖权，以裁决针对案件实体内容管辖权的争端[④]。此类管辖权附属于法院或法庭实质问题管辖权的行使，在学说上被表述为“对管辖权的管辖权”（*lacompétence de la compétence*）[⑤]。《公约》缔约国可根据第286条单方面向法院或法庭提交案件，但后者不能仅凭此事实断定其处理争端实体内容的实质管辖权合法有据。在下一部分讨论第281条第1款的条款性质时，我们会重新考虑这一问题。

第281条第1款中第三项要件的第二个条件是，相关协议并不排除“任何其他程

---

① 《公约》第288条第4款规定：“对于法院或法庭是否具有管辖权如果发生争端，这一问题应由该法院或法庭以决定裁决。”

② 1976年2月24日通过，1976年6月21日生效。全文可参见 http://www.asean.org/news/item/treaty-of-amity-and-cooperation-in-southeast-asia-indonesia-24-february-1976-3，最后访问时间：2014年9月29日。关于该条约体系的若干发展，参见 D. Seah, “The Treaty of Amity and Friendship in Southeast Asia: The Issue of Non-Intervention and Its Accession by Australia and the US”, 11 *Chinese Journal of International Law* 785-822 (2012).

③ S. Rosenne, *The Law and Practice of the International Court 1920-2005*, Vol. II, Leiden/Boston: Martinus Nijhoff, 2006, p. 547.

④ *Application for Revision and Interpretation of the Judgment of 24 February 1982 in the Case Concerning the Continental Shelf (Tunisia/Libyan Arab Jamahiriya)* (Tunisia v. Libya), Judgment of 10 December 1985, ICJ Reports 1985, p. 192, para. 43.

⑤ G. Fitzmaurice, *The Law and Procedure of the International Court of Justice*, Vol. II, Cambridge: Grotius Publications Ltd., 1986, p. 441. See also I. Shihata, *The Power of the International Court to Determine Its Own Jurisdiction*, The Hague: Martinus Nijhoff, 1965, p. 87. 此处提及的学说已被纳入《公约》第288条第4款。

序”。此种“其他程序”是否必须属于《公约》，还是包括其他渊源中所载的其他程序？《公约》追求成为海洋事务领域的“宪法”的目标，或许并不能使其涵盖国际法的其他领域[①]，后者自有确立本领域秩序的宪法性文件[②]。因此，“任何其他程序”必须限定于《公约》第十五部分之内，尤其是其第二节下的程序。[③] 从条约法角度而言，在争端解决方面已有自身规则的条约（可简称为“争端条约”即就其解释和适用存在争端的条约），不需要借助于其他条约中的解决程序。若仅仅依靠交叉引用，就假定其他条约中争端解决机制能够约束争端条约的缔约国，无疑是危险的做法，因其未考虑这一事实：那些缔约国可能仅批准了两份条约之一（即：争端条约），其国内法不会在这种情况下允许本国政府同时受两个条约的拘束。而且，即使可从争端条约的条款推断其未排除其他条约中的程序，也可能会违反“条约对第三方无损益”（*pacta tertiis nec nocent nec prosunt*）这一条约法基本原则[④]。假如争端条约明确承认另一条约的程序能够适用于前者缔约国之间的争端时，必须做出优先性的安排，而此类安排的最佳范例是《公约》第281条第1款和第282条[⑤]。除那些条款外，在此方面的任何其他假设都可能促使缔约国诉诸“情势变更”（*rebus sic stantibus*）规则来摆脱条约的束缚。[⑥]

如果是这样，第281条第1款的宗旨和目的是显而易见的。

三、《公约》第281条第1款的性质

《公约》第281条第1款的位置似乎表明其性质为管辖权条款。但若进一步审视，对其性质还会有其他解释。该条款可能会具有三种作用：第一，它是第十五部分第二节所指法院或法庭管辖权的前提条件；第二，它是法院或法庭管辖权问题的一部分；第三，它是有关可受理性的问题。

对这三种作用，可视诉讼策略交替或依次考虑。

本文试图证明，假若第281条第1款本质上能阻止强制程序发挥作用，它构成管辖权前提。这意味着，如果申诉国的申请未满足该条款的要求，第二节所规定的程序根本无法启动，从而不会产生该节之下的管辖权问题。换句话说，肯定该条款的前提作用并不会影响管辖权，在符合此前提的情形下管辖权的问题仍应由法院或法庭解决。然而，

---

① Remarks by Tommy T. B. Koh, President of the Third United Nations Conference on the Law of the Sea (UNCLOS III), 6 and 11 December 1982, at the final session of the conference, *The Law of the Sea*, United Nations, 1983, p. xxxiv.

② 或作为“世界秩序条约”（world order treaties）。C. Tomuschat, “Obligations Arising for States Without or Against Their Will”, 241 *Recueil des cours* 195, 269, 299 (1993-IV).

③ *Southern Bluefin Tuna Case* (*Australia and New Zealand v. Japan*), Award on Jurisdiction and Admissibility, 4 August 2000, 119 International Law Reports 508, para. 56.

④ 《维也纳条约法公约》，载于《联合国条约集》第1155卷，第331页。《维也纳条约法公约》第34条规定：“条约非经第三国同意，不为该国创设义务或权利。”

⑤ 《公约》第282条规定：“作为有关本公约的解释或适用的争端各方的缔约各国如已通过一般性、区域性或双边协定或以其他方式协议，经争端任何一方请示，应将这种争端提交导致有拘束力裁判的程序，该程序应代替本部分规定的程序而适用，除非争端各方另有协议。”该条款对于第二节强制程序启动的效果与第281条相似。*See The MOX Plant Case* (*Ireland v. UK*), Request for provisional measures, Order of 3 December 2001, ITLOS, Case No. 10, Separate Opinion of Vice-President Nelson, para. 7.

⑥ 《维也纳条约法公约》第62条第1款。

也会存在申诉国申请不符合前提的可能性，那么根据第286条，接受案件申请的法庭或法院应立即终止程序。第281条第1款的此种作用不同于常见的协议条款所确立的管辖权前提条件，因为后者构成协议条款的一部分，所以具有管辖权性质。此后者即为第281条第1款的第二个作用。

《公约》第288条第1款所指争端在实质上受到“按照本部分”这一条件的限制。[①]仅凭争端与《公约》的解释或适用相关这一事实，尚不足以赋予第287条下法院或法庭以管辖权。在管辖权范围内的争端应满足第十五部分所有的相关要件。就此而言，本文所探讨的第一节尤其是第281条影响着法院或法庭的管辖权。在此意义上，第281条第1款的条款可以被视为管辖权条款。正如国际法院曾指出的：

“本院管辖权基于当事方同意，且限定在其所接受的范围内……当此种同意在国际协议的协议条款中有明确表述时，附于该同意的任何条件应被视为构成相应的限制。因此，本院认为，对此类条件的审查，与本院的管辖权而非案件的可受理性相关。”[②]

国际法院在此考虑的是根据1979年12月18日《消除对妇女一切形式歧视公约》第29条第1款提起的初步反对意见。该条款规定：

“两个或两个以上的缔约国之间关于本公约的解释或适用方面的任何争端，如不能谈判解决，经缔约国一方要求，应交付仲裁。如果自要求仲裁之日起六个月内，当事各方不能就仲裁的组成达成协议，任何一方得依照《国际法院规约》提出请求，将争端提交国际法院审理。”[③]

上述第29条清晰地认定谈判为适用该条款的要素；相反，目前尚不确定《公约》第286条的协议条款是否包括了第281条第1款下的全部条件[④]。归根结底，答案可能是否定的；否则就会出现以下后果：鉴于第286条位于第十五部分第二节，其解释或适用会受到第288条的限制，以致第281条第1款所承认的缔约国自由意志完全无效。再者，第286条所提及的《公约》第一节可以适用于以下情形：第287条所列举的法院或法庭仅被要求判定诉诸第一节是否仍未得到解决。该问题与事实相关，其答案取决于争端方所提供的证据。此外，该问题并未囊括第一节条款中所列举的其他条件。要查明第一节条款中的要件是否已经满足，必然要进行比判定上述问题更为宽泛的探究。基于此种考虑，宜将第281条第1款视为管辖权前提条件，即上文所论证的该条款的第一个作用；更为重要的是，它构成第十五部分所有程序的前提。

上述关于第286条作用的讨论尚未详尽无遗。事实上，前述关于第286条交叉引用第一节的解读还值得进一步深究。在国际法院看来，“只要管辖权基础尚未得到必要的启动程序的完善，法院就不能处理案件：从该种观点来看，案件是否在法院有效启动似

---

① 《公约》第288条第1款规定：“第二八七条所指的法院或法庭，对于按照本部分向其提出的有关本公约的解释或适用的任何争端，应具有管辖权。”

② *Armed Activities on the Territory of the Congo* (*New Application*: 2002), Judgment, ICJ Reports 2006, p. 6, para. 88. 此处法院还提及以往判决中的相同观点。

③ Ibid., para. 80.

④ 《公约》第286条规定：“在第三节限制下，有关本公约的解释或适用的任何争端，如已诉诸第一节而仍未得到解决，经争端任何一方请求，应提交根据本节具有管辖权的法院或法庭。”

乎是个管辖权问题。”[1]如果这一推论可适用于关于第286条引用第一节的解释，第一节的规则（包括第281条第1款）或多或少都具有管辖权的性质。倘若如此，第281条第1款的第二个作用也是有效的解释。

然而值得注意的是，具有管辖权性质的第286条受到一项限制，即该性质仅与法院或法庭作为一个机构进行运作的程序性权力相关。换言之，它并不涉及法院或法庭是否享有对案件实体问题的管辖权，这将在管辖权和可受理性阶段得到解决。至于在特定案件情形下能否行使实质性管辖权这一问题的解决，完全取决于产生于案件合法启动程序所带来的法院或法庭的附带性、程序性管辖权的适用。第286条下的管辖权具有附带性。如此来看，第286条还可能成为影响案件可受理性的条款，详述见下。

在争端是由一个或多个争端方根据第286条共同、或无异议地提交至第287条所指法院或法庭时，第281条第1款仍可作为可受理性事项在后续程序中提出[2]。理由在于，第281条第1款的用语并不排斥以下解读：当第十五部分程序因不符合第281条第1款的任一要件而未启动时，仅凭此事实不能解决受诉法院或法庭的管辖权问题。因为，第281条第1款的用语此时完全不涉及管辖权问题。因此，如果争端可以进入第二节程序的阶段，受诉法院或法庭能够而且必须适时处理与争端相关的管辖权问题。倘若如此，第281条第1款影响的是管辖权的行使，而非管辖权存在与否的问题。换言之，虽然存在着管辖权，但同时由于某种事实因素的存在，法院或法庭可能认为不应对案件行使该管辖权。

基于上述讨论，在同一个案件中，第281条第1款可被共同或交替地论证为管辖权的前提与可受理性的依据。对前者的否定不会阻止在诉讼程序中将其论证为后者。如果该条款可被赋予多重性质，就同时也应允许基于多重目的运用该条款。上文也未排除该款作为管辖权的因素而存在的可能；只是本文倾向于接受它的第一和第三种性质。

下面讨论的是该条款的排他性效果。

四、《公约》第281条对《公约》第十五部分第二节的排他效果

《公约》第281条第1款的第一种性质导致以下情形，即第287条所列举法院或法庭被阻止针对本属于其管辖权内的争端行使管辖权[3]。该条款的阻止性效果源于争端国（同时也是《公约》缔约国）先前以协议所确定的和平解决方法。就其措辞效力而言，该条款的解释或适用未必包含于《公约》第十五部分第二节程序之中，所以该条款意义重大。因为只有在根据第281条第1款争端仍未得到解决时，第二节才可通过第286条予以适用，进而导致相关后果：根据第二节及附件七所组成的仲裁庭在决定其是否具有管辖权时，需在第286条下做出必要的事实裁定。但如果争端各方明确允许仲裁庭将

---

① *Maritime Delimitation and Territorial Questions between Qatar and Bahrain*, Jurisdiction and Admissibility, ICJ Reports 1995, p. 6, para. 43.

② B. B. Jia, "The Issue of Admissibility in Inter-State Arbitration", in S. Talmon and B. B. Jia (eds.), *The South China Sea Arbitration*, Oxford and Portland, Oregon: Hart Publishing, 2014, pp. 107-135.

③ *Land and Maritime Boundary between Cameroon and Nigeria*, Preliminary Objection, ICJ Reports 1998, p. 275, para. 56.

此作为可受理性问题来处理（例如联合向仲裁庭提交此争端），则是另外一个问题。然而完全有可能出现这种情况：争端一方通过先前行为或现有协议，遵守第281条第1条规定，从未同意由仲裁庭对有关第281条第1款的解释或适用的争端行使管辖权。

有观点认为，"第281条第1款允许《公约》缔约国将第十五部分第二节的强制程序限制适用于所有争端方都同意将其争端提交强制程序的案件情形。[①]" 当争端方之间没有协议时，单方面提交至第二节程序是不可能的[②]。此种解释可以由第288条第1款的用语证实，即第287条所指法院或法庭管辖权包括"对于按照本部分向其提出的有关本公约解释或适用的任何争端"。所引条款的有趣之处在于，争端的适格性取决于一项程序性要素，该要素必须在提交至第二节程序前满足。换言之，争端不仅应与《公约》的解释或适用相关，还必须按照第十五部分规定的程序提起。未满足二者中的任一条件，争端即超出了《公约》的范围，从而使受诉法院或法庭不再享有管辖权。此种安排的意图在于使争端方可以完全掌控争端的解决方式[③]。

需要补充的是，排他效果还可推断自前述对第281条第1款的上下文解释。

五、平行协议（含条约）争端解决机制的优先性

当缔约国之间存在着解决"源于两公约的同一争端"的协议时，第281条第1款赋予其相对于《公约》第十五部分的优先性[④]。国际海洋法法庭有可能持不同见解，因为它可能将一项争端认定为仅源于某个条约或《公约》，但并非源于两者[⑤]。

该优先性毋庸置疑。从整体而言，第281条第1款的措辞并非《维也纳条约法公约》第32条第（a）款意义上的"不明或难解"。从原则的角度看，此优先性牢固地立足于第280条的规定[⑥]。当然，上述意见存在一项例外，表现为应否将此上下文中的"协议"（agreement）理解为条约或类似书面文件，这是整个问题中的唯一不明处[⑦]。一方面，第三次联合国海洋法会议的谈判记录在此点上并无定论[⑧]。另一方面，国际法

---

① *Southern Bluefin Tuna Case*, *supra* note, para. 62.

② 在国际海洋法法庭一个案件中日本似乎持此观点。*See Southern Bluefin Tuna Cases*（*New Zealand v. Japan*; *Australia v. Japan*）, Requests for provisional measures, Order of 27 August 1999, ITLOS, Cases Nos 3 & 4, para. 56.

③ M. Nordquist, S. Rosenne, and L. Sohn（eds.）, *The United Nations Convention on the Law of the Sea*: *A Commentary*, Vol. V, Dordrecht/ Boston /London: Martinus Nijhoff, 1989, p. 20.

④ *Southern Bluefin Tuna Case*, supra note, para. 54.

⑤ The MOX Plant Case, supra note, para. 50. 国际海洋法法庭指出，"即使《保护东北大西洋海洋环境公约》（OSPAR Convention）、《欧共体条约》（EC Treaty）和《欧洲原子能共同体条约》（Euratom Treaty）所订权利与义务与《公约》中的类似或相同，前者还是构成独立的存在"。

⑥ 《公约》第280条规定："本公约的任何规定均不损害任何缔约国于任何时候协议用自行选择的任何和平方法解决它们之间有关本公约的解释或适用的争端的权利。" 关于该条，《弗吉尼亚评注》（Virginia Commentary）只有简短、宣示性的两个段落（M. Nordquist, S. Rosenne, and L. Sohn, supra note, pp. 20-21）。这清楚表明，第三次联合国海洋法会议针对该条并无太多辩论或争议。可以说该条是宣示性质的，且构成第十五部分的基本原则。

⑦ 这一模糊性产生了关于政治拘束力的协议与法律拘束力的协议的极为有趣的争论（更不必说在某些场合曾有道德协议存在的说法）。See J. Klabbers, *The Concept of Treaty in International Law*, The Hague: Kluwer Law International, 1996, pp. 106-116. 此外，该案提及了Virally关于国家间协议受制于三种规范秩序的观点。

⑧ M. Nordquist, S. Rosenne, and L. Sohn, supra note, pp. 22-24.

院的判例承认源于行为的义务的存在[①]。无论如何，该例外并不影响在此所述的优先性。

不过正如下述例子所示，实践中平行于《公约》的条约基于《公约》第 281 条而享有的优先性未必一目了然。

在此考察的是一个重要条约：《东南亚友好合作条约》（以下简称《友好条约》）[②]。该条约对创始缔约国（包括印度尼西亚、马来西亚、菲律宾、新加坡、泰国）生效之后，在 1987 年和 1998 年经两项议定书修改过；中国在 2003 年 10 月 8 日加入了该条约[③]。

《友好条约》第 13 条规定：

“缔约各方决心真诚地防止争端发生。一旦出现直接卷入的争端，特别是扰乱地区和平与和谐的争端，他们将避免使用武力或以武力相威胁，任何时候都将通过他们之间友好谈判解决此类争端。”

第 13 条明确规定了缔约各方需在“任何时候”（at all times）通过谈判解决其在东南亚争端的法律义务。即使《公约》第 281 条第 1 款中的“协议”（agreement）表述仅指“条约”（treaty）[④]，《友好条约》仍然完全符合该条款的含义。

根据《友好条约》第 13 条，受谈判义务影响的争端在种类方面并无限制。唯一的条件是争端必须是“直接影响它们〔亦即缔约各方〕的事项”。这些争端可能以不同方式涉及《公约》的解释或适用，但这并不与《友好条约》第 13 条规定相抵触；而且《友好条约》并未规定有效期限，因此应被推定为永久有效。

《友好条约》极易满足上述第 281 条第 1 款的前两项要件，至于是否满足第三项要件，即：《友好条约》是否排除了任何其他程序，需要进一步分析。

按照《友好条约》，在第 13 条下的谈判程序无法达成缔约方之间争端的解决时，存在一个替代程序。第 15 条规定，此时作为区域程序的高级理事会通过斡旋、调停、调查或调解的方式介入[⑤]。然而，该条款的适用受到第 16 条的限制，即诉诸高级理事会的做法应征得争端各方的同意。倘若争端一方不同意诉诸该程序，争端各方仍要适用第 13 条下的谈判方法。

---

① 丹麦与荷兰主张，联邦德国通过其行为、公开声明及宣言等单方面承担了《大陆架公约》（1958）中的义务。国际法院含蓄地接受了该主张，同时强调：“显然，处于联邦德国情形下的国家行为必须非常确定、一致，如此才能取得法院对其〔丹麦和荷兰的主张〕的支持”，法院将此种方法的要点表述为“确曾存在表示接受或承认条约制度可适用性的真实意图”。See *North Sea Continental Shelf*（*Federal Republic of Germany/Denmark*; *Federal Republic of Germany/ Netherlands*）, Judgment of 20 February 1969, ICJ Reports 1969, p. 3, paras. 27-28. 需要指出的是，在该案中，争端方的意图是决定性的。

② Treaty of Amity and Cooperation in Southeast Asia,《联合国条约集》第 1025 卷，第 15063 页。《东南亚友好合作条约》最初由印度尼西亚、新加坡、马来西亚、泰国、菲律宾在 1976 年 2 月 24 日订于巴厘，1976 年 6 月 21 日对这五个国家生效。实质性条款只在该条约中，嗣后的三项议定书均涉及广泛参与问题。

③ 关于中国加入文件的文本，参见《全国人民代表大会常务委员会关于批准加入<东南亚友好合作条约第三修改议定书>的决定》（2011 年 8 月 26 日），《全国人民代表大会常务委员会公报》2011 年第 6 期，第 594 页。该议定书于 2012 年 6 月 6 日生效。

④ 《维也纳条约法公约》（1969）第 2 条第 1 款 a 项。

⑤ 此程序或许不被《联合国海洋法公约》第 282 条所包含，因其不会导致该条所要求的“有拘束力裁判”。

值得注意的是，第13条所规定的谈判义务是无条件的。该条关于“任何时候都将通过他们之间友好谈判解决此类争端”的要求显然排除了其他替代方法，除非“任何时候”应被赋予某种非同寻常的含义。

第13条位于“和平解决争端”这一章中，本章还有第17条：

“本条约并不排除求助于《联合国宪章》第三十三条第一款中所载的和平解决方式。鼓励与争端有关的缔约各方在采取《联合国宪章》中规定的其他方式之前应首先主动通过和平谈判方式解决争端。”

本文认为，该条并不构成《友好条约》满足《公约》第281条第1款下第三项要件的障碍，因为“任何其他程序”已由《友好条约》第13条的规定排除掉了。其他原因还有几点。首先，如前所述，任何其他程序必须是《公约》第十五部分所承认的，为了适用《公约》第281条第1款，而允许间接纳入其他条约（诸如《联合国宪章》第33条第1款）所承认的解决程序，是毫无意义的做法。其次，《友好条约》确立了一种与谈判方法并行的区域程序，该程序通过高级理事会实施；然而《友好条约》第13条下的谈判仍被赋予优先性。有理由推断，《友好条约》第17条所承认的程序与高级理事会程序处于同一地位；采用替代谈判方法的任何一种方法应经争端各方同意，否则任一争端方均可借助第17条轻而易举地规避第13条而免去谈判义务，以致谈判义务与高级理事会程序被彻底架空。因此，第17条的意图必定是，只要第13条下的争端方不同意，《友好条约》这一章中的任何其他程序（包括第17条下的程序）均无法适用。《友好条约》缔结于世界上大多数国家不接受国际法院强制管辖权的时期，这一事实背景进一步证明了此审慎解释的合理性①。

简言之，《友好条约》是《公约》第281条第1款意义上的协议，可由此二条约的共同缔约方适用于《友好条约》第13条下的东南亚区域内的“直接影响它们”的争端；而且，诉诸《友好条约》将排除《公约》的适用性。

在讨论了第281条第1款所承认的平行协议的优先性后，尚有另一相关问题值得从国际条约法的角度加以考虑。后者涉及《公约》第311条的问题，该条相关部分的规定如下：

“3. 本公约两个或两个以上缔约国可订立仅在各该国相互关系上适用的、修改或暂停适用本公约的规定的协定，但须这种协定不涉及本公约中某项规定，如对该规定予以减损就与公约的目的及宗旨的有效执行不相符合，而且这种协定不应影响本公约所载各项基本原则的适用，同时这种协定的规定不影响其他缔约国根据本公约享有其权利和履行其义务。

4. 有意订立第3款所指任何协定的缔约国，应通过本公约的保管者将其订正协定的意思及该协定所规定对本公约的修改或暂停适用通知其他缔约国。

5. 本条不影响本公约其他条款明示许可或保持的其他国际协定。”

---

① 此情形时至今日也无多大改观，因为在联合国193个成员国中，只有70个国家承认了《国际法院规约》第36条第2款下的强制性管辖权。参见 *Report of the International Court of Justice, 1 August 2013-31 July 2014*, UNGA Official Records, 69th Session, Supplement No. 4, A/69/4, para. 28.

《公约》允许缔约方在相互关系之中对公约条款设置例外，但此种特许应满足两项条件方可有效。一方面，此类协议不应影响《公约》目的及宗旨的有效执行，也不能影响《公约》的基本原则，或其他缔约国根据《公约》享有的权利或义务。第十五部分确立的强制程序属于前述标准的范围，因其创设的目的是针对有关《公约》的争端导致有拘束力的裁决。另一方面，如果嗣后协议创设了此类例外，相关缔约国应通知《公约》其他缔约国。第311条第5款规定：该款设想的协定不影响“本公约其他条款许可或保留的国际协定”。第281条第1款协定显属后者。存在于中国与菲律宾之间的关于南海争端解决的协议[①]，似乎更应按照第281条第1款而非第311条第3款予以考虑[②]。

六、条约“自我解释”的问题

《公约》第281条的用语完全可由缔约国自行解释，一如第287条下的法院或法庭对之可以解释。理由主要见于《公约》文本之中。第280条规定：“本公约的任何规定均不损害任何缔约国于任何时候协议用自行选择的任何和平方法解决它们之间有关本公约的解释或适用的争端的权利。”如果缔约国“于任何时候”决定以其自行选择的方法解决争端，此种方法无疑优先于根据第十五部分业已启动或有待启动的程序[③]。在相关缔约国诉诸此种权利前，第287条下的裁判机构无需对此加以确认。相反，仅在此种权利的行使导致权利行使方与对应方之间产生争端时，相关裁判机构才予以介入。第281条第1款只是反映了由第280条广泛赋予《公约》缔约国所选方法的优先性[④]。

支持此种自我解释观点的另一原因在于，条约规则主要是由缔约国解释与适用的[⑤]。通常情形是，条约规则大多由缔约国悄无声息地实施；当然实施过程受到条约法相关规则的拘束[⑥]。

对此种自行解释尚存另一赞同理由。承认缔约国有权解释《公约》，对于第十五部分争端解决程序有效性所带来的、影响国际秩序稳定的风险，并不比在第281条第1款下争端一方或多方对谈判的突然中断更大。诚然，国际海洋法法庭曾指出，“在法庭看来，当缔约国认为第十五部分第一节程序在解决可能性方面已穷尽时，就无需继续利用该程序。[⑦]”然而该声明谨慎的用语或许会激发基于其他目的对其的解释，而后者不受

---

① *Position Paper of the Government of the People' s Republic of China on the Matter of Jurisdiction in the South China Sea Arbitration Initiated by the Republic of the Philippines*, 7 December 2014, Part III, http://www.fmprc.gov.cn/mfa_eng/zxxx_662805/t1217147.shtml, last visited on 10 February 2015.

② B. B. Jia, *supra* note〔19〕, pp. 111-115.

③ *Land Reclamation in and around the Straits of Johor* (*Malaysia v. Singapore*), Provisional Measures, Order of 8 October 2003, ITLOS, Case No. 12, p. 10, paras. 53, 56-57. 法庭指出，应诉国新加坡邀请申请国马来西亚谈判，谈判会议随后在2003年8月召开。仲裁程序启动于2003年7月。因为争端双方当时同意谈判不影响《公约》附件七下的仲裁程序，国际海洋法法庭认为第281条的规定无法适用于本案。

④ D. Colson and P. Hoyle, "Satisfying the Procedural Prerequisites to the Compulsory Dispute Settlement Mechanisms of the 1982 Law of the Sea Convention: Did the *Southern Bluefin Tuna* Tribunal Get It Right?" 34 *Ocean Development and International Law* 59, 62 (2003).

⑤ A. Aust, *Modern Treaty Law and Practice*, 2nd ed., Cambridge: Cambridge University Press, 2007, pp. 179, 195.

⑥ 例如，1969年《维也纳条约法公约》第26条规定，条约必须善意履行。

⑦ *Southern Bluefin Tuna Cases*, *supra* note〔22〕, para. 60.

限于做出最初声明的情境。此外，对《公约》条款自我解释的主观性程度，尚不及在第281条第1款下单方启动第二节程序的做法（这本身就是一种自我解释行为）。如果谈判方法受制于满足第281条第1款要求的缔约国之间协议，那么似乎也就存在着缔约国首先穷尽谈判效果的法律义务。这也是为什么穷尽第十五部分第一节尤其是第281条第1款所规定程序的任何决定，都涉及“善意遵守”的原则①；这是现代条约法的基石②。善意原则也被权威学者视为国际法的一项基本原则③。

有观点认为，第281条第1款的起草方式特殊，以致只可在相关缔约国将其提交于第287条下的法院或法庭或基于某种延续管辖权（*forum prorogatum*）时予以司法解释④。此外，《公约》缔约国相互间有可能全无类似于第281条第1款所述的协议，由此可认为，这些缔约国愿意接受按照第287条设立的法院或法庭的管辖。那么，本文所述的第281条第1款的优先性、排他性效果并不损害《公约》第十五部分所建机制；相反，它只会产生一种由案件当事方在其认为合适时合意取消的任择性效果。

在此有必要考虑《公约》第288条第4款，该款规定：“对于法院或法庭是否具有管辖权如果发生争端，这一问题应由法院或法庭以裁定解决。”该原则适用于关于第281条第1款的解释与适用的争端，尤其是针对“同意”（have agreed to）与“协议”（agreement）这两个用语；前提是该争端已经适当地提交给第287条所指的法院或法庭。如前所示，第281条第1款的效果是阻止第十五部分程序完全（*in toto*）、自始（*ab initio*）地被适用。如果第287条所指的法院或法庭根本不存在，那么也不会有第288条第4款下管辖权的问题。

由前述分析可知，当第281条第1款居于支配地位时，其意义上的协议的任何一方均不得单方面依据第286条提交争端；否则将会出现以下情形，即任一争端方均能以所选方法未得到解决为由而认为已满足第281条第1款的要件，从而单方面依据第286条提交争端⑤。此种做法若准予盛行，将全面剥夺第十五部分第一节的价值，以致《公约》下将仅剩第二节的强制程序可以适用⑥。

七、《公约》第281条第2款在此方面的作用

《公约》第281条第2款规定：“争端各方如已就时限也达成协议，则只有在该时

---

① *Nuclear Tests Case* (*Australia v. France*), Judgment of 20 December 1974, ICJ Reports 1974, p. 268, para. 46.

② M. Villiger, “The Rules on Interpretation: Misgivings, Misunderstandings, Miscarriage? The ‘Crucible’ Intended by the International Law Commission”, in E. Cannizzaro (ed.), *The Law of Treaties Beyond the Vienna Convention*, Oxford: Oxford University Press, 2011, pp. 108-109.

③ S. Rosenne, *Developments in the Law of Treaties 1945-1986*, Cambridge: Cambridge University Press, 1989, p. 179.

④ *Rights of Minorities in Upper Silesia* (*Minority Schools*), Judgment of 26 April 1928, PCIJ Ser. A, No. 15 (1928), p. 24. See also President Bedjaoui, “The Forum Prorogatum before the International Court of Justice: The Resources of an Institution or the Hidden Face of Consensualism”, 51 *ICJ Yearbook* 216, 217 (1996-1997).

⑤ 对此观点可能存在争议。M. Nordquist, S. Rosenne, and L. Sohn, *supra* note〔23〕, p. 23.

⑥ N. Klein, *Dispute Settlement in the UN Convention on the Law of the Sea*, Cambridge: Cambridge University Press, 2005, p. 29.

限届满时才适用第1款。"

该规定似乎允许谈判时间被无限延长。如果接受前述对于第281条第1款的性质与功能的理解，第2款可能的效果是永久避开《公约》下的其他程序。然而，此种对第281条第2款的"反向解读"（*a contrario*）与第286条规定相悖，因为后者规定诉诸第一节而争端仍未得到解决将导致强制程序的适用。事实上，第281条第2款的时限，在纳入第281条第1款所指协议时将对后续程序的跟进具有决定性影响。在后者情形下，第286条乃至整个第二节将居于支配地位。然而这仍受制于下述条件：若未履行第281条第1款下协议的条件，就不能适用第286条。因此，总体而言，值得考虑在第281条第1款协议中纳入或从中推断某种时限。

八、结论

上述分析得出以下结论：

第一，第281条是《公约》中极为重要的条款，包含了争端在被提交给第十五部分第二节程序前必须同时满足的三项要件。

第二，第281条第1款可以是管辖权前提或可受理性的依据，但视为管辖权要件的意义不大。

第三，在其条件全部满足时，第281条第1款会产生自始阻止第二节适用的排他性效果；在某种意义上，当第281条第1款的适用尚未结束时，第二节下的强制机制将蛰伏不动。

第四，对第十五部分第二节程序的排除取决于第281条第1款意义上的平行协议之存在。此类协议如果存在，将优先于第二节程序。这尤其适用于协议体现于条约中的情形。

第五，第281条之解释主要取决于缔约国，其措辞也并非模糊到有必要使第十五部分第二节所指的法院或法庭介入的程度。

第六，似乎值得在第281条第1款意义的任何协议中设立时限，以防无此限制的协议易受第288条第4款的影响。

前述结论也是在考虑了《公约》第十五部分的目的与宗旨后做出的；目的与宗旨的结合，对理解《公约》通过的背景、与第十五部分的结构所欲实现的目标均意义重大。《公约》最终目标是成为一部海洋事务法律秩序方面的宪法。为实现这一崇高目标，需要取得世界上所有国家的普遍支持与加入。如果对第十五部分程序的解释结果是某个缔约国在与其他缔约国已经达成协议的情形下仍有权单方面结束第281条的适用，该协议的受损方将本能地质疑《公约》的基本原则①。当产生此种根本性质疑时，基于《公约》的海洋宪法秩序进程将会受阻，而这也是所有相关国家所不愿见到的后果。

---

① 有必要忆及包括第十五部分在内的"一揽子协议"最终是在谈判国撤回关于强制程序的早期版本后达成的。参见 A. O. Adede, *The System for Settlement of Disputes under the United Nations Convention on the Law of the Sea*, Dordrecht: Martinus Nijhoff, 1987, p. 242.

剩余权利语境下专属经济区内沿海国环境保护管辖权研究

刘惠荣*

摘　要：以《联合国海洋法公约》为代表的现代国际海洋法创造了专属经济区制度，拥有广阔海域的沿海国获得了开发利用海洋资源的更多权利。《公约》赋予沿海国在专属经济区范围内的主权权利和管辖权，但并未厘清沿海国与其他国家之间的权利界限，遗留了许多未明文规定或禁止的剩余权利问题。过分依赖剩余权利论、尤其是“非此即彼”的判断方式来裁判专属经济区内海洋环境污染管辖权问题。为了维护沿海国的海洋权益和海洋安全，沿海国应加快公约的国内法转化进程，加强海洋环境治理的国际合作。

关键词：《联合国海洋法公约》；专属经济区；剩余权利；环境保护管辖权

1982年，第三次联合国海洋法会议签署的《联合国海洋法公约》（以下简称《公约》）是调整全球海洋事务的海洋宪章，它为人类提供了从事海洋活动的基本法律框架。为最大限度地保障各种类别的国家在海洋利益的分配均衡，《公约》建立了不同功能的海洋区域制度，赋予各国在不同区域享有不同的权利、履行不同的义务，海洋区域制度的一个重要特征是扩大了沿海国管辖权和缩小公海自由。但是，由于沿海国与非沿海国之间、海洋强国与其他国家之间存在着严重的利益分歧，作为艰难谈判妥协折中结果的《公约》在许多制度设计上留下了悬而未决事宜或者模糊规定，这些问题构成学界以“剩余权利论”为题的研究热点。专属经济区制度（Exclusive Economic Zone，简称EEZ）是第三次联合国海洋法会议的重要创举，专属经济区这一新的海洋空间及其法律制度的确立反映了发展中的沿海国与传统海洋大国之间利益博弈的结果。专属经济区内海洋环境管辖权的纷争以及相应的责任分担问题，本质上属于国家海洋权益与海洋安全问题。

* 刘惠荣，中国海洋发展研究会理事；中国海洋大学法政学院教授，博士生导师。主要研究方向为国际海洋法、极地战略与法律问题、立法学。

一、《公约》对专属经济区法律地位的界定及相关权利义务的分配

传统海洋法缘起于格劳秀斯时代，其核心要旨是海洋自由。即海洋是“共有物”，属于全人类所有。海洋法的演变过程其实是在符合和平利用海洋的目标要求下不断对海洋实施“区分所有”或者“区分占有”的历程。200海里专属经济区或者渔区制度缘起于沿海国向海洋索取海洋生物资源以及海洋非生物资源的诉求运动。《公约》第五部分对专属经济区的法律地位、沿海国的权利、管辖权和义务以及其他国家的权利义务作了界定。

（一）《公约》对专属经济区法律地位的界定

《公约》第五部分对专属经济区的法律地位、沿海国的权利、管辖权和义务以及其他国家的权利义务作了界定。《公约》第55条将专属经济区界定为“领海以外并邻接领海的一个区域”，将专属经济区制度称之为“特定法律制度”[1]其宽度从测算领海宽度的基线量起不应超过200海里[2]。沿海国可以根据本国的利益和需要，在200海里的范围内自行确定其专属经济区宽度。由于专属经济区的划定改变了传统海洋法确立的领海之外皆为公海的格局，因此，专属经济区的法律地位须综合考察《公约》第七部分“公海”的有关规定加以确定。第七部分的第一条（第86条）规定，“本部分的规定适用于不包括在国家的专属经济区、领海或内水或群岛国的群岛水域内的全部水域，本条规定并不使各国按照第58条规定在专属经济区内所享有的自由受到任何减损。”综合上述规定可以判断，专属经济区是一种间于领海与公海之间性质的海域，具有混合或复合水域的法律地位或性质。[3]王铁崖指出：“可以肯定地说，它既不是国家的领海，也不是公海的一部分呢，而是一种‘自成一类’的领域”。[4]

（二）《公约》对专属经济区相关权利义务的分配

《公约》规定，沿海国在专属经济区内享有一定的主权权利和管辖权，同时承担一定义务，具体有如下：

（1）沿海国享有的主权权利均与自然资源和经济活动有关，即以勘探和开发、养护和管理专属经济区海床和底土及其上覆水域的自然资源（包括生物资或非生物资源）为目的的主权权利，此外还有对在该区域内从事经济性开发和勘探有主权权利。上述权利专属于沿海国；非经沿海国同意，其他国家不得进行开发和勘探。《公约》使用与“主权”概念有所区别的“主权权利”概念，赋予沿海国在200海里范围内下至海床和底土、上至上覆水域的以自然资源的勘探、开发、养护、管理为目的的经济活动的行为自由。国际社会普遍认可沿海国这一类别的权利。

（2）沿海国在区域内对以下三类事项拥有管辖权：一是人工岛屿、设施和结构的建造和使用；二是海洋科学研究；三是海洋环境的保护和保全。

（3）沿海国享有《公约》规定的其他权利和义务，同时加诸于沿海国两项义务，即在专属经济区内行使自己的权利和义务时，应适当顾及其他国家的权利和义务，并应以符合《公约》规定的方式行事。[5]

第三次海洋法会议被公认为是“国际关系史上最广泛”的一次国际会议，因而自

然也是求同存异难度极大的一次会议。为了平衡各方利益，《公约》还赋予专属经济区内其他国家一系列权利，包括航行和飞越自由，铺设海底电缆和管道的自由，以及与这些自由有关的海洋其他国际合法用途。《公约》同时要求其他国家在行使上述权利时，也应适当顾及沿海国的权利和义务，并应遵守沿海国按照本公约的规定和其他国际法规则所制定的与本部分不相抵触的法律和规章。[6]

《公约》对专属经济区内沿海国与其他国家之间的权利分配有些微妙。一方面，《公约》允许沿海国向领海以外的本属于公海的一定区域扩张权利，所扩张的权利主要蕴含与海洋资源开发利用相关的经济利益，当然也理应包含附随的海洋安全利益。在定义“公海”时，《公约》的表述采用排除法，明确地把专属经济区同领海、内水和群岛水域等国家管辖海域并列，排除在公海之外。另一方面，《公约》也并未完全将专属经济区如同领海一样划归沿海国，仍为其他非沿海国家保留了如航行自由、铺设海底电缆和管道等权利。因此，专属经济区制度中出现了沿海国和其他国家“你中有我，我中有你”的局面，从而产生了所谓“剩余权利”问题。《公约》也给出了解决权利归属不明的方法，专门规定了一项原则，要求有关国家在公平的基础上，参照一切有关情况，虑及所涉利益与有关相对各方乃至整个国际社会的重要性，处理彼此利益关系，解决纠纷。[7]这条原则中需要把握两个要点：①公平是解决彼此利益纠纷的准则；②不应将专属经济区内航行、捕鱼、铺设海底电缆和管道、环境治理以及军事活动等各种各样的活动用一个处理原则一刀切，应“参照一切有关情况”，“虑及所涉利益”，顾及国际社会。本文重点探讨的是其中的海洋环境保护管辖权。

二、剩余权利语境的分析

《公约》并未使用剩余权利一词，但是不少中外学者认为《公约》关于专属经济区的规定中存在剩余权利问题。一般认为“剩余权利”覆盖到《公约》中没有具体规定但是实践中存有争议的事项。在剩余权利的外延上，也有一部分取得了共识，即专属经济区内的军事活动是否合法、航行和飞越的自由和限制是什么、适当顾及沿海国的权利和义务中的“适当顾及”的内涵和外延、海洋科研的具体含义、海洋的其他国际合法用途等，其他部分则由于各国实践的不同而有所不同。

（一）从人民主权原则推导出来的“剩余权利”

“剩余权利”一词通常被解释为法律未加明文规定或禁止的权利。法律的存在旨在保护主体的特定利益（或法益），一般情况下法律是以赋予一定主体法定权利的形式来保护他们的利益。当所有权利（或法益）均由法律明文规定保护时无需“剩余权利说”，当法律规定没有穷尽所有法律应保护的利益时，就需要用“剩余权利说”证明权利（或法益）的存在。权利不以法律明文规定为限制，剩余权利就是法律未加明文规定或禁止的权利。[8]

根据卢梭的人民主权理论，国家权力不过是从自然状态下的每个个体手中集合到人民整体那里。依此推理，沿海国在专属经济区内若享有全部《公约》未明确规定或禁止的权利（或者权力），是否应追溯到沿海国原本就拥有的这一区域内的权利呢？显然无从得出这一结论。从实证法视角看，一个国家的国内法可以根据人民主权原则推导出，宪法中未做明确规定或未禁止的权利属于剩余权利。美国联邦宪法据此推导出联邦政府与各州政府之间的权力分配原则。但是，国际法与国内法的产生方式大不相同，国际法上并不存在一部统一的宪法，尤其是在国际公法领域，并不认可个人可以作为国际法主体而参与国际规则的制定，因此，将从人民主权原则推导出来的剩余权利的概念直接适用于国际海洋法中，尤其是运用于近几十年新创立的“自成一类”的海洋空间则有失偏颇。必须根据国际海洋法的特性界定剩余权利的内涵，进而更准确地把握国际海洋法中剩余权利的要义。

（二）国际海洋法意义上的“剩余权利”

首先需要从法理意义上厘清剩余权利的内涵概念。其一，剩余权利的存在范围应当限定在一个法域内，超越法域将会造成混淆。一国法域内可以从人民主权原则中推导出剩余权利，因为权利（此处也可叫做“权力”）最终属于人民。凡是法律未加明文规定或禁止的权利应属于人民。同样在国际社会，也要沿着海洋最终属于谁、海洋区域应当如何划分这一思路来考察剩余权利问题。其二，剩余权利论中应包含权利、权力以及义务和责任多层涵义。单纯享受国际法上的权利而不履行国际义务的权利不应存在，“剩余权利论”观点应力戒单纯地“唯权利说”。就沿海国的海洋环境管辖权而言，管辖权既是权力也意味着保护海洋环境的职责。其三，何谓“剩余”？对于权利而言，法律未明文规定或禁止的则为自由，即存在剩余权利；对于权力（公共权力）而言，法律未明文规定或禁止的，权力是否存在乎？如果存在，是否权力共享？还是排他占有？[9]这是本文思考专属经济区剩余权利、尤其是沿海国行使海洋环境管辖权时应恪守的基本认识。

国际法的渊源主要表现为国际条约和国际习惯，一些国际法学者甚至坚持只有条约和习惯是国际法的渊源。[10]而条约与习惯等能否被称之为国际法的渊源，基本条件是得到各国的接受或承认，即“各国的普遍同意确立一般使用的各种规则”[11]。其中蕴含了这样的原则，即各国是通过明示的方式来确定国际法的基本内容，无论该行为是允许的还是禁止的。《公约》的相关条款也体现了这一原则，如第 17 条所有国家都享有无害通过权，第 28 条对外国船舶的民事管辖权中，采用明示的方式列举了沿海国不得从事的行为，均是明确列举各国可以或不得从事的行为。由于《公约》的制定过程更多体现为国家之间的斗争和妥协，因此，《公约》也不得不做出一些含糊其辞的规定。在各国利益冲突的情形下，《公约》对某些事项只进行了原则性规定，甚至有些相关规定之间存在冲突。关于这一部分权利，虽然《公约》规定不明确，但却是各国都“普遍同意”的权利，只是对于权利如何分配、如何行使尚未达成一致意见，有待于日后的国际实践或是进一步协商。日后在国际实践中如何协商达成一致意见，应当秉承《公约》所确定的原则性立场以及国际法一般原理。例如，1959 年签订的《南极条约》确立了冻结主权、和平利用南极以及保护南极环境和生态系统的基本原则，目前的南极生物资源养护议题、南极生物勘探议题甚至未开的南极矿产资源探勘开发议题都不应脱离南极条约所确立的原则框架。

综上所述，可以把《公约》确定权利的方式概括为两种类型：一种是公约明确告知哪些行为是被允许的或者被禁止的；另一种是各国在公约中达成了定纷止争的原则性约定，从而为将来进一步谈判磋商奠定基础，各国可以据以衡量哪些行为应当是《公约》被允许的或者被禁止的。在第一种情形下，可以采用“非此即彼”的逻辑法则理解公约确定的规则，进而解读剩余权利；在后一种情形下，“非此即彼”的逻辑判断则有失浅显，应当运用公约确立的基本原则从整体性、系统性解读各国权利义务的归属。落实到专属经济区范围的海洋环境管辖权问题，鉴于海洋环境具有整体性，海洋污染具有跨界流动性特点，这些特点要求国际社会不分沿海国和其他国家，都应承担起保护海洋环境，防止海洋环境污染和生态损害的义务与责任。因此，在《公约》将海洋环境管辖权赋予沿海国的同时，其他国家也应承担保护海洋环境不受污染的义务。

三、专属经济区中沿海国海洋环境污染管辖权

自20世纪中叶以来，国际社会在防止船舶污染海洋方面开展了大量活动，进行了不懈的努力，但是，海洋污染究竟由谁管辖？如何管辖？莫衷一是。

（一）国际社会关于海洋环境污染管辖权的争议

自从有了领海概念，传统的公海自由原则打开了缺口，沿海国的管辖权扩展至领海。而航行于公海的船舶除了遵守国际法，只服从船旗国的法律管辖，即船旗国管辖权。《1954年国际防止海上油污公约》（以下简称《油污公约》）将船旗国管辖权原则确立下来，该公约第9条规定：“任何缔约国的主管当局，在他领土的港口内，可登上任何上述船舶检查遵照本公约各项规定要求船舶备有的油类记录”。沿海国本是海洋污染的直接受害国，在联合国第三次海洋法会议上，沿海国就其是否应当拥有海洋管辖范围内的污染管辖权与海洋航运大国展开激烈交锋，该议题成为争论最为激烈的议题之一。肯尼亚率先提出草案，厄瓜多尔、萨尔瓦多、巴拿马、秘鲁和乌拉圭五国继后，向大会提出了保护海洋环境的方案。概言之，他们均提出，各国应在其海洋管辖范围内采取一切必要措施，防止或控制污染。从形式上看，这些国家主张的管辖权包含着是对海洋环境承担保护的义务和责任。

但是，美国和苏联等大国坚决反对沿海国的这一主张。1973年，美国向联合国国际海底委员会提交一份关于保护海洋环境的议案草案，主张：“关于来源于海上的对海洋环境的污染，各国应采用执行国际标准的法律和规章，或可采用并执行更高标准。”美国坚持国际标准必须由国际管理局或政府间海事协商组织制定。

争执以达成折中性条款而告终。条款规定，沿海国在专属经济区内可以享有对海洋污染的立法权和管辖权；作为限制条件，上述立法权和管辖权被限定于可通用的国际规则和标准并使其有效的该国的法律和规章。《公约》第211条第5款对此做了规定：“沿海国为第六节所规定的执行的目的，可以对其专属经济区内制定法律和规章，以防止、减少和控制来自船只的污染。这种法律和规章应符合通过主管国际组织或一般外交会议制定的一般接受的国际规则和标准，并使其生效。”《公约》并未阐明哪些规则和标准属于“一般接受的国际规则和标准”，哪些国际组织属于“主管国际组织”。由此可见，有关沿海国海洋污染的管辖权属于有《公约》授权但规定不够明确的，因此，被“剩余权利论”者列入了专属经济区剩余权利之中。

（二）防止和控制海洋环境污染的国际规则和标准

第三次海洋法会议除了屈服于美苏等大国反对肯尼亚等国维护沿海国管辖权主张的压力外，也是着眼于维护全球海洋整体生态观的目的考虑的，有意识地突破沿海国海洋环境污染管辖权的专属性，谋求全球合作和区域治理，达成国际标准和准则，最大效率地保护海洋环境。2012 年 8 月 12 日，联合国秘书长潘基文在韩国丽水出席纪念《联合国海洋法公约》通过 30 周年的国际会议时表示，“海洋是地球上一些最重要却最脆弱的生态系统栖息地，而如今海洋中的生态多样性却遭遇到了前所未有的威胁”。为了更好地保护和合理利用人类赖以生存的海洋资源，潘基文发起了一个名为“海洋契约”的倡议，呼吁各国共同可持续地管理这一宝贵资源，以解决目前面临的威胁。

哪些国际规则和标准属于目前防止和控制海洋环境污染的“一般可以接受的国际规则和标准”？其规定的基本内容有哪些？

（1）绝大多数造成海洋污染的情形是航行船舶的排污行为，如石油、散装有毒液体物质、船舶污水和船舶垃圾等。为应对此类污染，最重要的国际规则是 1954 年的《油污公约》和《1973 年国际防止船舶污染公约》，国际海事组织于 1978 年对后者进行了补充，通过了《1978 年议定书》，二者合并为一个整体，简称为 MARPOL73/78。MARPOL73/78 打破 1954《油污公约》确立的船旗国管辖为主的原则，修改为船旗国、沿海国和港口国三方管辖，分别赋予沿海国和港口国对污染船舶实施检查权和行政处罚权，进而提起司法审查的权力。

《公约》第 211 条对沿海国对船舶的防污管辖权作了特别规定。该条第 4 款规定：“沿海国在其领海内行使主权，可制定法律和规章，以防止、减少和控制外国船只，包括行使无害通过权的船只对海洋的污染。”有关沿海国制定专属经济区内的防污立法问题，该条第 6 款（a）中也做了专门规定：“如果第 1 款所指的国际规则和标准不足以适应特殊情况，又如果沿海国有合理根据认为其专属经济区某一明确划定的特定区域，因为其海洋学和生态条件有关的公认技术理由，以及该区域的利用或其资源的保护及其在航运上的特殊性质，要求采取防止来自船只污染的特别强制性措施，该沿海国即可对该区域制定防止、减少和控制来自船只污染的法律和规章，实施通过主管国际组织使其适用于各特别区域的国际规则和标准或航行办法”。

关于防止、减少和控制船舶污染的法律和规章的执行，《公约》依污染源、污染行为地、海洋环境损害后果以及污染者的态度等情形，规定了“一揽子”方案，即沿海国、港口国、船旗国分别享有独立处理违章船舶的执行权，其中船旗国对船舶的一般违章行为的执行权在某种程度上具有优先性。[12]

（2）海运事故造成溢油已成为目前海洋污染的主要根源。1967 年“托利卡尼翁”号（Torrey Canyon）在位于英法之间的公海触礁造成原油泄漏事故，原油泄漏达 3 800 万加仑，原油漂浮到英法沿岸，造成严重的海洋污染。两国政府花费了 7 000 万美元巨额资金实施公海干预，而国际社会却采取了默认的态度。[13] 鉴于这一恶果，《1969 年国际干预公海油污事件公约》明确规定，有关国家可以在“意识到有必要保护他们的国民利益，使其免于遭受海上事故引起的海上和海岸线油污危险的严重后果”时在“公海上采取必要措施，并且这些措施不影响公海自由原则”。也就是说，针对海洋污染事故，沿海国可以将其管辖权延伸到公海，但仅限于危险且严重而紧迫情形。

（3）对于陆上废弃物、污染物的海上倾倒，《公约》原则性地规定了沿海国管辖权的内容，第210条第5款规定："凡没有得到沿海国的许可，在其领海、专属经济区或者大陆架上面水域进行海上倾倒是不允许的，沿海国有权对这种倾倒做出规定加以控制"。

综上所述，不应过分依赖剩余权利论，尤其是"非此即彼"的判断方式来裁判专属经济区内海洋环境污染管辖权问题。《公约》在明确赋予沿海国专属经济区海洋环境管辖权以及相关义务责任的同时，也要求其他国家以至于国际社会承担保护海洋环境的义务和责任。在具体的义务分担和责任认定上，《公约》从相关国际规则和标准中综合考量权利义务，将问题引入更为广泛的船旗国、港口国和沿海国三方关系[14]中，并且在管辖的依据确定上引入各国遵循国际社会普遍认可的规范，将海洋环境保护问题纳入国际社会共同关注的事项中，呼吁环境治理的国际合作。

四、专属经济区内海洋环境治理的路径选择

1982年的《公约》在专属经济区内海洋环境污染管辖权问题上一定程度上突破了传统单纯的船旗国管辖原则，赋予沿海国和港口国一定的管辖权。《公约》赋予沿海国的管辖权集中在防止污染法律和规章的制定和执行两个方面，而对事后救济的司法管辖权并无专门规定。综上分析，本文认为，专属经济区剩余权利论的有利之处在于，该理论充分关注到沿海国在专属经济区内所享有的主权权利以及管辖权，反映了现代海洋法发展的大趋势。但是，专属经济区内的海洋环境治理除了要依赖沿海国的海洋环境管理之外，更需要通过国际社会共同努力，推进海洋环境全球治理进程。因此，海洋环境治理应当从国内和国际社会两个方面不懈努力。

（一）国家层面

从沿海国方面，首先应当加快已签订的国际条约的国内法转化进程，建立和完善相关国内立法，明确执法依据、执法权限和执法措施，在维护国家权益的前提下尽可能地使国内立法与普遍的国际规则和标准相衔接。其次，应当加强对专属经济区内各种污染海洋行为的监督检查，及时发现，迅速开展执法。

（二）国际层面

在国际社会推进海洋事务国际合作和区域合作。海洋的整体性决定了其环境治理应当采取全球合作方式。海洋环境污染的危害绝不仅仅及于沿海国一国，日本福岛核辐射造成的危害范围到底有多大，目前尚不明了。隔岸观火不利于海洋环境污染的整理治理。近年来，国际社会在治理海洋环境方面采取了一系列行动。国际海事组织（IMO）加快了《MARPOL公约》附则的修订工作。联合国环境规划署（UNEP）历次会议呼吁加快与国际海事机构等组织展开更密切的合作，减少由于航运造成的海洋污染。一些区域性组织如亚太经合组织（APEC）发表声明，敦促各成员经济体承诺加强海洋环境的可持续发展和保护，减轻气候变化对海洋的影响。APEC第23届海洋资源保护工作组（MRCWG）会议讨论通过，成立了APEC海洋可持续发展中心（简称APEC海洋中心）。2011年11月1日，APEC海洋中心揭牌仪式在北京举行。APEC海洋中心是中国

在 APEC 框架下设立的首个海洋合作机制。APEC 海洋中心旨在通过政策研究、决策咨询、研讨培训、对话磋商以及开展示范项目和技术援助等活动，促进 APEC 各成员之间海洋领域的务实合作，加强海洋可持续管理，深化海洋防灾减灾，推动海洋经济合作，实现亚太区域海洋的可持续发展。第四届东亚海大会于 2012 年 7 月 9—13 日在韩国昌原市召开，大会围绕着“建立蓝色经济：东亚海地区的策略、机遇和伙伴关系”主题分别从 5 个方面：在地方层面培育基于海洋的蓝色经济的机遇与挑战；加速创新支持建立基于海洋的蓝色经济；通过海岸带和海洋综合管理确保海洋生态系统服务功能；最佳管理实践；满足海岸带和海洋综合管理能力和制度需求等进行了热烈的研讨。

《公约》作为全球海洋宪章构建了包括专属经济区在内的各种海洋秩序的基本规范，国际社会应秉承和平利用海洋的基本宗旨，以共同关注海洋环境的姿态谋求合作，保护海洋，保护地球。

参考文献

[1] 参见《联合国海洋法公约》第 55 条。

[2] 参见《联合国海洋法公约》第 57 条。

[3] ［日］中村光．专属经济区的法律性质．法学教室，1987，34：16.

[4] 邓正来．王铁崖文选，北京：中国政法大学出版社，1993：124.

[5] 参见《联合国海洋法公约》第 56 条、第 60 条。

[6] 参见《联合国海洋法公约》第 58 条。

[7] 参见《联合国海洋法公约》第 59 条。

[8] 周忠海．周忠海国际法论文集．北京：北京出版社，2006：443.

[9] 美国 1791 年《权利法案》第 10 条规定：“凡宪法未授予合众国政府行使，而又不禁止各州行使的各种权力，均保留给各州政府或人民行使之。”这是针对宪法规定之外的公共权力归属的明确规定。原文为“The powers not delegated to be the United States by the Constitution, nor prohibited by it to the States, are reserved to the States respectively, or the people”。

[10] 王铁崖．国际法．北京：法律出版社，1995. 10.

[11] ［英］伊恩·布朗利．国际公法原理．曾令良、余敏友等译．北京：法律出版社，2003. 3.

[12] 《公约》第 228 条规定：“对于外国船只在提起司法程序的国家的领海外所犯任何违反关于防止、减少和控制来自船只污染的可适用的法律和规章或国际规则和标准的行为诉请加以处罚的司法程序，于船旗国在这种程序最初提起之日起六个月内就同样控告提出加以处罚的司法程序时，应即暂停进行，除非这种程序涉及沿海国遭受重大损害的案件或有关船旗国一再不顾其对本国船只的违反行为有效地执行可适用的国际规则和标准的义务。”

[13] http：//tech. sina. com. cn/d/2010-05-06//07234150470. shtml.

[14] ［法］亚历山大·基斯认为：“沿海国对专属经济区的自然资源的主权权利，就承认了沿海国保护专属经济区海洋环境的管辖权，但仅限于沿海国维护其经济利益。沿海国在专属经济区的环境管辖权不是专属的，船旗国对于悬挂其旗帜、在其他国家专属经济区违反公约义务造成污染的船舶也可以行使自己的管辖权。”［法］亚历山大·基斯．国际环境法，张若思编译．北京：法律出版社，2000：172.

促进南海油气资源共同开发的法律对策

张丽娜*

摘　要：争议海域油气资源开发的最佳解决途径是共同开发，但南海争议海域油气资源共同开发却困难重重，面对这种困境，我国应该积极采取应对措施，促进争议海域油气资源的共同开发。首先，我国应进一步明确南海断续线内水域的权利主张。明确的权利主张对确定争议海域、争议主体以及共同开发区块具有重要意义；其次，我国应加强单方开发的力度，与周边国家相比，我国在南海的单方开发活动尚不充分。这对争议海域共同开发的推进十分不利，所以我国必须加强单方开发行为，以促进共同开发协议的达成；最后，我国应正确对待先存权问题。由于众多国家的石油公司已经深度参与了南海争议海域的油气资源开发活动，所以，在未来的共同开发中必须坚持公平原则，处理好先存权问题。

关键词：油气资源；共同开发；断续线；单方开发；先存权

南海蕴藏着丰富的油气资源，同时由于南海是个半封闭海，周边国家对南海提出的权利主张重叠比较严重，资源争夺也愈演愈烈。此种情况下，如何处理好油气资源开发问题也变得非常迫切。根据国际海洋争端解决的实践经验，争议海域油气资源开发的最佳解决途径是共同开发。这既符合《联合国海洋法公约》的精神，也契合了我国的一贯主张，即“搁置争议，共同开发”。但从目前的实际状况看，南海油气资源共同开发的进程不容乐观。我国的主张并没有得到南海周边国家的积极响应。究其原因，可以看出：①周边国家根据《联合国海洋法公约》（以下简称《海洋法公约》）主张其在南海海域的权利，从而质疑甚至是忽视我国根据“断续线”所主张的权利；②南海周边国家一刻也没有停止在南海的油气资源单方开发活动，从而无视我国提出的“共同开发”倡议。③众多国家的石油公司参与了南海油气资源的开发活动，从而使得未来的共同开发变得愈加复杂。针对这种情况，我国必须积极采取有力的应对措施，促进南海争议海域油气资源的共同开发。

---

* 张丽娜，女，辽宁新民人，中国海洋发展研究会理事；海南大学法学院教授，博士生导师。主要从事国际经济法学和海洋法学研究。

一、明确“断续线”内水域的权利，促进南海油气资源共同开发

（一）我国在南海进行油气资源勘探开发的权利依据——“断续线”

由于我国在南海进行油气资源勘探开发的权利依据是“断续线”，所以有两个问题必须明确：其一，“断续线”的合法性；其二，我国在“断续线”内水域享有的权利。

1. 关于“断续线”的合法性问题

南海周边国家反对我国在南海的油气资源勘探开发权，主要观点是认为南海“断续线”不符合《海洋法公约》的规定，不具有合法性。对此问题，我们可以从以下方面进行分析：首先，南海“断续线”与《海洋法公约》的关系。众所周知，《海洋法公约》是1982年12月10日在牙买加的蒙特哥湾召开的第三次联合国海洋法会议上通过，并于1994年生效的国际公约，是各国主张海洋权利的重要国际法依据。南海“断续线”最初出现在1947年中国政府发行的一份内部地图中，1948年2月，中国政府通过商务印书馆出版发行了《中华民国行政区域图》，刊登了1947年那份内部地图的内容。从时间上看，南海“断续线”早在《海洋法公约》签订并生效前就已经存在。所以，南海“断续线”产生的依据不可能是《海洋法公约》，根据《海洋法公约》判定“断续线”的合法性是荒谬的。其次，“断续线”产生的依据。应该说，“断续线”的产生有着深刻的历史背景。据考证，早在公元前2世纪中国人就开始在南海航行，发现了西沙群岛、南沙群岛，并对其进行开发和经营。北宋以来的历代政权均将西沙群岛置于自己的管辖范围。1948年中国政府公布《中华民国行政区域图》将南海诸岛及其附近海域明确划入其管辖范围。南海“断续线”产生后至2009年间，南海周边国家均未对中国“以主权名义”所颁布和实施的“断续线”提出任何抗议，由此推断，相关国家对南海之情势普遍予以容忍或默许，使得“断续线”的地理位置及其作用实现了“历史性巩固”。[1]承认与默认均产生禁止反言的法律效果。由此可见，“断续线”产生的法律依据应为包括发现与占领，默认、承认与禁止反言等在内的习惯国际法。[2]所以，我国南海“断续线”的产生具有充分的法律依据。

2. 我国对南海“断续线”内岛屿及水域的权利主张

“断续线”的产生具有合法性，那么，我国对“断续线”内岛屿和水域拥有什么样的权利呢？这些权利是否可以作为我国勘探开发南海油气资源的法律依据呢？目前来看，我国对南海“断续线”内的权利主张具体表现在以下方面。

（1）我国的南海声明

我国对南海的声明一贯为“中华人民共和国对于南海诸岛及其附近海域拥有无可争辩的主权”。根据该声明，可知以下问题：①我国对南海诸岛的权利主张是十分明确的，即我国对南海诸岛，包括南沙群岛、东沙群岛、中沙群岛和西沙群岛主张“主权”；②我国对南海诸岛附近水域的权利主张是明确的，即对这些岛屿的附近水域主张“主权”。但该声明中没有明确以下问题：①附近水域的范围有多大？即我国对岛屿附近多大范围的水域主张主权？②“断续线”内的水域是否均为“附近水域”，如果不是，那么我国对“断续线”内其他水域的权利主张什么？

（2）我国关于领海基线的声明

1996 年，根据《中华人民共和国领海及毗连区法》发布了《中华人民共和国政府关于领海基线的声明》，该声明明确宣布了我国大陆领海的部分基线和西沙群岛的领海基线。这样看来，西沙群岛内水域及其附近水域的法律性质相对清晰起来，我国在此水域的权利主张也变得较为明确。但同时，其他几个群岛由于没有划定领海基线，其周边海域的权利性质问题没有得到相应解决，我国的权利主张也没有体现出来。

以上事实表明，我国对南海“断续线”内的权利主张具有一定的模糊性，这无疑会对南海油气资源的共同开发产生一定的消极影响。

（二）明确“断续线”内水域的权利主张对南海油气资源共同开发的推动意义

应该说我国对“断续线”内水域的权利主张对南海油气资源共同开发具有重要意义。

1. 明确的权利主张有利于争议海域的确定

从国际共同开发的实践看，“共同开发”有两种情况，其一是跨界共同开发，即界限已经确定情况下的共同开发；其二是争议海域共同开发，即划界前在主张重叠区的共同开发。南海油气资源的共同开发显然属于后者，也就是说在南海海域进行油气资源共同开发完全是处理争议海域油气资源开发问题的权宜之计。既然如此，该类共同开发就应在有争议的海域进行。而争议海域产生于不同国家的权利主张，所以权利主张的明确性是确定争议海域的基础，从而构成油气资源共同开发的基础。

2. 明确权利主张有利于共同开发区块的选择

在油气资源共同开发中，选择开发区块是关键。争议海域共同开发区块的选择不同于跨界共同开发区块的选择。争议海域油气资源共同开发区块一般选择在权利主张的重叠区域，该区块可以是整个争议区，也可以是争议区的一部分。所以，从这个角度讲，共同开发区的选择是建立在明确的权利主张基础之上的。

3. 明确权利主张有利于确定共同开发的主体

明确的权利主张不仅能够确定争议海域，同时也能确定争议的当事方，从而明确共同开发的主体问题。在争议海域进行共同开发，需要考察参与方的主体适格性问题。从理论上讲，争议海域的产生是由于不同国家对同一海域主张权利，从而导致权利重叠。因此，就同一海域提出明确权利主张的主体都有资格参与共同开发活动。所以共同开发协议应该在适格的主体之间订立，否则共同开发协议的合法性便会受到质疑。实践中，这样的例子并不少见。

（三）我国明确“断续线”内水域权利主张时应考虑的问题

1.《联合国海洋法公约》规定的油气资源开发权

根据《海洋法公约》规定的海域制度，海洋被人为地划分为领海、毗连区、专属经济区、大陆架、公海，而国家在这些海域所享有的权利是不同的。《海洋法公约》将海洋油气资源勘探开发权规定在专属经济区制度和大陆架制度中。《海洋法公约》第 56 条（a）规定，沿海国在专属经济区内有“以勘探和开发、养护和管理海床上覆水域和海床及其底土的自然资源（不论为生物或非生物资源）为目的的主权权利，以及关于在该区内从事经济性开发和勘探，如利用海水、海流和风力生产能等其他活动的主权权利……”同时，《海洋法公约》第77条规定，沿海国对大陆架的权利包括：“1. 沿海国为勘探大陆架和开发其自然资源的目的，对大陆架行使主权权利。2. 第1款所指的权利是专属性的，即：如果沿海国不勘探大陆架或开发其自然资源，任何人未经沿海国明示同意，均不得从事这种活动。3. 沿海国对大陆架的权利并不取决于有效或象征的占领或任何明文公告。4. 本部分所指的自然资源包括海床和底土的矿物和其他非生物资源，以及属于定居种的生物，即在可捕捞阶段在海床上或海床下不能移动或其躯体须与海床或底土保持接触才能移动的生物……”由于专属经济区的范围是从领海基线量起不超过200海里，而大陆架的范围也是从领海基线量起，不到200海里的，扩展到200海里，有些国家还拥有外大陆架。以此推断，领海和毗连区就被专属经济区和大陆架所覆盖，因此，无需质疑，沿海国在领海和毗连区当然拥有油气资源勘探和开发的权利。据此可以认为，沿海国在其领海、毗连区、专属经济区和大陆架上享有海洋油气资源的勘探开发权。

2. 《联合国海洋法公约》对“断续线”内水域权利的影响

《海洋法公约》产生之前，我国就拥有了在“断续线”内从事各种海洋活动的历史性权利。但由于我国已经加入和批准了《海洋法公约》，所以《海洋法公约》对我国在南海“断续线”内的权利主张具有一定的影响。根据有关的国际法理论，“创设权利的行为应依据权利产生时的有效法律，权利的持续存在须符合法律在演进中的要求”。“断续线”内的权利内容可能已随着海洋法发展影响下的《海洋法公约》而有所演进。[3]另外，“断续线”内的历史性权利也是一个开放的概念，其内容必然随着国际海洋法和国内海洋法制度的发展而不断地丰富和完善。所以，我国在“断续线”内的权利绝不限于传统的渔业开发权和航行权，其应该包括《海洋法公约》所规定的各类主权、主权权利和管辖权。所以，我国在南海“断续线”内的权利主张必定包括《海洋法公约》所规定的油气资源勘探开发权。另外，我们也应注意到，未来海洋法发展过程中赋予沿海国的其他权利，我国同样有权主张。

二、强化单方开发活动，促进南海油气资源共同开发

（一）南海周边国家单方开发行为考察

1. 我国在南海油气资源开发活动现状

我国在南海的油气资源开发主要集中在南海北部靠近大陆架的浅水区域，包括莺歌海盆地、北部湾盆地、珠江口盆地以及琼东南盆地，而在北纬17°以南的海域基本上没有涉足，作业的水深大都在300米以内。[4]从当前情况看，除了南海北部的油气资源开发外，我国在南海其他海域的油气资源勘探开发活动并不充分。值得关注的开发活动主要体现在以下事件中：

其一，中国海洋石油总公司（以下简称“中海油”）与美国克里斯通公司在万安盆地的合作开发。1992年，中海油与美国克里斯通公司签署了《“万安北-21”石油开

发合同》。该合同区总面积25 155平方千米，并在其东部划出5 076平方千米的预留区。但是由于越南的百般阻挠，这一开发活动被迫中止。2010年，克里斯通公司被美国奔腾石油公司兼并，更名为哈维斯特公司。“万安北-21”合同仍然有效，但至今一直处于搁置状态。

其二，中海油在南海的招标。2012年6月23日，中海油发布了“2012年中国海域部分对外开放区块公告”，中海油宣布在南海地区对外开放9个海上区块，供与外国公司进行合作勘探开发。这9个区块的水深在300米至4 000米之间，总面积160 124.38平方千米，其中7个区块位于中建南盆地，2个区块位于万安盆地与南薇西盆地部分区域。26日，中国外交部表示，中国企业公布有关油气招标区块是正常的企业行为，符合有关的中国法律和国际惯例；对于在南海存在的分歧和争议，中方的立场没有变化，将继续致力于通过谈判协商妥善解决，包括积极推进共同开发和合作。同日，越南外交部称，中海油对外招标的油气区块位于越南200海里专属经济区和大陆架内，中方在越南专属经济区和大陆架内进行对外招标的做法是非法和无效的，严重侵犯了越南主权和管辖权；越南强烈反对并要求中方立即取消上述错误的招标活动，不再采取使南海局势复杂化、争端扩大化的行动。

其三，“海洋石油981”钻井平台事件。“海洋石油981”深水半潜式钻井平台，于2008年4月28日开工建造，是中国首座自主设计、建造的第六代深水半潜式钻井平台，由中海油全额投资建造，是世界上首次按照南海恶劣海况设计的，能抵御200年一遇的台风。中海油拥有该船型自主知识产权。2012年5月9日，“海洋石油981”在南海海域正式开钻，是中国石油公司首次独立进行深水油气的勘探，标志着中国海洋石油工业的深水战略迈出了实质性的步伐。而“海洋石油981”钻井平台事件始于中国海事局5月2日的航行警告《琼航警14033》，其宣布“海洋石油981”船在以北纬15°29′58″、东经111°12′06″为圆心，1海里为半径范围内进行钻井作业，禁止驶入。5月4日，新的《琼航警14034》将禁区范围扩大至3海里半径。“海洋石油981”平台在这一海域进行油气勘探，获得了相关地质数据，并发现了油气显示。尽管这一作业过程中遭到了越南方面的强力干扰，但中国政府采取了有效的反制措施，确保了勘探工作按计划实施，7月，“海洋石油981”钻井平台完成了勘探任务，撤离了该区域。

2. 其他国家在南海的单方开发活动

越南在南海的油气资源开发活动一直非常活跃，2008年以来，其石油勘探和生产活动主要集中在九龙盆地（湄公盆地）和南昆山盆地（万安盆地）内。马来西亚的油气勘探活动主要集中在曾母盆地巴林坳陷和南康台地、文莱三角洲西部及文莱—沙巴盆地的沙巴近海区，天然气主要产自马来西亚的沙捞越、沙巴附近海域。其中在我国传统海疆界限内开发了2个油田、8个气田及1个油气田。菲律宾在中国南沙海域的油气勘探活动主要集中在西-北巴拉望盆地及礼乐滩盆地，其主要油气田包括：马兰帕亚油田、Galoc油田以及Calauit油田、Sampaguita气田。2009年初，菲律宾国会通过“3216号法案”，试图将菲律宾群岛基线扩大到南沙群岛，进而进一步扩大其大陆架和专属经济区范围，将更多的油气资源圈进自家地盘。此后，对南沙油气的勘探开发进一步加大。2009年8月，菲律宾政府批准菲律宾国家石油公司与Forum Energy公司合作，勘探中国南沙礼乐滩海域GSEC-101区块的油气田，这一区块完全伸入中国南海传统疆域，同时位于中菲越三方合作区块之内。文莱的油气勘探开发活动主要集中在文莱-巴沙盆地。从20世纪90年代中期开始，勘探活动逐步向该盆地以北的深水区推进，深入到中国南沙海域，并获得一系列油气新发现。至目前为止，文莱已在该盆地内发现了13个油气田，其中8个位于我国传统海域疆界线以内。

3. 小结

与南海周边国家相比，我国在南海的单方油气开发行为尚不充分。我国在南海争议海域尚未进行实质性质的油气资源开发活动，中海油与外国公司的石油开发合同没有得到充分履行，其在南海的国际招标活动没有取得实质性进展。这使得我国在南海争议海域的油气资源开发一直处于被动状态，这种局面至今没有改观。我国倡导的争议海域油气资源共同开发没有得到周边国家的积极响应，各国的观望和消极态度仍然十分明显。针对这种情况，我国必须重视单方油气开发行为，促使其他国家正视争议海域的存在，积极寻求切实可行的资源共享措施，使得争议海域的共同开发活动有实质性突破。

（二）加强单方开发活动对推动南海油气资源共同开发的意义

相对于其他国家相比，我国在南海的油气资源勘探开发活动尚不够充分。重视和加强单方开发活动对推动南海油气资源共同开发具有重要意义。

1. 加强单方开发，可以宣示我国在南海的主权

在某些海域进行油气资源开发标志着国家在这一海域拥有主权或主权权利。我国一直以来主张在南海断续线内的主权、主权权利和管辖权，这种主张主要是通过我国的南海声明、国内立法、照会，以及对周边国家某些行为的抗议等方面表现出来的。比如，针对2009年5月6日越南与马来西亚向大陆架界限委员会提交的联合划界案，我国在5月7日的照会中指出“中国对南海诸岛及其附近海域拥有无可争辩的主权，并对相关海域及其海床和底土享有主权权利和管辖权……”这种主张表现在书面上或口头上，有时并不能真正引起南海周边国家的重视，所以我国有必要采取切实的海上开发活动以宣示我国在南海的权利，油气资源开发活动无疑是强有力的主权宣示行为。

2. 加强单方开发，可以促使周边国家正视争议海域的存在

南海周边国家无视我国“断续线”的存在，大肆开发南海“断续线”内的油气资源。特别是我国提出共同开发建议时，常常碰到的问题是：这些国家否认某些争议海域的存在。如我国在和菲律宾谈判礼乐滩的共同开发时，菲律宾否认礼乐滩存在争议；我国和越南谈判万安盆地共同开发时，越南同样否认万安盆地为争议海域。面对这种窘境，我国必须采取有效措施，强化在这些海域的单方开发行为。只有这样，才能唤起这些国家的清醒认识，承认这些争议海域的存在，从而促进共同开发协议的达成。

3. 加强单方开发，可以增加在共同开发谈判中的砝码

通常情况下，共同开发是通过各方签订共同开发协定而进行的。无论是争议海域，还是非争议海域，共同开发均需要各方进行艰苦的谈判才能达成共同开发协定，谈判中需要考虑的因素众多，但某一方的先行开发行为，以及在该海域已经取得的利益必然会

被考虑并得到尊重。所以，加强单方开发行为，对我国日后的共同开发谈判至关重要，单方开发行为可以使我国在共同开发协议的谈判中争取到更多的利益。

三、正确处理先存权问题，促进南海油气资源共同开发

（一）对先存权处理的有关理论及实践

先存权（pre-existing right），也译为既存权，是指在共同开发区划定之前，争议相关国家按照其本国法律授权企业等开发实体在共同开发区内从事勘探或开采自然资源活动，这些实体所享有的特许权利即先存权。

从理论上讲，在达成共同开发协议之前，双方均不承认对方的权利要求，因此在一方看来，另一方的权利是不存在的。根据《联合国海洋法公约》第 83 条第 3 款关于“在此过渡期间内，（各国应）不危害或阻碍最后（划界）协议的达成”的规定，某些单方开发行为应当是不符合公约规定的，具有违法性。争议当事国一方完全可以否定对方开发行为的效力，对对方所颁发的任何特许均不予认可，特别是如果其自身没有在该区域进行单方开发。但如果完全否认先存权的效力，可能会导致共同开发协议的谈判陷入僵局。[5] 处理好先存权问题对共同开发具有重要意义。

在实践中，各国对先存权的处理方式有两种：一种是不正式承认共同开发区现有任何一方所颁发的许可证持有人所提出的先存权，而要求具有先存权的许可证持有人在协定规定的新条件下参加勘探开发活动。苏丹和沙特阿拉伯的共同开发、日本和韩国的共同开发均属于此种情况。1974 年 5 月，苏丹和沙特阿拉伯签订了共同开发红海的协定，而此前，苏丹已向德国等公司颁发了勘探许可证，所以共同开发协定规定要依“本协定建立起来的制度对此项事物做出决定”。在日本和韩国的共同开发中，日韩双方都在各个分区块上是共同发证人，另一国可以向既有持证人重新颁发许可证。通过这样的机制，一方面从法律上明确了先存权的地位，另一方面在实际操作中也非常灵活。另一种对先存权的态度是明确承认先存权。泰国和马来西亚的共同开发便是如此。1979 年泰马谅解备忘录规定，联合委员会的权利和义务不影响或削弱任何一方迄今发出的特许证或执照协议。所以从总体上看，不管采用哪种处理方式，已有的共同开发实践对先存权的总体态度是承认的。

（二）南海油气资源共同开发中的先存权问题

基于先存权的理论与实践，我们必须正视南海油气资源共同开发中的先存权问题，因为从目前看，众多国家的石油公司已经深度参与了南海油气资源的单方开发活动。

1. 越南

越南在南海油气资源开发活动主要是采用与外国公司合作的形式，参与这种合作的公司包括荷兰壳牌集团（Shell）、法国道达尔公司（Total）、英国石油公司（BP）、美国康菲石油公司（Conoco Phillip）、美国优尼科公司（Unocal）、美国雪佛龙公司（Chevron）、美国埃克森美孚国际公司（Exxomobil）、日本出光公司（Iippon Oil）、韩国国家石油公司（KNOC）、日本三菱公司（Mitsubishi）、美国力生公司（Nexen）、日本新日矿集团（Nippon Oil）、印度石油天然气公司（ONGC Videsh）、马来西亚炼油公司

旗下子公司勘探公司、英国普利尔石油公司（Presmier）、泰国石油勘探公司、澳大利亚桑托斯石油公司（Santos）、挪威国家石油公司（Statoil ASA）、加拿大塔利斯曼公司（Talisman）、俄罗斯石油公司（Zarubezhneft）等。

2. 马来西亚

马来西亚与外国石油公司的合同是以租借地为基础，然后签订产量分成合同。参与了马来西亚石油开发的外国公司包括：英国石油公司、美国康菲石油公司、美国埃克森美孚公司、美国阿美拉达赫斯公司（Amerada Hess）、日本三菱公司、美国墨菲石油公司（Murphy Oil）、美国新田石油勘探公司（Newfield Exploration）、日本新日矿集团、荷兰壳牌集团以及加拿大 Talisman Energy 公司等。

3. 菲律宾

参与菲律宾油气资源勘探开发的外国公司包括：英国石油公司、美国雪佛龙石油公司、美国德士古公司（Texaco）、中国海洋石油总公司（CNOOC）、美国埃克森美孚公司、英国福伦能源公司（Forum Energy）、日本丸红株式会社（Marubeni）、印度尼西亚 Mitra Energy 公司、越南国家石油公司（Pettrovietnam）、荷兰壳牌集团、澳大利亚 Tap Oil 公司、英国普利尔石油公司、墨菲石油公司、澳大利亚奥托能源公司（Otto Energy）。

4. 文莱

目前获得文莱勘探和开采油气权利的外国公司主要有：文莱壳牌石油公司、文莱液化天然气公司（Brunei Liquefiel Natural Gas Sdn Bhd，BLNG）、法国道达尔公司（Toal）和壳牌深海婆罗洲公司（Shell Deepwater Borneo Ltd）。

5. 印度尼西亚

到目前为止，与印度尼西亚合作的国际石油公司包括：美国康菲石油公司、中国海洋石油总公司、英国普利尔石油公司、法国道达尔公司、英国石油公司、美国雪佛龙公司、美国埃克森美孚公司等。[6]

据统计，目前在南海地区拥有石油承租权并从事油气勘探和开采的国际石油公司大约有 200 多个，南海油气资源开发活动的国际化趋势十分明显。这些石油开发活动，有些是处于南海的无争议海域，有些处于争议海域。对于争议海域的这些油气资源开发活动，从目前看均属于单方开发行为。如果日后在该海域进行共同开发，必然会涉及先存权问题。

（三）南海油气资源共同开发中先存权问题的应对

从南海油气资源开发的现状看，先存权问题是不能回避的，在推动南海油气资源共同开发时，必须认真对待先存权问题。

1. 总体原则的把握——公平

公平原则既是国家之间交往的基本原则，也是处理国际经济关系的基本原则。争议海域油气资源的共同开发既涉及国家与国家之间的政治关系和外交关系，同时也涉及不同利益主体之间的经济关系，处理好这些复杂的关系，必须秉承公平原则。

先存权不仅涉及国家之间在争议海域的共同开发问题，同时也涉及不同利益主体之间的诸多复杂关系。海洋油气资源开发的风险性极大，成本投入极高，所以，如果石油企业的特许权利不能获得法律的有效保护，对其是严重的不公平。另外，如果共同开发协议完全否定已经存在的特许权，还可能引发特许权人与政府之间的有关争议，相关国家可能面临着国内诉讼、国际仲裁甚至是特许权人本国提出的外交保护或国际诉讼。这对共同开发协议的参与方也是不公平的。因此，在南海油气资源共同开发中，必须秉承公平原则，兼顾各方的利益。

另外，对先存权的具体处理方式，需要区别对待，以便做出公平合理的安排，这里可以分为以下三种情况：第一种情况，先存权所涉及的油气田已经进行了商业开发，或具有商业前景，后参与开发者应该与先存权方进行协商，并对已经投入的开发费用进行补偿，同时为了获得相应的权益比例，应向开发实体进行注资。第二种情况，先存权方的勘探活动并没有发现商业性油气储藏，并且特许权期限临近届满，此种情况下，无需其他方参与，但如果涉及勘探资料和信息的分享问题，也应该支付必要的费用。第三种情况，先存权方没有发现商业性油气储量，但其特许期限仍然较长，此时应做出共同勘探的安排，后参与方应提供适当的补偿。

在处理先存权问题时应兼顾各方利益，使得油气资源共同开发对双方或多方都是有利的，只有这样才能促成协议的达成。

2. 强化我国的先存权

为了应对先存权问题，最大限度维护我国的国家利益，在目前阶段，应利用共同开发现实之前的这段时间，加大对南沙海域的勘探和开发力度，确立我国在未来共同开发中的先存权。在未来共同开发协议中，应对先存权问题进行明确的规定。由于我国是南沙海域开发的后来者，在先存权问题上利益远小于相关国家，因此应对先存权问题进行较严格限制，但同时也要符合公平原则，以便利共同开发谈判的进展。对于对方国家特许的区块，如果其已经或即将进入商业性开采阶段，可约定对许可证进行更新，在公平补偿的基础上允许其他参与国开发实体参与开发。而对于尚未发现商业开发价值油气资源的区块，应将特许主体变更为共同开发协议规定的主体，使其他参与国从其中承担风险分享收益。[7]

四、结语

从目前形势看，南海油气资源共同开发仍然任重而道远，作为南海争端的重要当事方，我国在南海的权益不容忽视。如何在现有法律框架下，采取必要可行的措施，促进南海油气资源的共同开发是当务之急。所以，我国在“断续线”内的权利主张有必要在法律的框架下进一步明确。无论是主权还是主权权利，都是沿海国进行油气资源勘探开发的重要依据。同时由于南海周边国家不断单方面的大力勘探开发南海的油气资源，并对我国提出的共同开发建议消极应对，所以我国必须采取积极的措施，进一步强化我国在南海争议海域油气资源的单方勘探开发活动。这不仅能够起到宣誓主权的作用，更能够使周边国家意识到中国参与南海油气资源勘探开发的能力与态度，从而推动南海争议海域的共同开发。另外从处理先存权的理论和实践中看，强化我国在南海争议海域的先存权，对于日后的共同开发也具有相当重要的价值和意义。

参考文献

[1]　高之国，贾兵兵．论南海九段线的历史、地位和作用．北京：海洋出版社，2004：35.

[2]　高之国，贾兵兵．论南海九段线的历史、地位和作用．北京：海洋出版社，2004：39.

[3]　高之国，贾兵兵．论南海九段线的历史、地位和作用．北京：海洋出版社，2004：38.

[4]　刘峰．南海油气资源开发与合作．新东方，2010，(6)：21.

[5]　张辉．中国周边争议海域共同开发基础问题研究．武大国际法评论，2013，(1)：50.

[6]　曹云华，鞠海龙．南海地区形势报告．北京：时事出版社，2012：64、69、71、73、75.

[7]　张辉．中国周边争议海域共同开发基础问题研究．武大国际法评论，2013，(1)：59.

论文来源：本文原刊于《南海学刊》2015 年 3 月 01 期，第 82-88 页。

基金项目：国家社会科学基金项目（12BFX128）；

中国海洋发展研究会项目（CZMAZD201405）。

论国际海洋法律秩序的变革

——以“21世纪海上丝绸之路”建设为视角

杨泽伟 *

摘　要：以《联合国海洋法公约》为核心的国际海洋法律秩序，在历史性权利、岛屿与岩礁制度等方面存在严重缺陷。“21世纪海上丝绸之路”建设为中国参与国际海洋法律秩序的变革提供了重大的战略机遇。在“21世纪海上丝绸之路”建设过程中，我们可以通过召开审议《联合国海洋法公约》会议或订立专门的补充协定以及主导区域内海洋管理合作法律制度的构建等方式推动国际海洋法律秩序的变革。

关键词：“21世纪海上丝绸之路”建设；国际海洋法律秩序；《联合国海洋法公约》

2013年10月，中国国家主席习近平在访问东盟国家期间提出了共建“21世纪海上丝绸之路”的重大倡议，得到了国际社会的高度关注。“21世纪海上丝绸之路”重点方向是“从中国沿海港口过南海到印度洋，延伸至欧洲，从中国沿海港口过南海到南太平洋”；其框架思路为“海上以重点港口为节点，共同建设通畅安全高效的运输大通道”；其合作的主要内容是实现“政策沟通、设施联通、贸易畅通、资金融通、民心相通”[1]。可见，“21世纪海上丝绸之路”建设与国际海洋法律秩序密切相关。换言之，国际海洋法律秩序的变革既是“21世纪海上丝绸之路”建设的需要，也有利于维护中国的国家利益。因此，分析当代际海洋法律秩序的缺陷，探讨在“21世纪海上丝绸之路”建设过程中如何推动国际海洋法律秩序的变革，无疑具有重要的理论价值和现实意义。

一、国际海洋法律秩序的建立及其缺陷

（一）国际海洋法律秩序的建立

建立国际海洋法律秩序的尝试，始于1930年海牙国际法编纂会议。[2]然而，这次会议的成果极其有限，仅就领海的地位问题达成一致，而在领海宽度问题上存在很大的分

* 杨泽伟，中国海洋发展研究会理事，武汉大学珞珈杰出学者，法学博士，国际法研究所与“国家领土主权与海洋权益协同创新中心”博士生导师。

歧，同时毗连区问题也未能解决。[3]第二次世界大战以后，在联合国的主持下，开始了海洋法的正式编纂。1958年第一次海洋法会议制定并通过了四个公约，即《领海与毗连区公约》《公海公约》《捕鱼和养护公海生物资源公约》以及《大陆架公约》，从而加快了国际海洋法律秩序的建立。

1982年第三次海洋法会议签署的《联合国海洋法公约》（以下简称《公约》）对海洋法领域的几乎所有问题都做了规定，涉及12海里领海宽度、200海里专属经济区、海峡通行权利、大陆架的界限、国际海底的勘探和开发制度以及海洋环境保护、海洋科学研究等。《公约》是当代国际外交的一次突出成就，是一个比以往国际条约更广泛的多边条约。它体现了世界各国特别是广大发展中国家的共同愿望，是当代国际社会关系海洋权益和海洋秩序的基本文件，确立了人类利用海洋和管理海洋的基本法律框架，标志着当代国际海洋秩序的建立，被誉为“海洋宪章”（Constitution for Oceans）[4]。以《公约》为核心的当代国际海洋法律秩序，“对于维护和平、正义和全世界人民的进步”具有重要的历史意义，有利于“国际交通和促进海洋的和平用途，海洋资源的公平而有效的利用，海洋生物资源的养护以及研究、保护和保全海洋环境”[5]。

（二）国际海洋法律秩序的缺陷

虽然《公约》是第三次联合国海洋法会议历经9年艰苦谈判，经过不同利益集团之间的斗争和妥协所取得的结果；它基本上满足了各方的关切，体现了世界各国的共同愿望。[6]然而，作为调和、折中的产物，以《公约》为核心的当代国际海洋法律秩序存在以下3个方面的缺陷。

1. 缺乏明确界定，留下“法律真空”，如历史性权利、岛屿与岩礁等

（1）历史性权利。《公约》涉及历史性权利的条款主要有第10条、第15条和第298条。其中，第10条“海湾”第6款规定：“上述规定不适用于所谓‘历史性’海湾，也不适用于采用第7条所规定的直线基线法的任何情形”。第15条“海岸相向或相邻国家间领海界限的划定”指出：“如果两国海岸彼此相向或相邻，两国中任何一国在彼此没有相反协议的情形下，均无权将其领海伸延至一条其每一点都同测算两国中每一国领海宽度的基线上最近各点距离相等的中间线以外。但如因历史性所有权或其他特殊情况而有必要按照与上述规定不同的方法划定两国领海的界限，则不适用上述规定”。《公约》第十五部分第298条第1款（a）（1）的内容为：“关于划定海洋边界的第15、第74和第83条在解释或适用上的争端，或涉及历史性海湾或所有权的争端，但如这种争端发生于本公约生效之后，经争端各方谈判仍未能在合理期间所达成协议，则做出声明的国家，经争端任何一方请求，应同意将该事项提交附件Ⅴ第2节所规定的调解；此外，任何争端如果必然涉及同时审议与大陆或岛屿陆地领土的主权或其他权利有关的任何尚未解决的争端，则不应提交这一程序。”从上述有关条款的规定可以看出，《公约》并没有明确界定什么是“历史性海湾”（historic bays）、“历史性水域”（historic waters）或“历史性权利”（historic title）。不过，有学者认为，历史性权利一般包含以下构成要素：沿海国在相当长的时间里一直在该海域行使国家权力、其他国家对沿海国的这种权利予以默认、该海域对沿海国的国家利益至关重要等。[7]历史性权利

主张实质上就是沿海国为了构建一个例外规则，而这个规则不同于按照几何学和地理学来确立国家管辖海域的标准。目前虽然历史性权利的法理依据还存在较大争议，但是不少国家都已提出了历史性权利的主张[8]，一些国际司法实践也肯定了历史性水域的存在。因此，进一步明确历史性权利的内涵、填补《公约》的漏洞，就显得尤为重要。

（2）岛屿与岩礁。《公约》第121条虽然对"岛屿制度"专门做了规定，但是这一条款既没有对"岛屿"、"岩礁"做出明确的界定，也没有对"维持人类居住或其本身的经济生活"规定具体的标准，因而造成在理论和实践中的诸多分歧。从理论方面来看，学者们对《公约》第121条有不同的解释。例如，戴克（Jon M. Van Dyke）、布鲁克斯（Robert A. Brooks）和伊利（Northcut Ely）等认为，《公约》第121条应按照《维也纳条约法公约》第31条"依照其用语按上下文并参照条约的目的及宗旨所具有的通常意义善意解释"，因此不能维持常住50人以上生活的小岩礁，就不能主张其专属经济区或大陆架，否则就与《公约》宗旨不符。[9]而查尼（Jonathan I. Charney）主张对《公约》第121条做宽泛的解释，并认为岩礁是岛屿的一种，只要证明岩礁"能维持人类居住"或者"能维持其本身的经济生活"，二者居其一就可以主张其专属经济区或大陆架。[10]就国际实践来说，中国和韩国先后对日本涉及"冲之鸟"部分的划界案提出外交照会，认为"冲之鸟"属于《公约》第121条第3款所规定的岩礁，不具有岛屿的法律地位，不具备主张专属经济区和大陆架的权利基础，更不可能主张200海里外大陆架。[11]总之，《公约》第121条的模糊性以及缺乏对该条的权威解释，导致了各国有关实践的不一致。特别是一些国家向大陆架界限委员会提交的划界案，更加剧了对《公约》第121条的解释和适用的复杂性。因此，如何界定"岛屿"与"岩礁"，如何制定"维持人类居住或其本身的经济生活"的标准，不但涉及《公约》的完善与发展，而且与包括南海在内的海域划界和岛屿主权争端的解决密切相关。正如有学者所指出的："解决南海争议的一个关键步骤，是决定在西沙和南沙地区的小岛是否可以拥有超过12海里领海的要求，如果回答是肯定的，那么有多少小岛可拥有如此要求。《公约》对此无明确的规定，法学家也看法不一。"[12]

2. 有关规定模糊，造成较大争议，如专属经济区的军事活动、海岸相向或相邻国家间海域的划界问题等

（1）专属经济区的军事活动问题。《公约》第五部分专门规定了"专属经济区"制度。然而，《公约》仅仅采用列举的方式规定沿海国和其他国家在专属经济区的权利和义务，不可能穷尽所有活动。因此，随着国际关系的发展变化，《公约》在这方面的缺陷日益明显。

第一，对在其他国家的专属经济区进行军事活动有争议。《公约》第58条第1款规定："在专属经济区内，所有国家，不论为沿海国或内陆国，在本公约有关规定的限制下，享有第87条所指的航行和飞越的自由，铺设海底电缆和管道的自由，以及与这些自由有关的海洋其他国际合法用途，诸如同船舶和飞机的操作及海底电缆和管道的使用有关的并符合本公约其他规定的那些用途。"然而，这一条款并没有明确指出"自由"与"限制"究竟是什么？"国际合法用途"到底包括哪些用途？因此，一国在其他

国家专属经济区进行军事活动导致争议甚至冲突的情况时有发生。

第二，“和平利用”、“和平目的”未明确。虽然包括第五部分在内、《公约》多处存在关于“和平”的规定，但是不同国家对“和平利用”、“和平目的”的理解也不一样。例如，有的国家把“和平利用”理解为禁止一切军事活动；有的国家则将“和平利用”看作禁止一切侵略目的的军事活动，而不禁止其他军事活动等。[13]

第三，“适当顾及”的确切含义不清楚。《公约》第56条第2款规定：“沿海国在专属经济区内根据本公约行使其权利和履行其义务时，应适当顾及其他国家的权利和义务，并应以符合本公约规定的方式行事。”《公约》第58条第3款也指出：“各国在专属经济区内根据本公约行使其权利和履行其义务时，应适当顾及沿海国的权利和义务，并应遵守沿海国按照本公约的规定和其他国际法规则所制定的与本部分不相抵触的法律和规章。”然而，怎样才是“适当顾及”？《公约》没有明确标准，因而存在较大的伸缩性。

第四，解决冲突的规定过于原则。例如，《公约》第59条“解决关于专属经济区内权利和管辖权的归属的冲突的基础”，只对解决他国与沿海国在专属经济区内发生的冲突做了如下原则性规定：“在本公约未将在专属经济区内的权利或管辖权归属于沿海国或其他国家、而沿海国和任何其他一国或数国之间的利益发生冲突的情形下，这种冲突应在公平的基础上参照一切有关情况，考虑到所涉利益分别对有关各方和整个国际社会的重要性，加以解决”。

总之，在其他国家的专属经济区进行军事活动问题，是《公约》最有争议的问题之一。原因就在于，《公约》的相关规定不明确，各国对此有不同的解释。例如，1988年巴西批准《公约》时就声明，没有该国的同意，其他国家无权在巴西的专属经济区内进行军事活动。而意大利于1995年批准《公约》时，表达了相反的立场。[14]

（2）海岸相向或相邻国家间海域的划界问题。《公约》第74条规定了“海岸相向或相邻国家专属经济区界限的划定”问题：“海岸相向或相邻国家间专属经济区的界限，应在国际法院规约第38条所指国际法的基础上以协议划定，以便得到公平解决——在达成第1款规定的协议以前，有关各国应基于谅解和合作的精神，尽一切努力做出实际性的临时安排，并在此过渡期间内，不危害或阻碍最后协议的达成。这种安排应不妨害最后界限的划定。”《公约》第83条也以相似的措辞规定了“海岸相向或相邻国家大陆架界限的划定”问题。

从上述条款的规定可以看出，《公约》关于海岸相向或相邻国家间海域划界原则的规定，十分笼统、含糊。它一方面为各国对《公约》第74条和第83条的灵活解释留下了很大的空间，另一方面也导致了各国在海域划界原则适用上产生了巨大分歧、进而引发了国家的矛盾和冲突。事实上，在第三次联合国海洋法会议上，关于海岸相向或相邻国家间大陆架的划界原则是争论最激烈的问题之一。在会上有两种截然相反的观点：一种观点是以1958年《大陆架公约》为依据的、认为应以中间线或等距离线作为划界原则；另一种观点则是以“北海大陆架案”为依据的、主张应该按照公平原则来划定疆界。[15]在上述两种不同意见相对立的情形下，《公约》只做了上述原则性的规定，实际上并没有解决上述两种观点的对立。

3. 有关条款规定过于严格，影响其适用，如对海盗行为的定义

《公约》第100-111条的规定涉及海盗问题。然而，《公约》第101条对“海盗行为的定义”过于严格，严重影响了打击海盗的有效性。[16]

《公约》第101条规定：“下列行为中的任何行为构成海盗行为：（a）私人船舶或私人飞机的船员、机组成员或乘客为私人目的，对下列对象所从事的任何非法的暴力或扣留行为，或任何掠夺行为：在公海上对另一船舶或飞机，或对另一船舶或飞机上的人或财物；在任何国家管辖范围以外的地方对船舶、飞机、人或财物；（b）明知船舶或飞机成为海盗船舶或飞机的事实，而自愿参加其活动的任何行为；（c）教唆或故意便利（a）或（b）项所述行为的任何行为。”从这一条的规定可以看出，海盗的定义主要包括以下四个要素：非法的暴力、扣留或掠夺行为；为私人目的；两艘船舶或飞机；在公海上。很明显，这四个要素都过于狭窄。

第一，非法的暴力、扣留或掠夺行为。近些年来出现了众多偷窃船员财物、船舶设备以及船舶本身的行为[17]，这些行为很可能是在没有被船员发现或只是以暴力相威胁的情况下实施的，因而不构成“非法的暴力、扣留或掠夺行为”。

第二，为私人目的。近些年来，海上恐怖主义活动日益猖獗。例如，1985年巴勒斯坦自由阵线成员劫持了意大利游轮“劳伦号”（Achille Lauro），要求以色列释放被关押的巴勒斯坦人。2000年“基地”组织用“快艇炸弹”袭击了停靠在也门亚丁港的美国“科尔号”导弹驱逐舰。[18]2004年菲律宾穆斯林极端组织阿布沙耶夫武装在马尼拉湾用炸弹袭击了超级渡轮“Suferferry 14”，造成116人丧生。[19]然而，上述海上恐怖主义活动并不是为了私人目的，而是为了实施政治意图或达到公共目的。

第三，两艘船舶或飞机。这一要素体现了传统意义上对海盗行为界定的要求——一艘船舶上的歹徒对另一艘船舶实施任意的抢夺行为。因此，它就把发生在同一艘船舶上的劫持行为或其他恐怖主义行为排除在海盗行为之外。

第四，在公海上。这一要素主要源于《哈佛草案》（the Harvard Draft）和《公海公约》的有关规定。[20]当时公海的范围较大。[21]因此，这一要素就把发生在专属经济区的非法暴力行为排除在海盗行为之外。另外，它也削弱了各国基于《公约》第100条“合作制止海盗行为的义务”。根据《公约》第100条的规定，各国对发生在其领海或专属经济区的海盗行为，无须承担义务。[22]

此外，《公约》还在“直线基线”[23]、“军舰通过他国领海”[24]、“大陆架的外部界限”[25]、“用于国际航行的海峡”、“海上航行与交通安全”、“国际海底开发制度”以及“水下文化遗产保护”[26]等方面存在诸多不足。

二、“21世纪海上丝绸之路”建设为中国参与国际海洋法律秩序的变革提供了重大的战略机遇

国际海洋法律秩序的变革既是“21世纪海上丝绸之路”建设的需要，也有利于维护中国的国家利益。

（一）国际海洋法律秩序的变革将为“21世纪海上丝绸之路”建设提供充分的国际法律保障

“21世纪海上丝绸之路”建设是中国为适应新时期经济全球化的发展趋势、以推进更高水平的对外开放而提出的。然而，“一带一路”倡议涵盖了沿线65个国家、近44亿人口，不同国家间要素禀赋各异、发展水平不一。因此，为了实现沿线国家互利共赢、共同发展，积极推动国际海洋法律秩序的变革、在国际海洋法律秩序的变革中注入更多的中国元素就显得尤为重要。在“21世纪海上丝绸之路”建设的过程中，要想推进港口合作建设、打击海盗、保障海上运输通道的安全，实现设施联通、贸易畅通，就必须加强与沿线国家在国际海洋法治领域的交流、协商与合作，参与引领国际海洋法律秩序的变革，弥补国际海洋法律秩序的缺陷，推动国际海洋法律秩序的完善。这不仅能更好地为中国和沿线国家创造互利共赢的机会，使各国真正成为“21世纪海上丝绸之路”建设倡议的受益者，而且还能真正实现中国从国际海洋法律秩序的“接受者”、“追随者”向“引领者”的转变。

（二）国际海洋法律秩序的变革是实施中国海洋强国战略的现实需要

中国建设海洋强国战略目标是根据2012年中国共产党第十八次全国代表大会报告提出的，其明确指出中国应“提高海洋资源开发能力，发展海洋经济，保护海洋生态环境，坚决维护国家海洋权益，建设海洋强国”[27]。然而，长期以来中国海洋意识淡薄、海洋资源开发能力落后，加上在国际海洋法律秩序方面话语权的缺失和不足，导致了中国与周边国家众多海洋问题的积累和恶化。因此，积极参与国际规则的制定、推动国际海洋法律秩序的变革，在一定程度上能有效地促进中国海洋强国战略的实施。

（三）国际海洋法律秩序的变革需要中国智慧

中国作为联合国安理会五大常任理事国之一，在2010年又成为世界第二大经济体。因此，中国在国际社会发挥着越来越重要的作用，“中国声音”、“中国智慧”也越来越为国际社会所认可。诚如习近平总书记所指出的：“中国愿意以开放包容心态加强同外界对话和沟通，虚心倾听世界的声音……也期待外界能够更多以客观、历史、多维的眼光观察中国，真正认识一个全面、真实、立体的中国……我们将从世界和平与发展的大义出发，贡献处理当代国际关系的中国智慧，贡献完善全球治理的中国方案，为人类社会应对21世纪的各种挑战做出自己的贡献。”[28]。更为重要的是，一些国家利用所谓的“国际规则”给予中国道义上的碾压。[29]例如，近年来一些国家对中国“九段线”的法律地位和法律依据不断地提出质疑。[30] 2011年7月时任美国国务卿希拉里在东盟地区论坛安全政策会议上声称：“我们也呼吁各方用符合国际法的表述方式，来明确自己对南中国海提出的主张；对南中国海海域提出的诉求，应该完全出于针对地形地貌的合法诉求。”[31]因此，中国积极参与海洋法律规则的制定和推动国际海洋法律秩序的调整与变革，既是中国化解“规则压力”的有效选择，又能推动国际海洋法律秩序朝着更加公正合理的方向发展。

三、如何在“21世纪海上丝绸之路”建设过程中推动国际海洋法律秩序的变革

“21世纪海上丝绸之路”建设需要国际海洋法律制度和国内法包括涉海法律制度的保障。同时，因为《公约》在国际海洋法律秩序中处于宪法地位，所以针对国际海洋法律秩序的变革，我们不可能另起炉灶，以全新的方式解决海洋问题；相反，我们应当根据现有的国际法规则，在必要的情况下修改《公约》，在适当的情况下发展《公约》。[32]因此，在“21世纪海上丝绸之路”建设过程中，我们可以从以下3个方面入手推动国际海洋法律秩序的变革。

（一）国际层面：倡议召开审议《公约》会议或订立专门的补充协定

1. 倡议召开审议《公约》会议

《公约》既没有成立正式的机构对《公约》的有关条款做出权威的解释，也没有设立组织机关对缔约国履行《公约》的义务进行审查和监督。联合国大会关于“海洋和海洋法”议题的年度审议会议，也主要依靠联合国秘书长的报告和“临时海洋和海洋法非正式协商程序”（the Open-Ended Informal Consultative Process of Oceans and Law of the Sea）的建议。况且，联合国大会的年度审议会议只是偶尔关注各国海洋政策和《公约》的发展问题。

而《公约》第312条第1款规定：“自本公约生效之日起十年期间届满后，缔约国可给联合国秘书长书面通知，对本公约提出不涉及‘区域’内活动的具体修正案，并要求召开会议审议这种提出的修正案。秘书长应将这种通知分送所有缔约国。如果在分送通知之日起十二个月以内，有不少于半数的缔约国做出的答复赞成这一要求，秘书长应召开会议。”《公约》第313条“以简化程序进行修正”进一步指出：“缔约国可给联合国秘书长书面通知，提议将本公约的修正案不经召开会议，以本条规定的简化程序予以通过，但关于‘区域’内活动的修正案除外。秘书长应将通知分送所有缔约国。”因此，按照《公约》上述规定召开审议《公约》的会议，以完善《公约》的相关内容，无疑具有重要的意义。正如有学者所指出的，召开审议《公约》会议、建立类似与其他国际公约的审议机制，必将有利于实现《公约》的宗旨与目的，并将有助于进一步推动《公约》的发展。[33]

2. 订立专门的补充协定

自《公约》签署以来，国际社会已经就《公约》中的某些缺陷制定了“专门的补充协定”（Special Supplementary Agreements），以弥补《公约》的不足。例如，《公约》第11部分“区域”中的开发制度是海洋法的新问题，广大发展中国家和发达国家对此有重大的立场和利益分歧。因此，1994年7月由美国、英国、法国、德国等发达国家共同参与，联合国大会制定并通过了《关于执行1982年12月10日〈联合国海洋法公约〉第11部分的协定》（Agreement Relating to the Implementation of Part XI of the UN Convention on the Law of the Sea of 10 December 1982），对《公约》第11部分作了根本性的修改。这一协定的订立，实质上构成了对国际海洋法中国际海底区域制度的新

发展。[34]

又如，为了确保跨界鱼类种群和高度洄游鱼类种群的长期养护和可持续利用，1995年8月在联合国的主持下，召开了跨界鱼类种群和高度洄游鱼类种群会议，并通过了《执行1982年12月10日<联合国海洋法公约>有关养护和管理跨界鱼类种群和高度洄游鱼类种群的规定的协定》（Agreement for the Implementation of the Provisions of the UN Convention on the Law of the Sea of 10 December 1982, Relating to the Conservation and Management of Straddling Fish Stocks and Highly Migratory Fish Stocks）。该协定对《公约》中的传统公海原则作了一定修改，强化了捕鱼国在养护和管理跨界鱼类种群和高度洄游鱼类种群方面与沿海国进行合作的义务，导致出现了许多区域鱼类组织，捕鱼自由受到限制。[35]

此外，国际海底管理局分别于2000年、2010年和2012年通过的《“区域”内多金属结核探矿和勘探规章》（Regulations for Prospecting and Exploration of Polymetallic Nodules in the Area）[36]、《“区域”内多金属硫化物探矿和勘探规章》（Regulations for Prospecting and Exploration of Polymetallic Sulphides in the Area）[37]和《“区域”内富钴铁锰结壳探矿和勘探规章》（Regulations on Prospecting and Exploration for Cobalt-Rich Crusts in the Area）[38]，分别从用语和范围、探矿、勘探计划申请、勘探合同、保护和保全海洋环境、机密性等方面都做了较为详细的规定，从而进一步完善了《公约》的相关内容。

3. 用扩大解释的方法对《公约》进行事实上的修正

众所周知，《联合国宪章》对宪章本身如何进行解释的问题也未作任何规定。因此，在联合国的实践中，联合国的机关和会员国通过对宪章条款扩大解释的方式，达到了对《联合国宪章》进行“事实上修正”[39]（de facto amendments）的目的。

同样，《公约》也可采用这种方式进行修正。例如，有关国家向大陆架界限委员会提交划界案问题，按照《公约》附件二第4条的规定，沿海国主张200海里外大陆架，应在《公约》对该国生效后10年内，向大陆架界限委员会提出这种界限的详情以及相应的科学和技术支持资料。然而，因为该问题的复杂性，所以到2001年初还没有任何国家向大陆架界限委员会提交划界案。[40]因此，2001年5月《公约》第11次缔约国会议决定，“对于《公约》在1999年5月13日以前开始对其生效的缔约国的谅解是，公约附件二第4条所述十年期间应从1999年5月13日起算”。另外，2008年6月《公约》第18次缔约国会议又决定，沿海国满足向大陆架界限委员会提交划界案的“期限要求的方式，可以是向秘书长送交一份初步资料，其中载有有关200海里以外大陆架外部界限的指示性资料，并说明根据公约第76条的要求以及《大陆架界限委员会议事规则》和《大陆架界限委员会科学和技术准则》编制划界案情况和打算提交划界案的日期”[41]。可见，《公约》缔约国会议的上述决定，其实是对《公约》附件有关规定的一种扩大解释、并起到了对《公约》进行事实上的修正作用。

由上可见，在“21世纪海上丝绸之路”建设的过程中，我们可以通过倡导“召开审议《公约》会议或订立专门的补充协定”的方式，弥补《公约》在“历史性权利”、“岛屿与岩礁制度”、“群岛制度”、“专属经济区的军事活动问题”等方面的缺陷，从而推动国际海洋法律秩序的完善。

（二）区域层面：缔结区域性协定、主导区域内海洋管理合作法律制度的构建

近年来中国涉海问题不断升温，特别是南海问题成为了国际社会关注的热点问题之一。虽然“‘21世纪海上丝绸之路’重点方向是从中国沿海港口过南海到印度洋，延伸至欧洲；从中国沿海港口过南海到南太平洋”[42]；但是南海是“21世纪海上丝绸之路”的前沿阵地和必经之路，南海争端之复杂化将是“21世纪海上丝绸之路”建设的长期阻碍因素。[43]从某种意义上讲，目前南海争端反映了中国海洋话语权的弱势甚至失语状态。因此，在“21世纪海上丝绸之路”建设的过程中，推动国际海洋法律秩序的变革，掌控海洋话语权，就显得尤为迫切。

1. 缔结区域性协定

如前所述，《公约》对有关海盗行为的规定过于狭窄。然而，在东南亚海上抢劫案件基本上发生在领海范围内，尤其是在印度尼西亚和菲律宾，抢劫案件大部分发生在其管辖的群岛水域内。[44]这就意味着大部分案件，并不适用于《公约》对海盗行为的界定。为此，2004年11月亚洲16个国家（包括东盟10国以及中国、日本、韩国、印度、斯里兰卡和孟加拉国6国）在日本东京缔结了《亚洲打击海盗及武装抢劫船只的地区合作协定》（the Regional Cooperation Agreement on Combating Piracy and Armed Robbery against Ships in Asia，简称《亚洲协定》）。《亚洲协定》第1条第2款专门对“武装抢劫船舶”进行了界定，使该协定既适用于发生在公海或专属经济区的海盗罪行，又适用于发生在领海、群岛水域、用于国际航行的海峡海域的“武装抢劫犯罪”，从而填补了《公约》规定的不足。[45]可见，通过这种缔结区域性协定的方式，既可以推动国际海洋法律秩序的完善，也可以为“21世纪海上丝绸之路”建设中的“设施联通、贸易畅通”提供法律保障。

2. 主导或倡导区域内海洋管理合作法律制度的构建

例如，2012年国家海洋局颁布实施了《南海及其周边海洋合作框架计划（2011—2015年）》。该《框架计划》的宗旨是以和平发展、合作共赢为主题，加强我国和南海及周边国家之间的政策对话和人员交流，深化在海洋科学研究，海洋生态环境保护，应对气候变化和海洋防灾减，以及海洋产业和蓝色经济等领域的务实合作。该《框架计划》得到了南海及周边国家的积极响应，提高了中国在该地区的影响力，促进了海洋合作伙伴关系，拓展了海洋事业的发展空间。[46]

因此，与东盟国家一起构建南海共同巡航和渔业管理合作制度，不但能够实现区域内海洋秩序的协同维护以及区域海洋资源利益的共享，而且能够增强中国的海洋话语权，并有利于缓解区域内海洋争端问题的升级，从而推动亚洲海洋合作伙伴关系的建立和海洋争端的和平解决。

（三）国内层面：完善国内法包括涉海法律制度

鉴于国际法治和国内法治是一种相互渗透、相互作用的关系，2013年中国共产党第十八届中央委员会第三次全体会议会通过的《中共中央关于全面深化改革若干重大

问题的决定》明确了“法治中国”的概念，进一步把“法治中国”作为法治建设的目标。[47]因此，完善国内法包括涉海法律制度是推动国际海洋法律秩序变革的重要组成部分。中华人民共和国成立以来，特别是进入20世纪80年代后，中国制订、颁布了一系列有关领海、专属经济区、大陆架、海峡、港口管理、船舶管理、防止海洋污染和保护水产资源等方面的法令、条例、规定和规则。[48]然而，中国海洋法律制度还存在诸多缺失，如《海洋基本法》尚未出台、南海“九段线”的含义还没明确、南沙群岛的领海基线没有公布等。因此，完善中国涉海法律制度、进一步明确中国的具体海洋权利主张，既是“21世纪海上丝绸之路”建设的需要，也是国际海洋法律秩序变革的重要步骤。值得注意的是，2016年2月第十二届全国人民代表大会常务委员会第十九次会议审议通过了《中华人民共和国深海海底区域资源勘探开发法》，该法的颁布实施对完善中国海洋法律体系、提升海洋法治水平具有重大意义。

四、结论

（一）国际海洋法律秩序的变革是一个渐进的过程

如前所述，以《公约》为核心的现代国际海洋法律秩序，是国际社会各种力量妥协折中的产物。因此，《公约》的一些规定过于原则和抽象，及其部分条款内容存在缺陷和模糊的现象，其实都是无奈的选择。[49]然而，《公约》作为时代的产物，自从签署30多年来，“一直处于发展过程中”[50]，如国际海底开发制度、大陆架制度和公海渔业保护制度等。这种发展既弥补了《公约》自身的缺陷，也满足了国际社会的现实需要。不过，由于国际社会有关各方在海洋问题上的利益和关切不尽相同，国家间的政治博弈异常复杂，因而《公约》的发展演进较为缓慢。可以预见，在“21世纪海上丝绸之路”建设的过程中，国际海洋法律秩序的变革也不会一蹴而就。

（二）树立并落实命运共同体的观念既是“21世纪海上丝绸之路”建设的前提，也是实现国际海洋法律秩序变革的重要手段

建设“21世纪海上丝绸之路”倡议秉持的是一种“互利共赢”的共建原则，在追求自身利益时兼顾他方利益，在寻求自身发展时促进共同发展。因此，树立并落实这种命运共同体的观念，至关重要。一方面，伴随着“21世纪海上丝绸之路”建设的逐步推进，以“五通”为核心的沿线各国的全面交往日益密切，区域大合作格局正在形成，因而与“21世纪海上丝绸之路”建设有关的国际规则的制定、特别是国际海洋法律秩序的变革问题，成为“21世纪海上丝绸之路”沿线国家的切身关切；另一方面，如何在提出“中国方案”、体现“中国智慧”的过程中，与“21世纪海上丝绸之路”沿线国家达成广泛共识、满足各方利益需求，也是落实命运共同体的观念的重要一环。诚如中国政府代表在2009年第64届联合国大全会上所指出的：“海洋——各议题彼此密切相连，只有各国和有关国际机构加强协调与合作，才能有效维护《公约》的完整性，合理平衡各方利益，共同应对海洋利用和海洋保护中遇到的各种挑战。”[51]

（三）吸取中国在参与国际规则制定中的经验与教训，积极构建中国在海洋法律秩序变革中的话语权

从某种意义上讲，“21 世纪海上丝绸之路”建设倡议的提出，标志着中国逐渐从国际规则的被动“接受者”（Rule Taker）向国际规则的积极“制定者”（Rule Maker）[52]的转变。然而，中国参与国际规则的制定还存在不少困境。一方面，中国自身定位的障碍。虽然中国已经成为全球治理不可或缺的重要力量，对国际规则的制定和演变发挥着日益重要的作用，但是中国既是“全球第二大经济体”，也是“最大的发展中国家”，同时还是“崛起中的大国”以及“新兴经济体”等多重身份，导致中国在国际规则的制定过程中难以协调与其他国家的利益。另一方面，中国对国际规则的影响具有一定的局限性。中国虽然一直在参与国际规则的制定，但是并没有对国际规则的形成产生深刻的影响。正如美国学者伊肯伯里（Ikenberry）所指出的，尽管随着欧美国家出现各种危机，中国的国际地位日渐提高，但是美国主导的自由主义国际秩序并没有瓦解……像中国这样的新兴大国没有构建全球秩序的经验，也没有提出一个可行的替代模式。[53]其实，这种情况在国际海洋法律秩序的形成过程中特别突出。虽然中国政府代表团自始至终都参加了在第三次海洋法会议的各期会议，但不可否认的是中国在《公约》制订过程中参与程度并不高，所发挥的作用也非常有限。可以说，中国正是由于在构建以《公约》为核心的当代海洋法律体系中话语权的缺失，在一定程度上导致了维护海洋权益的被动局面。因此，在未来国际海洋法律秩序的变革中，中国应吸取在参与国际规则制定中的经验与教训，充分利用 21 世纪海上丝绸之路建设的平台作用，在坚持《公约》的宗旨和目的的前提下，兼顾各方利益和关切，明确提出进一步完善《公约》相关规定的主张，并创造出解决南海问题的国际法规范，从而逐步形成并取得海洋法律秩序变革中的话语权。

参考文献

[1] 国家发展改革委、外交部、商务部．推动共建丝绸之路经济带和“21 世纪海上丝绸之路”的愿景与行动．（2015 年 3 月 28 日），http：//www. mfa. gov. cn/mfa_ chn/zyxw_ 602251/t1249574. shtml.

[2] 杨泽伟．国际法史论．北京：高等教育出版社，2011：173.

[3] 参见海牙国际法编纂会议“讨论的基础”、最后的议定书和其他文件，American Journal of International Law，Vol. 24，1930，Official Documents，1-74，169-258.

[4] T. B. Koh，“A Constitution for the Oceans”，in UN，The Law of the Sea-Official Text of the United Nations Convention on the Law of the Sea with Annexes and Index，New York 1983：xxiii.

[5] 《联合国海洋法公约》前言。

[6] 参见 Tullio Scovazzi，The Evolution of International Law of the Sea：New Issues，New Challenges，Recueil des Cours（Collected Courses of the Hague Academy of International Law），Vol. 286，2000：122.

[7] 参见 Tullio Scovazzi，The Evolution of International Law of the Sea：New Issues，New Challenges，Recueil des Cours（Collected Courses of the Hague Academy of International Law），Vol. 286，

2000：201.

[8] 如澳大利亚、俄罗斯、意大利、加拿大、多米尼加共和国、萨尔瓦多、洪都拉斯、尼加拉瓜、巴拿马、利比亚、肯尼亚、印度、斯里兰卡、泰国、柬埔寨、越南、菲律宾和中国等。参见 T. Scovazzi, G. Francalanci, D. Romano and S. Mongardini (eds.), Atlas of the Straight Baselines, Milan 1989.

[9] 参见 Jon M. Van Dyke and Robert A. Brooks, Uninhabited Islands: Their Impact on the Ownership of the Oceans' Resources, Ocean Development and International Law, Vol. 12, 1983: p. 286; Yann-huei Song, The Application of Article 121 of the Law of the Sea Convention to the Selected Geographical Features Situated in the Pacific Ocean, Chinese Journal of International Law, Vol. 9, 2010: pp. 679-680.

[10] 参见 Jonathan I. Charney, Note and Comment: Rocks That Cannot Sustain Human Habitation, American Journal of International Law, Vol. 93, 1999, p. 868.

[11] 贾宇．日本 200 海里外大陆架划界案评析．中国国际法年刊，2008. 261；张海文．划定 200 海里外大陆架外部界限规则的形成和发展．中国国际法年刊，2009：169.

[12] Stein Tonnesson, Introduction, Ocean Development & International Law, Vol. 32, No. 2, 2001. 转引自李金明．海洋法公约与南海领土争议．南洋问题研究，2005，(2)：85.

[13] 周忠海．论海洋法中的剩余权利，见高之国等．国际海洋法的新发展．北京：海洋出版社，2005. 45.

[14] 参见 Tullio Scovazzi, The Evolution of International Law of the Sea: New Issues, New Challenges, Recueil des Cours (Collected Courses of the Hague Academy of International Law), Vol. 286, 2000: p. 162.

[15] 参见 Tullio Scovazzi, The Evolution of International Law of the Sea: New Issues, New Challenges, Recueil des Cours (Collected Courses of the Hague Academy of International Law), Vol. 286, 2000: pp. 194-200.

[16] 参见 Rosemary Collins and Daud Hassan, Applications and Shortcomings of the Law of the Sea in Combating Piracy: A South East Asian Perspective, Journal of Maritime Law and Commerce, Vol. 40, 2009, p. 3.

[17] 参见 International Maritime Organization, Reports on Piracy and Armed Robbery Against Ships, available at www. imo. org/includes/blastDataonly. asp.

[18] 杨泽伟．中国海上能源通道安全的法律保障．武昌：武汉大学出版社，2011：4.

[19] 参见 Jason Power, Maritime Terrorism, A New Challenge for National and International Security, Barry Law Review, Spring 2008: pp. 122-124.

[20] 参见 B. Dubner, The Law of International Sea Piracy, Martinus Nijhoff Publishers 1980: p. 58.

[21] 1958 年《公海公约》规定，公海是指不属于一国领海或内水内的全部海域。而 1982 年《联合国海洋法公约》第 86 条给公海作了新的界定：公海是指“不包括在国家的专属经济区、领海或内水或群岛国的群岛水域内的全部海域”。可见，公海的范围明显地缩小了。

[22] 《公约》第 100 条“合作制止海盗行为的义务”规定：“所有国家应尽最大可能进行合作，以制止在公海上或在任何国家管辖范围以外的任何其他地方的海盗行为。”

[23] 参见 Jonathan I. Charney, Central East Asian Maritime Boundaries and the Law of the Sea, American Journal of International Law, Vol. 89, No. 4, 1995: p. 731-732.

[24] 参见 Jonathan I. Charney, Central East Asian Maritime Boundaries and the Law of the Sea, American Journal of International Law, Vol. 89, No. 4, 1995: p. 743.

[25] 参见 Robert Beckman, China, UNCLOS and the South China Sea, Asian Society of International Law

Third Biennial Conference, Beijing, China 27-28 August 2011: p. 13.

[26] 参见 Tullio Scovazzi, The Evolution of International Law of the Sea: New Issues, New Challenges, Recueil des Cours (Collected Courses of the Hague Academy of International Law), Vol. 286, 2000: p. 168-227.

[27] 胡锦涛．坚定不移沿着中国特色社会主义道路前进，为全面建成小康社会而奋斗．北京：人民出版社，2012. 40.

[28] 习近平在德国科尔伯基金会的演讲．（2014 年 3 月 28 日），http：//www. gov. cn/xinwen/2014-03/29/content_ 2649512. htm.

[29] 赵龙跃．中国参与国际规则制定的问题与对策．人民论坛，2012，(16)：84-94.

[30] 参见 Robert Beckman (eds.), Beyond Territorial Disputes in the South China Sea: Legal Framework for the Joint Development of Hydrocarbon Resources, Edward Elgar Publishing Limited 2013: p. 63.

[31] 参见路透社印尼杜阿岛 2011 年 7 月 23 日电，转引自《参考消息》2011 年 7 月 24 日第 8 版。

[32] 参见 David Freestone and Alex G. Oude Elferink, Flexibility and Innovation in the Law of the Sea——Will the Los Convention Amendment Procedures Ever Be Used? In Alex G. Oude Elferink ed., Stability and Change in the Law of the Sea: The Role of the Los Convention, Martinus Nijhoff Publishers 2005: p. 204.

[33] 参见 Timo Koivurova, A Note on the European Union's Integrated Maritime Policy, Ocean Development and International Law, Vol. 40, 2009: p. 172.

[34] 杨泽伟．国际法（第二版）．北京：高等教育出版社，2012：212.

[35] 参见 Tullio Scovazzi, The Evolution of International Law of the Sea: New Issues, New Challenges, Recueil des Cours (Collected Courses of the Hague Academy of International Law), Vol. 286, 2000: pp. 129-147.

[36] 《"区域"内多金属结核探矿和勘探规章》，详见 http：//www. isa. org. jm/files/documents/CHRegsMiningCode. pdf.

[37] 《"区域"内多金属硫化物探矿和勘探规章》，详见 http：//www. isa. org. jm/files/documents/CHRegsCh-PMS. pdf.

[38] 《"区域"内富钴铁锰结壳探矿和勘探规章》，详见 https：//www. isa. org. jm/sites/default/files/files/documents/isba-18a-11_ 1. pdf.

[39] 杨泽伟．联合国改革的国际法问题研究．武昌：武汉大学出版社，2009：39.

[40] 2001 年 12 月，俄罗斯向大陆架界限委员会提交了一份定界案。这是大陆架界限委员会收到的第一份定界案。

[41] 杨泽伟．国际法（第二版）．北京：高等教育出版社，2012：194.

[42] 国家发展改革委、外交部、商务部：《推动共建丝绸之路经济带和 21 世纪海上丝绸之路的愿景与行动》（2015 年 3 月 28 日），http：//www. mfa. gov. cn/mfa _ chn/zyxw _ 602251/t1249574. shtml.

[43] 参见 Zewei Yang, Building the 21st-Century Maritime Silk Road: Its Impact on the Peaceful Use of the South China Sea, *China and WTO Review*, Vol. 2, No. 1, 2016: p. 92.

[44] 参见 Rupert Herbert and Lauren Zucker, Drawing the Line Between Piracy and Maritime Terrorism, *Jane's Intellience Review*, Sept. 1, 2004, available at http: www. jir. janes. com.

[45] 参见 Rosemary Collins and Daud Hassan, Applications and Shortcomings of the Law of the Sea in Combating Piracy: A South East Asian Perspective, *Journal of Maritime Law and Commerce*, Vol. 40, 2009: p. 15；参见杨泽伟．中国海上能源通道安全的法律保障．武昌：武汉大学出版社，

2011. 134–138.

[46] 《中国与南海及其周边海洋国际合作成果显著》，载“中国海洋在线” http：//www. oceanol. com/shouye/yaowen/2015–12–04/53964. html.

[47] 参见中共共产党第十八届中央委员会第三次全体会议：《中共中央关于全面深化改革若干重大问题的决定》，载《人民日报》2013 年 11 月 16 日第 1 版。

[48] 国家海洋局政策法规办公室．中华人民共和国海洋法规选编（第三版）．北京：海洋出版社，2001.

[49] 参见 Tullio Scovazzi, The Evolution of International Law of the Sea: New Issues, New Challenges, *Recueil des Cours* (*Collected Courses of the Hague Academy of International Law*), Vol. 286, 2000: p. 206.

[50] Tullio Scovazzi, The Evolution of International Law of the Sea: New Issues, New Challenges, *Recueil des Cours* (*Collected Courses of the Hague Academy of International Law*), Vol. 286, 2000: p. 123.

[51] 刘振民大使在第 64 届联大全会关于“海洋和海洋法”议题的发言（2009 年 12 月 4 日）．见中国国际法年刊（2009 年）．世界知识出版社，2010：333.

[52] 参见 Henry Gao, China's Ascent in Global Trade Governance: From Rule Taker to Rule Shaker, and Maybe Rule Maker? In Carolyn Deere-Birkbeck ed., Making Global Trade Governance Work for Development, Cambridge University Press 2011: p. 69.

[53] 参见 John G. Ikenberry, The Future of the Liberal World Order, *Foreign Affairs*, Vol. 90, No. 3, 2011: pp. 56–68.

论文来源： 本文为中国海洋发展研究文集投稿。

基金项目： 教育部哲学社会科学研究重大课题攻关项目；
“海上共同开发国际案例与实践研究”（13JZD039）。

由国际海洋法论海上丝绸之路的挑战

张晏瑲*

摘　要： 1982 年《联合国海洋法公约》无法解决所有国际海洋法律争端。作为 1982 年《联合国海洋公约》缔约国，我国在构建“21 世纪海上丝绸之路”的过程中，势必面临沿海国扩张海洋权益而公约却不足以应对的难题，此时，各国的政治意愿就成为我们构建“21 世纪海上丝绸之路”的关键。

关键词： 海上丝绸之路；《联合国海洋法公约》；海洋自由

一、问题意识

海洋在历史上具有两种重要功能，其一，作为交流沟通之媒介；其二，为全世界最大的资源保存者，而这两种功能亦成为构建“21 世纪海上丝绸之路”的基础。自现代国际法之父格劳秀斯（Hugo Grotius）提出海洋自由论（the doctrine of open seas）以来，以往海上强权国家因开采海洋资源而奉为圭臬的“公海自由原则”（the principle of freedom of high seas）已被“人类共同的遗产”（common heritage of mankind）的概念所取代。海洋资源的开发与养护已不再拘泥于以往强调必须在单一国家管辖权限范围之内，相对地，跨国性的国际合作开发计划成为近期联合国大会关注之焦点，[1]亦是构建“21 世纪海上丝绸之路”不得不面对的问题。1950 年代后期，一系列国际会议被举行，亦成就了为人所熟知的四大海洋法公约。自 1973 年起的第三届联合国海洋法会议，历经九年多的漫长协商，被誉为“海洋宪法”的《联合国海洋法公约》终于在 1982 年诞生，而此公约亦是“21 世纪海上丝绸之路”的法制基础。但这并不意味着 1982 年《联合国海洋法公约》将解决所有国际海洋法律难题。事实上，国际社会确实有此错误理解，认为所有国际海洋法律议题将因 1982 年《联合国海洋法公约》的出台而得到合理的解决，正因为如此，即有必要重新检视 1982 年《联合国海洋法公约》中的规定，发现其中不足之处，以便明确在构建“21 世纪海上丝绸之路”的过程中将面临的法制挑战。本文以 1982 年《联合国海洋法公约》为依归，配合其他海洋法公约的规定，讨论国际海洋法制层面的局限性及挑战，并总结性的提出“21 世纪海上丝绸之路”将无可避免地面临沿海国对海洋权益扩张作为的挑战，各国的政治意愿将是构建“21 世纪海

* 张晏瑲，英国邓迪大学法学博士，现任山东大学法学院教授、博士生导师，海洋海事法研究所所长。

上丝绸之路”的关键难点。

二、1982 年《联合国海洋法公约》的局限性

20 世纪 60 年代末出现的以 12 海里作为领海宽度的趋势很快开始勃兴，测量起点始自于沿低潮线（low-water mark）划定的正常基线（normal baseline），或由内水及岛屿间水域外端点连接而成的直线基线（straight baseline）。1982 年《联合国海洋法公约》最终在其第 3 条中将 12 海里确定为领海宽度的上限。在这段距离内，沿海国原则上可以实施任何法律法规，或利用及开采任何资源。与此同时，1982 年《联合国海洋法公约》在第 17 条中确定包括沿海国和内陆国在内的一切国家均享有“无害通过权”（innocent passage）。“无害通过”是指无损于和平、良好秩序及沿海国安全的通行，[2] 长久以来，无害通过的自由已经成为国际习惯法的一部分。但是，军舰是否可以未经特别授权而享有无害通过权却不无争议。[3] 一种普遍观点是，1982 年《联合国海洋法公约》并未将军舰与其他船只做出区分，因此军舰通过他国领海时并不需要事前通知沿海国乃至获得沿海国的事先许可，但是诸多沿海国坚持军舰的通行应基于许可。[4] 本文认为，军舰本身存在一定的威胁性，基于对沿海国主权的尊重，军舰在进行无害通过之前应先通报沿海国并获得其许可为妥。在实际操作层面，可以由我方主动释出善意，建议我国军舰通过沿海国领海之前主动向其通报并获得许可。反之，基于“互惠原则”亦希望外国军舰在通过我国领海之前先知会并获得我方之许可。此外，通过他国领海的潜艇在任何情形下都需浮出水面并展旗，且飞机无权飞越他国领海上空。[5] 在无害通过问题上，1982 年《联合国海洋法公约》并未对业已存在的法律做任何实质性的变动。

1982 年《联合国海洋法公约》第 15 条处理邻国或相对国之间领海的界定问题，该条实际上以 1958 年《领海及毗连区公约》第 12 条为基础。在该条所述的条件下，任何国家都无权违背 1982 年《联合国海洋法公约》将本国领海边界扩展至中线以外。但因历史因素或其他原因使其他领海划定方法具有正当性或必要性时，不适用该条款。[6] 值得注意的是，在领海划定争议及其解决上，该条款并未做出安排。[7] 在前述问题上，本文认为可以类推适用 1982 年《联合国海洋法公约》在专属经济区及大陆架关于划界的相关规定，[8] 首先针对实际情况与海岸相邻或相向国协商做出临时安排，并在此基础之上协商最终决定，若协议不成还可以考虑透过 1982 年《联合国海洋法公约》的争端解决机制或其他国际司法仲裁机制解决争端。1982 年《联合国海洋法公约》第 33 条为将毗邻区由此前的 12 海里延伸至 24 海里提供了法源基础。[9] 该区域已不再被认为是公海的一部分。沿海国可以在毗邻区实施必要的控制措施，以防止或惩罚在其领土或领海内侵犯其海关、财政、移民或卫生法律法规的行为。[10] 不过，很多国家在此区域实施的权利已经超越了 1982 年《联合国海洋法公约》列举的范畴，在安全管辖权方面的实践尤为如此。

“21 世纪海上丝绸之路”所面临的挑战之一是沿海国海域管辖区的扩展，这种趋势将 100 余条原用于国际航行的海峡置于国家主权之下，其中不乏很多战略要道，如直布罗陀海峡、马六甲海峡、霍尔木兹和曼德海峡。作为必然的应对措施，1982 年《联合国海洋法公约》引入了“过境通行（transit passage）”[11] 的新概念，允许船只、飞行

器和潜艇在这些海峡及其必经通道的穿行，以维持该区域内的通行自由。但是，过境通行的船只和飞行器必须遵循航行安全的国际规则，接受航行管制，防止船只带来的污染，除海难或空难情形外，过境船只需快速通过不得停泊，且不得对对沿岸国造成任何威胁或使用武力。在过境通行以外的情形下，海峡均被认为是沿海国的领海。[12]

“21 世纪海上丝绸之路”将面对菲律宾与印度尼西亚这两个“群岛国（archipelago state）”，而 1982 年《联合国海洋法公约》在第 4 部分引入了群岛国的概念。该概念是指全部领土由群岛，即地理上紧密联系的岛屿组成的国家。[13]这一概念的引入似乎受到了国际法院认可适用“直线基线法”的启发。对于群岛国家来说，群岛最外侧岛屿的最远端连线为其领海基线，由此向外 12 海里为其领海。这些岛屿间的水域被称为群岛水域，属于群岛国家的领海。群岛国家需尊重其他国家此前在其领海下方已经埋设的海底电缆，且各国船只均在其领海享有无害通过权。此外，一切船只和飞行器均享有“群岛海道通过（archipelagic sea lane passage）”权。这种通行类似于在国际通行海峡中的过境通行权，二者均有沿海国家指定海道和空中航线，以便各国“连续、迅速、无障碍通行”，同时，该指定海道须报国际海事组织（International Maritime Organisation）批准。在实践中，过境通行权和群岛海道通过权的实施造成了一些法律解释方面的问题，因为这两种权利都是针对“正常（normal mode）”[14]通行而言的。对于潜艇而言，“正常”通行通常意味着浮出水面，而这在某些情况下是存在安全风险的。不过，要想界定飞行器的“正常”通行便不是件易事。[15]海事强国与群岛国家在群岛海道的划定及其制度上也持续存在争议，一个开放性的问题便是：相关沿海国与过境国之间是否应采取某种分担机制，共同采取保障通行安全的措施。一个可行的做法是，可以透过国际海事组织的平台与菲律宾及印度尼西亚共同协商“群岛海道航行安全保障机制”，此举一方面体现我国愿意共同承担航行安全保障任务，另一方面也体现我国的大国气度。

“21 世纪海上丝绸之路”的构建将无可避免的需要去处理使用专属经济区（Exclusive Economic Zone）的问题，该区域自测定领海宽度的基线起，向外扩展至最远 200 海里处。[16]在该区域内，沿岸国享有探勘、开发、管理和保护一切自然资源及开展其他经济活动的主权权利，以及建立人工岛屿、设施和结构物，进行海洋科研和环境保护等权利。[17]值得注意的是，1982 年《联合国海洋法公约》涉及公海的第 88 条至第 115 条均引入了专属经济区概念，因为它们彼此兼容。[18]在公海问题上，1982 年《联合国海洋法公约》显然不是关涉专属经济区利用的唯一法律渊源。[19]在这一区域内，包括沿海国和内陆国在内的一切国家均享有海面航行、上空飞行、在其海底铺设缆线及其他国际法允许的公海自由，包括与操作船只、飞行器和海底缆线相关的权利和 1982 年《联合国海洋法公约》认可的其他权利。[20]相对的，原公海上的另一些基本自由则不复存在，如捕鱼、勘探开发资源及与科研活动相关的自由。专属经济区的法律地位非常特殊，它是沿海国主权权利与其他所有国家自由相互妥协的产物。专属经济区不是领海，但沿海国就其功能对其享有主权权利，它既不是领海也不属于公海，且不宜与其他海洋空间相类比。[21]沿海国的权利与管辖及其他国家的自由均受到 1982 年《联合国海洋法公约》相关条款的规制。沿海国在其专属经济区中实现权利、履行义务时，需充分考虑其他国家的权利与义务，反之亦然。[22]这种对国家责任的强调形成了国际海洋法的新特征，并在1982年《联合国海洋法公约》中通篇得以反映。

沿海国在其专属经济区中的权利可以分为两类：其一是直接与资源相关的主权权利，其二是与资源勘探、开发和保护密切相关的管辖权。因此，沿海国对其专属经济区内航行权的限制被视为非法行为，除非该航行权对其资源的勘探、开发和保护构成了干涉。1982年《联合国海洋法公约》第73条第1款允许沿海国在其专属经济区内叫停并检查任何涉嫌违反其资源开发法规的船只。该条款似乎授权沿海国可以要求任何外国渔船在进去其专属经济区时自证其身并对其通行目的做出解释，即便该船只只是过境前往某处远洋渔场。况且，沿海国在海洋资源保护方面的管辖权可能引发一个问题，即出于此种目的而对航行自由的干涉应以何种程度为限。[23]在这种背景下，穿行专属经济区运输危险物质也可能引发潜在的争议。但必须注意的是，1982年《联合国海洋法公约》没有基于货物性质而对航行进行限制的条款。本文认为，可以先小范围的与“21世纪海上丝绸之路”周边国家协商签订“专属经济区友好行为准则”，将以上所提出之问题细化，再逐步推广到整个区域。

关于专属经济区中的军事活动，各国在缔约协商时争论不休，但这种现象在国家层面的实践中层出不穷。关键的问题是，军事活动是否可以被解释为包含于航行自由、飞越自由及1982年《联合国海洋法公约》所允许的其他海洋利用行为之中？一些沿海国主张别国不可未经许可在其专属经济区中进行军事活动，而主要的海洋强国则持相反观点，认为专属经济区制度不允许沿海国在该区域内对与资源无关的传统公海活动设定限制。在这些国家看来，传统公海活动包括军事演习、飞行操作、军事训练、远程通讯及空间活动、情报和监视活动、海洋数据采集和武器实验及发射。[24]国际社会真正需要的是一个规范在外国专属经济区从事军事和情报收集活动的准则，而这准则将提供友好（和不友好的）的行为指标，并帮助当事方避免不必要的事故发生。[25]

大陆架对“21世纪海上丝绸之路”的意义表现在大陆架上的自然资源，1982年《联合国海洋法公约》基本上保留了1958年《大陆架公约》中的大陆架概念，内陆国及地理不利国试图将其归入专属经济区的努力未能成功。不过与此同时，大陆架概念也得到了拓展，具有了双重含义：一方面，传统的大陆架概念系指整个大陆的边缘地带，包括大陆架、大陆坡和大陆隆；在另一方面，该概念被延展至距基线200海里处，即便在该处已经不再存在地理上的大陆架。[26]1982年《联合国海洋法公约》在第77条中承认了沿海国出于资源勘探与开发目的而对大陆架拥有主权权利。这些资源系指大陆架海床及底土中矿产资源、非生物资源及定栖性物种的总和。沿海国在其专属经济区内拥有建立人工岛屿、设施和结构物的权利同样适用于其大陆架。[27]在如前所述的大陆架法律制度下，沿海国对大陆架享有的权利并不及于其上覆水体及水上大气空间。[28]大陆架权利的行使不得对其他国家基于1982年《联合国海洋法公约》享有的航行等权利及自由构成任何侵害或不当干预。[29]各国仍有权在大陆架铺设海底缆线，[30]不过这其实是一项“受规制”的权利，因而也不能再算作是自由了，究其原因在于铺设海底管线的进程需向沿海国进行汇报并征得其同意，如果不能达成共识，工程自然也无法开展。

国家管辖区域以外的海床及其资源已经被视作“人类的共同遗产”，如何明确划定该部分大陆架的边界成为了一个无法回避的问题，这也是1982年《联合国海洋法公约》在大陆架问题上的实质创新。1982 年《联合国海洋法公约》第 76 条规定，在大陆边缘自测算领海宽度的基线起超过 200 海里的情形下，大陆架的划定为基线外不超过 350 海里范围，或不超过连接 2 500 米深度各点的 2 500 米等深线 100 海里范围。[31] 鉴于各国都会采用对本国最有利的定义，沿海国基线外 350 海里范围的大陆架主权权利上限甚至都不是绝对的，[32] 这难免引发诸多纠纷，其中纷争尤甚的是，适用 350 海里界限的"海底山脊"（submarine ridge）与不适用该界限的作为大陆边缘自然构成部分的"海底高地"（submarine elevation）究竟有何区别。[33] 还需注意的是，1982 年《联合国海洋法公约》中使用的一些科学术语的含义已经发生了变化，因为今天的人们对"大陆边缘"（continental margin）的性质及幅员的科学认识已经今非昔比。[34] 因此，有必要透过联合国的平台，针对以上议题提出讨论，并赋予以上这些科学名词新的时代意义。

若沿海国试图将其管辖权边界延伸至 200 海里以外的大陆架，则应在加入 1982 年《联合国海洋法公约》10 年内将扩展该边界的申请提交到根据 1982 年《联合国海洋法公约》附件二成立的大陆架界限委员会（Commission on the Limits of the Continental Shelf）。[35] 该委员会的 21 名委员是由 1982 年《联合国海洋法公约》缔约国[36] 选拔的地质学、地球物理学或水文学方面的专家组成，[37] 每位委员任期 5 年。该委员会拥有广泛的授权，以监控和防止沿海国过分主张大陆架权利，1982 年《联合国海洋法公约》的全部缔约国和国际海底管理局（International Seabed Authority）成员国"基于"该委员会的建议而划定的大陆架界限为终局且具有约束力。[38] 此处"基于"一词是由联合国海洋法大会的议定者择定的，意在为沿海各国的实践留下一定的弹性。随之而来的问题是：是不是任何国家都可以以 1982 年《联合国海洋法公约》条款适用错误，或该划界系基于不完备乃至错误的科学数据为由，对大陆架的划定提出异议。[39] 针对上述问题，公约的规定是不明确的，因此有赖国家实践加以补充。

"21 世纪海上丝绸之路"面对的是南中国海这一片"麻烦水域"，[40] 而南海除了岛屿的主权争端之外，另一个难题便是海域划界。1982 年《联合国海洋法公约》在第 74 条和 83 条明确了海岸相向或相邻国家主张同一大陆架区域（overlapping claim）时的解决办法。基本的规范是，涉事各国应在《国际法院规约》（Status of the International Court of Justice）第 38 条所指向的国际法基础上，通过协议方式，公平解决争端。若有关国家未能在合理期间达成任何协议，则应诉诸 1982 年《联合国海洋法公约》第 15 部分所规定的争端解决程序。在协议达成之前，有关各国应尽力做出具有实践性的临时安排，且不得在此过渡期间危害或阻碍最终协议的达成。[41] 这两项条款是两条思路久经交涉与磨合后的产物：其一认为，海岸相向或相邻国家重叠主张的大陆架划界应参考适用中线或等距离线，特殊地理条件下另当别论；其二则认为应严格恪守平等原则。但各国最终认定，只有协商解决才是平息相关争议的最佳出路。前述关于专属经济区和大陆架划界的条款在实质上是相同的，但它们折射出一个现实，即二者相关制度的发展是相互独立的，并在 1982 年《联合国海洋法公约》的不同章节得以阐述。尽管大陆架在地理上的范围大于 200 海里的专属经济区，两种制度均在大陆架范围内得以实施，且在一定程度上存在重合，但两种制度之间缺乏调和与统一。[42] 包括国际法院和国际仲裁庭在内的国际实践正迫切需求一元化的海洋地理边界线。[43]

“21世纪海上丝绸之路”将通过一大片被称为公海的水域，在公海问题上1982年《联合国海洋法公约》在其第七部分实际上保留了1958年《公海公约》的条款，宣告公海对包括内陆国在内的一切国家开放，重申主张对公海的主权系无效行为，并确定了船旗国对该船只的排他管辖权，[44]完全的普遍自由成为公海法律地位的特征。无论在领土还是功能层面上，公海都是一片“无主权”的区域，为所有国家共同使用。至此，“领海说”已经遭到了抛弃。[45]有学者阐明，公海既不能用“无主物”来描述，也不可用“共有物”来界定，因为国际社会不能接受公海被某国占有，也未将其置于国际社会的共管之下。它在实际上对一切国家平等地开放。相应地，公海的基本规则是，各国均在与其他国家相等的程度上享有该区域的自由使用权，但应顾及他国利益。[46]

1982年《联合国海洋法公约》第87条第1款列出了一项关于公海自由的非详尽性清单，这些自由不仅适用于沿海国，也适用于一切内陆国，并在1982年《联合国海洋法公约》架构下及其他国际法规则中得以实施。航行自由将任何国家的船只在公海航行时受到的别国干预降到最低，在其例外情形中，至关重要的是他国在明确规定的情形下享有的登临权（right of visit）。[47]1982年《联合国海洋法公约》第110条列举了军舰有权登临其他船旗国船只的4种情形，包括海盗、贩奴、非法广播及对该船只的国籍存有怀疑。有学者指出，这些船旗国权力和公海自由的例外是顺应“当代全球各国的共同需求与困扰”而产生的。[48]此外，1982年《联合国海洋法公约》也规定了对外国船只采取特定措施以管理和保护渔业资源及海洋环境的例外事项。[49]每艘船只必须仅升一国旗帜，且该国与该船之间必须存在实质的联系。船旗国对该船具有排他的管辖权，除非另有条约做出明文的例外规定。[50]军舰和一国国家所有的船舶在公海上对船旗国以外的他国享有完全的管辖权豁免。[51]由此，第三国在公海上不再存在对别国军舰的管辖权。[52]相反，试图对别国军舰适用执法管辖权将无异于对别国主权手段（sovereign instrumentality）的威胁或武力对抗。[53]长久以来，公海上的渔业权一直被认为是公海自由的组成要素，水产资源则被认为是自然取之不尽的馈赠。然而，随着认知的拓展和捕鱼技术的迅速发展，人们认识到这些资源虽然可以再生，却不是无穷的，而是需要适当的管理。[54]因此，1982年《联合国海洋法公约》在第116条中为公海捕鱼设定了限制条件，其中包括与他国协同采用渔业保护措施及其他基于条约而产生的义务，均体现在1982年《联合国海洋法公约》的生物资源保护与保全条款中。[55]

由于海洋环境退化已成为整个国际社会的心病，“21世纪海上丝绸之路”亦不得不去处理海洋环境保护的议题，1982年《联合国海洋法公约》在其第十二部分明确了关于海洋环境保护与保全的具体规则。其中第192条首次以条约形式明确了一切国家“保护和保全海洋环境”的普遍义务。要求各国在依据其环境政策行使资源开发主权的同时兼顾海洋环境保护与保全的基本义务可谓一项创举。在来自船舶的污染问题上，1982年《联合国海洋法公约》优先采纳了相关国际规则和标准，而在已存在的污染源方面（即陆地来源的污染、海床活动造成的污染及倾倒造成的污染）则优先适用各国国内立法及相应措施。[56]此外，关于海床活动和倾倒的原则和规定既适用于专属经济区，又适用于大陆架，各有关沿海国在来自船舶的污染问题上的权限则仅适用于专属经济区。[57]1982年《联合国海洋法公约》第218条赋予各港口国执法权，若外国船舶在该国管辖水域之外（beyond their jurisdictional waters）违反国际防污规则和标准，该国有权就此展开调查或提起诉讼。[58] 1982 年《联合国海洋法公约》第 220 条第 3 款至第 6 款似乎是最有利于沿海国当局的条款，这些条款授权沿海国在有“明显根据”相信其专属经济区内的商船违反国际防污规则和标准时，可索取关于该船只身份的信息并进行检查。1982 年《联合国海洋法公约》第 234 条包含的针对冰封区域的条款授权沿海国制定和执行非歧视性的法律和规章，以防止、减少和控制船只在其专属经济区范围冰封区域内对海洋的污染。该条款旨在保护冰封区域脆弱的生态环境，但军舰及其他享有管辖权豁免的船只不适用该条。[59]一个可能存在的问题是，当冰封消融时，该条款又将何去何从？在该项下赋予沿海国的关于环境保护的特殊权利是否将被废止？本文认为，若冰封消融时，可以类推适用 1982 年《联合国海洋法公约》在专属经济区内关于海洋污染防治的相关规定，第 234 条的存废问题，并不影响国家实践层面对海洋环境的保护力度。

共同开展科研活动是“21 世纪海上丝绸之路”不可或缺的一环，在 1958 年《大陆架公约》建立关于大陆架科研活动的国际共识前，尚无规制该区域科研活动的国际法律文件。1982 年《联合国海洋法公约》延续了沿海国家在大陆架科研问题上的原则性共识，并将其扩展至专属经济区中。1982 年《联合国海洋法公约》在其第 13 部分将关于海洋科学研究的条文进行了大幅度的延伸，并加入了规范科研行为的普遍原则及详细规定。[60] 1982 年《联合国海洋法公约》第 238 条确认一切国家及主管国际组织有权在 1982 年《联合国海洋法公约》赋予其他国家的权利和义务限制下开展海洋科学研究，但该种研究仅限于和平目的，且不得对海洋的正当利用构成不当干涉。[61]但是，国际海洋法大会的议定者拒绝了为“科学研究”做出专门定义的提案，因为他们认为此举缺乏必要性。但根据该条，开展科研活动并不构成对该海洋空间的任何部分及其资源主张权利的法律基础。

若沿海国要求在其专属经济区及大陆架范围内进行的科学研究需经其同意，则该沿海国不得无正当理由拖延或拒绝做出许可。在特定性情形下，尤其是当该科研活动与生物或非生物资源[62]的勘探和开发存在显著的直接关系时，沿海国有权拒绝许可。在上述情形下，沿海国也可以要求与科研方事先达成协议，要求其科研成果可为各国所获取（internationally available）。[63]若国家或主管国际组织有意在他国专属经济区或大陆架范围内开展科研活动，则需将科研相关信息提交给沿海国，并遵守特定条件；若沿海国希望参与该科研活动，则科研方应当同意。[64]问题在于，若专属经济区中的科研活动只是进行水文地理（hydrographic）调查等与资源无关的数据采集，沿海国是否仍对这些活动有管辖权？在这个问题上，国际社会存在观点分歧。有学者指出，海洋科学研究有明确达成共识的制度作为支撑，但没有明文规定是否可在专属经济区内开展水文地理调查。一些沿海国主张他国在其专属经济区内的水文地理调查活动需经该国许可，而相反的观点则认为该类调查应得以自由开展。不过，支持许可制度的思潮似乎正在进一步发展。

三、沿海国主权和管辖权的扩张

包含于 1982 年《联合国海洋法公约》中的现代国际海洋法呈现了有利于沿海国的

新变化，这可谓是相较于传统海洋法的显著特征。随着领海宽度上限从之前普遍采纳的3海里推进至12海里，空间巨大的海域被置于国家主权之下。与此同时，承载着沿海国特定权利的毗邻区也得到了拓展。“群岛国”的新兴法律概念被恰如其分地描述为“岛屿上的主权最可观的大扩张”，它在实际上将大片海洋变为了领海，并对航行自由构成了主要的潜在制约。基于以上所述，“21世纪海上丝绸之路”所面临的挑战将不仅是各国的政治意愿，还包括沿海国主权和管辖权向海一面扩张。因此，有必要将沿海国权利与管辖的重大扩张与无害通过权、过境通行权及群岛海道通过权联系起来进行审视——这三种权利一直被称作“航行与飞越之冠上的明珠”。这些通行制度确保着国际主要海事强国的全球战略机动性，对这些国家至关重要。海事强国只有在这些条件得以保障的前提下，才可能同意有利于沿海国的海洋法变化。作为应对，我国可以利用现有双边及多边合作机制[65]积极沟通航行自由的核心理念，即确保船舶在特定航道上持续不断、无障碍通行的权利。也唯有在航行自由得以确保的前提之下，“21世纪海上丝绸之路”的建构才可能达到互利共赢的目标。

无疑，专属经济区是1982年《联合国海洋法公约》最具革命性的创造之一。[66]该制度使沿海各国对约3 800万平方千米的海洋空间享有管辖权，这是一笔慷慨的馈赠，却也是海洋自由的一块巨大的绊脚石。专属经济区意味着沿海国管辖权在地理和功能上的显著扩张，也许在历史上，这是将资源置入国家管辖权下最大规模的转移行动。[67]这些专属经济区覆盖了地球约8%的表面积，占据了海洋约36%的疆域，为全球提供着约25%的初级生产力，并囊括了全球约90%的渔业和其他海洋资源。有科学家估测，距海岸200海里以内的海域中蕴藏着全球87%的海上油气资源，同时，专属经济区海域为全球“生态系统服务”（ecosystem service）贡献了43%的价值。必须强调的是，在该海域内保留与资源无关的公海自由是主要海事强国和其他国家接纳“专属经济区”概念的前提条件。[68]

主张建立专属经济区的主要论点是要保护发展中国家、尤其是沿岸渔业地区的经济利益，使他们得以获得此前未能提出合法或无争议主张的资源。[69]最初，人们认为该制度将主要有利于发展中国家的利益，但事实证明这是个错误的假设。相反，专属经济区的创设主要为重要的工业化国家带来了好处，在拥有全球专属经济区面积40%的7个国家中，只有印度尼西亚一国是发展中国家。另有学者指出，建立专属经济区的实际效果是使得沿海国本国渔船可以在该区域内畅行无阻地收获海洋资源，而无需与他国渔船相竞争，并由此促进对渔业资源保护与保存的妥善管理，然而令人意外的是，专属经济区的设置反倒加速了渔业资源的衰落。[70]专属经济区制度最基本的问题在于沿海国和其他所有国家的权利义务之间的平衡，一旦将天平偏向对该区域主张权利的国家，专属经济区便可能逐渐被融合入领海，假以时日，便会对海上自由构成实质性的限缩。1982年《联合国海洋法公约》第59条为解决专属经济区中的权利与管辖分配问题提供了一项明智但尚不具体的原则，即“该种冲突的解决应在公平基础上参照一切有关情况，并考虑到所涉利益对有关各方和整个国际社会的重要意义。”无论如何，这项原则的实践价值还需进一步提升。

将“大陆架”概念扩展至延及基线外350海里以至更远的整个大陆边缘，并将法律上的“大陆架”扩展至200海里范围，意味着沿海国对于海床自然资源主权权利的实质性扩张。所谓“宽大陆架国家”所主张的对专属经济区以外广大海床的主张由此得到了认可。在特定条件下，这些国家可以实现其资源占有的基本目标，而其他国家却要为此支付代价。[71]如果算上被纳入专属经济区的200海里以外的大陆架区域，97%的海上油气资源都将处于国家管辖权之下。需要指出的是，国际海洋法大会的参会国一度认为，能够对200海里以外大陆架主张权利的国家至多不过30~35个，[72]但目前看来，有此种主张的国家已有约80个，由此带来的后果是人类的共同遗产进一步被鲸吞。[73]根据1982年《联合国海洋法公约》第82条，宽大陆架国家有义务就其超出200海里范围的大陆架主张支付一定的代价，即其在开发200海里以外大陆架上的非生物资源时，应向国际海底管理局缴付一定的费用或实物，由后者向1982年《联合国海洋法公约》的各缔约国进行分配。

1982年《联合国海洋法公约》中关于海洋污染的条款为先前存在的国际海洋环境法带来了显著的改变，它的通过对专属经济区及大陆架海区广阔范围内的航行和通讯自由带来了直接的影响。1982年《联合国海洋法公约》甚至被评价为“现存最强大的系统性环境条约”并且“似乎将在未来很长时间内持续凸显”。[74]相关条款试图使船旗国和沿海国在其利益主张上达成妥协，前者力求无障碍的航行自由，后者则希望明确沿海国和港口国家在环保领域的权利，从而对该种自由加以限制。在1982年《联合国海洋法公约》对海洋科研做出的规定上，有学者指出，科研许可制度是沿海国与国际社会权利平衡的产物，尽管普遍的国际法和1982年《联合国海洋法公约》都并未认可“国际社会”的法律地位。[75]在此情形下，1982年《联合国海洋法公约》相关条款的实施可能马上叫停全球约1/3的海上科学与环境监测活动，[76]而这无疑将会对“21世纪海上丝绸之路”的构建造成挑战。

四、结论

“21世纪海上丝绸之路”会受到两阵风扰动：“海洋吹向陆地的风是自由之风，而陆地吹向海洋的风则是统治之风”。这两股势力的交互作用塑造了国际海洋法的诸多原则性特征。[77]在特定历史时期下，二者中的任一种占据上风，都反映了当时占据统治地位的力量之利益[78]——这正是政治利益构成国际法发展基础的另一力证。展望未来，“21世纪海上丝绸之路”是以目标协调、政策沟通为主，不刻意追求一致性，可高度灵活，富有弹性，是多元开放的合作进程。在建构的过程中有必要利用既有双边、多边和区域、次区域合作机制，针对本文所提出以及总结出的议题进行协商讨论，促进沿线国家对共建海上丝绸之路内涵、目标、任务等方面的进一步理解与认同。本文以1982年《联合国海洋法公约》为核心具体提出该公约的局限性，并总结到沿海国主权和管辖权有逐渐向海一面扩张的趋势。1982年《联合国海洋法公约》尽管能提供解决问题的指导性原则，但也不是万灵丹。我们身处在一个动态的世界，而当前海洋问题的复杂性远非公约在议定之时所能预见。因此现在更迫切需要的是以国家实践来补充成文法的不足，并进而带动国际习惯法的形成，如此才有可能在这一股关于海洋的潮流中找到出路。

参考文献

[1]　张晏瑲．论海洋善治的国际法律义务．比较法研究，2013，(6)：70-85.

[2]　Articles 15-19 of UNCLOS.

[3]　S. Davidson, The Law of the Sea and Freedom of Navigation in Asia Pacific, in: International Law Issues in the South Pacific, J. Leane & B. Van Tigerstrom (eds.), at 141 (Ashgate: 2005).

[4]　Z. Keyuan, "Law of the Sea Issues between the United State and East Asian States", 39 Ocean Development and International Law, at 70 (2008); I. Sheare, Military Activities in the Exclusive Economic Zone: The Case of Aerial Surveillance, 17 Ocean Yearbook, at 552 (2003); J. A. Roach & R. N. Smith, United States Responses to Excessive Maritime Claims (2nd ed.), Chapter 2, at 23 - 23 (1996).

[5]　Article 20 of UNCLOS.

[6]　The United Nations Convention on the Law of the Sea, 1982, A Commentary, Vol. II, S. N. Nandan and S. Rosenne (Volume Editors), N. R. Grandy (Assistant Editor), at 132, 136 (1993).

[7]　Ibid., at 143.

[8]　Articles 74 and 83 of UNCLOS.

[9]　1958 Geneva Convention on the Territorial Sea and the Contiguous Zone, Article 24.

[10]　Article 33 (1) of UNCLOS.

[11]　Articles 37-41 UNCLOS.

[12]　根据 1982 年《联合国海洋法公约》第 25 条第 3 款，沿海国出于安全考虑，可以暂停他国船只在其领海特定海域内的无害通过，但不可暂停过境通行。

[13]　Article 46 of UNCLOS.

[14]　Articles 39 (1) (c) and 53 (3) of UNCLOS.

[15]　T. T. B. Koh, "The Territorial Sea, Contiguous Zones, Straits and Archipelagoes under the 1982 Convention on the Law of Sea", 29 Malaya Law Review, at 183 (1987).

[16]　Article 75 of UNCLOS.

[17]　Article 56 of UNCLOS.

[18]　Article 58 (2) of UNCLOS.

[19]　Articles 87 (1) and 58 (2) of UNCLOS.

[20]　Article 58 (1) of UNCLOS.

[21]　J. Castaneda, Negotiations on the Exclusive Economic Zone in the Third United Nations Conference on the Law of the Sea-a reprint by the government of Mexico in commemoration of the 20th Anniversary of the United Nations Convention on the Law of the Sea, December 9-10, 2002, at 48, first published in: Essays International Law in Honour of Judge Manfred Lachs, J. Makarczyk (ed.), at 621 (1984).

[22]　Articles 56 (2) and 58 (3) of UNCLOS.

[23]　Article 220 of UNCLOS.

[24] [25]　张晏瑲．"无暇号"冲突事件背后的国际海洋法思考．山东大学法学评论，2010：161-168.

[26]　Article 76 (1) UNCLOS; see further A. G. Oude Elferink, "Article 76 of the LOSC on the Definition

of the Continental Shelf: Questions Concerning its Interpretation from a Legal Perspective", 21 The International Journal of Marine and Costal Law, at 275 (2006).

[27] Article 80 of UNCLOS.

[28] Article 78 (1) of UNCLOS.

[29] Article 78 (2) of UNCLOS.

[30] Article 79 of UNCLOS.

[31] Article 76 (5) of UNCLOS.

[32] B. Kunoy, "The Rise of the Sun: Legal Arguments in Outer Continental Margin Delimitation", 53 Netherlands International Law Review, at 247-272 (2006).

[33] Article 76 (5) of UNCLOS; S. V. Suarez, The Outer Limits of the Continental Shelf, Legal Aspects of their Establishment, at 247 (Springer: 2008).

[34] C. Carleron, "Article 76 of the UN Convention on the Law of the Sea-Implementation Problems from the Technical Perspective", 21 The International Journal of Marine and Costal Law, at 307 (2006).

[35] Annex II, Article 4 of UNCLOS.

[36] Annex II, Article 2 (1) of UNCLOS.

[37] Article 76 (8) and Annex II to UNCLOS.

[38] L. D. M. Nelson, The Continental Shelf: Interplay of Law and Science, in: Liber Amicorum Judge Shigeru Oda, N. Ando et al. (eds.), at 1237 (Klawer: 2002).

[39] A. Cavnar, "Accountability and the Commission on the Limits of the Continental Shelf: Deciding Who Owns the Ocean Floor", 42 Cornell International Law Journal, at 8-9 (2009); see further R. Wolfrum, The Delimitation of the Continental Shelf: Procedural Considerations, in Les proces international-Liber amicorum Jean-Pierre Cot, P. Badinter (President du Comited'Honneur), at 349-366 (2009).

[40] 张晏瑲．论两岸共同开发南海资源之法制基础．山东大学法学评论，2013：44-52.

[41] Articles 72 (2) (3), 83 (2) (3) of UNCLOS.

[42] B. Oxam, The Barbados/ Trinidad and Tobago Arbitration Award of 2006, B. Macmahon (Series Editor), T. M. C. Asser Press, at 2, 3 (2009).

[43] Ibid., at 3.

[44] Articles 87 (1), 92 and 98 of UNCLOS.

[45] D. Anderson, Modern Law of the Sea, in: The Law of the Sea-Progress and Prospects, D. Freestone, R. Barnes & D. M. Ong, (eds.), at 331 (Oxford University Press: 2006).

[46] J. C. Lupinacci, The Legal Status of the Exclusive Economic Zone in the 1982 Convention on the Law of the Sea, quoting Jimenez de Arechaga, in: The Exclusive Economic Zone, A Latin American Perspective, F. Orrego Vicuna (ed.), at 07 (Westview Press: 1984).

[47] N. Klein, "The Right of Visit and the 2005 Protocol on the Suppression of Unlawful Acts against the Safety of Maritime Navigation", 35 Denver Journal of International Law and Policy, at 295 (2007-2007).

[48] J. L Jesus, "Protection of Foreign Ships against Piracy and Terrorism at Sea-Legal Aspects", 18 The International Journal of Martine and Coastal Law, at 373 (2003).

[49] Article 73, respectively Article 220 of UNCLOS.

[50] Article 91 (1) of UNCLOS.

[51] Articles 95, 96 of UNCLOS.

[52] 张晏瑲．和平时期的海洋军事利用与海战法的最新发展．东方法学，2014，(4)：67-74.

[53] B. H. Oxam, "The Regime of Warship under the United Nations Convention on the Law of the Sea", 24 Virginia Journal of International Law, at 815 (1984).

[54] Code of Conduction for Responsible Fisheries, Food and Agriculture Organization of the United Nations (FAO), Preface (1995), available at: www. fao. org/docrep/005/v9878e/v9878e00. HTM (last visited: 9 September 2014).

[55] Articles 116-120 of UNCLOS; see also G. D. Pendleton, "State Responsibility and the High Seas Marine Environment A Legal Theory for the Protection of Seamounts in the Global Commons", 14 Pacific Rim Law and Policy Journal, at501 (2005).

[56] 张晏瑲．论航运业碳减排的国际法律义务与我国的应对策略．当代法学，2014，(6)：41-50.

[57] 薛梦溪，张晏瑲．论我国船舶油污损害赔偿基金制度的完善．山东大学法学评论，2014：171-184.

[58] I B. Oxam, The Barbados/ Trinidad and Tobago Arbitration Award of 2006, at 169, 170.

[59] J. Kraska, "The Law of the Sea Convention and the Northwest Passage", 22 The International Journal of Marine and Costal Law, at 274 (2007).

[60] P. Birnie, "Law of the Sea and Ocean Resources: Implication for Marine Scientific Research", 10 International Journal of Martine and Coastal Law, at 241-242 (1995).

[61] The Law of the Sea, National Legislation, Regulations and Supplementary Documents on Marine Scientific Research in Areas under National Jurisdiction, UN Office for Ocean Affair and the Law of the Sea, at 1 (1989).

[62] Article 246 of UNCLOS.

[63] Article 249 (2) of UNCLOS.

[64] Articles 248, 249 (1) of UNCLOS.

[65] 例如利用上海合作组织（SCO）、中国-东盟“10+1”、亚太经合组织（APEC）、亚欧会议（ASEM）、亚洲合作对话（ACD）、中国-海合会战略对话等现有多边合作机制。

[66] G. Kulleenberg, "The Exclusive Economic Zone: Some Perspective", 42 Ocean and Costal Management, at 849 (1999).

[67] Ibid.

[68] I. A. Shearer, The International Tribunal for the Law of the Sea and its Potential for Resolving Navigation Disputes, in: Navigational Rights and Freedoms and the New Law of the Sea, D. R. Rothwell and S. Bateman (eds.), at 267-268.

[69] Venezuelan President Carlos Andres Perez at the opening of the Caracas Session of the Third United Nations Conference on the Law of the Sea, as quoted by Anand, *Freedom of the Seas*, at 275.

[70] J. R. Rasband, J. Salzman & M. Squillace, Natural Resources Law and Policy, at 462, 468 (Foundation Press: 2004).

[71] S. Vasciannie, "Landlocked and Geographically Disadvantaged states and the Question of the Outer Limit of the Continental Shelf", 58 British Yearbook of International Law, at 272 (1987).

[72] G. Taft, Applying the Law of the Sea Convention and the Role of the Scientific Community Relating to Establishing the Outer Limit of the Continental Shelf Where It Extends Beyond the 200 Mile Limit, in: Law, Science & Ocean Management, R. Long, T. H. Heidar & J. N. Moore (eds.), at 470 (Martinus Nijhoff Publishers: 2007).

[73] Table of the Submissions to the Commission on the Limits of the Continental Shelf, available at: www.

un. org/Depts/los/clcs_ new/commission_ submissions. htm (last visited 9 September 2014).

[74] E. B. Weinstein, "The Impact of Regulation of Transport of Hazardous Waste on Freedom of Navigation", 9 The International Journal of Marine and Coastal Law, at 168 (1994).

[75] M. Gorina-Ysern, An International Regime for Marine Scientific Research, at 347 (Translational Publishers: 2003).

[76] P. A. Verlaan, "Experimental Activities that Internationally Perturb the Marine Environment: Implications for the Marine Environment Protection and Marine Scientific Research Provision of the 1982 United Nations Convention of the Law of the Sea", 31Marine Policy, at 213 (2007).

[77] T. T. B. Koh, "The Origins of the 1982 Convention on the Law of the Sea", 29 Malaya Law Review, at 2 (1987); R. Rayfuse & R. Warner, "Securing a Sustainable Future for the Oceans Beyond National Jurisdiction: The Legal Basis for an Integrated Cross-sectoral Regime for High Seas Governance for the 21st Century", 23 The International Journal of Marine and Coastal Law, at 400 (2008).

[78] E. D. Brown, "Freedom of the High Seas versus the Common Heritage of Mankind: Fundamental Principles in Conflict", 20 San Diego Law Review, at 521 (1982-1983).

论文来源：本文原刊于《法律科学》，2016年第1期，第174-181页。

基金项目：中国法学会项目［CLS（2015）D148］。

论菲律宾南海仲裁请求中关于权利来源部分的管辖权

张　磊*

摘　要： 中菲南海仲裁案是由菲律宾单方面提起的。该案关于管辖权的裁决至关重要。菲律宾的仲裁请求可以分为权利来源、岛礁地位和行为活动三个部分的内容，其中关于权利来源部分是菲律宾仲裁申请的核心，因为它试图从根本上彻底否定我国在“九段线”内海洋性权利的合法性。菲律宾认为，中国在“九段线”内主张的主权权利、管辖权和历史性权利超过《联合国海洋法公约》在地理和实体上允许的范围，因此不具有法律效力。为了避开领土主权与海域划界，菲律宾希望将仲裁庭的目光引向两个焦点，即海洋地形的法律地位和历史性权利的范围。在这两个焦点问题上，由于菲律宾请求确认的不单纯是权利的存在，实质是权利的范围，而确认权利的范围是海域划界的关键性因素，所以仲裁庭不能将其剥离后单独裁决，否则就破坏了海域划界的整体性。同时，上述焦点既涉及相关岛礁的主权归属，也属于《联合国海洋法公约》第298条关于“历史性海湾或所有权”的强制管辖权例外情况。因此，菲律宾的规避企图是徒劳的，仲裁庭对其请求中关于权利来源的部分仍然不具有管辖权。

关键词： 南海仲裁案；权利来源；管辖权；历史性权利；联合国海洋法公约

一、问题的提出

2015年10月29日，中菲南海仲裁案的仲裁庭（以下简称仲裁庭）就管辖权和可受理性问题做出了裁决。该仲裁庭是联合国国际海洋法法庭（以下简称海洋法法庭）在2013年4月24日强行组建的，起因是菲律宾在2013年1月22日针对中国南海问题单方面向海洋法法庭申请仲裁。

对于缔约国之间的争端，《联合国海洋法公约》（以下简称《公约》）规定了非强制性程序与强制性程序两种解决方式。如果非强制性程序无法解决争端，经争端任何一

* 张磊，华东政法大学国际法学院副教授，硕士生导师。

方请求，那么该争端应当被提交强制性程序。据此，国际法庭对争端可能具有强制管辖权。[1]不过，该强制管辖权存在两种例外：一是自动例外，即部分争端自动排除强制性程序的适用。这具体规定在《公约》第297条第2、3款，包括涉及海洋科学研究和专属经济区生物资源的争端；二是任择例外，即部分争端可以通过缔约国发表书面声明的方式排除强制性程序的适用。这具体规定在《公约》第298条第1款，包括涉及海域划界、历史性海湾或所有权、军事活动以及法律执行活动的争端。值得强调的是，《公约》第298条第1款（a）项规定："任何争端如果必然涉及同时审议与大陆或岛屿陆地领土的主权或其他权利有关的任何尚未解决的争端，则不应提交这一程序（笔者注：即强制性程序）"。[2]

根据中国在2006年8月25日发表的书面声明，对于《公约》第298条第1款所述的任何争端，中国不接受任何国际司法或仲裁管辖。

（一）菲律宾仲裁申请的主要内容

菲律宾的仲裁申请包含15条请求。按照裁决书所采取的顺序，菲律宾的请求依次是："（1）中国在南海的海洋性权利，如菲律宾一样，不能超过《公约》允许的范围；（2）中国主张的对"九段线"范围内的南海海域的主权权利和管辖权以及历史性权利与《公约》相违背，这些主张在超过《公约》允许的中国海洋权利的地理和实体限制的范围内不具有法律效力；（3）黄岩岛不能产生专属经济区或者大陆架；（4）美济礁、仁爱礁和渚碧礁为低潮高地，不能产生领海，专属经济区或者大陆架，并且为不能够通过先占或其他方式取得的地形；（5）美济礁和仁爱礁为菲律宾专属经济区和大陆架的一部分；（6）南薰礁和西门礁（包括东门礁）为低潮高地，不能产生领海，专属经济区或者大陆架，但是它们的低潮线可能可以作为分别测量鸿庥岛和景宏岛的领海宽度的基线；（7）赤瓜礁、华阳礁和永暑礁不能产生专属经济区或者大陆架；（8）中国非法地干扰了菲律宾享有和行使对其专属经济区和大陆架的生物和非生物资源的主权权利；（9）中国非法地未曾阻止其国民和船只开发菲律宾专属经济区内的生物资源；（10）通过干扰其在黄岩岛的传统渔业活动，中国非法地阻止了菲律宾渔民寻求生计；（11）中国在黄岩岛和仁爱礁违反了《公约》下保护和保全海洋环境的义务；（12）中国对美济礁的占领和建造活动：（a）违反了《公约》关于人工岛屿，设施和结构的规定；（b）违反了中国在《公约》下保护和保全海洋环境的义务；（c）构成违反《公约》规定的试图据为己有的违法行为；（13）中国危险地操作其执法船只给在黄岩岛附近航行的菲律宾船只造成严重碰撞危险的行为违反了其在《公约》下的义务；（14）自从2013年1月仲裁开始，中国非法地加剧并扩大了争端，包括：（a）干扰菲律宾在仁爱礁海域及其附近海域的航行权利；（b）阻止菲律宾在仁爱礁驻扎人员的轮换和补充；（c）危害菲律宾在仁爱礁驻扎人员的健康和福利；（15）中国应当停止进一步的违法权利主张和活动。"[3]

（二）权利来源部分是菲律宾仲裁申请的核心

从涉及的内容来看，菲律宾的仲裁申请可以分为三个部分：

第一，关于权利来源的请求。这主要包括第1条和第2条请求。菲律宾认为，由于中国与菲律宾的海洋性权利均受《公约》限制，所以超过《公约》范围的权利主张是无效的。因此，由于中国在“九段线”内所主张的海洋性权利超过《公约》在地理和实体上允许的范围，所以这些主张是无效的。

第二，关于岛礁地位的请求。这主要包括第3条至第7条请求，涉及岛屿和岩礁的区分、低潮高地的认定以及部分岛礁的地理归属等方面。菲律宾认为我国的相关岛礁要么不能产生专属经济区或大陆架，要么不能产生领海，也不能通过先占等方式取得，并且部分岛礁还是菲律宾专属经济区和大陆架的一部分。

第三，关于行为活动的请求。这主要包括第8条至第14条请求，涉及自然资源、环境保护、航行自由以及岛礁控制等方面。菲律宾认为我国在部分海域的行为或者活动要么违背中国根据《公约》所承担的义务，要么侵犯菲律宾根据《公约》所享有的权利。[4]

如果说岛礁权益是支撑中国海洋性权利的“骨骼”，那么管理行为就是中国海洋性权利的“血肉”，从而使该权利在范围和内容上都不仅仅局限于岛礁权益。因此，菲律宾第二部分和第三部分的仲裁请求表面上是各有所图，但本质上殊途同归，都是攻击我国在“九段线”内海洋性权利的合法性。尽管如此，它们的重要性仍然不如第一部分，因为关于权利来源的请求试图从根本上彻底否定我国海洋性权利的合法性。倘若菲律宾第一部分的请求一旦得逞，那么它势必会严重地影响第二部分和第三部分的仲裁结果。因此，关于权利来源的部分是菲律宾仲裁申请的核心。

（三）仲裁庭关于权利来源管辖权的初步裁决

对于权利来源的请求，仲裁庭认为，其管辖权可能取决于中国所主张历史性权利的本质以及这些权利是否被《公约》第298条关于“历史性海湾或所有权”的强制管辖权例外情况所覆盖。由于历史性权利的本质属于实体问题，所以仲裁庭决定将第1条和第2条请求的管辖权保留至实体问题阶段一并审议。[5]

针对历史性权利，菲律宾认为《公约》取代了任何先于《公约》诞生的历史性权利，并使之无效。据此，仲裁庭认为：该争端不涉及具体的历史性权利是否存在，而是在《公约》的框架内涉及历史性权利的争端。既然争端涉及《公约》与其他法律文件或制度之间的关系，包括《公约》是否保留了植根于其他法律制度的权利，那么它就是一个关于《公约》解释和适用问题的争端。[6]

在此基础上，我们应当注意仲裁庭提出的进一步审议管辖权的思路：第一，仲裁庭认为，中国既没有澄清历史性权利的本质及范围，也没有澄清“九段线”的涵义。更重要的是，仲裁庭认为自己有权利根据当事方在应当做出回应的问题上所采取的行为或者保持沉默的事实做出适当的推定；[7]第二，仲裁庭认为，历史性权利的本质将决定该争端是否属于《公约》第298条关于“历史性海湾或所有权”的强制管辖权例外情况，也将决定中国实施相关活动的海域是否存在权利重叠的情况。如果存在权利重叠，那么这将对《公约》第297条和第298条其他强制管辖权例外情况的适用产生潜在的影响。[8]

二、菲律宾在权利来源部分所设计的焦点

（一）“九段线”内的三种权利与三层区域

根据第 2 条仲裁请求，菲律宾认为中国在“九段线”内有三种权利存在违背《公约》的情况，即主权权利（sovereign rights）、管辖权（jurisdiction）以及历史性权利（historic rights）。因此，在权利来源部分，仲裁庭应当分别考察上述三种权利的管辖权。

与上述三种权利大致对应，“九段线”以内的区域可以划分为三个层次：第一，岛屿和岩礁及其周边 12 海里的海域（领海）。国家可以对这部分区域主张主权权利；第二，岛屿周边一定范围内的临近区域（毗连区、专属经济区和大陆架）。国家可以对这部分区域主张《公约》规定的管辖权；第三，对于“九段线”以内不属于上述范围的区域，即所谓“剩余区域”。菲律宾认为国家不能对它主张历史性权利，而中国则持不同的观点。

（二）菲律宾针对主权权利的焦点问题

就主权权利而言，按照上述区域划分，菲律宾提出仲裁请求的理由可能有以下几个方面：第一，菲律宾认为中国对属于菲律宾的岛礁及其领海主张了主权权利，例如黄岩岛；第二，菲律宾认为中国对属于中国的岛礁周围区域主张了超过 12 海里的主权权利；第三，菲律宾认为中国对所谓不能主张主权权利的海洋地形主张了主权权利。对于第一种理由，由于菲律宾试图通过回避岛礁主权的方式来规避《公约》关于强制管辖权的例外规定，所以它不大可能以该理由直接提请仲裁；对于第二种理由，由于我国从未提出过类似的主张，同时我国《领海及毗连区法》第 3 条也明确规定领海宽度为 12 海里，所以菲律宾以该理由直接提请仲裁的意义也不大。因此，从管辖权的角度看，菲律宾针对主权权利提请仲裁的理由应该主要是第三种。从第 4 条与第 6 条仲裁请求进一步来看，菲律宾认为该理由主要涉及低潮高地的认定问题。

（三）菲律宾针对管辖权与历史性权利的焦点问题

既然菲律宾在第 2 条请求中将考察海洋性权利的视角分为地理范围和实体范围，那么我们不妨也从这两个角度分析管辖权和历史性权利。

从地理范围来看，假如抛开主权权利，那么单纯地讨论管辖权与历史性权利是不现实的——根据上述三层区域的划分，由于它们是层层包围的关系，所以管辖权与历史性权利的范围都取决于主权权利的范围。因此，若从这个角度审议管辖权和历史性权利，那就不得不首先返回上述关于主权权利的讨论。退一步讲，即使在主权权利的地理范围已经确定的情况下，就管辖权而言，由于《公约》对毗连区、专属经济区和大陆架的地理范围有明确的规定，所以菲律宾提请仲裁的主要理由应该是它认为中国对不应当主张专属经济区和大陆架的区域主张了相应的管辖权。从第 3 条和第 7 条请求进一步来看，菲律宾认为这主要涉及岛屿和岩礁的区分问题。就历史性权利而言，菲律宾提请仲裁的理由显然是它认为中国主张的历史性权利超过了《公约》允许的地理范围。这实际上就是上述中国与菲律宾关于“剩余区域”的分歧。

从实体范围来看，就管辖权而言，由于《公约》对沿海国在毗连区、专属经济区和大陆架内管辖权的内容做出了比较明确的规定，所以菲律宾提请仲裁的主要理由应该是它认为中国在上述区域主张了比《公约》更多的管辖权。从本质上讲，这种更多的管辖权也应当属于历史性权利。就历史性权利而言，菲律宾提请仲裁的主要理由应该是它认为中国主张的历史性权利在内容上超过了《公约》允许的实体范围，并且因为违背《公约》而归于无效。

由此可见，在权利来源部分，菲律宾仲裁请求所提出的三种权利主要有两个焦点：第一，海洋地形的法律地位，包括低潮高地的认定和岛礁之间的区分；第二，历史性权利在地理和实体上的范围。

为了规避《公约》关于强制管辖权的例外规定，菲律宾的仲裁请求对争议的本质（领土主权与海域划界）避而不谈，试图将仲裁庭的目光引向上述两个焦点。然而，即便菲律宾如此设计，仲裁庭对上述请求仍然不应具有管辖权。我们不妨先看历史性权利的范围，再看海洋地形的法律地位。

三、仲裁庭对历史性权利之争没有管辖权

（一）《公约》第 298 条管辖权例外应适用于历史性权利

菲律宾认为：本案中的“历史性权利”（historic rights）与《公约》第 298 条的“历史性所有权”（historic title）是不同的，因为后者的概念有具体和限制性的涵义，即它只适用于国家可能主张主权的近海海域。菲律宾进一步提出，《公约》第 298 条将当年丰塞卡湾（Gulf of Fonseca）的海域划界问题考虑在内，并且只适用于历史性海湾和所有权的海域划界争端。因此，根据菲律宾的意见，《公约》第 298 条第 1 款第（a）项第 1 段所规定的“涉及历史性海湾或所有权的争端”并不是所有争端，而是局限于有关海域划界的争端。[9]

很显然，从菲律宾的意见来看，它为“历史性所有权”的理解设置了两个前提背景：第一，它只适用于历史性海湾的争议；第二，它只适用于海域划界争端。这两个前提背景既相互联系，又彼此独立。

由于将“历史性所有权”限制在“历史性海湾”的背景下来理解，所以菲律宾认为它只适用于国家可能主张主权的近海海域。然而，我们认为这种理解既是牵强的，也是以偏概全的。从《公约》第 298 条第 1 款第（a）项第 1 段的条文来看，排除强制性程序的对象之一是“那些涉及历史性海湾或者所有权（的争端）”（those involving historic bays or titles）。“历史性”（historic）一词既是“海湾”（bays）的修饰词，也是“所有权”（titles）的修饰词。对于这一点，菲律宾也不持异议。然而，从该段的上下文中似乎无法找到依据来证明“海湾”与“所有权”这两个词之间存在任何隶属或限制关系。假如菲律宾认为“所有权”一词应当以“海湾”一词作为前提背景，那么它所理解的条文实际上应是这样一种措辞，即“那些涉及历史性海湾或者其所有权（的争端）”（those involving historic bays or its titles）。很显然，在没有上下文依据的情况下，这种理解过于牵强。即使菲律宾可以认为《公约》第 298 条考虑了丰塞卡湾等历史性海湾，但这也不意味着上述隶属或限制关系必然存在，因为菲律宾似乎无法证明丰

塞卡湾是该条考虑的唯一因素。事实上，尽管“历史性海湾”是“历史性所有权”的重要体现之一，但却不是后者的全部外延。放眼整个《公约》，我们不难发现除了第10条（海湾）之外，第15条（领海划界）、第46条（群岛和群岛国）等条文也体现了历史性所有权。[10]于是，似乎没有理由认为《公约》第298条没有考虑以上因素。因此，将历史性海湾作为前提背景也是以偏概全的。

《公约》第298条第1款第（a）项第1段排除强制性程序的对象之一是“那些涉及历史性海湾或者所有权（的争端）”（those involving historic bays or titles）。菲律宾认为“那些”（those）一词不是指所有争端，而是专指海域划界争端。诚然，《公约》第298条第1款第（a）项第1段排除了强制性程序对两类争端的适用，一类是“关于划定海洋边界的第15、74、83条在解释或适用上的争端”，另一类是“涉及历史性海湾或所有权的争端”。[11]从该段的条文来看，两种争端之间是用“或者”（or）一词连接的，换言之，是并列的关系。因此，将“历史性所有权”限制在“海域划界争端”的背景下来理解也是不正确的。

退一步讲，即使“历史性所有权”以“海域划界争端”为前提背景，仲裁庭也不能具有强制管辖权，因为中菲历史性权利之争在本质上就是海域划界争端。

（二）中菲历史性权利之争在本质上就是海域划界争端

仲裁庭认为菲律宾的仲裁请求不涉及海域划界。根据它的解释，上述判断主要有两个理由：第一，在海域划界过程中可能予以考虑的因素不是海域划界本身；第二，是否存在某项权利与如何划分相互重叠的权利是两个不同的问题。据此，仲裁庭认为：由于菲律宾不要求进行海域划界，而只是质疑历史性权利的存在及其程度，所以不属于海域划界争端。[12]对此，我们应当注意到菲律宾提出：尽管海域划界可能要求首先确认国家对相关海域的权利，但这并不意味着后者是海域划界完整的组成部分。[13]很显然，仲裁庭接受了菲律宾的上述观点。

笔者认为：菲律宾的观点是错误的，仲裁庭接受该观点是武断的。这是因为它们似乎都没有认真考虑如下两个问题：第一，海域划界存在关键性因素；第二，确认权利的范围属于上述关键性因素。

诚然，在海域划界过程中可能予以考虑的因素不是海域划界本身，但这并不意味着国际法庭可以不受限制地对其所涉及的因素进行剥离之后单独裁决。应有的限制是关键性因素不得剥离，不得单独裁决。所谓关键性因素，必然是那些对海域划界的结果将产生直接和决定性影响的因素。众所周知，国际法不是判例法。因此，国际法庭没有义务遵循先例。假如将直接影响海域划界结果的关键性因素剥离出来，由一个国际法庭单独裁决，而由另一个国际法庭对海域划界进行裁决，那么结果要么是造成国际秩序的混乱，要么是前者不正当地干扰了后者的裁决权。

尽管菲律宾没有明确要求仲裁庭进行海域划界，但却明确要求仲裁庭对包括历史性权利在内的中国海洋性权利进行地理和实体上的“范围”确认。因此，菲律宾请求确认的不单纯是权利的存在，实质是权利的范围。

就权利范围的确认结果而言，从定性上看，有两种可能的结果——第一，中国与菲律宾存在权利重叠的情况；第二，中国与菲律宾不存在权利重叠的情况。从定量上看，逻辑上有三种可能的结果——第一，确认的结果超出中国的主张；第二，确认的结果吻合中国的主张；第三，确认的结果低于中国的主张。若本案仲裁庭决定对菲律宾的请求行使管辖权，并由此做出裁决，那它就不得不在上述结果中做出选择。然而，无论仲裁庭选择哪个结果，该结果都将直接和决定性地影响未来中国与菲律宾之间正式的海域划界。值得指出的是，即使权利范围的确认结果是不存在重叠的权利，那也是海域划界的结果，因为海域划界可能的结果当然也包括将争端双方虽不重叠但原本模糊的边界予以明确，否则就会使海域划界的裁决先天地丧失了一种可能的结果。因此，菲律宾请求仲裁庭确认的中国海洋性权利在地理和实体上的范围无疑是海域划界的关键性因素。

由此可见，仲裁庭将菲律宾的请求归纳为"是否存在某项权利"，将海域划界争端归纳为"如何划分相互重叠的权利"，并以"是否存在某项权利"与"如何划分相互重叠的权利"是两个不同的问题得出菲律宾的请求不是海域划界争端的结论。这是武断的。

既然菲律宾的仲裁请求是海域划界的"关键性因素"之一，那么该争端在本质上就是海域划界的争端。于是，即使《公约》第298条的"历史性所有权"以"海域划界争端"为前提背景，本案的"历史性权利"也应当属于该条范畴，从而排除强制性程序的适用。在此之外，仲裁庭也可以直接依据《公约》第298条关于"关于划定海洋边界的第15、74、83条在解释或适用上的争端"的规定排除强制性程序的适用。

（三）历史性权利不仅具体存在，而且与《公约》兼容

正如前文所述，根据仲裁庭进一步审议管辖权的思路，除了属于"历史性海湾或所有权"之外，存在权利重叠的情况同样会导致《公约》第298条其他强制管辖权例外情况的适用，因为那势必直接涉及海域划界，而权利是否重叠同样取决于中国所主张历史性权利的本质。

倘若仲裁庭从权利重叠的角度考察历史性权利的本质，那么它需要对三个问题做出判断：第一，历史性权利是否存在；第二，如果存在，那么历史性权利与《公约》是否兼容；第三，如果兼容，那么历史性权利在地理和实体上的范围是否与菲律宾的海洋性权利存在重叠。

前文实际上已经述及第三个问题，即由于菲律宾请求确认的权利"范围"是海域划界的"关键性因素"，所以"范围"之争本质上就是海域划界的争端。于是，仲裁庭对第三个问题没有管辖权。不过，这里还是需要对前两个问题进行适当的阐述。

第一，仲裁庭在裁决书中的一个基本判断存在偏差——鉴于菲律宾对历史性权利采取一概否定的极端立场，仲裁庭就判断该争议不涉及具体的历史性权利是否存在，而涉及《公约》是否保留了植根于其他法律制度的权利。这是值得商榷的。正如前文所述，国际法不是判例法，换言之，判例不是独立的国际法渊源。因此，国际法庭只享有适用法律的权利，而没有制定法律的权利。这意味着，当仲裁庭为了适用《公约》而需要解释《公约》时，它必须结合具体案情，而不能纯粹和抽象地解释《公约》。那么什么是具体案情呢？很显然，它至少包括从历史和现实的角度考察南海是否存在具体的历史性权利。

第二，考察具体的历史性权利是否存在既要考虑中国的因素，也要考虑菲律宾等其

他南海周边国家的因素。中国宣示历史性权利的意思表示是非常明确的，即“中国在南海的主权和相关权利是在长期的历史过程中形成的，为历届中国政府长期坚持，为中国国内法多次确认。”[14]中国行使历史性权利的实际行动也是有据可查的，而且中国的历史性权利并不完全依赖于“九段线”。中国对南海的开发和管理具有悠久的历史。早在中华民国政府于1948年公布南海“断续线”之前，“线内的水域实际上已经是中国享有历史性权利的历史性水域了。”[15]与此同时，菲律宾等其他南海周边国家在历史上曾经长期默认中国历史性权利的存在。即使是在民国政府公布南海“断续线”之后的20多年里，它们都没有提出任何异议。仲裁庭既要看到菲律宾的异议，也要看到菲律宾的沉默。简言之，历史性权利确立在前，菲律宾的异议在后。因此，正如诸多学者所共同总结的那样，中国在南海存在具体的历史性权利是无可辩驳的。[16]

第三，既然存在具体的历史性权利，那么讨论就进入历史性权利与《公约》的关系。两者的关系是否像菲律宾所说，《公约》使任何历史性权利都归于无效呢？对于这个问题，我们既要看菲律宾的理由，也要看国际法的规定。

菲律宾第1条请求认为中国的海洋性权利不能超过《公约》允许的范围。第2条请求认为中国包括历史性权利在内的“三种权利”超过了《公约》允许的范围，所以是无效的。这里的关键问题是“允许”一词。诚然，中国和菲律宾都是《公约》的缔约国。同时，两国也是《维也纳条约法公约》的缔约国。因此，根据《维也纳条约法公约》第26条“条约必须遵守”，中国与菲律宾的确都应当遵守《公约》的规定。[17]然而，菲律宾对“允许”一词似乎采取了过分狭隘的解释，即《公约》明确的授权才属于“允许”的范围。照此逻辑，菲律宾认为：由于历史性权利在《公约》中找不到明确的授权，所以它超出了“允许”的范围。然而，菲律宾似乎有意或无意地忽略了另外一种解释，即“不禁止”也可以构成默示的“允许”。一方面，“国际法不禁止即自由”的原则早在1927年著名的“荷花号案”中就已经得到确认。[18]在该案中，国际常设法院之所以认为土耳其对法国船只“荷花号”享有管辖权，是因为国际法不禁止受犯罪行为波及的船舶所属国把该行为当做是发生在其领土上的行为。类似的分析与结论不断出现在后世的国际法案例中；另一方面，尽管《公约》在海洋法上具有崇高地位，但它对海洋性权利的规定并非是完全排他性的，更不是穷尽性的。值得注意的是，《公约》第15部分“争端的解决”第293条“适用的法律”第1款规定：“根据本节具有管辖权的法院或法庭应适用本公约和其他与本公约不相抵触的国际法规则。”[19]由此可见，《公约》非但不是自闭的，反而是兼容的。

根据《维也纳条约法公约》第28条“条约不溯既往”，“除条约表示不同意思，或另经确定外，关于条约对一当事国生效之日以前所发生之任何行为或事实或已不存在之任何情势，条约之规定不对该当事国发生拘束力。”[20]于是，《公约》与历史性权利是否兼容取决于三个条件：第一，历史性权利本身是符合国际法的权利；第二，历史性权利形成于《公约》生效之前；第三，《公约》不禁止缔约国享有历史性权利。实际上，这三个条件都是成立的。首先，“国际司法实践历来尊重和承认历史性权利。1910年常设国际仲裁院关于北大西洋渔业案的裁决、1917年美洲法院关于萨尔瓦多与尼加拉瓜丰塞卡湾地位的判决、1951年国际法院关于英国和挪威渔业案的判决以及1995年常设国际仲裁院关于厄立特里亚和也门红海岛礁归属和海洋划界的裁决都尊重和承认历史性权利”；[21]其次，正如前文所述，中国的历史性权利在民国政府公布南海“断续线”之前就早已形成；再次，《公约》不但没有禁止缔约国享有历史性权利，而且《公约》在关于海湾、领海划界、群岛和群岛国、传统捕鱼权以及争端的解决等部分的条款（第10、15、46、51、298条等）中都肯定了历史性权利。

四、仲裁庭无权审议海洋地形的法律地位

菲律宾第3条和第7条请求认为黄岩岛、赤瓜礁、华阳礁和永暑礁属于岩礁，而不是岛屿，所以它们不能产生专属经济区和大陆架。菲律宾第4条与第6条请求涉及美济礁、仁爱礁、渚碧礁、南薰礁、西门礁、东门礁。在菲律宾看来，这六个海洋地形均为低潮高地，因此，它们不能产生领海、专属经济区或者大陆架，并且也为不能够通过先占或其他方式取得（appropriate）。

遗憾的是，仲裁庭认为对上述四条请求均具有管辖权。它的理由主要有两个方面：第一，上述争端不涉及相关海洋地形的主权归属；第二，上述争端也不涉及海域划界，因为低潮高地的认定和岛礁之间的区分只涉及相关海洋地形所产生的海洋性权利。[22]然而，笔者认为情况恰恰相反，即上述请求要么涉及海域划界，要么涉及主权归属。

（一）海洋地形的法律地位是海域划界的关键性因素

《公约》第121条规定：“1. 岛屿是四面环水并在高潮时高于水面的自然形成的陆地区域。2. 除第3款另有规定外，岛屿的领海、毗连区、专属经济区和大陆架应按照本公约适用于其他陆地领土的规定加以确定。3. 不能维持人类居住或其本身的经济生活的岩礁，不应有专属经济区或大陆架。”[23]

按照上述规定不难看出：岛屿和岩礁的共同点之一是它们在高潮时都高于水面，区别在于岩礁无法满足以下任何一个条件——第一，维持人类居住；第二，维持本身的经济生活。于是，岛屿和岩礁是两个不同的法律概念。前者不但可以产生领海，而且可以产生专属经济区和大陆架；后者只能产生领海，不能产生专属经济区和大陆架。因此，岛礁之间的区分实际上就是确认海洋性权利在地理和实体上的范围。

《公约》第13条规定：“1. 低潮高地是在低潮时四面环水并高于水面但在高潮时没入水中的自然形成的陆地。如果低潮高地全部或一部与大陆或岛屿的距离不超过领海的宽度，该高地的低潮线可作为测算领海宽度的基线；2. 如果低潮高地全部与大陆或岛屿的距离超过领海的宽度，则该高地没有其自己的领海。”[24]

很显然，由于高潮时没入水中，低潮高地与岛屿和岩礁不同，低潮高地是否可以产生领海取决于它与大陆或岛屿的距离是否超过领海的宽度——如果低潮高地位于一国领海以内，那么它可以产生领海，但应当指出的是，低潮高地之所以能够产生领海，是因为它可以成为领海基线的起讫点。具体来讲，根据《公约》第7条第4款，假如低潮高地上筑有永久高于海平面的灯塔或类似设施，或以这种高地作为划定基线的起讫点已获得国际一般承认，那么直线基线的划定可以以低潮高地为起讫点。[25]更重要的是，如果低潮高地位于一国领海内，那么该国可以对其主张主权。在2001年的卡塔尔与巴林海域划界与领土争端案中，国际法院认为，由于该案所涉及的低潮高地位于卡塔尔的领

海范围内，所以卡塔尔对其享有主权。[26]在2012年的尼加拉瓜与哥伦比亚领土与海洋争端案中，国际法院认为，沿海国可以在低潮高地位于自己领海内的时候对其主张主权。[27]由此可见，由于岛礁与低潮高地之间存在差别，所以某个海洋地形是不是低潮高地是衡量沿海国海洋性权利地理和实体范围的重要依据，包括即使是低潮高地，它能否产生领海的问题也涉及权利的范围，因为低潮高地可以是领海基线的起讫点。

综上所述，无论是岛礁之间的区分，还是低潮高地的认定，它的结果不单纯是确认权利的存在，实质是确认权利的范围。正如前文所述，既然是确认权利的范围，那么无论仲裁庭得出怎样的结果，该结果都将直接和决定性地影响未来中国与菲律宾之间正式的海域划界。因此，从这个角度看，海洋地形的法律地位也是海域划界的关键性因素，不能从海域划界中剥离出来单独裁决。

（二）岛礁主权既定的前提下才能审议其地位和权利

值得指出的是，菲律宾不但承认岛屿和岩礁可以产生主权，而且也承认中国与菲律宾在部分岛礁的主权归属上存在争议。不过，为了妄图规避《公约》第298条强制管辖权的例外规则，菲律宾没有要求仲裁庭审议岛礁的主权归属，只要求仲裁庭审议其法律地位及其海洋性权利。仲裁庭也因此认为对该请求具有管辖权。

众所周知，仲裁的目的是解决争端。《公约》第29条也体现了这一点。根据仲裁庭自己的解释，为了认定争端的存在，仅仅证明两个国家存在利益冲突是不够的，还要证明一个国家的主张遭到另一个国家明确的反对。[28]由此可见，在仲裁庭看来，利益冲突与主张对立是构成争端的两个核心要件。我们要注意的是前一个要件，即利益冲突。根据一般国际法，只有当某个国家的“合法利益”遭到另一个国家的侵犯时，该国才有资格提起国际诉讼或仲裁。所谓侵犯，分为直接或间接两种。后者主要包括两种情况：第一，由于一个国家的行为违背其对另一个国家集团的义务，所以为了保护该国家集团的集体利益，由该集团中的某个国家提起诉讼或仲裁；第二，由于一个国家违背其对整个国际社会的义务，所以为了保护国际社会的整体利益，由另一个国家提起诉讼或仲裁。联合国国际法委员会2001年通过的《国家对国际不法行为的责任条款草案》第48条体现了上述两种由于合法利益遭到间接侵犯而追究责任的情况。[29]

就中菲南海仲裁案而言，既然仲裁庭认定中国与菲律宾之间存在争端，那么就等于认定两国之间存在利益冲突。既然存在利益冲突，根据上文所述，那么就存在两种可能性——第一，中国直接侵犯了菲律宾所谓的合法利益；第二，中国间接地侵犯了菲律宾所谓的合法利益。

如果提请仲裁的理由是所谓直接侵犯，那么这意味着在菲律宾看来，若这些岛礁能够产生专属经济区和大陆架，则直接损及自己的合法利益，即与菲律宾的专属经济区和大陆架重叠。有鉴于此，菲律宾才会向仲裁庭请求确认中国对这些岛礁的海洋性权利的“范围”。正如前文所述，确认中国海洋性权利在地理和实体上的“范围”是海域划界的关键性因素。因此，若是直接侵犯，该争议本质上是海域划界之争。

如果提请仲裁的理由是所谓间接侵犯，那么这意味着在菲律宾看来，若这些岛礁能够产生专属经济区和大陆架，则相应地缩小了公海和国际海底区域的范围，即影响了国际社会的整体利益，并进而间接地影响了菲律宾所谓的合法利益。倘若如此，有一个问题不容忽视。既然菲律宾是针对中国提起的仲裁请求，那么前提当然是菲律宾将“侵犯”国际社会整体利益的行为归因于中国。同时，“任何国际司法或仲裁机构在审理有关岛礁争端的案件中，从未在不确定有关岛礁主权归属的情况下适用《公约》的规定先行判定这些岛礁的海洋权利。”[30]有鉴于此，按照一般逻辑，之所以要针对中国、归因于中国，是因为这些岛礁的主权属于中国。然而，菲律宾断然不会接受这样的主权归属。既然如此，我们再看仲裁庭认为本案不涉及岛礁主权的两点理由——第一，本案不必首先对主权问题做出裁决；第二，本案的裁决不会使菲律宾在主权争端上获得更加有利的地位。[31]诚然，仲裁庭可以在裁决书中对主权只字不提。然而，既然其他国际司法或仲裁机构都是在岛礁主权归属既定的前提下审议岛礁的法律地位及其海洋性权利，而本案对主权只字不提，且仲裁又是针对中国的，那么这是否意味着这些岛礁的主权既定，即属于中国呢？按照仲裁庭的逻辑，它对此既不肯定，也不否定。很显然，如此不合常理的做法和故意回避的态度不可避免地会给国际社会造成错误的引导，即上述岛礁主权未定。通过看似缄默的方式将既定事实引向“未定”，这就会使菲律宾在主权争端上获得更加有利的地位。正是为了避免这种不恰当的引导和保持客观中立，其他国际司法或仲裁机构不约而同地选择在岛礁主权既定的前提下审议其法律地位和海洋性权利。因此，若是间接侵犯，该争议的本质虽然不是海域划界，但却是岛礁的主权归属。

五、结论

在中菲南海仲裁案中，由于菲律宾的仲裁申请关于权利来源的请求试图从根本上彻底否定我国在“九段线”内海洋性权利的合法性，所以这部分是菲律宾仲裁申请的核心。在权利来源部分，菲律宾认为中国主张的海洋性权利超过《公约》在地理和实体上允许的范围，具体包括主权权利、管辖权以及历史性权利。通过精心设计仲裁请求，菲律宾希望避开领土主权和海域划界，将仲裁庭的目光引向以下两个焦点：第一，海洋地形的法律地位，包括低潮高地的认定和岛礁之间的区分；第二，历史性权利在地理和实体上的范围。

遗憾的是，仲裁庭在审议时没有正确地意识到以下三个关键问题：第一，菲律宾请求确认的不单纯是权利的存在，实质是权利的范围；第二，海域划界所涉及的因素不能不受限制地被剥离和单独裁决。应有的限制是海域划界的关键性因素不得剥离，不得单独裁决；第三，由于从地理和实体上确认海洋性权利的范围会直接和决定性地影响海域划界的结果，所以确认权利的范围应当属于海域划界的关键性因素。

笔者认为，审议海洋地形的法律地位就是确认权利的范围，所以它是海域划界的关键性因素。因此，仲裁庭对此不具有管辖权，更何况，国际司法或仲裁机构应该在岛礁主权既定的前提下才能审议其地位和权利。同时，仲裁庭对历史性权利的范围也不具有管辖权，理由为：一方面，《公约》第 298 条关于“历史性海湾或所有权”的强制管辖权例外情况应适用于历史性权利，另一方面，由于审议历史性权利的范围明显地是在确认权利的范围，中菲历史性权利之争本质上就是海域划界争端。与之相关且值得强调的是，中国在南海的历史性权利不仅具体存在，而且与《公约》兼容。

综上，对于菲律宾南海仲裁请求中关于权利来源的部分，仲裁庭不具有管辖权。菲律宾规避强制管辖权例外规则的企图是徒劳的。我国应通过适当的方式和途径向国际社会和中菲南海仲裁案仲裁庭传递上述立场。

参考文献及注释

[1] 此处所谓“国际法庭”包括海洋法法庭、国际法院、按照《公约》附件七组成的仲裁庭（五人仲裁庭）以及按照《公约》附件八组成的特别仲裁庭。如果当事国无法就选择哪个国际法庭来管辖达成一致，那么推定由按照《公约》附件七组成的仲裁庭管辖。此次菲律宾单方面诉诸仲裁后，海洋法法庭强行组建的就是该五人仲裁庭。

[2] 国家海洋局海洋发展战略研究所．联合国海洋法公约（汉英对照）．北京：海洋出版社，2013：182.

[3] 菲律宾仲裁请求的中文表述援引自海牙常设仲裁法院（Permanent Court of Arbitration）关于本案的第七次新闻通讯稿的中文版（2015 年 10 月 29 日），http：//www. pcacases. com/web/sendAttach/1505。英文表述参见该案关于管辖权和可受理性问题的裁决（2015 年 10 月 29 日），The Philippines/China，Award of the Arbitral Tribunal on Jurisdiction and Admissibility，29 October 2015，PCA Award Series at p. 34，para. 101.

[4] 第 12 条请求的（c）项属于第二类“关于岛礁地位的请求”。

[5] 参见 The Philippines/China，Award of the Arbitral Tribunal on Jurisdiction and Admissibility，29 October 2015，PCA Award Series at pp. 140-141，paras. 398-399.

[6] 参见 The Philippines/China，Award of the Arbitral Tribunal on Jurisdiction and Admissibility，29 October 2015，PCA Award Series at p. 66，para. 168.

[7] 参见 The Philippines/China，Award of the Arbitral Tribunal on Jurisdiction and Admissibility，29 October 2015，PCA Award Series at pp. 62-64，paras. 160，163.

[8] 参见 The Philippines/China，Award of the Arbitral Tribunal on Jurisdiction and Admissibility，29 October 2015，PCA Award Series at p. 139，para. 393.

[9] 参见 The Philippines/China，Award of the Arbitral Tribunal on Jurisdiction and Admissibility，29 October 2015，PCA Award Series at p. 133，para. 376.

[10] 例如《公约》第 15 条规定：“如果两国海岸彼此相向或相邻，两国中任何一国在彼此没有相反协议的情形下，均无权将其领海伸延至一条其每一点都同测算两国中每一国领海宽度的基线上最近各点距离相等的中间线以外。但如因历史性所有权或其他特殊情况而有必要按照与上述规定不同的方法划定两国领海的界限，则不适用上述规定。”国家海洋局海洋发展战略研究所编：《联合国海洋法公约（汉英对照）》，北京：海洋出版社，2013：35.

[11] 《公约》第 298 条第 1 款第（a）项第 1 段：“关于划定海洋边界的第 15、74、83 条在解释或适用上的争端，或涉及历史性海湾或所有权的争端，但如这种争端发生于本公约生效之后，经争端各方谈判仍未能在合理期间内达成协议，则作此声明的国家，经争端任何一方请求，应同意将该事项提交附件五第二节所规定的调解；此外，任何争端如果必然涉及同时审议与大陆或岛屿陆地领土的主权或其他权利有关的任何尚未解决的争端，则不应提交这一程序。”国家海洋局海洋发展战略研究所编：《联合国海洋法公约（汉英对照）》，北京：海洋出版社，2013：182.

[12] 参见 The Philippines/China，Award of the Arbitral Tribunal on Jurisdiction and Admissibility，29 October 2015，PCA Award Series at pp. 60-61，paras. 155-157.

[13]　参见 The Philippines/China, Award of the Arbitral Tribunal on Jurisdiction and Admissibility, 29 October 2015, PCA Award Series at p. 53, para. 146.
[14]　《中华人民共和国外交部关于应菲律宾共和国请求建立的南海仲裁案仲裁庭关于管辖权和可受理性问题裁决的声明》第 1 条。
[15]　赵建文．联合国海洋法公约与中国在南海的既得权利．法学研究，2003：(2)．
[16]　贾宇．中国在南海的历史性权利．中国法学，2015：(3)；赵建文．联合国海洋法公约与中国在南海的既得权利．法学研究，2003：(2)；王军敏．中国在南海的历史性权利．中国边疆史地研究，2014：(4)．
[17]　刘颖，吕国民．国际法资料选编．北京：中信出版社，2004：331.
[18]　李浩培，王贵国．中华法学大辞典（国际法学卷）．北京：中国检察出版社，1996：278.
[19]　国家海洋局海洋发展战略研究所．联合国海洋法公约（汉英对照）．北京：海洋出版社，2013：178.
[20]　刘颖，吕国民．国际法资料选编．北京：中信出版社，2004：331.
[21]　贾宇．南海问题的国际法理．中国法学，2012：(6)．
[22]　参见 The Philippines/China, Award of the Arbitral Tribunal on Jurisdiction and Admissibility, 29 October 2015, PCA Award Series at pp. 141-144, paras. 400, 401, 403, 404.
[23]　国家海洋局海洋发展战略研究所．联合国海洋法公约（汉英对照）．北京：海洋出版社，2013：86.
[24]　国家海洋局海洋发展战略研究所．联合国海洋法公约（汉英对照）．北京：海洋出版社，2013：34.
[25]　国家海洋局海洋发展战略研究所．联合国海洋法公约（汉英对照）．北京：海洋出版社，2013：32.
[26]　ICJ Reports (2001), p. 109, para. 220.
[27]　ICJ Reports (2012), p. 21, para. 26.
[28]　参见 The Philippines/China, Award of the Arbitral Tribunal on Jurisdiction and Admissibility, 29 October 2015, PCA Award Series at pp. 57-58, para. 149.
[29]　参见 Responsibility of States for internationally wrongful acts (U. N. Doc. A/RES/56/83), p. 11.
[30]　《中华人民共和国政府关于菲律宾共和国所提南海仲裁案管辖权问题的立场文件》第 18 段。
[31]　参见 The Philippines/China, Award of the Arbitral Tribunal on Jurisdiction and Admissibility, 29 October 2015, PCA Award Series at p. 59, para. 152, 153.

论文来源：本文原刊于《政治与法律》2016 年 04 期，第 97-107 页。
基金项目：教育部人文社会科学规划基金项目（14YJA820030）；
上海市教育委员会重点学科建设项目（国际法学 J51103）。

中国南海岛礁建设中的国际话语权研究

邵先成*

摘　要：在炒作中国南海岛礁建设的过程中，美国从幕后走向台前，发挥了主导作用。美国利用双重标准和模糊化概念刻意指责中国的岛礁建设，却故意忽略菲律宾、越南等国长期以来非法的岛礁建设行为。中国利用多种外交途径向国际社会解释了南海岛礁建设既是本国主权范围内的事情，也是为了更好地提供国际公益服务。但美国利用国际话语权优势企图在多个国际场合塑造国际社会对中国岛礁建设的消极印象。未来，中国需要通过及时主动地信息发布与传播以及议题设置等方式，掌控关于岛礁建设的国际话语权，引导国际社会在岛礁建设上的舆论趋势。

关键词：南海问题；岛礁建设；填海造地；国际话语权

中国在南沙群岛的岛礁建设大致于 2014 年 5 月正式进入国际社会的视野。当月，菲律宾外交部发布声明称向中国就中方在赤瓜礁进行填海造地[1]提出外交抗议，[2]并在第二天公布了一组从 2012 年 3 月到 2014 年 3 月中国在赤瓜礁进行填海造地进程的对比图。[3]当时国际舆论的主要关注点还主要集中在中越“981 钻井平台”事件上，而且中国当时的岛礁建设规模尚处于起始阶段，所以菲律宾的炒作并未使中国的岛礁建设立即成为国际舆论的焦点问题。但美国随后利用其国际话语权优势，在国际社会上不断地对中国的岛礁建设进行指责和炒作，最终成功地吸引了国际舆论的关注。

国内现有研究侧重于从国际法角度阐述中国南海岛礁建设的合理性与合法性。对于中国岛礁建设的国际法依据，罗国强教授认为基于中国对南海岛礁毋庸置疑的主权，中国在南海的填海造地是“国际法所允许的一种合法变更领土的方式”。[4]对于南海岛礁经过填海造地后的国际法权利，学界一般认为填海造地活动不会改变岛礁的原有属性以及原来拥有的海洋权益和海域范围。[5]也有学者提出，《联合国海洋法公约》对建设在永久岩石和珊瑚礁上的人造岛礁的法律地位并没有清晰的定义，随着科学技术的发展和人工岛礁上生活条件的改善，这些岛礁的法律性质在未来可能会产生变化。[6]上述研究为本文探讨南海岛礁建设中的国际话语权问题提供了良好的国际法依据。

---

* 邵先成，国家海洋局南海信息中心研究人员，博士学历，2016 年 6 月毕业于暨南大学国际关系学院国际关系专业。

一、美国炒作中国南海岛礁建设的基本话语内容

美国为了维护其在亚太地区的主导权，从一开始就试图促使中国停止在南沙群岛的岛礁建设。美国建议南海各声索国自愿“冻结”现状，明确指责中国填海造地的规模和速度大幅超越其他国家，却对菲越等国长期以来的岛礁建设视而不见。随着中国填海造地的顺利推进，美国又转而开始炒作中国南海岛礁的“军事化”，并对中国完成填海造地后的岛礁的国际法权利提出质疑。

（一）试图阻止中国进行岛礁建设的“冻结方案”

美国在菲律宾向中国提出抗议后不久，就对中国的南海岛礁建设给予了特别的关注。早在2014年6月，美国负责亚太事务的助理国务卿丹尼尔·罗素（Daniel R. Russel）就表示，在南海存在的填海造地活动不利于维护现状，特别是2002年《南海各方行为宣言》签署之后的现状，并建议各声索国自愿“冻结”现状。[7]虽然美国为了树立其“中立立场”，在其冻结方案中提议南海各声索国全部停止进行填海造地。但考虑到其方案提出的时机，美国从一开始就表现出明显地针对中国的特征。随后，美国国务院副助理国务卿迈克尔·富克斯（Michael Fuchs）在2014年7月详细阐述了呼吁南海各声索国停止在有争议的南海地区开建新工程和设立前哨基地的“三不建议”，即各方不再夺取岛礁与设立前哨站，不改变南海的地形地貌，不采取针对他国的单边行动。富克斯认为，中国的挑衅性与单方面的行动，引起了各界对北京是否愿意遵循国际法规原则的严重关切。[8]

可以看出，美国刻意针对中国的陆域吹填，而对菲律宾、越南等国长期以来的类似行动淡化处理，凸显了美国在这一问题上的双重标准。2014年8月10日，美国国务卿克里（John Forbes Kerry）在东盟系列会议上继续宣扬“冻结方案”，并宣称“在最近几个月，我们看到大规模的填海造地和武装前沿哨所的活动，这危害了地区稳定并且不认可他们主权声索的合法性”。克里不但没有提及菲律宾长久以来的岛礁建设活动，反而赞赏菲律宾提出了一份自愿冻结南海现状的倡议。[9]

（二）指责中国南海岛礁建设的速度和规模远超其他国家

鉴于菲律宾、越南等国早已在非法侵占的中国岛礁上开展了一系列的建设活动，为了有理由指责中国并尽量避免“伤及”菲律宾和越南等国，美国转而强调中国岛礁建设的规模和速度远远超过其他南海声索国。2014年9月26日，美国负责亚太事务的助理国务卿丹尼尔·罗素称，大规模填海造地是以单边行动改变现状的手段。中国虽然不是唯一在南海岛礁上填海的国家，但中方填海造地的大小、范围与速度显然大幅超越其他国家。[10]2015年3月31日，美国太平洋司令部司令哈里·哈里斯（Harry Harris）在澳大利亚表示，中国正在南海岛礁建设“沙土长城”，并强调岛礁建设的速度引发了对中国意图的严重担忧。[11]

为了突出中国岛礁建设的规模，美国不时发布有关中国岛礁建设进程的信息。在2015年5月底的香格里拉对话会议上，哈里·哈里斯宣称中国在南海岛礁的填海造地规模已经达到2 000英亩，超过1 500个足球场。[12]美国国防部长阿什顿·卡特

（Ashton Carter）则表示，中国南海的填海造地规模和速度史无前例，超过其他声索国总和，并表示美国对中国南海填海造地的速度和规模十分担忧。[13]在中国宣布完成陆域吹填工程后，哈里·哈里斯在2015年7月“更新”了中国填海造地规模的信息，宣称虽然越南、马来西亚、菲律宾等国在过去45年里完成了大约100英亩的填海造地，但与中国在最近18个月内填海造地大约3 000英亩的规模相比显得相形见绌。[14]

（三）炒作中国岛礁建设的“军事化”趋势

随着中国南海岛礁陆域吹填工程的顺利进行，美国不仅要求中国停止填海造地，还企图通过炒作“军事化”概念对中国可能在岛礁上部署军事设施的行动施加压力。早在2014年11月，美国前海军作战部长加里·拉夫黑德（Gary Roughead）在北京参加香山论坛时就表示，南海争议岛礁上进行的基础设施建设更多的是为投射军事能力，这让人感到关切。[15]随着中国填海造地的顺利进行，美国也预判中国在完成填海造地后将可能开始部署军事设施。美国国防部在2015年4月提交给国会的关于中国军事安全发展状况的年度报告中认为，中国可能会在扩建的岛礁上建设港口、通讯和监控系统、后勤支持以及飞机跑道，并认为“中国试图通过改善在南海的国防基础设施以改变现状”。[16]美国负责亚太安全事务的助理国防部长施大伟在5月份也表示，中国可以通过部署战斗机团或地空导弹、反舰导弹和弹道导弹系统，使南海争议岛礁快速地实现“军事化”。[17]

鉴于此，美国开始不断炒作中国可能把南海岛礁“军事化”的概念，企图把中国合理地部署防卫性军事设施的举措刻画成“军事化”的例子。2015年7月，美国国务院助理国务卿丹尼尔·拉塞尔更新了美国“冻结方案”的内容，宣称美国呼吁所有声索国停止在南海进行填海造地，停止建设新的设施，停止把现存设施“军事化”，并宣称“中国在6月16日宣称将在近期完成填海造地，预示着中国将会在这一岛礁上建设军事设施”。[18]美国国务卿克里在8月份东盟系列会议上再次呼吁所有南海声索国停止在争议岛礁的“军事化”。[19]南海岛礁的“军事化”概念成为美国在中国宣布完成陆域吹填工程后重点炒作的观点。

（四）质疑南海岛礁经过填海造地后的国际法权利

虽然美国承认中国的南海岛礁建设不违反国际法，但却明确指出中国通过填海造地增加的岛礁面积不能扩大岛礁原来拥有的国际法权利。助理国务卿丹尼尔·拉塞尔在2014年9月就强调，根据《联合国海洋法公约》，填海造地无论范围大小，丝毫不影响南海岛礁的法律地位。[20]

美国还通过军机和军舰对中国正在陆域吹填的岛礁进行抵近侦察活动，以表明美国的飞行与航行自由不受中国岛礁建设的影响，并对中国南沙群岛的部分岛礁是否拥有12海里领海提出质疑。2015年5月20日，美军一架“P-8A”反潜侦察机抵近中国南沙有关岛礁海域进行侦察活动。[21]对此，拉塞尔表示，美国的侦察飞行是“完全适当的”，且美国海军和军机将“继续完全行使”在国际水域和空域执行任务的权利。[22]10月27日，美国“拉森号”军舰进入南沙群岛渚碧礁12海里航行。美国国防部长卡特对此表示，美国将会继续在国际法允许的范围内进行航行与飞行，并宣称在接下来的时间会有更多的类似活动。[23]

此外，美国还指责中国在南海的填海造地行动对周边海底环境造成了严重的影响，[24]并且单方面改变了南海地区的现状，违反了中国与东盟签署的《南海各方行为宣言》的承诺。[25]

通过这些活动，美国借助国际话语权优势对中国岛礁建设的炒作成功地吸引了国际舆论的密切关注。正如拉塞尔所说，美国的参与是南海问题能够成为地区多边论坛重要议程的关键力量，这也是美国与相关国家进行双边磋商时的重要部分；通过揭露包括大规模的填海造地行为在内的“有问题的”行为，美国可以确保这些行为即使无法被停止，也能够在国际社会得到曝光和检视。[26]

二、美国炒作中国岛礁建设的话语缺陷

美国为了获得炒作中国岛礁建设的国际话语权，故意采用双重标准，表现出明显地针对中国的姿态，且不愿意对菲律宾、越南等国长久以来的岛礁建设行为真正地施加压力，使其呼吁所有声索国停止岛礁建设的行为丧失了客观性，也说明了“不持立场”的说法不可信。美国使用所谓禁止岛礁“军事化”，或者“维护现状”等模糊化的概念，以塑造中国“强势”、“破坏地区稳定”的国际形象。客观事实是，美国在国际舆论上的持续炒作，以及不断派出军舰和飞机抵近侦察中国岛礁，并与菲越等国通过联合军事演练等措施加强军事关系的一系列活动，加深了南海地区的紧张局势。

（一）使用双重标准，故意针对中国而不愿对菲越等国施加压力

虽然菲律宾、越南等国长期以来在非法侵占的中国南沙岛礁上进行大规模的填海造地、修建机场等活动，但美国之前却从未提出过抗议或者指责。美国从 2014 年开始炒作南海岛礁建设，呼吁各方停止填海造地，明显就是针对中国刚开始不久的岛礁建设活动。虽然美国为了塑造其“中立立场”，承认菲律宾、越南等国同样在南海进行岛礁建设，但却往往淡化处理，转而点名指责中国的岛礁建设规模大、速度快。

因为不愿对菲律宾、越南等国的岛礁建设行为真正地施加压力，导致美国所谓呼吁所有南海声索国停止岛礁建设的倡议难以产生实际效果。菲律宾虽然在 2014 年 8 月跟随美国提出了类似的呼吁停止岛礁建设的建议，[27]并在 2014 年 10 月宣布暂停在南沙群岛所占岛屿上的一切维修工事，[28]但却在 2015 年 3 月又迫不及待地宣布将恢复在南海岛礁的修复和维修工作，包括修复一条飞机跑道。[29]美国国防部长卡特在 2015 年 6 月 1 日会见越南国家主席张晋创（Truong Tan Sang）、越共总书记阮富仲（Nguyen Phu Trong）以及国防部长冯光青（Phung Quang Thanh）时，鼓励越南永久停止填海造地以及使争议岛屿“军事化”的活动，但未获得越南的积极回应。[30]美国不过是希望借助炒作中国的岛礁建设活动，展现与菲律宾、越南等国在应对中国问题上拥有共同的利益诉求，进而加深与这些国家的外交关系，维护其在亚太地区的主导权。

（二）使用模糊化概念炒作中国岛礁建设

美国在炒作南海问题时，故意使用一些诸如“维护现状”、“维护航行自由”、“禁止岛礁军事化”等模糊的、宽泛的词语。这看似是为了维护国际公益，其实是美国根据自己的利益需求对这些概念任意地“裁剪”使用。特别是美国在没有给出定义的情

况下，炒作南海岛礁“军事化”概念，试图塑造中国单方面推行南海军事化的形象。由于美国并没有明确界定哪些行为属于所谓的“军事化”，特别是没有区分必要的防御性武器与进攻性武器，因此，反对南海岛礁“军事化”的概念使美国似乎站在较高的“道德高地”，一旦观察到中国部署军事装备，美国就可以利用模糊的“军事化”概念炒作中国的行为，塑造中国“强势”、“破坏现状”等负面形象。这一模糊化的概念为美国任意而持续地炒作中国的岛礁建设提供了便利。中国在南海岛礁上任何部署军事装备的行为都可能被美国进行过分地解读。

（三）美国的炒作和军事活动加剧了南海紧张局势

对中国南海岛礁建设的恶意炒作是美国利用东南亚国家对中国实力的担忧，不断渲染“中国威胁论”的最新举措。近年来，美国通过举行联合军事演习、签署军事协议等方式，加深了对东南亚地区的军事涉入力度，并为菲越等国在南海问题上挑衅中国提供了安全支持。美国与菲律宾在 2014 年 4 月签署的《增强防卫合作协议》（Enhanced Defense Cooperation Agreement，EDCA），“反映了菲律宾和美国意图在更广泛的防卫领域进行合作的决心”。[31] 2014 年 5 月的“981 事件”期间，美国国务卿克里向越南外长范平明（Pham Binh Minh）明确表示支持，并宣称中国单方面在与越南存在争议的水域部署钻井平台和大量政府船只是“挑衅”行为。[32] 美国还鼓动东南亚国家联合起来共同应对中国。美国第七舰队司令罗伯特·托马斯（Robert Thomas）在 2015 年 3 月表示，东南亚国家应组成联合舰队在南海巡航，并宣称只要东盟成员国牵头组织，美国第七舰队将会提供支持。[33] 同时，美国在 2015 年多次对中国的南海岛礁进行非法的抵近侦察，危及中方驻岛人员的安全。因此，美国在南海地区不断加强的军事存在，完全属于军事化的范畴，加剧了南海的紧张局势，是真正破坏南海地区稳定的行为。

三、中国的应对策略

中国在南海岛礁建设开始后的很长一段时间里，一直采取低调处理的姿态。在回应关于岛礁建设的相关问题时，中国一般强调“中方对南沙群岛及其附近海域拥有无可争辩的主权，在南沙岛礁的行动完全是中国主权范围内的事情。”[34] 但美国等国却一再恶意炒作中国的岛礁建设，不断对中国在南海岛礁的维护和建设做出消极评论。为了向国际社会传达中方岛礁建设的真实信息，反击美菲越等国的炒作，中国加大了向国际社会解释中方岛礁建设合理性和合法性的力度。

（一）解释中国岛礁建设有利于而不是损害国际公益

对于中国进行岛礁建设的目的，中国外交部发言人强调，中国的岛礁建设既有利于改善驻守人员的工作和生活条件，同样有利于中方更好地履行在海上搜寻与救助、防灾减灾、海洋科研、气象观察、环境保护、航行安全、渔业生产服务等方面承担的国际责任和义务。[35] 中国郑重地向国际社会承诺，愿意在将来条件成熟时，邀请有关国家和国际组织利用相关设施开展海上搜救等方面的合作。[36] 为此积极履行这一承诺，中国在完成陆域吹填工程后不久，即在华阳礁和赤瓜礁启用了可以向过往船舶提供高效导航助航服务的灯塔。这有利于提高南海海域船舶航行安全，更好地服务南海沿岸国家和航经该海域的各国船只。[37]

对于美国指责中国的填海造地损害海洋生态环境的指责，中国国家海洋局在 2015 年 6 月先后发表文章《南沙岛礁扩建工程未对珊瑚礁生态系统造成影响》和《南沙岛礁扩建工程不会对海洋生态环境造成破坏》，介绍了中国的南沙岛礁建设经过了海洋生态、环境保护、地质水文等专家长期的科学论证，不会对珊瑚礁生态系统和海洋生态环境造成破坏。[38]中国外交部也多次对国际社会强调，“中方进行岛礁扩建工程经过了科学的评估和严谨的论证，坚持建设和保护并重，有严格的环保标准和要求，充分考虑到生态环境和渔业保护等问题，不会对南海的生态环境造成破坏。”[39]

（二）揭露美国的双重标准和模糊化概念

美国针对中国的岛礁建设，不是从事情本身的是非曲直出发，而是以盟友划线，发表不负责任和故意挑起地区紧张和对立的言论。[40]因此，使用双重标准刻意指责中国的岛礁建设而对菲律宾、越南等国的行为视而不见，是美国炒作南海问题时的重要缺陷。对此，中国外交部发言人明确指出，“美国对个别国家长期以来在非法侵占中国岛礁上的建设活动选择性‘失声’，却对中国在自己主权范围内合法、合情、合理的正常建设活动说三道四，如果不是习惯了双重标准，就是另有所图。”[41]

美国企图借助模糊化的概念炒作中国岛礁建设“改变现状”以及岛礁“军事化”。对于美国认为中国南海岛礁建设的规模改变了南海地区现状的指责，中国外交部发言人质疑美国所声称的“现状”是什么现状，并明确表示根据“非法行为不产生合法权利和效力”的基本法律准则，中国不会承认南沙群岛有关岛礁被菲方等非法侵占的所谓“现状”。对于美国炒作的有关岛礁“军事化”的舆论，中国外交部发言人指出，“一些国家在南海高调炫耀武力，与盟友频频举行大规模军事演习，中方部署一些必要的、有限度的、纯属防卫性质的军事设施，与中方有关岛礁所处的安全环境是相适应的，不存在所谓‘军事化’问题”。[42]

（三）利用多种渠道向国际社会发布相关信息

为了有效地向国际社会阐述中方岛礁建设的合理性和合法性，中国通过高级别官员、外交官、媒体、学者等途径积极发声。对于美国对中国岛礁建设意图的担忧，中国海军司令吴胜利在 2015 年 4 月 29 日与美国海军作战部长格林纳特视频通话时指出，中方的岛礁建设活动有助于向国际社会提供公共产品服务，并欢迎美国在未来条件成熟时利用这些设施。[43]国家主席习近平在 2015 年 9 月份访问美国时也公开表示，中国致力于维护南海和平稳定，中国在南沙群岛的有关建设活动不针对、不影响任何国家，也无意搞军事化。[44]中国驻美国、英国、墨西哥等国外交官通过接受采访、演讲、撰写文章等方式，向所驻国家阐述了中国岛礁建设的合理性和合法性。[45]中国政府通过多个国际场合强调岛礁建设不会对国际社会造成消极影响。中国人民解放军副总参谋长孙建国在香格里拉对话会议上表示，岛礁建设完全是中国主权范围内的事，不针对任何国家、不影响航行自由。[46]中国常驻联合国副代表王民在《联合国海洋法公约》缔约国会议上，解释了中国是在自己的领土内进行岛礁建设，并切实履行了保护海域环境和维护航行自由的义务。[47]以《人民日报》和《环球时报》为代表的中国媒体通过发布众多的英文版报道，向国际社会详细介绍了岛礁建设的诸多细节，并对外国媒体的一些不实报道进行了有效的反驳。[48]中国学者则通过撰写英文的评论、学术文章等方式从国际法、国际政治等角度分析了美菲等国恶意炒作中国岛礁建设的行为逻辑和缺陷。[49]

四、中国话语的传播效果

中国政府很多关于岛礁建设的解释和说明虽然能够得到美国政府的回应，但美国的态度整体消极。与美国政府类似，美国媒体虽然对中国政府的相关言论多有报道，甚至曾全文翻译转载过中国外交部发言人关于岛礁建设的说明，[50]但其对中国政府相关信息的报道“淹没”在美菲越等国政府、学者的消极言论中。美国的炒作也影响了其他国家对中国岛礁建设的看法，七国集团会议发表声明对南海岛礁建设表示担忧，东盟国家则因为不愿意追随美国向中国施压而造成2015年11月的东盟防长扩大会议未能如期发表《联合宣言》。

（一）美国政府对中国话语消极而谨慎的回应

总体来看，美国政府倾向于从消极的角度揣测中国岛礁建设的意图和未来发展走势。对于中国宣布岛礁建设将用于国际公益并邀请美国在未来开展相关合作的善意表达，美国国务院发言人表示，在争议地区通过填海造地获得的土地上进行建设活动，不会有利于地区的和平与稳定，并宣称中国如果想减少紧张局势，就应该停止填海造地，依据国际法澄清九段线，并与东盟达成“南海行为准则”。[51]

在中国于2015年6月宣布将停止填海造地后，美国国务卿克里在时隔近两个月时，仍表示其无法确定中方的声明是否是真的，但却强调中方真正需要的不仅仅是停止填海造地，还包括停止大规模的设施建设以及军事化。[52]对于习近平主席在访问美国时宣布，中国在南沙群岛的有关建设活动无意搞“军事化”的表态，[53]美国国防部长卡特虽然认为这是中国的一个积极姿态，但强调中国应该切实落实这一承诺。[54]

（二）美国媒体对中国话语的负面传播

中国官方关于岛礁建设的言论在美国媒体中多有报道。以美国报道国际新闻的权威媒体《纽约时报》为例，其曾全文翻译转载了中国外交部发言人在2015年4月9日就南海岛礁建设的目的发布的详细说明。[55]这说明只要中国能够及时地发布相关信息，美国媒体出于对新闻的需求很可能会对中国的言论予以报道。值得注意的是，《纽约时报》关于中国岛礁建设的报道中，虽然引用中国的言论，但从报道篇幅上看，则更多地引用来自美国、菲律宾、越南等国官员和学者对中国岛礁建设的消极观点。以《纽约时报》的报道《中国，试图加强自己的权利声索，在争议水域造岛（China, Trying to Bolster Its Claims, Plants Islands in Disputed Waters）》为例，文中虽然提到中国外交部发言人、中国学者金灿荣、吴士存等人解释中国岛礁建设合理性的观点，但报道更多地引用了菲律宾总统、越南外交部发言人、美国国防部长、美国学者傅泰林（M. Taylor Fravel）和克里斯托弗·约翰逊（Christopher Johnson）、澳大利亚学者卡莱尔·塞耶（Carlyle Thayer），以及匿名的西方官员对中国岛礁建设的负面评价。[56]这就造成中国的观点“淹没”在菲律宾、越南、美国等国的负面观点里。

更为重要的是，在《纽约时报》针对中国岛礁建设的社论中，不仅中国的相关观点基本没有被提及，而且更多地呼吁美国在南海问题上对中国采取更加强硬的政策。例如，《纽约时报》在2015年4月12日的社论《中国对美济礁的损害（Chinese Mischief at Mischief Reef）》中认为，中国的岛礁建设意味着中国正在南海建立势力范围，并建设了通过外交手段解决领土争端的可能性，美国应该扮演更加积极的角色，以阻止中国利用权力压迫亚洲弱小国家的企图。[57]在2015年5月30日的社论《把南海推回原点（Pushback in the South China Sea）》中宣称中国不断忽略要求调整其“强势”行动的警告，因此美国应该更加强硬地反对中国在南海获取权力的企图。[58]《纽约时报》的相关负面观点会直接影响美国国内对中国岛礁建设的看法。

（三）国际社会的不同看法

虽然中国政府通过多种渠道向国际社会解释了中方岛礁建设的合理性和合法性，但美国的极力炒作还是在一定程度上影响了国际社会的看法。例如，虽然没有像美国一样偏激，但在美国主导的七国集团会议声明中仍然表现出了对中国岛礁建设的消极看法。2015年4月15日，由美国、日本等国外交部长参与的七国集团外长会议发表声明，通过不点名的方式，对中国在南海大规模的填海造地活动感到担忧，认为填海造地改变了现状并增加了紧张局势。[59]在6月8日七国集团领导人峰会的声明中，再次以不点名的方式，对中国的南海填海造地活动表示了反对。[60]

从东盟层面来看，美国的炒作获得了一定效果，中国的反击也有一定成效。美国与东盟在2015年8月5日的“10+1”部长会议声明中，含蓄地“对南海近期以及正在发生的事情表示了担忧，认为这些事情损害了各方之间的互信以及南海的和平、安全与稳定”。但这些内容在中国与东盟的“10+1”部长会议声明中并未涉及。[61]在11月举行的东盟防长扩大会议上，美国脱离事实对中国岛礁建设持续炒作，企图在《联合宣言》中强行加入讨论中国岛礁建设的内容。这完全背离了东盟防长扩大会议机制的宗旨原则，进而遭到了中方的反对。美国的行为最终导致会议未能如期发表《联合宣言》，损害了东盟的中心地位和主导作用。[62]

五、中国未来的政策选择

美国的炒作已经使中国的南海岛礁建设成为国际舆论的焦点。为了减轻美国消极言论对国际舆论的影响，中国需要掌控向国际社会解释岛礁建设的国际话语权，及时主动地发布岛礁建设的相关信息，通过外交部、媒体、学者等多种渠道更加广泛地向国际社会传播有利于中国的信息，并利用议题设置把国际社会关于岛礁建设的讨论焦点引导到国际合作和国际公益上。

第一，在信息的发布上，中国需要把握有关南海岛礁建设信息发布的时效性和主动性，避免美国、菲律宾等国“代替”中国向国际社会“说明”中方南海岛礁建设行动。为了维护南海地区的稳定，中国在岛礁建设问题上一度采取淡化处理的方式，但美国却不断向国际社会发布经过其双重标准“裁剪”的相关信息，并恶意猜测中国岛礁建设的目的和趋势，试图借助岛礁建设树立中国“强势”、“破坏现状”、“不尊重国际法”的国际形象。鉴于国际社会对中国岛礁建设已经高度关注的客观事实，中国需要通过积极发布相关信息，才能够掌控向国际社会解释本国岛礁建设的权利。与其让国际社会通过美国、菲律宾等国发布的信息了解中国的岛礁建设进度，不如中国自己主动地向国际社会提供相关信息。特别是美国军舰非法进入中国渚碧礁12海里航行后，国际社会对中国南海岛礁的国际法权利再次表现出了浓厚的兴趣。这需要中国积极主动地对经过陆域吹填后的相关岛礁的国际法地位进行相应的法律准备，以应对美国可能的恶意炒作。

第二，在信息的传播上，中国需要综合运用外交部发言人、政府驻外机构、媒体、网络、学者等多种途径，向国际社会传播中国岛礁建设的相关信息，以减弱美菲越等国消极言论的影响。美国联合菲律宾、越南等国在东盟地区论坛、香格里拉对话会议上指责中国的岛礁建设行动。同时，美国借助在国际传播格局中的优势地位，使其关于中国岛礁建设的指责在国际社会获得了广泛传播。对此，中国一方面需要通过外交部发言人、政府驻外机构向各国政府、国际组织解释中国岛礁建设的合理性和合法性，另一方面需要借助媒体、网络以及学者等途径向各国的媒体、普通民众以及国际学术界详细介绍岛礁建设的情况，以尽可能地增加中方言论的传播力度和范围。

第三，在议题的设置上，中国需要主动为国际社会提供可用于讨论的议题，使岛礁建设的国际合作和国际公益特征成为国际舆论关注的焦点。美国先后通过炒作中国岛礁建设的“速度”和“规模”、岛礁建设的“军事化”、岛礁建设后的国际法权利等议题，“吸引”了国际社会的持续关注，损害了国际社会对中国岛礁建设合理性和合法性的认同。为了能够赢得国际社会的认同，中国需要引导国际舆论更多地关注岛礁建设的国际合作和国际公益特征。为此，中国可以主动地向国际社会展示岛礁建设过程中可用于国际合作的相关基础设施，不断地邀请东南亚国家、区域外国家以及国际组织在相关设施上开展国际安全合作、科研合作、环保合作等，并积极地介绍相关合作的进展。通过不断地向国际社会提供关于岛礁建设促进国际合作和国际公益的资料，中国能够在潜移默化中促使国际社会对岛礁建设形成积极看法。

六、结论

美国在炒作中国南海岛礁建设的过程中从幕后走向台前，尤其是派遣“拉森”号军舰进入渚碧礁周围12海里海域后，俨然站在了挑战中国南海主权的最前线。美国利用国际话语权优势使中国的岛礁建设成为了国际舆论的焦点，并企图利用东南亚国家对中国力量上升的担忧，树立中国在南海“强势”、“不遵守国际法”的国际形象。中国在应对美国的恶意炒作时，需要更加积极主动地向国际社会发布和传播有关岛礁建设的信息，并为国际社会设置讨论岛礁建设的话语议程，使岛礁建设的国际合作和国际公益特征成为国际舆论关注的焦点，促使国际社会认识到中国南海岛礁建设的合理性和合法性。

参考文献

[1] 中国南海岛礁建设中的“陆域吹填工程”，有时也被称为“填海造地”，美国、菲律宾等国一般称为“land reclamation”。参见：外交部发言人洪磊就美方涉南海言论答记者问，外交部网站，2014年7月15日，http：//www. fmprc. gov. cn/web/wjdt _ 674879/fyrbt _ 674889/t1174372.

shtml；外交部发言人陆慷就中国南沙岛礁建设有关问题答记者问，外交部网站，2015 年 6 月 16 日，http：//www. fmprc. gov. cn/web/wjdt_ 674879/fyrbt_ 674889/t1273364. shtml.

[2] "Dfa Statement on Mabini Reef", Philippine Department of Foreign Affairs, May 14, 2014, https：//www. dfa. gov. ph/index. php/newsroom/dfa-releases/2862-dfa-statement-on-mabini-reef.

[3] "China's Reclamation on Mabini Reef", Philippine Department of Foreign Affairs, May 15, 2014, https：//www. dfa. gov. ph/index. php/newsroom/dfa-releases/2871-china-s-reclamation-on-mabini-reef.

[4] 罗国强．中国在南海填海造地的合法性问题［J］．南洋问题研究，2015，3：13.

[5] 李聆群．"走向和平与稳定的南海"国际会议综述［J］．亚太安全与海洋研究，2015，1：126；孙建中．"当前南海权益斗争与法理交锋研讨会"综述［J］．亚太安全与海洋研究，2015，2：117.

[6] 邹克渊．岛礁建设对南海领土争端的影响：国际法上的挑战［J］．亚太安全与海洋研究，2015，3：6-8.

[7] Daniel R Russel, "Remarks at Regional Telephone Conference in Rangoon", Burma, June 10, 2014, http：//www. state. gov/p/eap/rls/rm/2014/06/227412. htm.

[8] Michael Fuchs, "Remarks at Fourth Annual South China Sea Conference CSIS", July 11, 2014 http：//www. state. gov/p/eap/rls/rm—07/229129. htm.

[9] John Kerry, "Opening Remarks at ASEAN Regional Forum", Naypyitaw, Burma, August 10, 2014, http：//www. state. gov/secretary/remarks/2014/08/230518. htm.

[10] Daniel R Russel, "U. S. Priorities in East Asia and the Pacific", New York, September 26, 2014, http：//fpc. state. gov/232135. htm.

[11] "China building 'great wall of sand' in South China Sea", BBC News, April 1, 2015, http：//www. bbc. com/news/world-asia-32126840.

[12] "Challenges for Maritime Intelligence, Surveillance and Reconnaissance", 14th Asia Security Summit, May 30, 2015, http：//www. iiss. org/-/media/Documents/Events/Shangri-La%20Dialogue/SLD15/Alex%20Cadby%20Transcripts/Special%20Session%203%2030052015. pdf.

[13] Ashton Carter, "The United States and Challenges of Asia-Pacific Security", 14th Asia Security Summit, May 30, 2015, http：//www. iiss. org/-/media/Documents/Events/Shangri-La%20Dialogue/SLD15/Jill%20Lally%20Proofs/First%20Plenary%20%20Carter%2030052015ED1. pdf.

[14] Terri Moon Cronk, "Pacom Chief：China's Land Reclamation Has Broad Consequences", U. S. Department of Defense, July 24, 2014, http：//www. defense. gov/News-Article-View/Article/612689.

[15] 《美上将批中国九段线 声称南海造岛致局势危险失控》，凤凰网，2014 年 11 月 23 日，http：//news. ifeng. com/a/20141123/42548516_ 0. shtml.

[16] "Annual Report to Congress：Military and Security Developments Involving the People's Republic of China 2015", Office of the U. S. Secretary of Defense, April 7, 2015, http：//www. defense. gov/Portals/1/Documents/pubs/2015_ China_ Military_ Power_ Report. pdf.

[17] David Shear, "Statement before the Senate Committee on Foreign Relations", May 13, 2015, http：//www. foreign. senate. gov/imo/media/doc/051315_ Shear_ Testimony. pdf.

[18] Daniel R Russel, "Remarks at the Fifth Annual South China Sea Conference", Washington, DC, July 21, 2015, http：//www. state. gov/p/eap/rls/rm/2015/07/245142. htm.

[19] John Kerry, "Intervention at the East Asia Summit", Kuala Lumpur, Malaysia, August 6, 2015, ht-

tp：//www. state. gov/secretary/remarks/2015/08/245758. htm.

[20] Daniel R Russel，“U. S. Priorities in East Asia and the Pacific”，New York，September 26，2014 http：//fpc. state. gov/232135. htm.

[21] 《2015年5月22日外交部发言人洪磊主持例行记者会》，外交部网站，http：//www. fmprc. gov. cn/web/wjdt_ 674879/fyrbt_ 674889/t1266139. shtml.

[22] Daniel R. Russel，“Readout of Secretary Kerry's travel to Beijing”，Seoul and Seattle，May 21，2015，http：//fpc. state. gov/242635. htm.

[23] Dan Roberts，Tom Phillips，“US threatens further naval incursions despite furious reaction from China”，The Guardian，October 27，2015，http：//www. theguardian. com/world/2015/oct/27/us-navy-international-law-south-china-sea.

[24] Terri Moon Cronk，“Pacom Chief：China's Land Reclamation Has Broad Consequences”，U. S. Department of Defense，July 24，2014，http：//www. defense. gov/News - Article - View/Article/612689.

[25] Daniel R Russel，“U. S. Priorities in East Asia and the Pacific”，New York，September 26，2014 http：//fpc. state. gov/232135. htm.

[26] Daniel R Russel，“Maritime Issues in East Asia，Testimony Before the Senate Foreign Relations Committee”，Washington，DC，May 13，2015，http：//www. state. gov/p/eap/rls/rm/2015/05/242262. htm.

[27] Pia Lee-Brago，“Phl pushes triple action plan vs China's lighthouse”，The Philippine Star，August 9，2014，http：//www. philstar. com/headlines/2014/08/09/1355549/phl-pushes-triple-action-plan-vs-chinas-lighthouse.

[28] “Philippines halts work in disputed South China Sea”，Reuters，October 3，2014，http：//uk. reuters. com/article/2014/10/03/uk-philippines-southchinasea-idUKKCN0HS0TE20141003.

[29] “Philippines says to resume works in disputed South China Sea”，Reuters，March 26，2015，http：//www. reuters. com/article/2015/03/26/us - philippines - southchinasea - idUSKBN0MM0UO20150326.

[30] “Readout of Secretary of Defense Ash Carter's Meeting with Vietnamese President Truong Tan Sang，General Secretary Nguyen Phu Trong，and Defense Minister Gen. Phung Quang Thanh”，U. S. Department of Defense，June 1，2015，http：//www. defense. gov/News/News - Releases/News - Release-View/Article/605540/readout-of-secretary-of-defense-ash-carters-meeting-with-vietnamese-president-t.

[31] “Frequently Asked Questions（FAQs）on the Enhanced Defense Cooperation Agreement”，Philippine Department of Foreign Affairs，April 28，2014 http：//www. dfa. gov. ph/index. php/newsroom/dfa-releases/2693-frequently-asked-questions-faqs-on-the-enhanced-defense-cooperation-agreement.

[32] Jen Psaki，“U. S. Department of State Daily Press Briefing”，May 13，2014，http：//www. state. gov/r/pa/prs/dpb/2014/05/226022. htm#CHINA.

[33] Sharon Chen，“U. S. Navy Urges Southeast Asian Patrols of South China Sea”，Bloomberg，March 18，2015，http：//www. bloomberg. com/news/articles/2015-03-18/u-s-navy-urges-joint-southeast-asia-patrols-of-south-china-sea.

[34] 《2015年1月12日外交部发言人洪磊主持例行记者会》，外交部网站，http：//www. fmprc. gov. cn/web/wjdt_ 674879/fyrbt_ 674889/t1227472. shtml.

[35] 《2015年4月9日外交部发言人华春莹主持例行记者会》，外交部网站，http：//www. fmprc.

gov. cn/web/wjdt_ 674879/fyrbt_ 674889/t1253375. shtml.

[36] 《外交部边海司司长欧阳玉靖就中国南沙岛礁建设接受媒体采访》，新华网，2015 年 5 月 27 日，http://news. xinhuanet. com/politics/2015-05/27/c_ 127844699. htm.

[37] 《外交部发言人华春莹就南沙华阳礁和赤瓜礁灯塔启用答记者问》，外交部网站，2015 年 10 月 10 日，http://www. fmprc. gov. cn/web/wjdt_ 674879/fyrbt_ 674889/t1304807. shtml.

[38] 《南沙岛礁扩建工程未对珊瑚礁生态系统造成影响》，国家海洋局网站，2015 年 6 月 10 日，http://www. soa. gov. cn/xw/dfdwdt/jgbm_ 155/201506/t20150610_ 38318. html；《南沙岛礁扩建工程不会对海洋生态环境造成破坏》，国家海洋局网站，2015 年 6 月 18 日，http://www. soa. gov. cn/xw/hyyw_ 90/201506/t20150618_ 38598. html.

[39] 《2015 年 4 月 9 日外交部发言人华春莹主持例行记者会》，外交部网站，http://www. fmprc. gov. cn/web/wjdt_ 674879/fyrbt_ 674889/t1253375. shtml.

[40] 《2015 年 6 月 29 日外交部发言人华春莹主持例行记者会》，外交部网站，http://www. fmprc. gov. cn/web/wjdt_ 674879/fyrbt_ 674889/t1276869. shtml.

[41] 《2015 年 5 月 28 日外交部发言人华春莹主持例行记者会》，外交部网站，http://www. fmprc. gov. cn/web/wjdt_ 674879/fyrbt_ 674889/t1267816. shtml.

[42] 《2015 年 10 月 14 日外交部发言人华春莹主持例行记者会》，外交部网站，http://www. fmprc. gov. cn/web/wjdt_ 674879/fyrbt_ 674889/t1305835. shtml.

[43] 《吴胜利与美国海军作战部长视频通话》，载《解放军报》，2015 年 5 月 1 日第 01 版 .

[44] 《习近平奥巴马白宫玫瑰园共见记者》，央广网，2015 年 9 月 26 日，http://china. cnr. cn/ygxw/20150926/t20150926_ 519984564. shtml.

[45] 《崔天凯大使接受美国有线电视新闻网（CNN）“阿曼普”栏目专访》，中国驻美国大使馆网站，2015 年 6 月 5 日，http://www. china-embassy. org/chnzmgxzxxx/t1270498. htm；《驻英使馆发言人致函英国<金融时报>批驳该报涉南海问题社论》，中国驻英国大使馆网站，2015 年 6 月 25 日，http://www. chinese-embassy. org. uk/chnfwxxsgfyr/t1276090. htm；《邱小琪大使就南海问题在墨西哥主流报纸发表署名文章》，中国驻墨西哥大使馆网站，2015 年 7 月 23 日，http://www. embajadachina. org. mx/chn/gdxw/t1284016. htm.

[46] 《携手同护和平 共建安全亚太——孙建国在第十四届香格里拉对话会上的发言》，国防部网站，2015 年 5 月 31 日，http://news. mod. gov. cn/headlines/2015-05/31/content_ 4587645_ 2. htm.

[47] 《中国代表团团长王民大使在<联合国海洋法公约>第 25 次缔约国会议“秘书长报告”议题下的发言》，外交部网站，2015 年 6 月 12 日，http://www. fmprc. gov. cn/mfa_ chn/wjdt_ 611265/zwbd_ 611281/t1272854. shtml.

[48] China's construction on the Nansha Islands is legitimate, People's Daily Online, June 08, 2015, http://en. people. cn/n—0608/c98649-8903604. html; U. S. muscle-flexing in South China Sea is unprofitable, People's Daily Online, November 11, 2015, http://en. people. cn/n—1111/c98649-8974557. html; US tarnishing China's image to scare ASEAN, Global Times, May 30, 2015, http://www. globaltimes. cn/content/924391. shtml; US actions prompt islands militarization, Global Times, December 21, 2015, http://www. globaltimes. cn/content/959609. shtml.

[49] Nong Hong, The Post-Reclamation Scenario in the South China Sea: the Role of China and The United States, The Center for Strategic and International Studies, March 23, 2015, http://amti. csis. org/the-post-reclamation-scenario-in-the-south-china-sea-the-role-of-china-and-the-united-states/; Chen Dingding, China's Master Plan in the South China Sea, The National Interest, May 26, 2015, http://nationalinterest. org/feature/chinas-master-plan-the-south-china-sea-12962; Ma

Shikun, Why China's Land Reclamation Is Legitimate and Justified, China US Focus, September 7, 2015, http://www.chinausfocus.com/peace-security/why-chinas-land-reclamation-is-legitimate-and-justified/.

[50] "China's Statement on Its Construction in the South China Sea", *The New York Times*, April 10, 2015, 全文来源于律商联讯（LexisNexis）新闻数据库.

[51] Jeff Rathke, "U. S. Department of State Daily Press Briefing", May 1, 2015, http://www.state.gov/r/pa/prs/dpb/2015/05/241412.htm.

[52] John Kerry, "Press Availability in Kuala Lumpur", Malaysia, August 6, 2015, http://www.state.gov/secretary/remarks/2015/08/245768.htm.

[53] "Remarks by President Obama and President Xi of the People's Republic of China in Joint Press Conference", The White House, September 25, 2015, https://www.whitehouse.gov/the-press-office/2015/09/25/remarks-president-obama-and-president-xi-peoples-republic-china-joint.

[54] "Media Availability with Secretary Carter at the ASEAN Defense Ministers-Plus Meeting in Kuala Lumpur", Malaysia, U. S. Department of Defense, November 4, 2015, http://www.defense.gov/News/News-Transcripts/Transcript-View/Article/627598/media-availability-with-secretary-carter-at-the-asean-defense-ministers-plus-me.

[55] "China's Statement on Its Construction in the South China Sea", *The New York Times*, April 10, 2015, 全文来源于律商联讯（LexisNexis）新闻数据库.

[56] "China, Trying to Bolster Its Claims, Plants Islands in Disputed Waters", *The New York Times*, June 17, 2014, 全文来源于律商联讯（LexisNexis）新闻数据库.

[57] "The Editorial Board, Chinese Mischief at Mischief Reef", *The New York Times*, April 12, 2015, 全文来源于律商联讯（LexisNexis）新闻数据库.

[58] "Pushback in the South China Sea", *The New York Times*, May 30, 2015, 全文来源于律商联讯（LexisNexis）新闻数据库.

[59] "G7 Foreign Ministers' Declaration on Maritime Security in Lübeck", Germany Federal Foreign Office, April 15, 2015, http://www.auswaertiges-amt.de/EN/Infoservice/Presse/Meldungen/2015/150415_G7_Maritime_Security.html? nn=479796.

[60] "G-7 Leaders' Declaration", Schloss Elmau, Germany, June 8, 2015, https://www.whitehouse.gov/the-press-office/2015/06/08/g-7-leaders-declaration.

[61] "Chairman's Statement of the ASEAN Post Ministerial Conference (PMC) 10+1 Sessions With The Dialogue Partners", August 5, 2015, Kuala Lumpur, Malaysia, http://www.asean.org/images/2015/August/chairman_statement/CHAIRMANS%20STATEMENT%20OF%20THE%20ASEAN%20POST%20MINISTERIAL%20CONFERENCE%20PMC%20101%20SESSIONS%20WITH%20THE%20DIALOGUE%20PARTNERS.pdf.

[62] 《国防部新闻事务局就东盟防长扩大会未能发表<联合宣言>答记者问》，国防部网站，2015年11月4日，http://news.mod.gov.cn/headlines/2015-11/04/content_4627184.htm.

论文来源：本文原刊于《战略决策研究》2016年02期，第69-86页。

基金项目：国家社科基金重大项目（14ZDB164）；
中国海洋发展研究会项目（CAMAZDA201407）。

北极水域航行中港口国控制的适用与国家实践

白佳玉* 李俊瑶**

摘 要： 伴随北极冰的融化，北极蕴藏的丰富自然资源与航道的开通使得更多的商船取道北极航线。鉴于北极航线特殊的地理位置及水域环境，单纯依靠船旗国管辖将无法保证北极航行船舶、船员与航行操作符合一般接受的国际标准。来源于港口国管辖权的港口国控制（PSC）制度可弥补船旗国管辖的不足，辅助船旗国监督北极航行船舶的作业，杜绝低标准船舶的航行。港口国之间的区域协作可防止重复检查、提升检查质量与效率等，是港口国控制有效实施的最佳方案。目前北冰洋沿岸国尚未制定“港口国控制北冰洋备忘录”，可行的港口国控制手段为联合欧亚港口国，尤其重视港口国巴黎备忘录与东京备忘录国家间的交流与合作，发挥港口国控制的最优效能。

关键词： 北极航行；港口国控制；东京备忘录；巴黎备忘录

北极航线相比传统巴拿马运河航线、苏伊士运河航线，具有缩短太平洋与大西洋间航行距离，节省航运成本，避免遭受海盗侵扰等优势，北极冰融后，更多商船将选择北极航线航行。北极蕴含的丰富矿产资源与旅游业的发展也将导致北极航行船舶的增加。航行活动的增多将对北极脆弱的生态环境造成挑战，如何有效地确保航行安全并防止船源污染是国际社会及北极利益攸关国的重要关切问题。国际海事组织为应对该问题，历时数年制定专门规范极地航行的国际规则。具备法律约束力的《极地水域船舶航行国际准则》（International Code for Ships Operating in Polar Waters，以下简称《极地规则》）的安全与环保部分已分别在国际海事组织安全委员会（MSC）第94届会议和海洋环境保护委员会（MEPC）第68届会议中通过，标志着北极航行治理的国际规则已形成。

国际海事组织制定国际规则后需要相关配套机制予以践行，船旗国应保证遵守国际规则，港口国负责监督、检查船旗国对国际规则的遵守情况。[1]港口国以确保船舶和人身财产安全、防止海洋污染为宗旨，以船舶技术状况、操作性要求、船舶配员等作为检

* 白佳玉，女，中国海洋大学法政学院副教授，研究方向：极地法、海洋法和国际海事法。

** 李俊瑶，中国海洋大学法政学院。

查对象，对抵港的外国籍船舶依法实施监督和控制。① 港口国控制是保障海上安全和防止污染的重要防线，当船舶所有人、船员或船级社未能按照相关国际公约履行自己的职责时，港口国开始发挥其效用。② 港口国控制由于其具有的独特价值，作为船旗国履约的有效补充，受关注程度日益提高。

一、港口国控制的价值

港口国控制的重要价值在于其可弥补传统船旗国监管的不足，减少低于国际标准的船舶数量，通过一系列港口国控制措施，保障航行安全与海洋环境安全。

（一）船旗国管辖的辅助手段

根据《联合国海洋法公约》（简称 UNCLOS），船旗国对悬挂其国旗的船舶享有绝对的管辖权，同时也应对受其管辖船舶的航行活动、船舶航行安全和防止危害海洋环境等方面负有国际责任。③ 可见，船旗国对海上航行的本国船舶享有优先的管辖权，构成保障船舶航行安全、船员安全和海洋环境安全的主要力量。然而，并非所有的船旗国管控均可达到预期的效果，有的船旗国由于缺乏技术支撑、资金不足以及船公司安全和环保文化建设的乏力等原因而表现不佳，未能有效地履行其应尽的职责，甚至使得船旗国成为低标准船舶的代名词，如朝鲜、洪都拉斯、玻利维亚、柬埔寨等船旗国被列为各港口国监督的黑名单，滞留率较高。此外，方便旗国家为船舶提供了避免严格的规则和政策要求的机会，通过悬挂方便旗，船舶营运者可因此减少较多营运花费并增强竞争力，方便旗船舶于第二次世界大战后迅猛增加并在世界航运市场中占据重要份额。[2]一些采用船舶开放登记制的发展中国家（如巴拿马、利比里亚等）将船舶登记费和年吨税视为主要的外汇来源。方便旗国家没有能力行使有效的监督和控制，致使船旗国政府履约责任和能力不一致，船旗国履约效果也深受影响。[3]船旗国因资金、技术有限或因开放式登记而忽略对船舶管控的现象说明仅依靠船旗国管辖无法达到船舶通行的国际标准。

港口国系除船旗国外能够和船舶进行有效接触并且具备强制执行力的国际法主体，具有监督抵港外籍船舶的客观条件，[4]可利用其港口国监控的手段，包括检查、滞留等，对驶入其港口的外籍船舶进行监督和管理，弥补船旗国监管的不足，成为船旗国履约的重要补充，辅助船旗国共同确保海上航行的安全和环保。

（二）国际航行标准的维护

经济全球化背景下，各国间联系日益密切，全球范围内的资源需要更快速地流动和配置，海上运输成本较低且相比传统陆运方式更为方便、快捷。随着海上运输方式不断专业化，船舶逐渐大型化，出现了油轮、危险品专用船舶等，一旦发生事故将对人命、环境造成巨大影响。随着海上运输的繁忙，从事航运服务的船舶数量持续增多，密度加大，一些航运公司为谋求利润、降低经营成本，忽视相关国际公约的要求，将老旧船舶

---

① 参见国际海事组织 A. 787（19）决议通过并经 A. 882（21）决议修正的《港口国控制程序》。

② 本文所述港口国控制制度来源于港口国依据国际公约享有的管辖权，具体表现为港口国的监督、检查等具体措施。

③ 《联合国海洋法公约》第 94 条规定了船旗国的义务，包括对受管辖船舶应采取的措施以及应承担的责任。

投入营运，缩减维修费用，使众多低于国际标准的船舶混入了国际海运服务队伍，致使船舶海上事故破坏性增大，恶性海洋污染事故增加。

船舶北极航行过程中应严格遵照国际海事组织有关船舶安全、船员培训及防污国际标准，如《海上人命安全公约》、《海员培训、发证和值班标准国际公约》、《国际防止船舶造成污染公约》等，港口国普遍将“消除低标准船舶”视为确保海上人身与财产安全和防止海洋污染的重要手段。港口国施行的一系列监督管控措施，可有效控制低标准船舶的数量，敦促世界范围内各航运国的船公司提升船舶设计、配备、操作、配员的质量，以达到国际标准，最终实现发展海运的同时保护海洋环境，兼顾经济与环保效益的目标。

（三）确保海上安全的工具

港口国是船舶安全直接或间接利益攸关方，海难事故及因此造成的海洋污染可能危及到港口国管辖海域环境及国民的利益，此为对港口国直接利益的损害；低标准船舶长期得不到监管和控制将影响到全球船舶的航行安全，减少船舶遵守国际规则的动力，降低货主对海上运输安全的信心，对包括港口国在内的全球航运体系构成间接利益损害。《联合国海洋法公约》专门对港口国管辖做出规定，为港口国控制提供了充分的法律依据，港口国因此具有充足的外在条件保障实施海洋安全监督举措。

港口国海事行政主管部门可根据港口国控制制度，依法检查抵港外籍船舶的技术状况、操作要求、船舶配员等直接或间接影响安全航行的因素，对不满足国际海事公约要求或低于国际标准的船舶采取修理、滞留、限期改正等强制性措施以弥补缺陷。被滞留的外籍船舶将被限制于港口国指定区域内，直至其采取措施符合相关国际标准时方可离港。港口国通过对抵港外籍船舶适航及适员的监管控制，督促船舶严格执行有关国际公约，减少或预防事故的发生，有效保障海上安全。

港口国控制可弥补船旗国管辖的不足，具有维护国际航行标准以及防止海洋环境污染与保障海上人身和财产安全的重要意义，因此该制度在全球范围内具有推广实施的必要。

二、北极航行中港口国控制制度的应用

北极水域地处高纬区域，超低温、强风暴、极光、极夜等特殊环境，给海上航行带来较大挑战，且部分水域海冰较为密集，固定冰或浮冰增加了航行的困难。[5]此外，北极航线基础设施配置相对欠缺，船员航行经验缺乏，船舶在此区域航行相对于传统航线风险更高。北极水域环境脆弱，一旦发生海难事故及污染，由于海冰自净能力较差，环境损害后果不堪设想。鉴于北极航行的高风险与海洋环境的脆弱性，极地船舶须满足更为严格的航行标准。船舶在北极航线航行需要遵循相关国际公约的要求以降低人为因素产生的风险，确保航行与环境的安全。为保障极地船舶遵循国际公约的严格要求，相关监督机制也必不可少。

由于北极航线地理位置较为偏远，恶劣的自然环境使得导航或通信系统可能受到干扰，船旗国在该区域想要实现对悬挂其国旗的船舶的充分管辖具有一定难度。港口国控制具有辅助船旗国管辖、维护国际标准以及保护海上安全的作用，北极航行中，港口国的控制同样不可或缺。港口国控制制度在北极具有重要的适用价值，可有效减少海难事

故，保证船舶安全，保护脆弱的极区水域环境。相关国际公约为港口国控制制度的实行提供了法律依据和标准参考，港口国在北极水域施行检查、控制的措施时应合乎国际规则的要求，在行使权利的同时注重义务的履行。

（一）北极航行中港口国控制制度适用的法律依据

港口国在北极水域实行控制的依据来源于在此区域具有拘束力的《联合国海洋法公约》（UNCLOS）、《国际防止船舶造成污染公约》（MARPOL）、《海上人命安全公约》（SOLAS）、《海员培训、发证和值班标准国际公约》（STCW）等国际公约。此类公约对于港口国控制适用的条件、内容、程序等做出了规定，成为港口国控制制度应用的重要法律依据。值得注意的是，国际海事组织新通过的《极地水域船舶航行规则》（简称《极地规则》）以 MARPOL 和 SOLAS 修正案的形式制定，内容主要包括船舶安全和环境安全的维护，其相关标准和要求是港口国控制制度在北极水域的应用依据。

1.《联合国海洋法公约》

《联合国海洋法公约》主要从保护海洋环境的角度出发，对港口国执法活动做出了规定，为推行港口国控制提供了更为充分的法律依据。《联合国海洋法公约》较为全面地规定了港口国控制的内容、操作原则和程序、特殊的注意事项以及执行不当时应负的法律责任。[①][②][③]《联合国海洋法公约》从宏观视角对港口国的调查与监督的控制活动进行了规范，是港口国控制的基本法律依据。

2.《海上人命安全公约》

《海上人命安全公约》以保障海上航行中船舶人命安全为目标，为规范船舶结构、性能等对港口国控制做出了规定，主要包括船舶证书及作业的监督。

（1）证书的监督。《海上人命安全公约》在总则中参照国际海事组织通过并修正的《港口国控制程序》对港口国控制做出了具体规定，[④] 当船舶位于另一缔约国的港口时，应接受该国正式授权官员的检查以核实船舶依据公约签发的证书是否有效。[⑤] 此外，在《极地规则》中，要求南北极水域营运的船舶须配备极地船舶证书，港口国有责任亦有权利对航行于北极水域船舶的极地船舶证书进行核实、检查。

（2）船舶作业监督。《海上人命安全公约》为加强海上安全规定了若干特别措施，并要求船舶须接受港口国关于操作要求的控制。若有明显理由确认该船舶的船长或船员对与船舶安全有关的主要操作程序不熟悉时，该船应接受港口国的检查和控制，船舶在

---

① 《联合国海洋法公约》第 12 部分，第 218 条区分船舶所处区域和违章事件发生地的法律地位，规定港口国可对自愿位于其港口或岸外设施的船舶进行检查。http：//www. un. org/zh/law/sea/los/article12. shtml

② 《联合国海洋法公约》第 12 部分，第 227 条规定各国在为保全海洋环境行使其权利和履行其义务时，不应在形式上或事实上对任何其他国家的船只有所歧视。

③ 《联合国海洋法公约》第 12 部分，第 232 条规定各国若采取的措施如属非法或根据可得到的情报超出合理的要求，应对这种措施所引起的并可以归因于该国的损害或损失负责。

④ 参见 IMO，A. 787（19）决议通过并经 A. 882（21）决议修正的《港口国控制程序》。

⑤ SOLAS 第 I 章第 19 条控制，第 XI-2 章，第 9 条控制和符合措施，相关证书包括客船和货船安全证书、货船设备安全证书、国际船舶保安证书等。当证书被证明过期或失效时，执行监督的官员应采取适当的措施，使船舶在保证安全的前提下不得开航或离港驶往合适的修理厂。

达到公约要求的正常状态前不得驶离港口。《极地规则》安全部分中设定了诸多极地航行中在不同航行环境下的操作要求，港口国应参照相关标准实施控制以保证北极水域的航行安全。

3.《国际防止船舶造成污染公约》

（1）检查船舶和持有证书的特殊规定。公约以保护海洋环境为目标要求船舶按规定持有证书，并授予港口国检查权。若有明显理由认为该船或设备状况与证书所载不符，例行检查的缔约国应采取措施直至该船的开航不会对海上环境产生不当危害时才准开航。[①]

（2）防止船源污染的监督。《国际防止船舶造成污染公约》各附则均含有关于操作要求的港口国控制内容，港口国应采取措施确保该船已按公约要求调整至正常状态，方准予其开航。[②]《极地规则》环保部分设立了针对北极航行的特殊标准，船舶在北极水域航行须符合《极地规则》有关油污、有毒有害物质、垃圾等特殊排放的限制和标准，港口国应依据北极航行的特殊标准，参照《国际防止船舶造成污染公约》进行极地船舶的操作检查，保护北极脆弱的海洋环境。

4.《海员培训、发证和值班标准国际公约》

为尽可能降低人为因素产生的安全风险，该公约对于港口国控制做出了具体规定，包括监督内容及监督程序。港口国对于船舶的监督主要在于证书的检查，以核实船上船员是否均持有公约要求的证书或免于持有的证明。[③] 为进一步合理、有效地适用港口国控制制度，该公约简化了监督程序。港口国根据公约行使监督权仅限于核查海员证书的有效性与船上服务的海员人数及持有证书是否符合主管机关安全配员要求。《极地规则》对极地船舶配员提出了更为严格的要求，港口国在北极水域发挥作用时应综合《海员培训、发证和值班标准国际公约》与《极地规则》的特殊标准，尽量减少人为因素带来的风险，维护北极航行的安全与环保。

（二）权利与义务的结合

如前文所述，依据《联合国海洋法公约》《海上人命安全公约》《国际防止船舶造成污染公约》《海员培训、发证和值班标准国际公约》等全球性国际法律规则，在船旗国监管不力或其他规定情形下，港口国享有对极地航行船舶监督的权利，包括对极地作业船舶的证书、建造、操作、船员配备、防污要求等方面的监督，以保证船舶在北极作业时的人身与环保安全，规范船舶在北极水域的航行活动。港口国在行使监督权利的同时，也应履行国际公约规定的义务，主要包括通知义务及采取适当措施的义务。

---

① 《1973/1978 国际防止船舶造成污染公约》第 5 条第（2）款。港口国对于操作要求的检查内容主要为，当船舶停靠于另一缔约国所辖港口时，若有明显理由确信该船船长或船员不熟悉船上防止油污污染程序、防止有毒液体物质污染程序、防止有害物质污染程序或防止垃圾污染程序，该船须接受该缔约国正式授权官员的有关操作要求的检查。

② 《1973/1978 国际防止船舶造成污染公约》附则 I、II、III、IV、V 关于操作要求的港口国控制内容。

③ 《海员培训、发证和值班标准国际公约》第 X 条。

1. 通知义务

相关国际海事公约参照国际海事组织通过的《港口国控制程序》，规定了港口国控制执行过程中的通知义务。《海上人命安全公约》中要求执行港口国控制的官员应将认为必须进行干涉的一切情况立即书面通知船旗国。《国际防止船舶造成污染公约》中规定，当港口国对进入其港口的外籍船舶采取措施时，应立即通知该船的主管机关。《海员培训、发证和值班标准国际公约》也规定，港口国控制应书面通知该船船长或船旗国的领事。依据《联合国海洋法公约》和国际海事组织通过的有关文件，在国际海事公约的履约过程中，船旗国居主导地位，港口国更多发挥的是辅助作用，除规定的必要情况，港口国不得单独对船舶实施控制措施，一旦采取干预措施应及时通知船旗国。

2. 措施适当义务

各港口国在对船舶实行监督和控制时应严格遵循相关国际海事公约规定的原则和程序。在实施控制措施时，应尽一切努力避免船舶受到不适当的扣留或延误，若船舶被不适当的扣留或延误，港口国须对船舶所受的损失或损害进行赔偿。相关国际海事公约（MARPOL、SOLAS、STCW）中均有类似规定，以保证港口国控制的适当与合理性。此外，港口国在监督外籍船舶时，不应歧视或区别对待。

港口国为保证北极航行的安全和环保，在监督极地船舶、采取相应管控措施的同时，也应注意国际海事公约规定义务的履行，保证相应监督措施的适当，与船旗国协同消除在北极航行的低标准船舶。

三、北极水域港口国控制的合作

国际海事组织在1991年通过了A. 682（17）号决议，充分肯定了港口国控制地区性合作的必要性及有效性，敦促世界其他海域也应加强地区性合作。区域间的合作将提高港口国执法的效率、避免重复检查，并极大带动发展中国家和地区的港口国控制，从而在全球形成有效保护船舶安全和防止海域污染的控制、监督网。全球化的港口国控制备忘录网络提供了系统化的船舶检查方式来保证船舶遵循有关船舶安全、船员及防污的国际标准。[6]北极航线连接欧亚大陆，海上活动的治理不能仅依靠单一港口国或欧亚各自的港口国控制，不同区域的港口国由于不同的监管标准与技术水平，同时适用可能产生程序上的重复或漏洞。在北极水域适用港口国控制，在北极水域港口国控制备忘录缺位的情形下，可联合欧亚港口国控制尤其是巴黎备忘录与东京备忘录下港口国的合作，发挥港口国控制的最优效能，确保北极船舶的适航性，保护脆弱的北极水域环境。

（一）港口国控制巴黎备忘录

欧洲是北极已开发资源的主要输出地，也是北极航行船舶的目的地，未来越来越多的经过北极航线的商船会停靠欧洲主要的港口，如鹿特丹、伦敦或汉堡等。这要求欧洲诸多港口国履行控制职责来监督经北极航线航行的船舶。[7]巴黎备忘录成员基本涵盖北冰洋沿岸国及其他欧洲港口国，说明巴黎备忘录在管控北极水域航行船舶方面将发挥至关重要的作用。[①]

巴黎备忘录作为国际上最早成立的区域性港口国控制组织，在减少低标准船舶航行方面取得了极为有效的成果并获得国际海事组织的赞赏。国际海事组织在1991年通过了《鼓励在船舶排放和控制方面加强地区合作的决议》[②]，激发了世界其他地区港口国控制合作的发展趋势。港口国控制巴黎备忘录自制定以来，基于相关国际标准开展了多次港口国检查活动，如2004年的国际劳工检查，2006年根据MARPOL公约进行的检查（发现油水记录簿方面存在缺陷的油轮3 466条），2008年进行的全球海上遇险和安全系统（GMDSS）操作检查，2010年开展油轮、化学品船和气体运输船的破舱稳性检查。巴黎备忘录检查技术和效率较高，带动了其他区域备忘录港口国控制的推行。

（二）港口国控制东京备忘录

根据1991年国际海事组织通过的鼓励区域性港口国控制合作的决议，亚太地区的海事主管部门参照巴黎备忘录的成功经验，从1992年起开始寻求在本区域建立港口国合作体系。1993年11月29日于日本东京召开的第四次准备会议上，通过并签署了《亚太地区港口国检查谅解备忘录》（Tokyo MOU）。东京备忘录自制定以来，备忘录下的港口国依据国际海事公约的要求对入港外籍船舶进行严格检查，对于消除本区域低标准船舶、加强海上航行安全与环境安全发挥了重要作用[③]。东京备忘录下的港口国包括俄罗斯、加拿大两个北极航道沿海国，也包括中国、日本、韩国等重要北极利益攸关国，使其在参与检查北极航行船舶中可发挥积极作用。[④] 此外，亚太地区作为世界重要贸易产品输出地，可能成为取道北极航线船舶的重要始发地，相关港口国的作用不可或缺。

（三）北极航线利用语境下巴黎与东京备忘录港口国的合作

当前新通过的专门针对南北极冰区水域航行的《极地规则》并未规定港口国控制的内容，北极航线尚无单独的港口国合作模式。在现今北冰洋港口国控制备忘录缺失的情形下，最优且可行的机制为加强巴黎备忘录与东京备忘录港口国的合作，合力消除在北极水域的低标准船舶。

1. 巴黎备忘录和东京备忘录港口国合作之可行性

首先，随着各区域港口国控制备忘录的制定，当前港口国控制机制下的国家间协作

---

① 巴黎备忘录自1982年7月1日生效以来至今已有17个成员国，其中比利时、丹麦、芬兰、法国、德国、希腊、爱尔兰、意大利、荷兰、挪威、葡萄牙、西班牙、瑞典、大不列颠及北爱尔兰联合王国为1982年签署此备忘录时的14个国家，波兰、加拿大和俄罗斯分别于1991年、1994年和1995年加入了巴黎备忘录。

② International Maritime Organization（IMO）adopted resolution A. 682（17）*Regional Cooperation in the Control of Ships and Discharges* at its 17th Assembly in 1991.

③ 如2003年，根据SOLAS对船龄超过12年，总吨位超过15 000吨的散货船进行检查；2004年，针对ISPS规则进行检查，共有5 253艘次船舶受到检查，55艘船舶被滞留；2006年，SOLAS及MARPOL公约操作性检查，滞留船舶144艘；2007年，开展了针对ISM的集中检查；2008年，开展了针对ISPS的集中检查；2010年，根据MARPOL附则III、SOLAS第VII章和IMDG规则对包装有害物质开展检查。

④ 亚太地区的18个国家和地区在东京备忘录签字成为会员，包括澳大利亚、加拿大、中国、斐济、中国香港地区、印度尼西亚、日本、韩国、马来西亚、新西兰、巴布亚新几内亚、菲律宾、俄罗斯、新加坡、所罗门群岛、泰国、瓦努阿图和越南。

已呈不断深化的趋势，各备忘录国家间的交流与合作频繁，为巴黎与东京备忘录合作提供了经验。此外，巴黎和东京备忘录成员基本涵盖了对北极航线有重大利益关切的国家，影响力较大的北极沿岸国加拿大和俄罗斯同为巴黎备忘录与东京备忘录成员国，这为在北极航线实现两大备忘录合作增强了实施的可能性和便利。

其次，国际海事组织一贯支持港口国之间的合作，不仅制定相关文件规范和引导港口国控制的区域性合作，也积极通过其他方式帮助和促进区域性港口国备忘录国家之间的技术协作和信息交流。例如，组织全球范围的港口国控制研讨会，为各港口国提供了经验交流的平台，帮助港口国在实施控制、采取检查措施等方面达成共识。国际海事组织作为负责海上航行安全和防止船舶造成海洋污染的专门机构，极为关注北极水域航行问题，也将支持巴黎备忘录和东京备忘录的合作。

最后，通过备忘录内部机制来分析，巴黎备忘录在2009年的第42次会议上通过新的港口国监督检查机制，并于2011年1月正式实施，该检查机制相较之前更为科学和严格。东京备忘录随后在2013年1月通过了新的检查机制，并于2014年1月生效。东京备忘录借鉴了巴黎备忘录新机制的主要内容，对现行机制进行了全面修改。① 东京备忘录新检查机制实施后，将与巴黎备忘录生效的新检查机制相互链接，为两大备忘录今后开展合作提供便利。

2. 巴黎备忘录和东京备忘录港口国协作的实践基础

实践层面，巴黎备忘录和东京备忘录港口国间建立并保持了富有成效的紧密合作关系，已存在诸多互助合作的实例，为北极航线中二者的合作提供了良好的实践先例。

东京备忘录的信息数据系统已经与EQUASIS建立数据交换，② 实现了亚太地区和欧洲地区船舶检查数据的共享，可避免船舶漏检、重复受检，也为之后东京和巴黎备忘录的合作提供了平台。2011年起两大备忘录同时启用相同的缺陷代码系统，为后期的信息共享或执行统一标准都奠定了良好的基础。

巴黎备忘录与东京备忘录港口国会定期合作进行联合集中检查行动，一般固定在每年的一个季度开展。2009年9月1日至11月30日，巴黎备忘录与东京备忘录港口国合作进行旨在确保船舶满足SOLAS第三章的救生设备和设施要求的联合检查；2011年9月1日至11月30日，东京备忘录联同巴黎备忘录港口国成功开展了船舶结构安全和国际载重线公约集中检查活动；2014年9月1日至11月30日，巴黎备忘录与东京备忘录港口国联合开展了旨在核查值班人员是否严格遵守STCW 1978（修订案）有关休息时间要求的检查。巴黎备忘录与东京备忘录几乎每年定期针对船舶安全或防污项目进行联合检查，以更大范围内减少低标准船舶的数量，保证世界航运质量。可预见今后在监管北极航行过程中，两大备忘录有望依据MARPOL、SOLAS、《极地规则》等国际法律规

① 东京备忘录新检查机制重新规划了船舶风险评估机制，应用基于风险的目标评估体系，并引入了公司绩效的概念，使风险评估模型更趋于合理。此外，该新检查机制中采用了全新的选船机制，对不同风险船舶采用相异的检查策略。

② 2000年5月，由法国、日本、英国、美国、西班牙、新加坡和欧洲委员会在IMO总部共同签订了“建立EQUASIS信息系统的谅解备忘录”，EQUASIS是唯一手机世界商船船队与安全有关信息的数据库。

则，针对极地船舶开展多项目检查合作，辅助船旗国构建安全的北极水域航行环境。

因此，在北极航线中巴黎备忘录和东京备忘录港口国之间具备合作可行性与实践基础，在北冰洋备忘录暂时缺失的情形下，两大备忘录港口国可通力协作，包括共享信息、构建专门的北极检查员培训体系、实施统一的港口国监督检查标准等，共同监督北极水域作业的船舶。通过两大备忘录的合作可在北极航线构筑严密的监督网，规范航行于北极水域船舶的证书、建造、设计、配备、船员等方面以符合相关国际海事公约的要求。

四、我国在北极水域港口国控制中可发挥的能动作用

北极问题具有复杂性，如海洋污染等具有跨地域的特点，仅依赖某个国家或利益集团无法有效应对，需要国际社会的共同参与。中国外交部长王毅在第三届北极圈论坛大会上指出，中国是北极的重要利益攸关方，以尊重、合作与共赢三大政策理念为指导参与北极事务，其中合作为根本途径，共赢为最终目标；中国愿在北极气候变化、环保、航运等多领域同有关各方加强合作，以取得务实共赢的成果；中国希望通过建设性地参与北极事务，与各方共享机遇、共迎挑战，为促进北极的发展做出更多贡献。①

我国是亚太地区最大的港口国，拥有漫长的海岸线与众多的港口，作为世界贸易大国，我国可能成为经过北极航线船舶的重要目的港或停靠港。若要规范在北极水域航行的船舶活动，中国力量必不可少。近年来，我国致力于提升整体港口国控制水平，对外籍船舶的监督管理取得了长足发展，为消灭国际低标准船舶、维护海上航运安全及海洋环境做出了突出贡献。可预见我国将在北极水域的港口国控制中扮演重要角色，协同世界其他港口国共同监督极地船舶的作业。

（一）我国港口国控制的发展完善

我国自 1986 年开始实施港口国监督，加大对船舶安全的检查。1994 年，我国加入东京备忘录，成为其创始国和成员国之一，此后一直切实履行成员国的义务，遵循相关国际海事公约的要求，完善我国港口国控制制度，培养检查人员并提高检查人员专业素质，逐步形成规范、严格的港口国控制检查模式。

1. 逐渐完善的港口国监督制度和程序

中国海事局在“十一五”发展纲要中明确指出，最迟在“十一五”末，中国的港口国检查要达到中等发达国家水平。[8]随后在“十二五”发展规划中表明要在现有基础上不断提高海事安全监管能力，实现“有效监管、快速救助、优质服务”。② 在此指导下，中国海事局制定出台了《港口国监督跟踪检查联系程序》，实施了《港口国监督滞留通知程序》，进一步规范中国的港口国检查措施。此外，我国以信誉分级管理为原则实行了“黑名单”制度（着重追查的船舶）和“双白名单”制度（安全诚信的船舶或船长），重点检查、管理被列为“着重追查”对象的低水平船舶，同时给予被评为“安

---

① 当地时间 10 月 16 日，第三届北极圈论坛大会在冰岛雷克雅未克开幕。中国外交部长王毅在会议开幕式上发表视频致辞，就北极问题阐述了中方基本立场．http：//www. polaroceanportal. com/article/508.

② 《海事系统“十二五”发展规划》，中国海事局，2011 年 12 月。

全诚信的船舶或船长”一定的优惠对待。[9]惩罚与奖励并举的检查制度在实践中取得了较大成效。

2. 高素质港口国检查队伍的形成

我国自实施港口国控制制度以来，极为重视检查人员素质的提升。中国海事局起草了《港口国监督检查队伍调整方案》，以指导建设高质量的检查队伍。[10]此外，交通部海事局业已举办多次有关港口国控制为主题的培训，提高检查人员的专业素质。为使国内检查人员达到国际水准，中国多次选派优秀港口国控制检查人员远赴欧美、日韩等国进行交流学习，实地考察港口国控制活动，并积极派员参加东京备忘录下举办的港口国检查员培训。现今中国的港口国监督检查队伍渐趋专业，管理更为科学，正逐步向国际高水平靠拢。

3. 日趋强化的港口国检查力度

为保障海上人命安全、保护海洋环境，消除低标准外国籍船舶对区域乃至全世界航运安全的影响，切实履行国际公约的义务，我国海事局不断提高海事行政执法能力，加大船舶安全检查力度。经过 20 多年的发展，截至 2014 年，我国已有 52 个港口开展检查工作，各有权进行港口国控制的单位合计检查船舶 7 256 艘次，共发现船舶缺陷上万项，滞留船舶 484 艘次，滞留率 6.5%，高于东京备忘录下的平均滞留率，各项检查数据指标均位于亚太地区前列。[11-14]中国严格、公正、科学的港口国检查在亚太地区乃至世界赢得了良好声誉，也对国际低标准船舶产生了一定的威慑力。

（二）中国与国外港口国合作的加深

中国加入东京备忘录以来，响应国际海事组织的号召，积极与其他港口国进行交流、合作，不仅在亚太地区内部联合开展港口国检查，也协同其他欧美国家根据国际海事公约的要求实施港口国监督，在消除全球范围内低标准船舶方面发挥了重大作用。

我国已于 2010 年完成中国港口国监督数据库（设在辽宁海事局）的开发使用，为实现区域间港口国监督合作和信息共享提供了便利。此外，我国十分重视与国外海事机构开展人员、技术方面的交流。2010 年，我国联同美国检查员在上海港开展了“大型邮轮的港口国监督检查”的技术交流活动，实行了相关模拟检查及业务探讨。此外，我国每年均会派员参加东京备忘录下召开的港口国间研讨会，派出检查员到实施港口国控制制度经验丰富的国家学习。我国与国外的信息、人才和技术的合作和交流，有利于在国家间形成基本统一的检查标准与水平，成为我国在北极水域中参与国际港口国间合作的重要条件。

港口国控制的国家实践中，中国海事局同其他港口国合作参与了东京备忘录、巴黎备忘录、黑海备忘录及美国海岸警卫队联合组织的各类港口国集中检查活动。例如参与东京备忘录于 1998 年实行的针对 ISM 规则的港口国管理集中检查，2003 年的散货船结构安全检查，2004 年的 ISPS 检查等；2007 年参与东京备忘录，巴黎备忘录，黑海、印度洋备忘录及美国海岸警卫队联合开展的国际航行船舶实施 ISM 规则的检查；参与巴黎备忘录和东京备忘录定期举行的联合检查等。[9]通过与国外港口国多年的协同检查，我国积累了相关合作的经验，在今后北极水域开展港口国监督检查时，基于先前配合的默契，我国与北极水域沿岸国及其他具有攸关利益港口国的合作控制检查将更协调。

近年来，中国参与北极活动的广度和深度不断拓展，积极投身于科研、环保和航运等领域的工作，并就相关问题与他国进行有效合作。实践证明，中国是北极事务建设性的参与者、合作者，中国有意愿也能够为北极的可持续发展做出更多的贡献。中国的港口国控制制度自实施以来取得了较大的发展，检查人员素质、技术水平和执法力度都有了较大进步，加之与国外港口国多年的合作及交流经验，本着负责的态度与保护海洋安全和环保的决心，中国有能力在北极水域的港口国控制活动中有所作为。

五、结论

北极航线可大大缩短太平洋至大西洋的海上距离，北极矿产资源与旅游资源的开辟，正吸引越来越多的船舶在此航行。北极特殊的自然环境使得船舶于此区域航行面临更为严峻的挑战。船舶在北极航线航行须满足更严格的国际标准和要求，才可保证人身、财产和环境的安全。因此，监督和检查在北极水域作业的船舶是否合乎国际标准至关重要。港口国辅助船旗国，通过检查、滞留等控制措施，能够减少低标准船舶的数量、维护海上安全，在船舶北极航行中发挥着不可替代的作用。《联合国海洋法公约》、《海上人命安全公约》、《国际防止船舶造成污染公约》、《海员培训、发证和值班标准国际公约》等对港口国控制做出了具体规定，港口国在北极水域检查船舶时应注意依据该类公约的标准和要求，在行使监督权利的同时履行相应的义务。北极水域尚无专门的港口国备忘录，当前最为适宜的方式为联合欧亚大陆的港口国，加强现有备忘录下港口国之间的合作以发挥港口国控制的作用。东京备忘录和巴黎备忘录具有合作的可行性与实践基础。通过两大备忘录的通力合作，共享信息，实施统一的专门的北极水域检查标准，可构建在北极水域严密的港口国监督网，保证北极航行的安全和环保。我国是北极航行的重要利益攸关国，作为东京备忘录的成员，我国一直积极投入监督国际船舶的安全与环保运营。我国的沿岸港口将在北极航线利用中作为重要的停靠港，我国也将在北极港口国控制中扮演重要角色，为确保北极船舶的适航性不遗余力。

参考文献

[1] 司玉琢. 国际海事立法趋势及对策研究 [M]. 北京：法律出版社，2002：123.

[2] Thuong, L. T. *From flags of convenience to captive ship registries*. Transp. J. 1987：pp，22-34.

[3] 金昱茜. 方便旗背景下港口国监控制度的发展 [J]. 中国海商法年刊，2010，21 (3)：85-95.

[4] 焦晓娇. 海上安全与贸易自由：港口国监控制度与海运服务贸易的冲突与协调 [J]. 法学杂志，2013，(6)：133.

[5] 李振福，闫力，徐梦俏. 北极航线通航环境评价 [J]. 计算机工程与应用，2013，49 (1)：249-253.

[6] *The role of Ports in International Maritime Law*；Arctic Marine Shipping Assessment Report 2009. http：//www. arctis-search. com/The+Role+of+Ports+in+International+Maritime+Law.

[7] Nengye Liu. The European Union's Potential Contribution to Enhanced Governance of Arctic Shipping, Heidelberg Journal of International Law , pp724. http：//www. zaoerv. de/.

[8] 李华文. 从价值链角度论中国 PSC 竞争力 [J]. 大连海事大学学报（社会科学版），2010，9（1）：48.
[9] 王海潮. 港口国监督（PSC）坚守海上安全防线 [J]. 中国海事，2009，（10）：20-22.
[10] 周驰. 中国港口国监督的发展与展望 [J]. 大连海事大学学报，2008，34（增刊）：34.
[11] 孙巍. 2014 年一季度中国 PSC 检查数据 [J]. 中国海事，2014，（5）：55.
[12] 孙巍. 2014 年第二季度中国 PSC 检查数据 [J]. 中国海事，2014，（8）：53.
[13] 孙巍. 2014 年第三季度中国 PSC 检查数据 [J]. 中国海事，2014，（11）：55.
[14] 孙巍. 2014 年第四季度中国 PSC 检查主要数据 [J]. 中国海事，2015，（2）：60.

论文来源： 本文原刊于《中国海洋大学学报（社会科学版）》2016 年 02 期，第 25-32 页。

基金项目： 国家社科基金青年项目（12CFX094）；
国家社科基金重点项目（13AZD084）；
国家社科基金一般项目（14BFX124）。

我国扩展性适用《联合国海洋法公约》群岛制度的国际法基础

戴　瑛*

摘　要： 从实践上看，基于领土的构成、水域面积和陆地面积的比例及基线的数量和长度综合考虑，世界上的国家可以划分为群岛国和非群岛国。非群岛国能否适用群岛制度及在远离一国本土的洋中群岛能否适用直线基线的问题一直存有争议。《联合国海洋法公约》的谈判历史及周边国家洋中群岛领海基线的实践构成了群岛制度扩展性适用于我国的国际法基础。基于此，以群岛制度为手段，将我国群岛纳入广义的群岛制度中，在我国法律中规定群岛制度，使南海群岛构成地理上和法律上的整体，进而强化我国对南海诸岛的控制，并为应对南海仲裁案可能带来的不利后果提供新路径。

关键词： 洋中群岛；直线基线；《联合国海洋法公约》

关于群岛，在国际法协会、国际法研究所和美国国际法研究所内部早在1920年就有给予其特殊地位的提议[1]。在1930年的海牙国际法编纂会议、1950年的国际法委员会，以及联合国第一次、第二次海洋法会议上亦有讨论，但没有形成共识。在1973年至1982年举行的联合国第三次海洋法会议上，群岛国作为第四部分被纳入《联合国海洋法公约》（以下简称《公约》）。《公约》规定的群岛制度可否扩大解释并适用于大陆国家的洋中群岛，我国可否类推适用《公约》的群岛制度，可否采用直线基线划定群岛基线的问题一直存有争议。从2013年菲律宾单方面提起的南海仲裁案来看，运用《公约》第121条岛屿制度来驳斥菲律宾的主张较多，关注群岛制度较少。基于此，本文通过对相关问题的探讨为我国扩展性适用《公约》群岛制度，以群岛制度为手段主张群岛主权和适用直线基线提供国际法基础，从而为解决南海争端提供新的路径。

一、整体性：适用《公约》群岛制度及采用直线基线的前提条件

从地理角度看，群岛可见于以下几种情形：可以是位于大陆或大陆国家沿海；可以是大陆国的离岸或大洋部分；还可以是由岛屿构成的国家全部或部分。1930年海牙国

* 戴瑛，大连海洋大学副教授，国家海洋信息中心、中国海洋大学联合培养博士后，主要从事海洋法、渔业法、海上执法研究。

际法编纂会议上，德国法学家史卓京在给专家委员会准备的修订后的公约草案第 5 条中提到：“在群岛中，岛屿应被视为一个整体，领海宽度应从距离群岛中心最远的岛屿起测算”[2]，对此，一些国家同意群岛应作为一个整体来看待；有些国家提出了反对的意见。而从《公约》的讨论过程及最终内容来看，群岛国对群岛的整体性达成共识。《公约》第 46 条规定，“群岛为一群岛屿，包括若干岛屿的若干部分、相连的水域或其他自然地形，彼此密切相关，以致这种岛屿、水域和其他自然地形在本质上构成一个地理、经济和政治的实体，或在历史上已被视为这种实体。”“群岛国是全部由一个或多个群岛构成的国家，并可包括其他岛屿”。《公约》第四部分仅限于全部由一群岛屿（即大洋群岛）构成的国家，在《公约》的讨论过程中，所有寻求扩大第四部分群岛范围的尝试都没有获得会议的接受。

根据《公约》第 47 条规定，群岛基线由连接群岛最外缘各岛和各干礁最外缘各点的直线连线组成。从公约条文中推断，群岛组成部分包括岛屿、其他自然地形、组成群岛的水域，这肯定了群岛具有整体性。

从世界上其他国家来看，印度尼西亚是全世界最大的群岛国，有 17 508 个岛屿，是目前世界上关于群岛制度规定最详细的国家。关于群岛制度主要规定在《印度尼西亚水域法》中。“群岛国”是指全部由一个或多个岛屿构成的国家，并可包括其他岛屿；同时明确“岛屿”、“群岛”、“印度尼西亚水域”、“低潮线”、“低潮高地”、“海湾”、“群岛海道”等概念。

群岛的整体性在越南的《海洋法》中有所体现。它规定“群岛是集合的岛屿群体，包括岛屿群体、邻接水域以及紧密相连的其他自然构造”，整体性观点为群岛划定基线，测算管辖面积提供了前提。

鉴于非群岛国家突破《公约》规定群岛的内容过于敏感，我国主张群岛主权要避免从政治的角度，而选择自然地理构造的角度切入。我国洋中群岛有东沙群岛、中沙群岛、西沙群岛、南沙群岛、钓鱼岛，除此之外，还有暗礁、暗沙等水下自然地形。作为一组自然地形的集合，应从群岛的整体性进行界定，即“我国群岛是指一群岛屿，包括若干岛屿的若干部分、相连的水域或其他自然地形，彼此密切相关，以致这种岛屿、水域和其他自然地形在本质上构成一个地理的实体，是集合的岛屿群体。”从地理构造肯定群岛的整体性后，以群岛制度为手段，将上述群岛纳入广义的群岛制度中，在我国法律中规定群岛制度，使南海群岛分别构成地理上和法律上的整体，进而强化我国对南海诸岛的控制，并为应对南海仲裁案可能带来的不利后果提供新的路径。

二、适用《公约》群岛基线的国家实践

关于群岛基线的划定，在《公约》第 47 条予以规定。群岛基线对测量群岛国家领海、毗连区和专属经济区及大陆架的宽度，有着重要的意义。《公约》允许“群岛基线”由群岛最外端岛屿为基点划出，并对群岛基线划定比例及基线长度等具体问题做出了规定，但是其限定的主体是群岛国，对大陆国的洋中群岛并没有约束性。基于地理特征各异，大陆国家的洋中群岛很少能满足依据群岛国的地理特征而确定的群岛基线适用时的水陆面积比和基线的长度限制。因此，《公约》第 47 条很难被扩大解释为洋中

群岛适用直线基线的直接法律依据。如果通过解释或类推适用《公约》的方式来为我国主张适用群岛制度的法律依据，则存在明显的局限性，只有通过证明国际法渊源之一国际习惯法规则的存在才具有说服力。目前，非群岛国和群岛国均有适用直线基线的国家实践。

（一）非群岛国适用直线基线的国家实践

近年来，许多国家纷纷将直线基线适用于洋中群岛，这类国家的丰富实践为国际法上群岛制度提供了新的发展方向。

国际法院"英挪渔业案"判决为大陆国洋中群岛适用直基线法提供了事实依据。挪威，领土南北狭长，漫长曲折，沿海岛屿很多，属于大陆国。国际法院在1951年英挪渔业案的判决中认为，"沿挪威海岸的一系列几乎不间断的岛屿、小岛和礁石（石垒）的存在是在确定沿海岸的直线基线时可以考虑的因素。"国际法院在"英挪渔业案"中做出"挪威可以在其群岛适用直线基线确定其领海基线的判决"对群岛法律制度产生重要的影响。

国际法委员会在其1956年关于海洋法的报告中考虑到了这一判决，并将几条允许紧接其海岸有一系列岛屿的国家使用直线基线的规定纳入其条款草案中。它还研究其他几个类型的群岛是否应受制于某种特殊制度或是在划定其领水时按照与孤立岛屿相同的办法处理。在研究过特别报告员的几项提议以及各国政府的反馈意见后，委员会最终决定不采纳一项关于"岛群"的规定，原因在于不同群岛的不同形态所产生的困难、就领海的宽度无法达成共识和关于这方面问题的技术资料的缺乏。不过，该委员会表达了"如果某国际会议此后打算研究所提议的规则，它可以给予群岛问题以关注"的希望[3]。

20世纪60年代以来，越南、马来西亚、文莱、丹麦、厄瓜多尔、澳大利亚、印度等国纷纷颁布国内法令，将直线基线适用于洋中群岛，一定程度上丰富了非群岛国适用直线基线的国家实践，也使非群岛国适用直线基线具有一定的普适性。

1. 越南

越南位于东南亚中南半岛东部，国土狭长，面积约33万平方千米，北与中国广西、云南接壤，西与老挝、柬埔寨交界，紧邻南海，西南紧邻泰国湾，大小岛屿2 600个，海岸线长3 260多千米。越南属于大陆国，从越南立法实践看，1977年5月12日颁布了《关于领海、毗连区、专属经济区及大陆架的声明》，宣布适用直线基线，但没明确标出基线的具体位置。1982年11月12日颁布《越南社会主义共和国关于领海基线的声明》，公布了越南直线基线系统基点的具体情况。

从整体上看，越南的直线基线系统有11个基点。11个基点中，除了2个在海上外，其他9个在岛上，这些基点距离大陆最近的基点为7.6海里，最远的为80.7海里，平均距离39.4海里。其中5个基点与大陆及相邻群岛最近点距离超过50海里，这与1958年《领海与毗连区公约》及1982年《公约》要求沿海国"紧临海岸有一系列岛屿"方可使用直线基线的要求相背离。从基线线段来看，10条基线线段构成越南的直线基线体系，基线段总长846海里，平均长度84.6海里，最长的为161.8海里，最短的为 2 海里。越南主张领海基线向陆一侧为内水，面积约 27 000 平方海里，相当于印第安纳州的面积。

2. 马来西亚

马来西亚被南海分为两个部分：位于马来半岛的西马来西亚，北接泰国，南部隔着柔佛海峡，以新柔长堤和第二通道连接新加坡；东马来西亚，位于婆罗洲（加里曼丹岛）的北部，南接印度尼西亚，文莱国夹在沙巴州和砂拉越州之间。马来西亚是 1958 年日内瓦海洋法四公约的缔约国，于 1982 年签署了《公约》，于 1996 年批准《公约》。2007 年 5 月 1 日，颁布了《2006 年海洋区域基线法》，原则性地规定了领海宽度的基线问题，表示将采取混合基线方式，既规定与低潮线一致的正常基线，也在沿岸较突出的位置使用直线基线，但马来西亚没有宣布任何关于基点的坐标。

3. 文莱

文莱位于亚洲东南部，加里曼丹岛西北部，北濒中国南海，东南西三面与马来西亚的沙捞越州接壤。海岸线长约 162 千米，有 33 个岛屿，总面积为 5 765 平方千米。文莱于 1958 年 9 月通过委员会 1517 号命令和 1518 号命令确定了与马来西亚以及沙捞越的领海和大陆架界线；1983 年 2 月，文莱通过其领土法及《文莱水域条例》宣布 12 海里的领海范围。1987 年文莱发布了领海外部界限地图，但地图没明确标出领海基线的具体坐标，根据推测，文莱可能运用了直线基线，但由于没公开基点坐标，很难看出哪些基线影响了边界线的实际位置。

4. 丹麦

丹麦属大陆国家，其法罗群岛（Faroe Islands）是海外自治领地，地理位置介于挪威海和北大西洋中间，远离丹麦大陆。1963 年 4 月 24 日，丹麦政府颁布法案宣布法罗群岛适用直线基线，确定 13 个基点，连结 13 条直线基线，从东西海岸将法罗群岛完全包围，划定了远离陆地领土的大片水域。13 条基线总长度 163 海里，平均长度 12. 53 海里，有两条超过了 24 海里，5 条长度仅有 1 千米或不到 1 千米。其中基点 3、4 之间基线改变形状圈住北部海岸。基点 4、5 之间基线不符合海湾半圆形状。丹麦是大陆国，远离大陆的洋中群岛不应适用《公约》群岛基线原理[4]。除此之外，丹麦于 1978 年 4 月 19 日颁布 189 号法案对 1966 年法案进行了修订。丹麦直线基线包括 70 条和 20 余条正常海岸基线。直线基线性总长 415. 85 海里，将西兰岛等三个孤立的岛屿单独划线。

5. 厄瓜多尔

厄瓜多尔[5]位于南美洲西北部，所辖加拉帕戈斯群岛（也称科隆群岛）位于太平洋东部的赤道上，由 19 个岛屿及附属小岛和岩礁组成，距离厄瓜多尔本土 1 100 千米。群岛陆地总面积约 7 994 平方千米，散布在约 59 500 平方千米的海面上。1950 年 9 月 6 日通过的关于领海法案第三条可以作为加拉帕戈斯群岛适用直线基线依据。1971 年 6 月 28 日第 959-A 号最高法案[6]明确厄瓜多尔沿岸和加拉帕戈斯群岛适用直线基线，并将大陆和群岛基线内的水域视为内水[7]。厄瓜多尔直线基线系统包括 13 个基点，其中 5 个位于大陆或接近大陆，8 个位于加拉帕戈斯群岛附近，基线总长度 897 海里，最长

136 海里，最短 37 海里，平均长度 74.8 海里。厄瓜多尔直线基线包括大陆和群岛各自独立的两个体系。根据国际习惯法，沿海的某种地理地形可以使用直线基线，但洋中群岛适用直线基线却不为国际法所接受，尽管许多国家已经划了直线基线，如菲律宾、马来西亚。另外一个争议焦点，有两个选作基点的低潮高地没有高于海平面的永久性设施，并且一个基点不在离岸岛屿的附属岛屿上，且一个基点属于外国。由于厄瓜多尔的基点选择和基线的划定不符合大陆国家地理构造，其直线基线受到国际社会的质疑[8]。

6. 澳大利亚

澳大利亚弗诺群岛（Furneaux）位于巴斯海峡东端，塔斯马尼亚岛东北方，南北延伸约 110 千米，面积 2 670 平方千米，包含 52 个岛屿。1983 年澳大利亚公布了弗诺群岛的领海基线，其中群岛的东南段适用直线基线。豪特曼群礁（Houtman Abrolhos）位于澳大利亚西海岸 60 千米以外，由 122 个珊瑚岛和岩礁组成。这些岛礁分为三组：华勒比礁群（Wallabi Group）、复活节礁群（Easter Group）和佩撒特礁群（Pelsaert Group）。1983 年 2 月 4 日，澳大利亚发布领海基线公告[9]，将直线基线运用于豪特曼群礁的领海划界中。这些礁群彼此之间距离较近，领海基线总长为 81 海里，其中最长的两段直线基线为 17.7 海里和 13.5 海里。

7. 印度

印度外交部 2009 年 5 月 11 日公布了基线声明，指明其基线体系包括正常基线和直线基线，其中安达曼群岛（Andaman）和尼科巴群岛（Nicobar）以及拉克沙群岛（Lakshadweep）采用直线基线。印度 2009 年声明中第三部分仅公布了安达曼群岛和尼科巴群岛西面的直线基线，选择基点 18 个，其中最长的一段基线达到 84.7 海里。拉克沙群岛位于阿拉伯海，喀拉拉邦西边，包括 12 个珊瑚岛，3 个珊瑚礁，和很多离海岸 200~300 千米的小岛，整个群岛陆地面积只有 32 平方千米。该群岛的直线基线由 13 个基点连接而成，总长度达到 560 海里，其中最长的两段直线基线达到 113.7 海里和 109 海里[10]。

从上述案例可以看出，对于那些岛屿位置较近且联系紧密的洋中群岛，已有大陆国划定直线基线，这些国家的实践使大陆国洋中群岛适用直线基线具有成为国际习惯法规则的趋势。

（二）群岛国直线基线的国家实践

1. 菲律宾

菲律宾位于西太平洋菲律宾海和南海之间，南临马来西亚和印度尼西亚，北临中国台湾，总面积为 29.97 万平方千米，共有大小岛屿 7 000 多个，海岸线长约 18 533 千米。1961 年 6 月 17 日，菲律宾颁布了 3046 号《关于确定菲律宾领海基线的法案》，明确了菲律宾的基线和领海，并通过 1968 年 5446 号和 2009 年 9522 号法案进行了修订。

菲律宾是东南亚的一个群岛国家，它的群岛基线系统由 101 个基线线段组成，基线线段总长 2 808 海里，单条长度从 0.08 海里到 122 海里不等。菲律宾的领海基线包括它的主要岛屿，但不包括黄岩岛和“卡拉延群岛”。菲律宾群岛基线内总面积 877 909 平方千米，其中群岛水域面积 589 739 平方千米，陆地面积 298 170 平方千米，水陆比

1.98∶1，符合《公约》第47条第1款群岛国水陆比1∶1~9∶1的规定。菲律宾领海基线有3条超过100海里[11]，占基线总数的2.97%，没有基线长度超过125海里。从群岛基线走向上看，菲律宾的基线没有明显偏离群岛的一般轮廓，没以低潮高地作为起讫点，没有使另一国的领海同公海或专属经济区隔断的现象。因此，从表面上看，菲律宾的群岛基线符合《公约》的相在规定，但是菲律宾将群岛水域等同内水的规定则与《公约》相背离[12]。

2. 印度尼西亚

印度尼西亚由约17 508个岛屿组成，是马来群岛的一部分，也是全世界最大的群岛国家，疆域横跨亚洲及大洋洲。印度尼西亚群岛基线部分基点间采用正常基线。群岛基线系统由195个基点组成，共192条基线段，其中160段属于直线基线，32段属于正常基线。直线基线的长度从0.51海里（97~98段）到122.75海里（44~45段）不等，总长度达到6 920海里[13]。印度尼西亚的群岛基线大致可分为五个相对独立的组成部分，基线没有偏离群岛的一般轮廓，没有长度超过125海里，基线内水域面积3 081 756平方千米，基线内陆地面积1 904 569平方千米，水陆比1.61∶1。从整体上看，印度尼西亚的群岛基线符合《公约》规定，但东帝汶以印度尼西亚部分群岛基线将其领海与公海或专属经济区隔断为由提出反对意见。

在综合分析国际法理论、国际法院判决、相关国家将直线基线适用于洋中群岛的代表性实践上看，我们可以得出以下结论：大陆国家的洋中群岛是可以被视为一个整体并可以采用连接群岛最外缘岛屿、小岛或岩礁的直线基线来测算领海的。因此，建议我国可以采用直线基线方法为南沙群岛划定基线，以此主张专属经济区、大陆架，以维权国家海洋权益。

三、我国扩展适用群岛直线基线的可行性分析

（一）国际层面

1. 我国主张群岛主权及适用直线基线具有一定的国际法基础

群岛问题是在第一次联合国海洋法会议上，印度尼西亚代表提出的[14]；关于群岛问题的实质性讨论在海底委员会1973年会议上开始。

以群岛为基本领土的国家如印度尼西亚和菲律宾等国家在第三次海洋法会议上积极推动《公约》规定群岛制度。制定《公约》的1970年至1980年间出现了许多新独立的国家。而大部分群岛国是新独立国家，它们未来的发展在很大程度上取决于对海洋资源的开发和利用，它们认为新的规定应当反映它们的根本利益。

在第三次联合国海洋法会议第二期会议（1974年）上，各代表团就群岛制度是仅适用于群岛国还是也适用于拥有洋中群岛的大陆国发生了分歧。包括大陆国家和群岛国在内的九个国家[15]对1973年的四国[16]提案做出修改，取消“仅适用于群岛国”的规定，使大陆国家可以将关于群岛的规定适用于其远洋群岛[17]。一些国家对此表示支持，指出关于群岛的某些规定既适用于群岛国，也适用于远洋群岛。但另一些国家，尤其是海洋大国美国和苏联，反对将关于群岛的规定扩大适用于大陆国家的远洋群岛。

在第三次联合国海洋法会议第三期会议（1975 年）上，关于群岛问题的协商主要在几个海事大国和四个群岛国之间进行。为了加快协商进程，巴哈马代表在有关代表团间散发了一份题为“群岛条款应包括的十八项原则”的文件。该文件被非正式单一协商案文（1975 年）第二部分采纳[18]。在非正式单一协商案文第二部分中，关于群岛国的条款出现在第七部分的“群岛”标题下。第七部分第一节的标题为“群岛国”，将群岛国定义为“全部由一个或多个群岛构成的国家，并可包括其他岛屿。”第七部分第二节标题为“属于大陆国的洋中群岛”，它规定“第一节的规定不妨害构成大陆国家领土的一部分的洋中群岛的地位。”由此可见，虽然《公约》中没有规定大陆国的洋中群岛可以实行群岛制度，但在《公约》通过前，“大陆国的洋中群岛”是否写入《公约》曾被广泛充分地讨论，也说明了国际社会对于制定大陆国家远洋群岛法律制度所做出了努力。

从上述《公约》讨论过程来看，《公约》为取得群岛国的认可，进行了妥协，规定群岛国实行群岛制度，由于群岛基线将大片水域划入群岛水域范围，尤其是有的国家群岛位于重要的海上交通要道上，海洋大国担心公海被大大缩减从而影响航行自由并最终损害其航海利益，《公约》最终明确，群岛国实施群岛制度。但这并不意味着群岛制度不能适用于大陆国家的洋中群岛，而只能说，大陆国家能否适用群岛制度问题是《公约》中的一个空白，这为大陆国家规定群岛制度留有了空间，至少《公约》没有明确规定群岛制度不能适用于大陆国家的洋中群岛。

从地理上看，大陆国家的洋中群岛和群岛国的群岛具有海洋地物相同的地质特点，可以适用同一种法律制度。群岛国和大陆国家洋中群岛都有适用群岛制度同样的客观需求，且大陆国家采用直线基线制度具有成为国际习惯法规则的趋势。因此，非群岛国主张群岛主权并采用直线基线制度是具有一定的国际法基础的。

2. 有关国家采用直基线划定群岛基线的海洋法领域的实践，构成了我国实行群岛适用直线基线的国家实践基础

本文第二部分从非群岛国和群岛国家直线基线的国家实践角度进行了分析，这里不再赘述，这可以作为我国洋中群岛适用直线基线的国家实践基础。

3.《公约》规定的群岛国制度对于大陆国的洋中群岛具有一定的借鉴意义

从《公约》第四部分群岛国的规定来看，包括群岛定义、群岛基线、群岛水域、群岛内水、领海、毗连区、专属经济区、大陆架及现有权利、无害通过、群岛海道等规定。虽然这些规定不适用大陆国的洋中群岛，但是，其关于群岛的内容体系、立法语言，可供大陆国家立法中规定群岛内容予以借鉴。

（二）国内立法实践

从国内层面来看，我国已经进行了与岛屿相关的大量立法实践工作，我国的《海岛保护法》已于 2010 年 3 月 1 日起施行；同期，国家海洋局下发了《海岛命名管理办法》启动海岛命名工作，这些工作为我国主张群岛主权提供了国内立法实践基础。《海岛保护法》中的海岛是指四面环海水并在高潮时高于水面的自然形成的陆地区域，包括有居民海岛和无居民海岛。从定义看，海岛保护法中的海岛是联合国海洋法公约中的

“岛屿”，不包括低潮高地、岩礁等其他海洋地物。本文所指洋中群岛的直线基线制度丰富我国领海基线的实践，完善了我国岛屿管理及保护的法律制度。

四、我国扩展适用群岛直线基线的利弊分析

（一）利

1. 我国立法规定群岛制度可以为洋中群岛划定直线基线提供法律支撑

我国根据《中华人民共和国领海及毗连区法》（以下简称《领海与毗连区法》）于1996年和2012年发布了西沙群岛、钓鱼岛及其附属岛屿关于领海基线的声明。对此，国际和国内均有反对意见，认为这不符合《公约》第7条所列明的可适用直线基线的标准，并且，我国作为一个大陆国家，也无权在该区域援引《公约》中的群岛基线条款[19]。前述提到的“英挪渔业案”以及丹麦、挪威等国通过国内立法对各自的远洋群岛做出基线规定的国家实践为我国远洋群岛的基线制度提供了一定的法律指导，其体现的法律理念可以适用于我国的远洋群岛[20]。基于此，我国海洋法理论界和实务界可以探讨在习惯国际法、相关案例和当前国家实践的基础上，通过立法明确我国群岛制度，为我国洋中群岛基线的划定提供法律支撑。

2. 通过立法明确南海岛礁主权及采用直线基线，有利于我国从法律上明确主张管辖海域的范围，在南海问题上争取主动权

我国对《公约》的规定进行延伸，适用群岛制度，在明确我国对群岛享有主权的基础上，依法划定基线，同时提出我国尊重与其他国家间的现有协议，承认直接相邻国家在群岛范围内的某些区域内传统捕鱼权利和其他合法活动。我国洋中群岛制度的设计可以包括相关概念、我国依法划定群岛的领海、毗连区、专属经济区、大陆架范围及尊重现有协议、相关的权利的内容，其目的是使我国主张群岛制度的合法利益与全球航行所提出的各种要求平衡。我国作为《公约》的缔约国，遵守《公约》规定的基础上，对《公约》群岛制度进行延伸，立法确认群岛的法律地位，弥补群岛制度法律缺失的弊端，从而争取南海问题上的主动权。

（二）弊

1. 我国实行群岛制度缺乏直接国际法依据，国际法支撑不够充分

《公约》生效后，就非群岛国能否适用《公约》的群岛制度，能否在远离一国本土的洋中群岛适用直线基线的问题一直存有争议。无论是从《公约》的谈判历史，还是从条约解释和类推适用的角度来看，《公约》的规定都很难构成非群岛国实行群岛水域制度的直接法律依据。因此，在缺乏《公约》明文规定的情况下，我国通过立法规定群岛制定的内容难以获得坚强的国际法支撑。

2. 我国海洋基本法中规定群岛水域相关内容必然会受到国际海洋法界的质疑

在实践中，但凡有国家将直线基线拓展适用于远离本土的洋中群岛时，美国都会提出相应的反对意见。以越南的领海基线选划及立法实践为例，越南于1994年6月23日通过《关于批准1982年联合国海洋法公约的决议》而成为《公约》的缔约国。1982年

11 月 12 日，越南援引了《公约》使用的法律术语，专门公布了《关于越南领海基线的声明》（以下简称《声明》），宣布了其采用直线基线。《声明》确定了 11 个领海基点，其中 2 个在海上，其余 9 个均位于岛上。越南的基线系统共使用了 9 个转折点，大部分位于海岛上的基点与大陆距离很远。越南领海基线存在不完整、不符合“海岸极为曲折”或“紧邻海岸有一系列岛屿”及基线明显偏离海岸一般方向的问题。同年 12 月，美国曾向越南递交了一份备忘录，抗议越南宣布的直线基线制度。美国抗议照会强调，“在习惯国际法下，一个海岸国家只有在海岸极为曲折的地方，或者如果紧邻海岸有一系列岛屿的地方，才能采用直线基线法。因此，海岸国家划定的基线必须无任何明显偏离海岸的一般方向。美国政府认为，越南政府声称的基线不符合这些标准，其在 1982 年 11 月 12 日的声明中提供的直线基线在国际法上是没有依据的。[21]”

我国在 1996 年公布《关于西沙领海基线的声明》就曾遭到美国的质疑。美国于 1996 年 9 月 7 日，发表了对我国西沙群岛直线基线主张的评论，指出“直线基线不应适用西沙。西沙海域包括一些岛和礁……除岛屿外，西沙还有一些位于潮汐基准面上的列岛、岩石、礁。尽管某一岛屿可能符合《公约》第 7 条的规定并可以适用直线基线，但列岛、岩石、礁不符合第 7 条规定的条件。此评论中还指出“我国和越南作为大陆国，不适用群岛直基线”[22]。所以，我国立法中如果提出群岛制度及直线基线必定受到其他国家的质疑。

五、结语

近年来，周边国家一系列行为、事件对我国海洋权益造成极大的威胁，如越南从领海基线声明到海洋法实践，声称黄沙、东沙主权[23]归属越南，并适时公布其余的直线基线；菲律宾提起的南海仲裁案。在国际海洋形势日益严峻的背景下，如果我国不抓紧时机从法律上对群岛主权予以确认，则极容易处于海洋维权的不利地位。法律方法是解决当前南海争端算途径的方法之一。基于洋中群岛整体性特点、域外国家实践、群岛适用直线基线可行性及利弊分析，我国西沙群岛和钓鱼岛列屿适用直线基线具有国际法依据，我国可以考虑未来在南海其他群岛的划界中适用直线基线，但对于那些由面积较小、距离稍远的南海岛礁组成的群岛而言，也许分组适用直线基线更易获得国际社会的接受。

参考文献及注释

[1] 萨切雅南丹等 . 1982 年联合国海洋法公约评注（第二卷）. 吕文正等译，北京：海洋出版社，365.

[2] League of Nations document C-196，M-70，1927：p. 72.

[3] Report of the International Law Commission covering the work of its eighth session（A/3159），第五条的评注，第（1）款和第（2）款，1956 年《国际法委员会年鉴》第二卷，第 253、267、270 页。

[4] The Geographer office of the geographer bureau of Intelligence and research，Limits in sea No. 13，P4.

[5] 厄瓜多尔不是 1958 年海洋法日内瓦领海与毗连区公约、公海公约、大陆架公约、公海渔业和

生物资源保护公约的成员国。

[6] 官方登记为 1971 年 6 月 13 日 No. 265 法案。

[7] see Article 2 of Decree No. 959-A.

[8] The Geographer office of the geographer bureau of Intelligence and research, Limits in sea No. 42, p. 7-8.

[9] Proclamation of the inner limits (the baseline) of 4 February 1983, pursuant to section 7 of the Seas and Submerged Lands Act 1973.

[10] "Indian Notification of the Ministry of External Affairs of 11 May 2009 concerning the Baseline System", Law of Sea Bulletin, No. 71, 2009, p. 26-31.

[11] 菲律宾群岛基线中超过 100 海里的是第 11-12 段、第 46-47 段、第 82-83 段 .

[12] "Indian Notification of the Ministry of External Affairs of 11 May 2009 concerning the Baseline System", Law of Sea Bulletin, No. 142, 2014, p. 1-3.

[13] "Indian Notification of the Ministry of External Affairs of 11 May 2009 concerning the Baseline System", Law of Sea Bulletin, No. 141, 2014, p. 26-31.

[14] 见印度尼西亚代表在第一委员会第七次会议（1958 年）上的发言，第 5 段，第一次联合国海洋法会议正式记录，第三卷，第 15 页；和在第十五次会议上的发言，同上，第 43 页第 1-10 段。

[15] 九个国家：加拿大、智利、冰岛、印度、印度尼西亚、毛里求斯、墨西哥、新西兰和挪威。

[16] 四国：斐济、印度尼西亚、毛里求斯、菲律宾。

[17] Canada, Chile, Iceland, India, Indonesia, Mauritius, Mexico, New Zealand and Norway: working paper, A/CONF. 62/L. 4 (1974), Article 3, 11/Off. Rec, pp. 81-82.

[18] 非正式单一协商案文（Informal Single Negotiating Text, ISNT），第三次联合国海洋法会议大部分是以"非正式"形式，即通过无会议记录的非公开会议进行的。非正式单一协商案文、订正的单一协商案文和非正式综合协商案文已经作为会议文件发布，会议《正式记录》收录了这三个案文。

[19] United States Dept, of State . Bureau of Ocean and International Enviornmental and Scientific Affairs, Limits in the Seas NO. 117 (Straight Baseline Claim: China), 1996, p. 8.

[20] Lucchini and Voeckel, Le droit International de la mar, Tome I, Paris: Pedone, 1990, p. 381-382.

[21] Roach and Smith, United States Responses to Excessive Maritime Claims , Second Edition, Boston: Martinus Nijhoff, 1996: 102.

[22] 见《Limits in sea》NO. 117, July 9, 1996.

[23] 黄沙是指中国西沙；东沙指中国南沙。

论文来源：本文为第三届海洋发展论坛投稿文章。

提高我国海洋行政执法能力探究

朱坚真*　宋逸伦**

摘　要：海洋行政执法是维护国家海洋权益，保卫国家海上治安，保障国家海洋安全的重要手段。随着《联合国海洋法公约》和《联合国21世纪议程》的颁布生效，沿海各国纷纷加强海上执法力量建设，提高海洋行政执法能力，切实维护国家海洋权益。作为世界海洋大国之一的中国，目前面临着岛礁被侵占、海洋资源被掠夺、海洋权益被侵犯等海上复杂形势，海洋行政执法过程中海洋立法尚未健全、海上执法队伍分散等缺陷，导致海上执法力量无法更好地维护我国海上治安、捍卫我国海洋权益。本文在我国现有海上执法力量的基础上，通过研究分析海洋行政执法的现存问题及原因，提出提高我国海洋行政执法能力的对策建议，以加快推进海洋行政执法能力建设。

关键词：海洋行政执法；现存问题；原因分析；对策建议

海洋行政执法是现代海洋管理的一个重要方式，是海洋管理能力的一项重要体现，也是维护国家海洋权益，保卫国家海上治安，保障国家海洋安全的重要手段。自《联合国海洋法公约》和《联合国21世纪议程》颁布生效以来，沿海各国普遍重视海洋资源的开发利用和海洋权利的维护，重新确立了海洋及其资源的战略地位，纷纷致力于建设海上执法力量，提高海洋行政执法与管理效率，从而提升海上执法效能，维护国家海洋权益。

作为海洋大国之一的中国，维护海洋权益和保卫海上治安的任务非常艰巨。中国在其主张管辖的300多万平方千米海域中，目前实际控制的海域仅不足50%，南海海域的南沙群岛里，只有9个岛屿由中国控制，而被菲律宾、马来西亚、越南、文莱和印度尼西亚侵占的岛屿有45个之多。中国面临着岛礁被侵占、海洋资源被掠夺、海洋权益被侵犯等海上复杂形势。我国现有的海上执法力量包括海监、海事、海关、渔政、边防等部门所属的执法队伍，在目前的海洋行政执法过程中，存在着海上执法队伍分散、行政职能划分不明确、执法成本高、效率低等问题，不仅无法使海上执法力量更好地维护我

---

* 朱坚真，男，1963年10月出生，教授，博士，中国海洋发展研究会理事，广东海洋大学副校长，研究方向：产业经济、区域经济。

** 宋逸伦，女，1991年12月出生，广东海洋大学经济管理学院硕士生，研究方向：行政管理。

国海上治安、捍卫我国海洋权益，而且已不能满足依法行政的要求和建设法治国家的目标。因此，必须大力提高我国海洋行政执法能力，切实维护国家的海洋权益，推动国家海洋的更好发展。

一、我国海洋行政执法的现存问题分析

（一）海洋立法尚未健全

（1）立法工作相对滞后。长时间对海权意识的淡薄，导致我国海洋立法研究起步较晚，缺乏对海洋监督管理的整体把控，不能及时地预料到新问题、新情况的产生并加以防范，总是在遇到问题以后才出台相应的法律法规。每个行政执法部门被赋予的职能有所交叉，出台的涉海法律法规的操作性和对实际问题的实用性也较差，难以充分发挥其海上执法依据的效用。

（2）立法层次高低不一。涉海部门多出于自身部门管理的需要制定相关的法律法规，在立法过程中仅以自身利益为出发点，而非优先考虑执法工作的整体利益，造成了部门立法有诸多不合理之处。

（3）法律法规尚不健全。我国海洋法律少有对我国海上执法主体进行资格及权限的界定，从而造成执法主体混乱，职能交叉重叠。此外我国缺少海洋行政执法的程序法，亟须加快程序法的补充制定，切实落实执法责任制和执法过错追究制，健全执法监督管理制度[1]。

（二）海上执法队伍分散

（1）缺乏一支海上综合执法队伍。多年来，我国采用的是由各涉海行政部门进行海上执法，由其他行政部门进行协调配合的海洋行政执法模式，在执法形式上有着横向与纵向之分，横向上建立海监、海事、海关、渔政、边防五个海上执法队伍进行分散执法，纵向上将海洋行政执法职能分给中央和地方。此外，在海监、渔政、边防三个执法队伍里还具有国家和地方之分，管理体制差别较大[2]。尽管国家在 2013 年将渔政、海关、海警、海监四个执法队伍进行整合，一并划为国家海洋局管理，以“中国海警队”的名义开展海上执法工作[3]，但实际上四个队伍还是各自为政，未能完成统一综合的执法实践。

（2）海上联合执法尚未实现。国家海洋行政部门间曾经开展过联合执法工作，但由于各种原因未能继续，部门各自为政、多头执法、效率低下等问题仍未解决，海上联合执法工作未能有效开展，海洋行政执法职能难以真正履行。例如海监、海事、渔政、边防等海洋行政部门共同承担维护国家海洋权益的职责，但由于部门间海上联合执法工作难以开展，各执法部门未能有效执法，导致我国海洋权益不能受到有效维护，多次遭受外国势力的侵犯。

（三）行政职能划分不明确

（1）海上执法队伍的管理和执法职能划分不清。行政职能是指行政机构应有的职责和功能，科学的行政职能要求管理职能与执法职能分离开来，尤其是在市场经济主导的背景下，执法职能要体现体系化、综合化和效率化[4]。在目前的海洋行政执法过程

中，存在着海上执法队伍既履行执法职能，又履行管理职能的情况，导致执法主体的独立性丧失，变成其主管部门维护部门利益的工具。

（2）执法主体之间的职责划分不清。我国目前采用的专业执法模式从表面上看是分工明确、权责明晰，但在实际执法过程中会导致职能重叠交叉的情况出现，某些执法领域多头管理，执法主体不明确，而某些执法领域又会出现无人管理的真空状态，导致有些问题得不到实质性的解决[5]。这种职责不分的情况造成了海上行政执法资源的严重浪费，各执法机构不断进行扩充组建，但执法效果却未有所好转，从而进入了继续加大人力、物力、财力投入的恶性循环，增加了海上行政执法成本。

（四）执法人员素质不高

（1）执法人员来源杂乱，成分复杂。我国海上执法队伍的发展时间较短，尚未建立招募执法人员的统一标准，队伍成员成分较为复杂，既有公务员，又有警察和公安现役军人，同时还存在临时性质的人员，执法人员素质参差不齐。

（2）执法人员编制不一，管理混乱。我国海上执法人员多为国家编制，统一由执法部门进行管理，由于成分复杂，仍有一些人员未被纳入事业编制或行政编制，人员的统一管理尚未实现。此外，未纳入编制的执法人员对机构和个人的职能权责也不完全理解，造成了执法效率的低下。个别执法人员，不按程序办事，不求诚信效率，渎职弄权、以权谋私，严重损害了我国海上执法队伍的形象。

（3）执法人员文化素质偏低。由于缺少专业院校教育的及相关培训，我国海上执法人员的文化素质整体不高，从而导致执法队伍执法方式、水平和能力低下。

二、我国海洋行政执法现存问题的原因分析

（一）历史文化层面

从历史文化层面来看，我国文明始于陆地，自古以来的农业大国属性，表明我国在几千年的发展过程中一直以陆地发展为主。新中国成立以后，我国开始将发展目光投向海洋，对其进行初步的开发和利用，20 世纪 80 年代后，海洋发展逐渐得到国家的认识和重视。经过几十年的发展，我国海洋生产总值一直稳步提升，海洋经济发展态势总体良好，但同时随着世界海洋发展形势的不断变化，海上走私、海盗抢劫、海上恐怖主义活动、海洋生态破坏等非传统安全威胁不断增加，我国海洋行政执法也受到了巨大的压力。面对如此形势，人们对海洋的重视程度依然较低，在提到我国的国土面积时，还仅想起 960 万平方千米的土地面积，忽视 300 万平方千米的海洋面积[6]，这种海洋意识的缺乏先天性的造成了我国海洋行政执法能力的不足。

（二）制度层面

从制度层面来看，目前我国的 5 支海上执法队伍都是在计划经济时期建立起来的，必将带有当时的时代特性。在中央高度集权的计划经济体制下，我国实行的是一种政企合一的管理体制，政府部门按照产品分类进行设置划分，因而也按照行政隶属关系对企业进行管理，造成海上执法队伍既代表政府，又代表企业。此外，根据计划经济时期中央企业和地方企业的划分，海上执法队伍的管理也相应地具有中央和地方之分，这就导

致当前我国的海上执法队伍既有中央各部门的横向层面，又有中央与地方的纵向层面，执法职权被高度分散，造成海上执法职能重叠，效率低下[7]。

（三）体制层面

从立法体制层面来看，海洋立法作为维护海洋权益、捍卫国家主权的法律保障，承担着为海洋行政执法活动提供法律依据的职责，在海洋管理和行政执法中占有着重要地位[8]，目前我国在海上执法方面的立法尚存以下问题。

一是立法的出发点不合理。目前我国多以涉海部门的各自管理需要为出发点来出台海洋法律，立法仅关于单个部门的海洋行政执法工作，这就导致各部门在立法过程中会优先考虑自身利益，忽略其他部门甚至整个海洋行政执法工作的整体利益。同时，我国的海洋法律体系中的行业性法规居多，但针对各涉海部门、行业统一规范管理的综合性法律法规较少，从而使部门间的法律权限和适用范围存在重叠交叉，导致执法过程出现混乱。

二是法律法规涉及范围不全。不少海洋行政执法相关领域的配套法律法规还未出台，或已出台的法律在执法过程中操作难度大，导致许多执法工作无法可依，有法难依。

三是立法体制缺乏界定海上执法力量的主体资格及权限的法律。海洋行政执法过程中出现的职能重叠、政出多门、管理混乱等问题，其主要原因是由于缺乏界定海上执法力量的主体资格及权限的法律而导致的主体不明和授权不明。这种立法体制的缺陷，对海洋行政执法工作造成了一定影响[9]。

三、提高我国海洋行政执法能力的对策建议

（一）提高社会公众的海洋维权意识

（1）树立正确的海洋价值观。树立正确的海洋价值观是提高海洋维权意识的基础。海洋蕴含着丰富的资源，同时也是主要的运输通道之一，对国家经济发展有着至关重要的作用。要通过宣传海洋的价值和作用，正确树立社会公众的海洋价值观，使公众充分认识维护海洋权益对国家发展的重要性。

（2）树立正确的海洋国土观。由于根深蒂固的传统陆地观念，我国960万平方千米的土地面积已深入人心，而300万平方千米的海洋面积还未完全走进公众的意识里。要通过破除传统落后的思想观念，不断增强社会公众的海洋国土观念，提高公众的海洋维权意识。

（3）树立正确的海洋防御观。在国际新形势下，我国的战略防御已不仅仅局限于陆地，海洋成为国家战略防御的方向之一。目前我国的海上形势十分复杂，资源掠夺、岛屿争端、南海局势等问题，给我国海上防御和海洋维权带来了巨大压力。要通过海防形势任务教育，让社会公众充分了解国家海洋防御的复杂形势，树立正确的海洋防御观，增强公众维护海洋权益的使命感和责任感。

（二）完善海洋行政执法的法律法规

（1）加快立法进程，尽快制定海洋基本法。要从我国基本国情出发，根据《联合

国海洋法公约》，结合我国海洋政策理念和海洋行政执法实践，以国外立法的成功案例为借鉴，加快我国海洋基本法的制定，为海洋行政执法提供法律依据。将界定海上执法力量的主体资格和权限、明确海上行政执法的程序和范围、划分行政执法机构的职责和权限等元素加入到海洋基本法中，通过法律来解决海洋行政执法在职能权限等方面存在的问题。

（2）加强综合立法，提供公共政策的法律依据。根据以单部门为主体的法律法规所进行的部门分类和分工管理已无法应对当前的管理情况，必须尽快制定针对各涉海部门统一规范管理的综合性法律法规，实现海洋管理立法从部门个体立法向综合全局立法转变。制度和法律相辅相成，目前我国在海洋制度建设方面的工作进展较为缓慢，要加快海洋行政、海洋经济、海洋教育、海洋科技等方面的制度建设，并进行相关的综合立法，同时为海洋发展相关公共政策的制定、决策、执行、评估等过程提供法律依据和法律保障。

（三）完善海洋行政执法的监督制度

（1）强化人大监督的有效性。加强人大对海洋行政执法的监督作用，明确人大在海洋行政执法方面的监督职责、内容和程序，尽快建立以人大监督为核心的海洋行政执法监督体系，更好地实现国家的海洋权益维护、海上治安保卫、海洋安全保障和海洋可持续发展。

（2）改革执法主体的内部监督。在行政执法机构中实行垂直领导机制，赋予行政执法主体独立进行监督的权利，充分发挥执法主体对机构进行内部监督的作用，加强执法主体的独立性和权威性。行政执法主体要把经济、科技、法律等知识方法合理应用到执法过程中，将海洋的开发利用和可持续发展与海洋行政执法相结合，形成开发管理海洋的有效监督机制。

（3）增强社会和媒体的监督。要对新闻、报纸、网络等大众传媒的舆论导向进行正确引导，客观看待舆论传媒在海洋行政执法监督过程中的作用，不可对其过度依赖。同时要加强民主党派和人民群众的监督，确保其独立性，充分发挥其作用。

（四）明确海洋行政执法机构的职能

（1）明确国家海洋局的职能。国家海洋局应作为政策的制定机构，履行海洋政策制定、海洋产业规划、海洋开发利用、海洋科学研究、海洋环境保护，以及海上争端的对外交流谈判等海洋事务的职能，为国家海洋发展提供服务。

（2）明确中国海警的职能。中国海警应作为具有综合性职能的政策执行和保障机构，履行海洋权益维护、海上治安保护、海上打捞救助等海上执法管理的相关职能，并执行海洋各行政部门的法律法规，稽查违反相关法律法规的海上违法行为，同时还要对海洋各行政部门负责。

（3）明确其他各行政机构的职能。其他各行政机构应做到各司其职。海监总队负责海上巡逻监察、严厉查处侵犯我国海洋权益等各种海上违法行为的职能；海关总署负责出入境监管、海关稽查、口岸管理、打击走私等职能；海事局负责管理海上交通和防止船舶污染等职能；渔业局负责渔业海上执法等职能；水运局负责国内、国际和国境河流及航道的通行管理，以及航道的设施和建筑物管理等职能；交通运输部公安局负责航运监督和海上公安保卫工作相关规章制度实施等职能；海上搜救中心负责海上搜救和对海上突发事件进行应急处理等职能[10]。

（五）加强海洋行政执法队伍的联动

（1）与陆上相关部门协调合作。海洋行政执法的内容范围较为广泛，相关的执法部门在执法的宽度和幅度上也有相对限制，需要与陆上相关行政部门加强合作，提高海洋行政执法效率。如海洋行政执法部门在整治陆源排海污染时，需与环保部门协调合作；在查处养殖不规范行为时，需与渔政部门协调合作；在查处修造船厂港口污染时，需与港监部门协调合作，等等[11]。

（2）与具有行政处罚权的部门相结合。没有必要的处罚手段和权力，监察就算有密度也不可能有力度。海洋行政执法要与被赋予处罚权利的行政部门紧密合作，做到查处结合，使海洋行政执法实现查有目的，查有纠偏，查有效果，同时在对监察过程中发现的违法违规案件进行处理和处罚时做到联合执行。

（3）实现海洋行政部门的联合执法。为有效解决重复执法和空白执法的问题，各行政执法部门应集中开展联合执法工作，做到各部门间齐心合力，协调合作，相互支援，建立联合执法与常规执法相结合的海洋行政联合执法机制。

（六）提高海洋行政执法人员的素质

（1）把好“入口”关。海洋行政部门在招收执法人员时要进行严格筛选，建立招募执法人员的统一标准和正规渠道，按要求进行人员招收，非从业人员须经过相关培训后才能上岗，不可直接参与海洋行政执法工作。

（2）加强业务技术培训。海洋行政执法工作具有较强的专业性和技术性，要求执法人员具备一定的专业和技术素质。要定期对执法人员开展专业性学习，加大执法人员的业务和技术培训力度，在招收时也尽量挑选接受过专业院校教育的人员，保证执法队伍的素质水平。

（3）完善海洋行政执法监督约束机制。要健全海洋行政执法的内部约束机制，通过建立一套系统、完善的内部规章制度，对执法人员的行为表现进行约束，违背依法行政原则、不按章程办事、不求效率、渎职弄权的执法人员要酌情进行批评教育或行政处罚。要健全海洋行政执法的外部约束机制，通过完善政务公开制度、基层走访制度、群众举报制度等一系列监督制度，让海洋行政执法部门能够及时接收社会公众的反馈意见，发现执法存在的问题并加以改进。[12]

参考文献

[1] 宋国勇．我国海上行政执法体制研究［D］．上海：复旦大学，2008.

[2] 刘凯军．关于海洋综合执法的探讨［J］．南方经济，2004，（2）：19-22.

[3] 余声豪．实施海洋强国战略 推进海上统一执法［J］．广东造船，2013，（2）：14-17.

[4]［7］ 万月月．中国海洋行政执法主体研究［D］．大连海事大学，2007：26-35.

[5] 李培志．我国海上综合执法存在的问题及对策［J］．公安教育，2004，（3）：31-35.

［6］　蒋德玉．论我国海上执法管理体制的完善［D］．上海：上海交通大学，2007.
［8］　吕建华．论法制化海洋行政管理［J］．海洋开发与管理，2004，3：25-29.
［9］　余晓丽．论完善海上行政管辖权划分［D］．上海：上海交通大学，2010.
［10］　陈雪．我国海洋行政执法体系研究［D］．大连：大连海事大学，2012.
［11］　王淼，等．我国现行海上执法体制的弊端与改革对策［J］．软科学，2006，20（1）：81-86.
［12］　王守泰，李寿伟．对新时期海洋与渔业执法工作的几点建议［J］．海洋开发与管理，2003，（5）：38-39.

论文来源：本文原为第三届海洋发展论坛投稿。

我国海洋能法律制度的现状与完善探析

罗婷婷[*] 王 琦 蔡大浩 王 群

摘 要：我国海洋能开发空间广阔，但还远不是海洋能研发和利用大国，其中法律和政策的支持不够成为制约我国海洋能发展的主要因素。因此，有必要从海洋能开发利用的必要性和制度需求入手，分析我国现有海洋能法律制度及存在的问题；通过评析国外海洋能立法现状、发展趋势，总结其对我国的借鉴意义，有助于提出构建和完善我国海洋能法律制度的相关建议。

关键词：我国海洋能；法律制度；完善

我国海域具有丰富的海洋能资源。据初步估算，资源总蕴藏量约为 4.31 亿千瓦，仅潮汐能和海流能两项，年理论发电量就可达 3 000 亿度。[1] 然而，虽然我国海洋能开发空间广阔，且具有一定的技术积累和开发利用经验，但还远远不是研发和利用大国，而制约我国海洋能发展的一个重要的因素就是法律制度的支持不够。

目前，我国并没有专门针对海洋能开发利用的法律法规，而是将其作为可再生能源的一个特殊种类，适用涉及可再生能源的法律制度。而我国现有的与海洋能有关的法律制度，无论从法律规范还是管理体制层面而言都存在着诸多的不足之处，难以适应日益发展的开发利用活动对法律制度的现实需求；且与国外许多海洋能开发利用大国相比，存在着明显差距。有鉴于此，十分有必要对我国海洋能立法进行梳理，分析现有制度存在的问题和亟待完善之处；同时通过比较研究国外现有的海洋能立法，总结分析其对我国法律制度完善的借鉴意义，为完善我国海洋能法律制度提出科学合理的建议。

一、我国海洋能开发法律制度现状与问题

目前我国并没有专门针对海洋能开发利用的法律法规，而是将其作为可再生能源的一个特殊种类，适用涉及可再生能源的法律制度。

2005 年 2 月，我国颁布了《可再生能源法》，该法第二条明确地将“海洋能”纳入可再生能源的范畴，这是我国第一次将“海洋能”写入法律。2009 年该法进行了修订，但总体而言仍是一个较为原则的政策框架法。为了使《可再生能源法》更具可操

---

* 罗婷婷，女，法学硕士，国际法专业，国家海洋信息中心海岛与权益部副研究员。主要研究领域：海洋政策、海洋法。

作性，国家发改委先后出台了一系列配套的法规和规章，国家海洋局于 2010 年颁布了《海洋可再生能源专项资金管理暂行办法》。

根据《可再生能源法》第五条的规定，我国海洋能开发利用活动在管理体制上采取的是能源统一监管与分部门监管相结合、中央监管与地方监管相结合的方式。具体而言——统一监管是指国家能源局负责对包括海洋能在内的可再生能源实施统一管理。分部门监管是国务院的有关部门包括科技、国土资源、环境保护、海洋、气象等，依据有关法律对海洋能开发利用中涉及的相关活动进行监督管理。中央监管与地方监管相结合则是：中央一级国家机关是国家能源局，地方一级则是县以上地方政府管理能源的部门。国务院和国家能源局对海洋能开发利用活动的监管进行统一的业务指导，省级、市级、县级则依据自身职能进行分级监管。省级主要进行宏观监管，包括确定本省（自治区）海洋能开发利用的中长期目标、编制本省（自治区）海洋能开发利用规划等。市级既有宏观监管又有微观监管，县级主要进行执行性、直接性的微观监管。[2]

我国的海洋能利用法律制度为保障和促进海洋能的开发和利用起到了重要的作用，但与此同时，现有的法律规范和管理体制存在的诸多问题也逐一显现。

在法律规范方面，立法的指导思想更多体现的是行政管制的特征。基本立法内容过于原则笼统，可操作性不强。与其他法律未合理对接、某些配套法规和规章存在空白。在管理体制设计方面，首先现有法律制度对于行政权力与责任的规定不够清晰。其次，分散式的管理模式导致政出多门。再次，现有法律制度寄予公权力太多的负担和责任，市场参与及社会监管明显不足。

二、国外海洋能立法及对我国的启示

要解决我国海洋能开发利用法律制度存在的问题，除了以批判的视野来考察现行的立法之外，考察和研究国外的海洋能立法并从中吸取经验和教训也十分必要。

（一）相关国家的立法特征

目前，发展新能源已成为发达国家促进经济复苏和创造就业的重要举措。美国、英国、德国、澳大利亚、日本等国家均颁布了与海洋能有关的可再生能源法律和政策。

美国的海洋能立法体系完整、逻辑严密并具有很强的操作性。从立法模式上看，采用的是单一法案与综合性法案、专门法案与配套法案相结合的立法模式。[3]从立法内容上看，其特点是自愿行动、政府推动与强制措施并重。英国没有专门的海洋能法律法规。国会制定的各种能源法为可再生能源（包括海洋能）提供立法空间和基本的制度支持。英国的海洋能立法，主要的特征为：以可再生能源义务制度为核心，以比例配额为手段推定海洋能的发展。综合运用了政府机制和市场机制。德国与海洋能相关的国内法律包括基本法——2005 年《能源经济法》以及一些可再生能源专门立法。此外，作为欧盟的创始国之一，通过直接适用和转化为国内法的方式，欧盟法在德国也具有法律效力。德国的海洋能立法既强调了经济效益——主要通过优先全额收购和比例配额等强制性制度确保海洋能的发展，又重视了社会公平——主要通过电力电价均衡分摊、限额使用和补贴等制度确保市场的公平竞争。成本收益方面，德国充分发挥价格和税收等宏观财政手段的杠杆作用，一方面，在发展初始阶段利用分类电价、税收减免和财政支持等优惠，保证海洋能电力供应商能享受适当利润面积极参与海洋能开发利用；另一方面，在发展到一定水平时，又通过减免、补贴的逐年减少甚至取消，刺激电力供应商不断更新海洋能技术、降低成本，带动海洋能源向更成熟的阶段发展。[4]

澳大利亚是世界上主要的能源生产国和出口国。目前，有8%的电力来自可再生能源，其中就包括海洋能资源。2009年8月20日，澳大利亚议会通过了政府的《可再生能源法案》。[5]除此之外，澳大利亚还有《国家电力法》《能源效率法》《能源市场法》《能源许可（清洁燃料）计划法》等综合性能源法与海洋能开发利用具有密切关联。澳大利亚在海洋能利用方面借鉴的有可再生能源证书制度和可再生能源基金支持制度。日本与海洋能有关的能源立法比较完善，包括《日本能源基本法》《日本关于促进新能源利用的特别措施法》《日本新能源利用促进措施法实施令》《日本电力设施新能源利用特别措施法》等。日本的国家能源战略及基本政策与其配套的实施细则、省令、政令等政策措施的明确规定，共同构成了海洋能的激励制度。日本主要是通过新能源利用配额制度、财政补贴、税收优惠、低息融资、绿电买入、科技振兴、国民危机意识教育等制度设计，从市场培育、推动产业发展、科技研发支援、国民意愿培养等方面全面推进海洋能的利用。[6]

（二）国外海洋能立法经验对我国的借鉴意义

第一，法律法规的可操作性强。综观国外的海洋能立法，上述国家所确立的制度主要包括：总量目标制度、配额制度、财政补贴、税收优惠、专项基金支持、低息贷款等。除了配额制度外，我国的海洋能立法基本包含了上述框架性制度。但相比之下，在具体制度的操作性设计上与这些国家相比还存在一定的差距；后者的具体制度与措施，适用对象明确，实施目标量化，数值目标计算方法具体明晰，这不仅有利于各项法律制度的实施，也有利于之后的法律制度实施效果的评估和改进。

第二，政府引导下妥善运用经济激励措施。这些国家的海洋能利用法律制度是运用强制、指导、经济激励等多种价值判断与取向各不相同的法律手段进行系统调整的法律实施模式。在注重政府政策引导的同时，又积极依靠市场运作，综合发挥法律的指引、评价、预测、强制等多种规范作用，对海洋能开发利用活动的全过程进行有效地调控。[7]比较各国的经验，可以发现这些国家的海洋能立法注重国家的财政支持，注意建立和依靠广泛多样的市场机制，强调加强对融资和项目的监督和管理，保障补贴政策的公正、透明。

第三，确立可再生能源配额制度。上述五个国家的海洋能立法都规定有可再生能源配额制度。如美国和英国是由政府通过法律的形式对可再生能源发电的市场份额做出强制性规定，与配额比例相当的可再生能源电量可在各地区之间进行交易，以解决地区间可再生能源资源开发的差异。[8]可再生能源配额制度在这些国家的实施是基于市场的前提下促进所有可再生能源整体发展的一项法律制度，对目前我国整个电力市场并不适宜，但是单就海洋能开发来说，我国的沿海省（直辖市、自治区）可以考虑通过地方立法做出类似规定促进本地区内的海洋能开发。

第四，注重制度评价并及时调整。细化的法律制度虽然可以增强实施的可操作性，但却容易因为经济和社会的发展而与现实脱节。为了解决这个问题，需要评估相关法律制度的实施效果和存在的问题，在此基础上就现行制度进行分析评价并及时修正调整。上述国家在法律制度的协调和衔接方面的处理值得效仿。德国、澳大利亚和日本均在立法颁布后，多次对其进行修订完善。日本为防止部门法之间的冲突或者管辖权交叉，尤其注意相关法律的联动修订，并通过相关制度强调各个部门之间的协调。[9]

三、构建和完善我国海洋能立法的几个重要制度

从立法模式来看，海洋能只是可再生能源的一个特殊种类，在我国海洋能利用远不如风能和太阳能等可再生能源。目前不可能也没有必要由全国人大常委会制定专门的海洋能法律，而是可以现有的单行能源法律——《中华人民共和国可再生能源法》《中华人民共和国电力法》《中华人民共和国节约能源法》为指导原则，完善专门的海洋能配套规章制度；与此同时，拥有丰富海洋能资源的沿海省份可以依据本省的实际特点因地制宜地制定地方性法规。

从立法层次上看，我国现行的《中华人民共和国可再生能源法》的实施主要是依靠大量的部门规章甚至是规划类的政策，即有关的“办法”、“通知”“规定”等，其中很多还是“暂行”的，法律效力和权威性明显不足。因此，十分有必要整合某些现有的与海洋能有关的部门规章和政策，将其上升到行政法规的层面。根据我国海洋能开发利用的法律原则我国海洋能开发利用法律制度所需规范的几大重要内容，在法律部门上将会涉及行政法、民法和环境保护法以及经济法方面的重要内容，还需要引进经济学、管理学和环境学的制度内容，主要包括以下几个方面。

（一）引入海洋综合管理制度

作为海洋管理的高层次状态，海洋综合管理是通过综合管理来保护与合理利用海洋资源，并实现海洋资源的可持续利用。现已被诸多沿海国推崇和重视。[10]目前，我国海洋能分散式的管理模式导致政出多门，不利于资源的统筹规划和有效利用，十分有必要通过以下措施探索海洋能开发利用综合管理的新路径。

第一，完善海洋能综合利用的目标和规划。明确海洋能的这一特殊可再生能源的开发目标和规划，是确立综合管理制度的必然要求。首先，关于总量目标——建议今后在专门涉及海洋能的行政法规中规定能源生产和消费中的海洋能总量目标，包括强制性的和指导性的。各沿海省份则可以地方立法的形式明确海洋能电力在本身电力供应中的总量目标比例。其次，关于发展规划——除了全国性的和沿海省、市（县）的海洋能规划之外，还可以根据不同海洋能种类的分布状况，制定专门的潮汐能、波浪能、潮流能、温差能、盐差能发展规划。

第二，健全海洋能综合管理的体制。中央一级层面应明确国家能源局作为海洋能综合主管部门的地位和作用。目前，国家能源局的监管体系是，局内设有新能源司主管新能源事务，地方设立有区域监管局派驻不同区域，此外还有若干的省级能源监管办。从地方上看，与海洋能监管有关的有华北、东北、华东和南方四个区域监管局，以及11个沿海省市区的能源监管办。在今后的立法中应明确国家能源局监管体系内各层级机构的职责，由这些机构在相应层级协调政府各部门的关系，整合阶段内的监管工作。中央层面的管理除了确定国家海洋能总量目标制度外，还需要在全国范围内制定海洋能电力

并网统一的标准规范、规范海洋能发电并网企业的资质认证程序。在地方层面，应细化地方政府的监管职责，为地方参与海洋能开发并发挥重要作用创造条件。建议由地方人民政府能源主管部门进行年度检查和评估工作，并定期向国家能源局进行汇报。

第三，建立海洋能综合管理的协调机制。可以考虑在中央层面成立一个由国家海洋局、国际能源局等相关部门代表组成的海洋能开发利用协调机构，该机构虽并不具备行政级别，但是却可以承担政策协调、信息交流与共享等职能，以利于政策协调与效率提高。地方层面，鼓励不同地区建立跨行政区域的海洋能综合管理协调机制，沿海各级政府都必须有专门的机构对海洋能开发实施宏观协调管理，逐步形成中央与地方相结合，综合管理与行业管理相结合的管理体制。除了政府机构之外，综合管理的实现还需要借助社会的力量。应鼓励成立由沿海省市为单位的组成的海洋能源行业协会，并建立规范的海洋能行业协会法律制度。行业协会的法律制度应在海洋能开发利用的政策法规咨询、政府机构联系、教育培训、自律等方面做出详细的规定。

（二）增加若干强制性的海洋能电力制度

目前，我国海洋能立法已确立的强制性的制度主要是与海洋能电力相关，有并网发电审批和全额收购制度、固定电价与费用分摊制度，笔者认为还可以加入配额制度、政府采购制度和消费比例制度等。

实施强制性的海洋能电力配额制度对于促进海洋能产业的商业应用十分必要。在实践中，海洋能的发电成本相较于常规能源发电更高，即便是平价上网，电网企业所得到利润仍然不能与常规能源发电媲美，因此收购海洋能电力的积极性并不高涨。为了解决这个问题，我国可在海洋能丰富的沿海省市率先施行电力配额制度，要求这些省份的电力提供商必须提供一定份额的海洋能电力。为了保证海洋能配额制度的顺利实施，可在实施过程中引入绿色证书系统，或称可交易的海洋能证书。电力运营商必须购买和并网海洋能电力，如果某一电力运营商超额完成了所规定的义务，它可以将超额部分拿到交易市场上出售给其他未完成义务的电力运营商，从而获得资金，而购买了超额部分的电力运营商也可以用购买的超额部分来完成自己的义务。政府的角色定位于监督电力运营商完成义务，并对未完成义务的行为给予处罚，同时还承担统计、调查海洋能配额制度和市场情况的任务，以便制定下一阶段的配额义务。[11]

政府采购制度和消费比例制度则要求政府机关优先采购海洋能电力，并规定其财政中预留一定的比例用于购买海洋能电力。这一制度可在具有丰富海洋能资源和海洋能开发项目的沿海省市实施。由于政府采购“质高价廉”的要求与海洋能电力的高价之间存在一定的矛盾，为了解决这一矛盾，可通过比例制度将财政预算预留一定的比例用于采购海洋能电力。根据《政府采购法》的规定，目前的政府采购必须依据规定的采购限额和采购目录。这就使得许多可再生能源产品游离于采购范围之外。今后我们需要借鉴国外经验，政府采购时不单纯考虑资金和目录，对属于公共利益范围内的海洋能电力实施政府采购。[12]

（三）调整诱导性的财政激励措施

诱导性制度主要是财政鼓励措施。我国有关于海洋能发展专项基金的专门规定，

《可再生能源法》还为包括海洋能在内的可再生能源开发利用项目提供财政贴息贷款、对列入可再生能源产业发展指导目录的项目提供税收优惠等财政鼓励措施做出了规定。但是，这些鼓励措施很多都不具有可操作性。

目前，国外对可再生能源的补贴依据产业链的阶段划分主要分为三种：即投资补贴、产品补贴和用户补贴。我国主要实行产品补贴，即对海洋能电价进行补贴。这种补贴方式虽然可以促进海洋能生产规模产量的提高，但并不能解决海洋能项目前期投入大、融资困难的问题，也不能有效鼓励消费者使用海洋能电力和设备，引导消费者参与海洋能发展。因此，有必要增加补贴的方式和种类，并对具体的金额和比例等做出详细规定。如给予海洋能项目的投资者一定的补贴，对于大量消费海洋能电力的生产企业进行用户补贴等。

对海洋能项目给予税收优惠是政府财政支持的另一个方式，但我国至今并未出台相关规定。目前的税收制度遵循的是“简税制、宽税基、低税率、严监管”原则，依据“简税制”原则，并不适宜单独设立可再生能源税收优惠制度，因此应以现有的税制为基础予以海洋能产业一定的优惠措施。可以借鉴国外经验，采取降低海洋能企业增值税、减免企业所得税、对海洋能企业的研发和开发行为实施税收减免等措施给予优惠。增值税属于生产环节征收的税种。由于海洋能资源可以抵扣的进项税较少，甚至没有进项税，导致无可抵扣事项，按照17%的比例征收增值税是不合理的，因此应该降低海洋能企业的增值税。至于企业所得税，根据《企业所得税法》，若企业经营的可再生能源有利于减少污染、保护环境，则可以享受为期五年的抵免优惠。建议今后对于海洋能企业可以突破五年内弥补的限制，使相关企业在五年之后的年度内同样获得利润补偿。对于企业购置海洋能研发和开发的相关产品产生的费用，也可以按照一定比例在所纳税额中抵免。

此外，高新技术领域的海洋能开发需要大量的资金投入，仅仅依靠财政投入是不够的，很大程度上还需依赖银行贷款。在贷款优惠方面，《可再生能源法》的现有规定仅仅是鼓励和倡议性的，建议在今后的立法中规定，政府予以海洋能贷款项目财政贴息，以扩大银行对于海洋能项目的信贷规模、降低利率、延长期限，拓展海洋能项目的融资渠道。

（四）建立海洋能民间投融资体系

作为新兴产业，海洋能发展必须将技术、投资、产业与市场融合起来，才能真正实现从政策引领到相对价格牵引的转变，进而实现产业成长。[13]这就需要健全海洋能开发利用的市场参与及激励机制，寻求多元化投资主体的协调，创建海洋能民间投融资体系。

有学者建议，为了加强民营资本的市场的参与度，海洋能立法需要建立和完善以下制度内容：

第一，修改现行的《电力法》，确立海洋能领域“发电、输电、配电、售电”分离的法律原则，为民间资本的进入提供根本保障。

第二，提升规范层次，确立海洋能领域民间资本准入的法律制度。该制度需包含以下内容：规定海洋能开发利用领域的资金、技术、人员等条件时，不存在歧视民间资本的内容。设计海洋能产权交易规则时，应考虑到大多数民营海洋能企业的规模、技术等方面的限制。协调《招标投标法》、《反垄断法》，明确海洋能项目特许竞标的的条件和程序。

第三，建立民营海洋能电力并网法律制度。将全额收购制度和并网制度公平地适用于民营海洋能电力企业。

第四，建立海洋能电力大用户直购点法理制度。制定和公开民营海洋能电力大用户直购电的法定准入条件，简化审批程序。[14]

在民间资本与政府财政的协调方式上，可以考虑采取市政、道路等基础建设方面已探索的 BOT 合作方式——私营机构参与国家公共基础设施项目，并与政府机构形成一种“伙伴”关系，在互利互惠的基础上分配该项目的资源、风险和利益。政府可以与市场主体签订行政合同，在行政合同之下，政府的角色与一般的市场主体类似。

（五）创立信息公开和追踪评价制度

目前，在我国几乎完全由政府唱独角戏的海洋能立法执行机制下，如果社会制衡机制再缺位，法律和政策实施的确定性、有效性有可能降低，影响立法目的和目标的实现。因此应在海洋能管理和评价体系中建立政府管理与公众参与、社会制衡相结合的机制。

在信息公开方面，我国《可再生能源法》第九条只是一种“政策宣示”。此外，对于配套性规则和标准的制定、发展目标的确定、许可证的审批、监测和执法等环节，法律并未明确赋予社会公众知情权和参与权。[15]在今后的立法中需要建立多元化的信息反馈途径，对不同品种的海洋能资源进行研究和调查，应该获得全国范围内相应资源评价数据，建立和完善有关规划编制、项目审批、价格制定等方面的政府信息公开制度，通过立法将公众参与的机制具体化、制度化，确保社会各方能够及时了解政府决策信息，获得参与决策和获得救济的机会。

在追踪评价方面，我国目前的制度亟待从以下途径进行补充和完善——具有丰富海洋能资源的省份建立海洋能项目的定期追踪和评价制度，对海洋能技术、开发利用现状、海洋能制度的实施情况进行客观评价，定期上报国家能源局。确立省级电网企业海洋能电力信息披露制度，要求其向电力监管机构定期报送海洋能发电量、上网电量、电价附加支出等情况。电网运营商定期向能源主管部门提供企业海洋能电力收购、输配的详细信息；并向消费者公开海洋能电力额度和附加费用等。追踪评估机制可以由能源主管部门负责，完成对本级行政区域内海洋能规划执行情况的评估，并在每年底前向国家能源局和国家海洋局提交相关的进展报告，每若干年提交一份进展报告。

（六）完善海洋能技术研发与推广制度

我国现有的海洋能法律制度中，关于促进海洋能技术研发和推广的内容明显不足。

现有的国际实践中，新能源与可再生能源技术研发和推广的模式主要有政府主导型、企业主导型、高校科研院所主导型和多主体合作共融型四种。其中，多主体合作共融型能最大限度地整合政府、企业和科研机构的资源，实现优势互补和相互促进。但是，这种类型需要有一个共融的平台，因此在立法过程中，应厘清各个主体在海洋能技术研发与推广中的权利、义务和责任。

首先，政府应承担资助研发、指导和督促的义务。通过资金投入和税收、投融资等扶持政策加速海洋能技术的研发、成果推广和技术转移平台的搭建。并为企业、科研院所和国外相关机构的合作提供平台和信息。其次，关于海洋能科研机构的法律地位。有学者建议，通过赋予科研机构参与海洋能法律关系的主体地位，确立其在相关行政管理部门的宏观领导下的市场主体资格，规定其机构设置、资金来源、研究内容等。规范其提供有偿服务的法定范围及技术服务合同的相关内容。赋予其专业监督权，督促行政部门和开发企业科学合理地利用海洋能资源。[16]再次，鼓励企业技术创新。通过支持企业内部建立海洋能工程开发中心，高校和科研院所创办或转制为企业的方式加快海洋能技术的研发和实施。海洋工程开发中心可承担国内外技术市场分析与评价、实用装置的设计与应用示范、专业人才培训与技术服务等职能。最后，可通过国际合作的方式实现技术引进。今后的法律制度应该对国际间海洋能技术转让以及相关科技中介服务机构的职能等做出相应规范。

参考文献

[1]　肖钢等．海洋能——日月与大海的结晶［M］．武汉：武汉大学出版社，2013：4.
[2]　李艳芳．我国可再生能源管理体制研究［A］．见肖国兴，叶荣泗主编．中国能源法研究报告（2008）［C］．北京：法律出版社，2009：123.
[3]　罗涛．美国新能源和可再生能源立法模式［J］．中外能源，2009：（7）．
[4]　杜群，廖建凯．德国与英国可再生能源法之比较及对我国的启示［A］．见中国法学会能源法研究会编．中国能源法研究报告（2011）［C］．上海：立信会计出版社，2012：137.
[5]　王海霞．澳大利亚议会通过可再生能源法案［N］．中国能源报，2009：（8）．
[6]　沈惠平．日本环境政策分析［J］．管理科学．2003：（3）．
[7]　张璐．环境产业的法律调整［M］．北京：科学出版社，2005：76-80.
[8]　任东明．可再生能源配额制政策研究［J］．资源与环境，2002，（12）：117.
[9]　于杨曜．论日本太阳能利用法律制度及其对我国的借鉴［A］．见肖国兴，叶荣泗主编．中国能源法研究报告（2008）［C］．北京：法律出版社，2009：106-107.
[10]　谭柏平．海洋资源保护法律制度研究［M］．北京：法律出版社，2008：5.
[11]　罗松．促进可再生能源发展机制研究［D］．西南政法大学硕士论文，2010：35.
[12]　李梅雪．美国可再生能源财税法律制度对我国的借鉴［J］．前沿，2013，（11）：78.
[13]　肖国兴．可再生能源发展的法律路径［J］．中州学刊，2012，（5）：83.
[14]　董溯战．中国可再生能源领域的民间资本准入法律问题研究［J］．经济体制改革，2013，（3）：131-132.
[15]　郄建荣．可再生能源法实施应存冷思考［N］．法制日报，（2006-11-11）：4.
[16]　田其云．海洋能源开发法律制度设计［A］．见肖国兴，叶荣泗主编．中国能源法研究报告（2009）［C］．北京：法律出版社，2010：83.

论文来源：本文原刊于《海洋开发与管理》2015 年 7 期，第 27-32 页。
基金项目：中国海洋发展研究中心青年项目（AOCQN201309）。

第二篇　海洋战略

他国海洋战略与借鉴

杨金森*　王　芳

摘　要： 本文在对美国、英国及我国周边部分国家海洋战略发展进行研究的基础上，总结其演变的历程及战略的特点，并分析其对我国产生的影响。研究认为，由于其历史与环境背景的不同，各国走向海洋有其不同的战略路径和战略特点，但海洋战略的核心目标始终是谋求国家利益，海洋强国的兴衰取决于国家大战略及综合国力等因素，社会经济基础和先进的科学技术是建设海洋强国的坚实支撑，他国海洋战略为我国建设海洋强国提供了有益的经验与借鉴。

关键词： 海洋战略；经验与借鉴

一、世界部分国家海洋战略及发展

21世纪是海洋世纪，开发海洋资源和利用广阔海洋空间可以为国家发展做出更大贡献。为了在新一轮世界海洋竞争中抢得先机，美国、英国、日本等海洋国家不断调整海洋战略，以应对新的法律制度和海洋新秩序所带来的机遇与挑战。

（一）美国

美国是世界一流海洋强国。美国走向海洋的最初目的，是将海洋当做保护其国土安全的“护城河”。当美国经济实力跃升以后，其海上霸权思想逐渐显现，马汉的《海权论》为美国称霸海洋奠定了理论基础，并很快形成了统治海洋的国家战略。经过两次世界大战和冷战后，美国成为世界第一海洋强国[1]。

美国的海洋强国战略思想源于马汉的《海权论》。为争夺海洋的控制权，各届政府都明确将海洋战略纳入国家整体战略之中。“二战”结束后，美国的海洋发展侧重点逐渐从海洋军事、海上安全向海洋资源开发、生态环境保护和海洋科学研究等方面倾斜。特别是随着以《联合国海洋法公约》为代表的现代国际海洋法律秩序的确立，美国逐渐把保障海上航运安全、提供海洋能源与资源供给、提升海洋环境保护能力、防止海洋生态灾害和应对海上突发事件等作为国家安全和战略的重要领域。

---

* 杨金森，中国海洋发展研究会学术委员，国家海洋局海洋发展战略研究所研究员，研究方向为海洋政策、海洋管理。

自20世纪60年代以来，美国政府发布了一系列“海洋宣言”和“海洋战略”。2004年制订了《21世纪的海洋蓝图》，之后又通过《海洋行动计划》对《21世纪海洋蓝图》提出了具体的落实措施。2007年，美国发布《2006年美国海洋政策报告》，同年又制订了相对完整的海上力量发展战略——《21世纪海上力量合作战略》。该战略是对马汉“制海权”理论的创新和发展，它强调了加强海上力量以赢得未来战争的重要性。[2]

贝拉克·奥巴马总统上台后，海洋发展战略更是被提升到一个新的高度。2009年6月12日，部际间海洋政策特别工作组成立，奥巴马总统宣布了关于制订国家海洋政策及其实施战略的备忘录，并明确了任务，即：提高国家的管理能力，以维护海洋、海岸与大湖区的健康和提高其对环境变化造成的影响的适应能力和可持续发展能力，为当代和子孙后代创造更多的福祉。2010年7月19日，奥巴马颁布了13547号行政命令《国家海洋政策》，成立了美国国家海洋委员会，该委员会由美国环境质量委员会、科技政策局、海洋与大气管理局等27个联邦机构组成的。2013年4月，美国《国家海洋政策执行计划》（以下简称《执行计划》）正式出台[3]。该《执行计划》提出了联邦政府机构应采取的六方面措施：一是提供更好的海洋环境和灾害预测；二是共享更多和更高质量的有关风暴潮和海平面上升的数据资源；三是支持区域和地方政府兼顾自身权益自愿性地参与联邦政府海洋保护与发展计划；四是要减少联邦政府批准其涉海产业和相关纳税者有关申请所耗费的时间与资金；五是要恢复重要的海洋生物栖息地；六是要提高预测极地自然条件和防止其对人类社会发展产生消极影响的能力。同时，为了使相关联邦机构的海洋决策和行动合理化、高效化，《执行计划》明确了应采取的具体行动。该执行计划鼓励州和地方政府参与美国联邦政府的海洋决策[4]。

该《执行计划》有三个亮点。首先，强调科技的支撑作用。《执行计划》特别强调了科技与信息的重要性，指出强有力的科技与制造能力可以帮助政府机构采取最佳的决策行动，也有助于提高国家的竞争力。其次，更加关注北极的海洋环境。《执行计划》要求改善现有的沟通机制和方式，以有效降低海难事故和环境污染事故的发生率。最后，重视国际合作交流。为了保障美国军用船舶和民用船舶的航行权利和航行自由，扩大国家海洋经济的利益，《执行计划》敦促美国尽早加入《联合国海洋法公约》。[5]

2015年8月21日，美国国防部发布《亚太海上安全战略》，全面阐述了美国对于亚太海上安全的立场。该战略认为，亚太海上安全涉及太平洋、印度洋和东海、南海等海域，美国在这些地区的目标是维护海洋自由、慑止冲突和胁迫、推动对国际海和国际标准的遵守。

为达到此目标，美国将从加强在该地区的军事实力、提高盟友的能力和构建区域安全性构架并支持法治建设等四个方面着力。在当今复杂的国际环境下，美国对其海上安全战略表明立志，这对于我国制定海上安全政策和采取有效应对措施具有重要借鉴意义。[6]

（二）英国

英国是一个岛国，西临大西洋，东隔北海、南以多佛尔海峡和英吉利海峡同欧洲大陆相望，是一个典型的海洋国家。英国是近代以来4个世纪的海上世界巨人，在400多年的历程中，英国的海洋战略经历了发展海外贸易战略、确立海洋称霸的战略、维持海上霸主地位战略以及海洋霸主帝国的衰落几个阶段。早期英国把海洋当做阻挡外敌入侵的“城墙”。英国逐步成为富强国家之后，海洋成为聚敛财富的通道，海军则是推行海上扩张国策的基本工具。19 世纪后半期，在两次世界大战及其他海洋强国的迅速崛起及综合国力下降等外部、内部因素的共同影响下，英国的海上霸主地位逐渐衰落。

进入 21 世纪以来，由于国民经济和社会发展的需要，英国将海洋发展战略的重点逐步转向海洋科技和海洋经济领域，并以法律的形式制定综合海洋政策。2009 年 11 月的《英国海洋法》是英国海洋政策制度化、法律化的具体体现。

《英国海洋法》由 11 大部分共 325 条组成，这部综合性海洋法律有如下特点：①该法既有宏观的指导性条款，也包含微观的实施措施，可操作性强。②可持续发展原则是贯彻始终的基本原则。③重视和强调综合管理与协调，依靠综合管理来统筹处理海洋事务。④注重生物多样性保护。⑤鼓励公众参与决策与管理，强调公开、透明原则。此外，《英国海洋法》建立了战略性海洋规划体系，要求编制海洋政策，确定阶段目标，确立海洋综合管理方法；为配合相关各涉海领域海洋政策的落实，还要制订一系列的海洋规划与计划。

海洋科技发展战略是英国海洋战略的重要组成部分。《2025 海洋研究计划》（Oceans 2025）是由英国政府资助、解决关键战略科学目标的一个中期研究计划，主要包括 10 个研究主题和 3 个机构建设内容。10 个研究主题包括气候、海洋环流和海平面、海洋生物地球化学循环、大陆架和海岸带过程、生物多样性和生态系统功能等。2011 年 4 月制订的《英国海洋科学战略（2010—2025）》（《UK Marine Science Strategy》），旨在促进政府、企业、非政府组织以及其他部门支持英国海洋科学发展和海洋部门间合作。该报告描述了英国海洋科学战略的需求、目标、实施以及运行机制，并对英国 2010—2025 年的海洋科学战略进行了展望。

海洋产业对英国经济和社会发展意义重大。英国第一个海洋产业增长战略报告——《英国海洋产业增长战略》明确提出了海洋休闲产业、装备产业、商贸产业和海洋可再生能源产业等未来重点发展的四大海洋产业。报告提出了帮助英国海洋产业有效地应对全球市场变化、能够使海洋产业相关机构扩大其市场份额，能够帮助英国经济发展实现平稳增长和再平衡等三大战略原则[7]。

（三）日本

日本是一个典型的海洋国家，走向海洋有其独特的政治、经济和社会背景。日本海洋意识的发展经历了海洋屏障意识、海国论、耀武于海外思想和海洋利益线理论等几个阶段。

日本的经济和社会发展高度依赖海洋，开发利用海洋的意识强烈，已经形成了比较完善的各类海洋政策。2007 年 4 月 20 日，日本国会通过《海洋基本法》（以下简称《基本法》）和《海洋建筑物安全水域设定法》。该《基本法》规定，政府负责实施海洋政策，制订海洋基本计划并每 5 年进行一次修改。《基本法》规定要“实现和平、积极开发利用海洋与保全海洋环境之间的和谐—新海洋立国”，建立国家战略指挥中枢“综合海洋政策本部”（海洋本部）。此外，海洋本部制订的有关方针和计划以及内阁审议通过的《防卫计划大纲》等政策性文件也具有法律效力。

海洋法律体系是实施海洋战略的根本保障，海洋领导体制是推进海洋战略的制度保障。2010年，民主党两届内阁基本完成构建海洋法律体系的工作。2012年2月28日，野田内阁通过《海上保安厅法》《领海等外国船舶航行法》修改法案，并提交国会审议。这是日本政府应对与邻国间的领土和海洋争端、加强实际控制的法律举措。2013年4月，日本政府通过了作为日本未来5年海洋政策方针的海洋基本计划，并将根据这一计划加强日本周边海域的警戒监视体制，并推进海洋资源的开发。12月17日，日本政府通过了新的《防卫计划大纲》，这是为期10年的新防卫计划，内容包括增加军事支出和扩建海上自卫队，以反制中国。同时公布了一套更为强硬的国防战略，即首部未来10年的《国家安全保障战略》。日本首相安倍晋三（Shinzo Abe）的愿景是让日本成为一个更强大和更独立的军事强国，新国防战略是这一愿景迄今最具体的体现[8]。2015年7月15日，由执政党控制的日本众院和平安全法制特别委员会，强行通过了安倍内阁制定的安保相关法案，为日本自卫队出兵海外、行使集体自卫权迈出了重要的一步。

研究认为，近年来日本主要从四个方面推进海洋战略：一是加强海洋资源调查及技术研发；二是进行基点海岛调查和测量，为圈占专属经济区及大陆架奠定基础；三是加强体制建设，调整军力布局，增加硬件配置，增强军事实力；四是开展多方面的国际海洋合作，试图主导区域海洋秩序，塑造有利于实现其海洋战略的外部环境[9]。

（四）越南

越南是中国的近邻。作为一个沿海国家，越南一直比较关注海洋。特别是近年来，根据国际国内形势的变化，越南不断调整和制订适应形势发展需要的海洋战略和规划。越南的海洋战略历来是以增强海上力量，建设海洋强国为主轴，海洋安全和海洋经济则是两大重点内容。2007年1月，越共中央十届四中全会讨论了越共中央政治局《2020年的海洋战略》提案，做出“关于2020年越南海洋战略的决议”，强调了“100万平方千米”的海洋对越南重大的“经济、国防和安全意义”，明确了建立“海上强国”的目标。

《2020年海洋战略》是一个综合性的国家海洋大战略，既重视发展海洋经济，又包括海洋防卫战略、海洋政治战略。为制定长远的海洋战略，越共中央十届四中全会从经济、社会、安全、国防等方面全面讨论海洋的地位和作用，以最大限度地开发海洋、沿海地区和海岛的潜力。会后发布的公报说，海洋具有十分重要的作用和地位，与经济社会的发展、保障国家的国防、安全和环保密切相关、影响巨大。越南的目标是要力争成为一个海洋强国，能保卫越南在海上的主权，维护国家的稳定与发展；同时力争到2020年使海洋经济占国内生产总值约53%~55%，较好地解决了社会问题，较大程度改善了海洋和沿海地区人民的生活。越南海洋战略是一个以海上扩张为基础、以海洋经济为先导、以海洋强国为目标的具有国家大战略性质的战略。[10]这一战略的实施，无疑会对他国利益包括中国的利益及安全产生影响。

近年来，越南走向海洋的步伐不断加快。2012年5月，越南通过了《越南海洋法》，这是一部综合性、具有基本法性质的法律。该法在以往海洋立法的基础上，做出了更为系统的规定，其中有关内容涉及中国西沙群岛和南沙群岛，严重侵犯了中国的领土主权和海洋权益。

出台《越南海洋法》是越南推进海上战略的重要步骤和必然结果。该法纳入了《2020年的海洋战略》的主要内容，以法律形式将发展海洋经济的原则、重点产业规划等确定下来，并对发展海洋经济、加强海洋管理和保护等做出全面的规定。该法强调了国防安全和安全秩序、发展海洋经济与保卫国家海洋主权等的关系，“优惠、鼓励投资发展海岛经济和海上活动”，特别是将海洋油气和矿产资源勘探开发、港口和运输业以及旅游、水产、科研等六大产业作为国家的重点优先发展产业。根据该法规定的海洋经济发展方向和重点，越南有可能进一步加大对中国岛礁权益、海上资源的侵害力度[11]。

（五）韩国

韩国作为半岛国家三面环海，陆地面积及自然资源匮乏，高度重视海洋的开发和利用，将海洋视为其民族“未来生活海、生产海、生命海”[12]。韩国的海洋政策在20世纪60年代之前较为单一，主要集中在传统的沿海渔业及防御方面。20世纪90年代以后，韩国致力于海洋资源开发、生态环境保护、海岸带管理、海洋科学研究和高技术开发的一体化，制订了宏大的“西海岸开发计划”（1989年）以及《海洋开发计划》（1996—2005年）等[13]。

为适应各时期的海洋开发需求，韩国在海洋管理机构方面不断调整和完善。1996年成立了海洋水产部，对全国的海洋事务进行集中管理。海洋水产部成立一年半期间，制定“21世纪海洋水产蓝图”及专属经济区海域法、引进国际船舶登记制度、建设新的港口、构筑水产品的稳定供给基地、改善水产品流通及开发渔村综合项目等，持续推进了中长期政策课题。

1998—2003年，金大中政府继续加强海洋政策。1999年7月确定树立海洋开发基本计划的基本方针，2000年5月公布了《海洋韩国21》，这是海洋水产部成立以后与美国、加拿大等国一样，是真正意义上的正式的中长期发展战略，也可以说是“21世纪海洋水产蓝图”的继承与发展。《海洋韩国21》设定了关于海洋的开发与保全的长期的、综合的方向。即，应对21世纪海洋时代，开发可行性的政策课题及其每个课题的实现方法并揭示了长期的蓝图。[14]

2010年12月，韩国出台了《海洋与水产发展基本计划（2011—2020）》，这是第二个中长期海洋发展规划，延续了“到2020年将韩国建设成世界第五大海洋强国”的目标。第二个计划提出了加强保护及管理海洋环境的可持续发展、发展海洋新兴产业及升级传统海洋产业、积极应对海洋新秩序、努力扩大海洋领域的三大目标。为有效达到上述目标，该计划分别设定了由具体计划组成的5个特定目标，即，实现健康、安全的海洋利用与管理；发展海洋科技，创造新的发展动力；培育未来高品格的海洋文化及旅游产业；促进与东亚经济相适应的港航产业的发展；加强海洋管辖权，确保全球化的海洋领土。

为适应不同时期的海洋开发需求，韩国在海洋管理机构方面不断调整。1996年成立了海洋水产部，对全国的海洋事务进行集中管理。2008年2月，韩国撤销海洋水产部，成立国土、交通与海洋事务部，将渔业并入农业部，成立食品、农业、森林和渔业部。在此一轮机构调整后，韩国海岸警备队成为国土、交通与海洋事务部的一个相对独立的机构[15]。2013 年，韩国候任总统朴槿惠的总统职务接管委员会公布了政府重组方案，重组案恢复了经济副总理制度，恢复了海洋水产部。通过此次改组，科学技术部、海洋水产部、信息通信部的职责得到恢复或加强。[16]

韩国海洋管理从最初的分散管理体制，到 1996 年建立统一的海洋政策机构——海洋水产部，再到 2008 年成立的管理陆地与海洋事务的国土海洋部的发展轨迹，充分显现出韩国综合性整体性的海洋国土意识的不断增强。[17]

二、世界海洋强国的经验与启示

由于世界各国的发展历史和地理环境的不同，使得其海洋战略均有各自不同的特点，如英国海洋强国的崛起源于其对海外财富的崛起，美国成为海洋强国有其独特的地理、移民和政治优势，同时又有第一次世界大战、第二次世界大战的历史机遇等等。虽然不同国家走向海洋强国有其不同的战略路径，但存在一些共性特征：谋求国家利益始终是海洋战略的核心目标，海军力量是海洋强国建设的重中之重，综合国力是海洋强国兴衰的决定性因素。建设海洋强国必须有明确的政治意愿、坚实的社会经济基础和先进的科学技术支撑。[18]总结分析世界海洋强国的战略特点，可以为我国提供有益的经验与借鉴。

（一）走向海洋的政治决策是成为世界强国的前提条件

自国家出现之后，沿海国家的生存发展就与海洋息息相关，世界强国的共同经验就是他们都选择了走向海洋的国家战略。2500 年前，古希腊哲学家说：谁控制了海洋，谁就控制了世界。15 世纪英国人认为：谁控制了海洋，谁就控制了世界贸易，控制了世界财富。19 世纪美国人认为：所有帝国的兴衰，决定性的因素在于是否控制了海洋。21 世纪，世界强国仍然十分重视海洋，诸多沿海国家坚持实施海洋强国战略。世界海洋强国在开发和利用海洋的过程中，普遍认识到国家海洋政策和法律的重要性，制订高规格的海洋发展战略和政策，将走向海洋纳入国家大战略（如美国的《21 世纪海洋事业蓝图》），或者不断建立健全国内海洋法律体系（如英国的《海洋法》和日本的《海洋基本法》）。

我国是发展中的海洋大国，拥有广泛的海洋战略利益，同时面临严峻的海洋安全威胁和发展压力。我国已经发展成为外向型经济大国，社会经济发展越来越依赖海洋，只有走向海洋，成为强而不霸的新型海洋强国，才有可能分享海洋利益和维护海洋安全，实现国家的可持续发展，最终实现民族的复兴[19]。

（二）海洋基本法与国家海洋战略密切相关

海洋基本法与国家海洋战略有着非常密切的关系，国家海洋战略与基本政策对形成和制定法律也起着重要的作用。日本、越南等国都已相继出台综合性海洋法律和战略，以海洋基本政策来统领国家海洋事务。我国“十二五”规划纲要明确提出要制订和实施海洋发展战略，目前国家在综合管理和整合协调方面立法尚属空白，缺少一部统管海洋事业发展的海洋基本法。海洋基本法实质上是以法律形式将建设海洋强国的战略决策固定下来，是把党的政策和国家战略法律化，以法律形式对国家海洋战略的对内包装和对外宣示。

加快制定海洋基本法可以为国家海洋战略的制定实施提供强有力的法律依据及保障。随着海洋强国建设步伐的加快，涉海活动范围在深度和广度上将不断加大，海洋事业发展将面临越来越复杂的局面。因此，当务之急是要尽快制定一部明确海洋政策和海洋战略、确定我国在海洋事务方面基本立场的海洋基本法，理顺现有的海洋法律关系，弥补重要制度的缺失，健全和完善与建设海洋强国配套的法律体系。

（三）综合协调的海洋管理体制是建设海洋强国的重要保障

设置什么样的海洋行政管理体制，是沿海国家都很重视的问题。国外管理海洋事务的体制有多种模式，各沿海国家的海洋管理体制大多是分散的，需要建立综合协调的海洋管理机构或机制来保障管理的效率。美国、俄罗斯等海洋大国，与中国类似，海洋事务都涉及10个以上的部门，建立海洋政策决策协调机制是他们的共同做法。例如，日本设在内阁官房的综合海洋政策本部，对统一协调国家涉海事务发挥关键的作用；美国总统办公室下设海洋政策办公室，国会的海洋政策机构等。美国新的海洋政策要求加强联邦政府各部门间的横向协调，以及联邦政府、州政府和地方政府间的纵向协调。我国也有必要建立这种海洋政策机构。

我国历次政府机构调整都要涉及海洋管理体制问题。在2008年国务院的机构设置中，涉海部门包括我国国土资源部、农业部、交通运输部、环境保护部、能源部门、旅游部门、公安部门、海关、国防部门、气象部门等，并单独设立了国家海洋局作为专职海洋工作部门，工作职责也有所加强。2013年，“两会”提出《国务院机构改革和职能转变方案》，做出重新组建国家海洋局的决定，并以中国海警局名义开展海上维权执法。同时，该方案提出设立国家海洋委员会，由国家海洋局承担国家海洋委员会的具体工作。这说明了国家对海洋工作的高度重视，海洋管理体制的改革必将对海洋事业的发展起到极大的促进作用。坚决贯彻落实好中央和全国人大的改革部署和要求，在国家海洋委员会的统筹协调下，大胆尝试机制创新，提升海洋工作统筹协调的能力，进一步强化海洋综合管理，从政策制定、规划运筹、战略实施等方面综合施策，把海洋强国建设的各项任务落实到位。在未来十年，有必要根据国家行政管理体制改革的新进展和海洋管理的新形势，进一步完善海洋工作机构，形成更加科学的海洋管理体制。

（四）海洋科技是新时期海洋竞争的制高点

人类对海洋的探索和开发的每一次进步都离不开海洋科技的发展，从世界范围看，一个国家海洋科技水平的高低决定其海洋实力的强弱[20]。海洋领域内的竞争其实质是科技的竞争，海洋科技竞争的焦点在于海洋的高新技术。目前，世界各国竞相制订海洋科技开发规划，把发展海洋科技摆在走向海洋的首要位置。2007年，美国发布了《规划美国今后十年海洋科学事业：海洋研究优先计划和实施战略》，对其海洋科学事业的发展进行了规划，重视海洋科技对于海洋事业的引领作用。从英国的海洋战略发展历程看，海洋科技发展战略也是英国海洋战略的重要组成部分。

我国在建设海洋强国的进程中，必须坚持科技先行，发挥海洋科技的支撑引领作用，进一步优化配置海洋科技资源，壮大海洋科技人才队伍完善海洋科技创新体系，增强自主创新能力，使海洋科技成为支撑和引领海洋事业快速发展的重要力量。我国已制定和实施国家海洋科学技术发展规划纲要，为发挥海洋科技的支撑引领作用，应从重大海洋科学研究、深海工程及装备技术研发及深海基地建设工程等方面尽快研究提出重大海洋专项工程，强力拉动海洋领域基础性、前瞻性、关键性和战略性技术发展，快速提升和拓展走向深远海的能力。

参考文献

[1] 杨金森. 海洋强国兴衰史略［M］. 北京：海洋出版社，2007.

[2] 潘云鹤，唐启升. 中国海洋工程与科技发展战略研究（综合研究）［M］. 北京：海洋出版社，2014.

[3] 中国海洋信息网，海洋在线：伊宁，美国正式发布《国家海洋政策执行计划》，2013 年 11 月 20 日.

[4] 伊民. 美国海洋管理推行六项措施［N］. 中国海洋报，2013-04-25.

[5] 中国海洋信息网，海洋在线：朱晓勤，评论：美《执行计划》三大亮点值得关注，2013 年 11 月 20 日.

[6] 美军《亚太海上安全战略》报告阐述 3 目标 4 方向，凤凰网资讯/军事/环球军情/正文，http：//news. ifeng. com/a/20150823/44495401_ 0. shtml.

[7] 李军，刘容子. 英国海洋产业增长战略及其启示［N］. 中国海洋报，2012-02-03.

[8] 王芳. 越南海洋发展战略及对我国的影响［J］. 经济要参，2009：59.

[9] 李秀石. 日本海洋战略对我国的影响与挑战［J］. 人民论坛 · 学术前沿，2012：7.

[10] 王芳. 越南海洋发展战略及对我国的影响［J］. 经济要参，2009.

[11] 疏震娅. 越南执意为西沙和南沙立法严重侵犯中国主权［N］. 中国海洋报，2012-6-22.

[12] 陈应珍. 韩国建设世界海洋强国的战略和措施［J］. 海洋信息，2002，3：25-26.

[13] 殷克东，卫梦星，孟昭苏. 世界主要海洋强国的发展战略与演变［J］. 经济师，2009，4：9.

[14] 人民网. 时事快报："韩国计划十年后跻身全球五大海洋强国"［EB/OL］.［2006-09-13］. http：//world. people. com. cn/GB/1029/42354/4813852. html.［2013-10-11］.

[15] 韩国土地、交通和海洋事务部网站，http：//english. mltm. go. kr/USR/WPGE0201/m_ 18272/DTL. jsp；及食品、农业、森林和渔业部网站，http：//english. mifaff. go. kr/USR/WPGE0201/m_ 374/DTL. jsp.

[16] 阎铁毅，田雨千. 由"岁月"号纵览韩国海洋水产部与海洋警察厅的发展历程［J］. 世界海运，2014，5：27.

[17] 张海文，王芳. 海洋强国战略是国家大战略的有机组成部分［N］. 国际安全研究，2013-11 -20.

[18] 杨金森. 海洋强国兴衰史略. 北京：海洋出版社，2007：419-437.

[19] 矫阳. 谁控制了海洋谁就控制了一切［N］. 科技日报，2005-07-10.

[20] 王诗成. 蓝色的挑战—海洋国家利益战略思考［M］. 青岛：中国海洋大学出版社，2003.

论文来源： 本文原刊于《中国工程科学》2016 年 02 期，第 119-125 页。

基金项目： 中国工程院重大咨询项目（2011-ZD-16）；

国家社科基金 2013 年度第一批重大项目（13&ZD051）。

海洋智库参与决策咨询的困境及破解之道

王 琪[*] 吴金鑫[**]

摘 要：海洋智库是指以海洋公共政策为研究对象、以影响党和政府海洋公共决策为宗旨的相对稳定的且独立运作的政策研究咨询机构。海洋智库参与决策咨询，有利于推动海洋公共政策的科学化和民主化。当前我国海洋智库参与决策咨询的困境主要表现在两方面：一是“能力”困境，即海洋智库政策研究和政策倡导能力不足；二是“机会”困境，即海洋智库参与决策咨询的正式制度不健全和海洋智库与官员间的非正式沟通渠道不畅通。为充分发挥海洋智库的决策咨询职能，应当完善海洋智库内部治理结构，以便提升海洋智库政策研究和政策倡导能力；健全海洋智库参与决策咨询的正式制度和拓宽海洋智库与官员间的非正式沟通渠道，以便改善海洋智库行动的外部环境。

关键词：海洋智库；决策咨询；旋转门；信息公开

近年来，智库的决策咨询职能日益引起党和国家决策者的重视，党的十八届三中全会提出“加强中国特色新型智库建设，建立健全决策咨询制度”的顶层设计，智库建设已经上升为国家战略。作为智库在海洋社会的表现形式—海洋智库，也迎来了发展的春天。海洋智库是海洋公共决策科学化和民主化的重要支撑，是海洋软实力的重要组成部分。近年来，我国海洋治理既面临着复杂的国际国内形势，又承担着实施海洋强国战略和一带一路战略等国家战略的艰巨使命。海洋治理的复杂性和艰巨性，使得决策者日益重视海洋智库的决策咨询职能。国家海洋局制定了《关于加强海洋智库建设的通知》，山东省人民政府批准了《山东省海洋事业发展规划（2015—2020 年）》明确提出要建设海洋智库。尽管海洋治理对发展海洋智库提出来迫切的需求，但是我国海洋智库依然处于发育阶段，相关的学术研究也相对匮乏。为充分发挥海洋智库的决策咨询职能，有必要对海洋智库参与决策咨询的困境进行分析。

---

* 王琪，女，山东高密人，中国海洋发展研究会理事，中国海洋发展研究中心研究员，中国海洋大学法政学院教授、博士生导师，主要从事海洋管理、环境管理研究。

** 吴金鑫，男，山东聊城人，中国海洋大学法政学院 2014 级行政管理专业硕士研究生。

一、海洋智库的含义及类型

智库研究已经成为社会科学领域的热点话题，然而专门研究海洋智库的文献屈指可数。在探究海洋智库参与决策咨询的困境之前，有必要对海洋智库的含义、类型进行界定。

（一）海洋智库的含义

海洋智库属于智库的范畴，具有智库的一般特点，也具有一定的特殊性。要对海洋智库进行概念界定就必须先准确把握智库的内涵。国内外学者对智库的研究已经兴起几十年了，一个基本共识就是智库是以影响公共政策为目标的政策研究和咨询机构，但在智库是否应当具有独立性、非营利性等特征方面依旧存在较大的分歧。薛澜、朱旭峰从本体、目标、地位、状态四个角度对智库进行了界定，认为智库的本体是政策研究机构、目标是影响政策、地位是独立运作的、状态是相对稳定的；即智库是一种相对稳定的且独立运作的政策研究和咨询机构。[1]薛澜、朱旭峰从中国国情出发，准确把握住了智库的内涵。

通过梳理文献，可以找到当前对海洋智库的概念有两个界定。王盛认为海洋智库是指专门研究海洋政策问题或与海洋相关政策问题的智库。[2]国家海洋局《关于加强海洋智库建设的通知》将海洋智库界定为：以海洋领域重大问题和公共政策为主要研究对象、以服务海洋工作科学民主依法决策为宗旨的研究咨询机构及人才队伍。第一种观点过于宽泛笼统，第二种观点将人才队伍也界定为海洋智库，没有抓住智库的本体特征。因此，借鉴薛澜、朱旭峰等对智库的界定，本文认为海洋智库是指以海洋公共政策为研究对象、以影响党和政府海洋公共决策为宗旨的相对稳定的且独立运作的政策研究咨询机构。海洋智库具有以下特点：一是研究内容关乎国家主权和利益，政府处理海洋公共事务时难免牵涉到国与国之间的权益问题，海洋智库研究内容必然关乎国家的主权和利益；二是研究视野的国际性、战略性和开放性，海洋公共事务涉及国家外交事务使得海洋智库研究视野需具备国际性，海洋公共事务涉及国家主权和国家利益使得研究视野需具备战略性，海洋的自然特征、海洋开发利用的特殊性、海洋权益维护所涉及的国家利益之争等都决定了海洋智库的发展必须具有开放的视野；三是研究基础的高技术性，海洋智库进行研究必须基于海洋生物学、物理海洋学、海洋化学、海洋环境科学、海洋地质学等各个海洋高科技领域基础知识和海洋监测与调查技术、海洋遥感技术、海洋生物技术、海洋资源开发技术等海洋高科技。[3]

（二）海洋智库的类型

借鉴学界对智库的类型划分，按照海洋智库的机构性质、设置方式、资金来源以及运作方式几个指标，本文将我国海洋智库划分为官方海洋智库、半官方海洋智库、民间海洋智库、高校海洋智库四种类型。

1. 官方海洋智库

官方海洋智库则是指从事海洋政策研究和咨询的隶属于党和政府的具有事业单位独立法人资格的智库。这类海洋智库带有明显的官方色彩，其经费来源于国家财政拨款。

官方海洋智库有两个典型：国家海洋局海洋发展战略研究所和中国南海研究院。国家海洋局海洋发展战略研究所成立于1987年，是国家海洋局直属事业单位，主要职能是开展海洋发展战略、方针、政策、法规的研究。中国南海研究院前身是成立于1996年的海南南海研究中心，是海南省政府直属的正厅级事业单位，已经成为我国研究南海问题的重要基地和重要智库。

2. 半官方海洋智库

半官方海洋智库是指在机构设置上不直接属于政府系统，但也会挂靠在官方机构名下，而且其经费支持、人员任命、业务内容也依赖于政府系统的海洋智库，是介于政府与民间之间的组织类型，多为学术机构、社团组织身份。[4]半官方海洋智库的一个典型代表是成立于2013年的中国海洋发展研究会。中国海洋发展研究会是全国性、学术性、非营利性社会组织，研究会的正、副理事长由在职或退休的官员担任，其活动经费主要依赖国家财政拨款。

3. 民间海洋智库

民间海洋智库由私人或私人团体发起创立，在组织上独立于其他任何机构，其经费或自筹，或由基金会、公司企业赞助，或由私人捐款，或来源于通过服务所得的报酬。[5]民间海洋智库的一个代表是青岛市青年蓝色经济区建设研究会。该研究会经费来源于捐赠、在核准的业务范围内开展活动或服务的收入、利息、其他合法收入。“服务蓝色经济发展的智库”是其三大工作宗旨之一。

4. 高校海洋智库

大学附属的政策研究咨询机构是一类特殊的智库，虽然不是独立的法人，但其也明显与民间智库不同，因此学界将其称为高校智库。高校海洋智库则是指隶属于我国各高校的从事海洋政策研究和咨询的研究中心和研究院。高校海洋智库独立自主性强、学术意识浓厚、研究水平高，经费主要来自学校内部拨款、研究人员的课题研究经费和其他渠道的赞助，研究成果的发布主要通过学术论文的发表，课题成果的宣传。[6]当前，国内高校设置的海洋研究机构非常多，但是定位于打造海洋智库的较少。高校海洋智库主要有北京大学海洋研究院、厦门大学南海研究院、上海交通大学国家海洋战略与权益研究基地、南京大学中国南海研究协同创新中心。其中高校海洋智库也出现了合作模式，典型例子就是武汉大学于2012年联合国内高校和科研单位组建的国家领土主权与海洋权益协同创新中心。

（三）海洋智库参与决策咨询的方式

海洋智库参与决策咨询的方式可以分为直接方式和间接方式。直接方式主要是指海洋智库向政府递交政策建议报告、参与海洋决策者的重要会议、参与政府文件的起草等方式直接影响政府决策。间接方式则是指海洋智库通过举办学术会议和论坛、向大众传媒传播智库观点等方式间接影响政府决策。本文所讨论的海洋智库参与决策咨询困境等，主要是指海洋智库通过直接方式参与决策咨询时面临的困境。

二、海洋智库参与决策咨询所面临的困境分析

海洋智库作为海洋决策参与者，通过知识的运用进行海洋政策研究，并通过参与决策咨询来影响海洋决策。当前，我国海洋智库参与决策咨询受内部因素和外部因素的制约，出现了“能力”困境和“机会”困境。其中，“机会”困境是海洋智库参与决策咨询面临的最主要的障碍。

（一）内部因素：“能力”困境

“能力”困境是指海洋智库在政策研究和政策倡导的能力存在不足，影响了海洋智库参与决策咨询。一是政策研究能力不足。智库能在政策研究中发挥作用与智库高质量、专业化的研究成果是分不开的。[7]海洋智库参与决策咨询，不仅要提供应急性的对策研究，更需提供前瞻性的对策研究。无论是应急性的、还是前瞻性的对策研究的质量水平都与我国当前海洋决策的现实需求有一定差距。当前海洋智库处于发育阶段，相当数量的海洋智库，尤其是高校海洋智库还是擅长于学术研究，而在政策研究方面能力相对不足。二是政策倡导能力不足。能够写出有价值的、高水平的政策研究报告或者政策建议是海洋智库参与决策咨询的一个基础，但同时海洋智库还有恰当的措施或者战略去影响决策者，这便涉及海洋智库的政策倡导能力。如果把海洋智库的政策研究能力和政策倡导能力做一个比较的话，当前海洋智库还是相对擅长政策研究能力。海洋智库在政策研究能力和政策倡导能力方面的不足，使海洋智库面临“能力”困境。

海洋智库所面临的“能力”困境很大程度上是由于海洋智库内部治理结构不完善造成的，这主要体现在又于海洋智库定位不清晰、人才队伍结构不完善、资金筹措机制不健全等方面。

首先，海洋智库定位不清晰。官方海洋智库完全依赖政府部门、独立性差，一方面容易成为政府部门的办事机构和秘书部门，另一方面也在一定程度上影响其研究成果的中立客观。半官方海洋智库和其他学术团体类似，更多的是在从事科研项目的管理，决策咨询职能并不突显。高校海洋智库由于兼备科研与教学的任务，多从事于学术研究和教学，以政策咨询为导向的科研并不突出。民间海洋智库处于起步阶段，有的类似于松散的学术俱乐部，有的名存实亡。由于定位不清晰，导致各类型的海洋智库没有聚焦到政策咨询职能上，从而影响了其政策研究和倡导能力。

其次，海洋智库人才队伍结构不完善。第一，缺乏杰出人才。我国智库经过几十年的发展，形成了一批具有代表性的领军人物和杰出人才，然而在海洋智库领域，相对缺乏杰出人才。第二，缺乏专职研究人员。目前我国海洋智库的人才构成以海洋行政组织的退休官员和高校研究海洋的专家学者为主，且多是兼职研究员。此外，海洋政策问题涉及政治、经济、文化、外交、自然科学等诸多领域的问题，需要多元化、多学科背景的人才。无论是专职研究人员还是兼职研究人员，都相对缺乏多元化、多背景的人才。第三，辅助人员配置不合理。在国外智库，都为智库人才设置了相当数量的辅助人员，帮助智库人才处理日常事务，使智库人才能够专心于政策研究。而我国海洋智库辅助人员的配置还不是很合理。政策研究和倡导是需要海洋智库人才来做的，人才队伍结构的不完善，严重制约了其政策研究和倡导能力。

再次，海洋智库资金筹措机制不健全。当前官方海洋智库和半官方海洋智库的资金完全或者大部分依赖国家财政拨款，高校海洋智库的资金主要来自于高校拨款和课题经费等。民间海洋智库难以获得国家财政的大力支持，多依赖基金会等支持，而现实中又难以获得充足的资金支持。总体而言，海洋智库资金来源单一，缺乏多元化的资金筹措渠道。对于官方海洋智库和半官方海洋智库而言，资金筹措机制不完善，导致其独立性较差、影响力政策研究成果的独立性和客观性，容易受部门利益影响。对于高校海洋智库和民间海洋智库而言，资金筹措机制不完善，导致其难以拥有充足的资金来保障和激励其从事政策研究和政策倡导。

（二）外部因素："机会"困境

"机会"困境是指海洋智库作为决策参与者，缺乏参与决策咨询、影响公共政策的机会。当前，智库参与决策咨询的渠道主要是是参与调研、参与起草文件、提交研究报告等。[8]官方海洋智库和半官方海洋智库拥有相对多的资源运用上述渠道影响决策，而高校海洋智库和民间海洋智库影响决策的渠道更是有限。而且一些海洋行政组织虽然建立了上述渠道，但并非制度性、规范化的安排，常常容易受领导者偏好等因素影响，导致决策咨询流于形式。

海洋智库参与决策咨询面临的"机会"困境主要是由于外部的制度环境不完善造成的，主要体现在海洋智库面临海洋数据信息不对称、正式的决策咨询制度设计不完善、非正式沟通渠道缺乏等方面。这些方面出现的问题，既直接影响了海洋智库参与决策咨询，也间接影响了海洋智库的政策研究和政策倡导能力。因此，"机会"困境是海洋智库参与决策咨询面临的最主要的困境。

第一，海洋智库面临海洋数据信息不对称。智库的核心竞争力在于预见性，而进行有效战略性预测的重要前提是能够密切接触决策层和核心人员，以及第一时间获取与相应政策决策相关的信息（数据）。[9]信息是现代社会具有战略性价值的资源，据统计全社会80%的有价值的信息掌握在政府手中。2007年我国出台了《政府信息公开条例》，近几年大力推动政府信息公开，但是还有大量信息政府部门没有公开。在此背景下，官方海洋智库和半官方海洋智库本身属于体制内或者接近体制，先天占据了信息、资源和人脉优势。而高校海洋智库和民间海洋智库"处江湖之远"，无法以"自己人"的身份深入决策核心内部，难以获知最新的海洋数据信息和海洋决策动态，因此较难及时有效地提出政策建议。海洋数据信息的不对称成为制约海洋智库进行政策研究和参与决策咨询的重要阻碍之一。

第二，海洋智库参与决策咨询的正式制度不健全。目前，我们没有明确统一的法律、法规来规范政府决策中的咨询环节和程序。对政府决策是否经过咨询，哪些领域的决策向什么样的咨询机构咨询，采取何种方式咨询，如何评估咨询方案等，都没有建立相应的法律法规，这是制约智库决策影响力的主要制度障碍。[10]决策咨询制度构成智库行动的制度环境[11]，而当前我国海洋公共决策还是以政府尤其是海洋行政机关为主导的，虽然也会邀请智库参与讨论，但对海洋智库的选择和建议采纳方面，多具有倾向性。因此缺乏公正、开放、制度化、常态化的海洋决策咨询制度制约了海洋智库的发展。

第三，海洋智库与官员间的非正式沟通渠道不畅通。智库学者和政府官员由于群体价值观和知识等方面的差异，容易导致双方在正式的决策咨询中出现沟通障碍，从而影响智库的决策咨询参与。因此，海洋智库参与决策咨询既需要正式的制度安排，也需要非正式的沟通渠道。智库研究者与政府官员彼此通过非正式的沟通渠道加强交流互动、有利于增加彼此的信任、减少双方的沟通障碍。当前，官方海洋智库和半官方海洋智库与政府官员虽然与政府关系密切，但是沟通多依赖行政沟通等、互动有限；高校海洋智库和民间海洋智库与海洋行政组织的决策者的非正式沟通更是有限。总体而言，非正式的沟通渠道的缺乏是导致海洋智库参与决策咨询“机会”困境的一个重要原因。

三、海洋智库参与决策咨询困境的破解之道

海洋智库参与决策咨询面临的困境，既制约了海洋智库的发展，也影响了我国海洋决策的科学化和民主化。知识运用和政策网络理论启示我们，破解海洋智库参与决策咨询的困境一方面需要通过完善海洋智库内部治理结构，以便提升海洋智库政策研究和倡导能力；另一方面需要健全海洋智库参与决策咨询的正式制度和拓宽海洋智库与官员间的非正式沟通渠道，以便完善海洋智库行动的外部环境。

（一）完善海洋智库内部治理结构

海洋智库内部治理结构是否完善，直接影响到海洋智库的政策研究和政策倡导能力。完善海洋智库内部智库结构，主要从以下几方面着手：

首先，准确定位新型海洋智库。按照《关于加强中国特色新型智库建设的意见》的要求，结合海洋治理和海洋智库的特殊性，统筹推进官方海洋智库、半官方海洋智库、高校海洋智库、民间海洋智库全方位发展。在官方海洋智库、半官方海洋智库、高校海洋智库的定位中，重点强调其通过科学的政策研究来发挥决策咨询的作用，在民间海洋智库的定位中，重点突出其通过搜集社情民意来发挥决策咨询的作用。国家层面应当重点推动半官方海洋智库和高校海洋智库发展、鼓励和支持民间海洋智库发展。半官方海洋智库建设可参照中国（海南）改革发展研究院的建设模式，高校海洋智库建设可借鉴北京大学国家发展研究院等高校智库成功模式。

其次，建立多元的筹资机制。官方海洋智库由于地位特殊，可以延续国家财政全额拨款的模式，半官方海洋智库、高校海洋智库、民间海洋智库在这方面，则可以借鉴中国（海南）改革发展研究院建立海南改革发展研究基金会的模式，扩展海洋智库的资金来源。国家政策层面健全法律法规来激励社会团体、个人、企业等社会力量依法参与到海洋智库的资助和监督活动中。

再次，完善海洋智库人才队伍。能不能吸引优秀人才和充分发挥优秀人才的作用是海洋智库发展的关键因素。第一，完善高校海洋教育，为海洋智库人才培养打下良好根基。第二，吸纳拥有良好研究能力的国际和国内、多学科的海洋智库人才加入我国海洋智库，充实海洋智库专职研究人员。第三，合理配置辅助人员，为海洋智库研究人员进行研究提供便利条件。

（二）拓宽海洋智库与官员间的非正式沟通渠道

非正式沟通有助于海洋智库与政府官员充分互动交流、增加彼此的共识，促进海洋

智库深入观察研究海洋决策，政府官员充分认识到海洋智库的重要性。拓宽非正式的沟通渠道，应从以下两个方面着手：

第一，建立海洋智库与政府官员间的双向流通动机制。在美国，学者与官员之间相互流通，旋转门机制使卸任官员可以到智库从事政策研究，智库研究者也有机会到政府部门担任要职，从而形成人际传播网络，推动了智库可以直接与决策者进行非正式的沟通。[12]借鉴美国的旋转门机制和我国高校和政法系统间的法律人才互聘计划模式，建立海洋行政组织与海洋智库人才互聘计划模式，推荐具有良好政策研究能力的官员去海洋智库锻炼，吸纳优秀的海洋智库人才去各级海洋行政组织挂职任职。通过以上举措，构建起海洋智库与政府官员之间的密切的人际关系网络，为海洋智库与政府官员之间的非正式沟通提供保障。此项举措也有助于海洋智库深入了解政府海洋决策需求，提供更具针对性、可行性的政策咨询产品。

第二，推动政府官员积极参加海洋智库举办的各类活动。推动海洋行政组织的官员积极参加各类海洋智库举行的类似于海洋智库论坛的学术活动和各类文体活动，同时海洋行政组织举办的各类活动也积极邀请海洋智库参与。

（三）健全海洋智库参与决策咨询的正式制度

健全海洋智库参与决策咨询的正式制度，需要健全信息公开机制、健全海洋决策咨询的工作程序、健全智库成果评价和奖励机制。

第一，健全信息公开机制。党的十八届四中全会提出全面推进政务公开，坚持以公开为常态、不公开为例外原则。国家海洋局及各级海洋行政组织应当秉承十八届四中全会的精神，大力推动海洋数据信息的公开。推动海洋数据信息公开，可以为各类海洋智库提供更多的基础素材，为海洋智库提高研究成果的水平做好铺垫，同时在各类智库所掌握信息相同的情况下，也有利于开展对智库研究成果的评估。在推动海洋数据和信息公开的同时，应重视海洋决策信息的公开，及时将海洋决策部门的决策需求和动态公开，使海洋智库能够及时知晓决策需求和动态，积极参与到决策过程中。

第二，健全海洋决策咨询的工作程序。为充分发挥海洋智库决策咨询的功能，就必须建立起一套开放的、有效的、常态化的海洋决策咨询的工作程序。国务院或者国家海洋委员会应当尽快起草海洋决策咨询方面的规章制度和法律法规，使决策咨询成为海洋公共决策所必经的一个环节，规范海洋智库决策咨询的适用范围、开展形式、基本程序，确立海洋智库决策咨询的法律地位。[13]通过制度化、规范化的安排，使海洋智库在海洋决策事前、事中、事后都能充分发挥决策咨询的作用。具体来讲，应当建立重大海洋决策问询制度、海洋公共决策咨询招标和采纳制度、海洋决策机构对智库咨询意见的回应机制。

第三，健全智库成果评估与激励机制。对智库参与决策咨询成果的评估，应通过同行评议、公众评议、政府评估三方结合的方式探索出科学公正的评价标准和评价流程。在激励机制方面，根据各类型海洋智库的特点，建立起恰当的激励措施，比如说对高校智库来讲，要完善职称评价指标，对在政策咨询方面做出贡献的教师提供合理的上升渠道，激励其投身智库事业。

近年来，海洋强国和智库建设相继上升为国家战略，这为海洋智库的建设和发展提供了难得的历史机遇。随着海洋智库政策研究和政策倡导能力的提升以及海洋智库行动的外部环境的完善，海洋智库将在我国海洋公共决策中扮演着越来越重要的角色，成为推动海洋公共政策科学化和民主化的重要支撑。

参考文献

[1] 薛澜，朱旭峰．"中国思想库"：涵义、分类与研究展望[J]．科学学研究，2006，(6)：321-327.

[2] 王盛．试论加强中国特色新型海洋智库建设［J］．海洋开发与管理，2014，(12)：5-9.

[3] 王琪，高文洁．基于海洋软实力提升的中国新型海洋智库建设研究［J］．河南社会科学，2015，(05)：20-26.

[4] 邓岩．中国智库的类型研究［J］．天水行政学院学报，2011，(05)：62-65.

[5] 侯经川，赵蓉英，邱均平．全球思想库发展综述［J］．预测，2003，(06)：7-11.

[6] 孙蔚．中国智库的现状及其参与决策研究［J］．中州学刊，2011，(02)：119-122.

[7] 孙蔚．中国智库的现状及其参与决策研究［J］．中州学刊，2011，(02)：119-122.

[8] 闫海潮．新型智库参与公共政策决策的方式［J］．党政论坛，2014，(09)：21-24.

[9] 徐晓虎，陈圻．中国智库的基本问题研究［J］．学术论坛，2012，(11)：178-184.

[10] 中国国际经济交流中心"加强中国特色新型智库建设研究"课题组．中国特色新型智库构建：现状、问题及对策［J］．全球化，2015，(02)：107-119.

[11] 朱旭峰．构建中国特色新型智库研究的理论框架［J］．中国行政管理，2014，(05)：29-33.

[12] 王莉丽．美国智库的"旋转门"机制［J］．国际问题研究，2010，(02)：13-18.

[13] 朱旭峰．专家决策咨询在中国地方政府中的实践：对天津市政府 344 名局处级领导干部的问卷分析［J］．中国科技论坛，2008，(10)：18-23.

论文来源： 本文原刊于《中国海洋大学学报（社会科学版）》2016 年 01 期，第 1-6 页。

基金项目： 国家社科基金重大项目（12&ZD113）；
中国海洋发展研究中心项目（AOCZD201306）；
中国海洋学会课题《海洋强国建设中的海洋社会组织：职能定位与作用途径》。

俄罗斯的海洋强国战略

左凤荣[*]　刘　建

摘　要： 俄罗斯是一个有悠久海洋历史传统的海洋强国，经历过苏联解体之初10年的衰落后，随着俄罗斯经济的恢复与发展，俄罗斯海洋强国的雄心也再次被激起。从1998年起，俄罗斯不断出台关于俄罗斯在世界海洋活动的相关文件，确立俄罗斯的海洋战略与海洋政策。在俄罗斯众多的海洋政策文件中，2001年7月27日普京总统批准的《2020年前俄罗斯联邦海洋学说》，标志着俄罗斯形成了系统的海洋战略。但是，随着国际形势和俄罗斯国内形势的变化，普京总统又在调整海洋战略，于2015年7月26日批准了新的《俄罗斯联邦海洋学说》。该文件作为确定国家海洋政策的基础性纲领文件，对未来俄联邦海洋活动做了更为详细的规定。本文通过对俄罗斯这些海洋政策文件的分析，探讨俄罗斯海洋战略的发展变化，把握未来俄罗斯海洋活动新动向。

关键词： 俄罗斯；海洋战略；海洋政策；海洋强国

俄罗斯既是世界最大的陆地国家，也是世界海疆线居于前四位的国家，其海疆线长约3.8万千米。俄国是一个有海洋传统的大国，自彼得时代打开波罗的海出海口起，便不断向海洋强国发展，到20世纪70年代，苏联成为能与美国抗衡的世界海洋强国。苏联解体后，俄罗斯国力在20世纪90年代持续下降，基本丧失了海洋强国地位。2000年以来随着俄罗斯实力增强，其海洋大国的雄心再次被激发，俄罗斯对世界海洋的影响力正日益增强。在确定海洋战略的过程中，俄罗斯特别重视有关海洋法律政策文件的制定，一系列涉及海洋的政策文件为国家的海洋活动确定了方向与目标，以及实现这些目标的手段。

一、注重把海洋战略纳入法治轨道，密集出台大量政策文件

俄罗斯是传统的海洋强国，苏联剧变冲击下的衰退使俄罗斯暂时从海洋收缩，但很快俄罗斯便重新重视海洋。1997年1月17日叶利钦颁布制定俄罗斯联邦世界海洋目标纲要的总统令和《俄罗斯联邦“世界洋”目标纲要构想》，开始谋划如何保持和增进俄

* 左凤荣，女，中国海洋发展研究会理事，中共中央党校国际战略研究院教授，研究方向为俄罗斯政治与外交。

罗斯海洋强国地位的战略与策略。2000年普京担任总统以来，俄罗斯实现了社会稳定，经济也得到了快速发展，国家实力有了很大提升，为俄罗斯实现其海洋强国的战略目标提供了基础。随着俄罗斯实力的增强，俄罗斯的海洋战略越来越主动和积极，出台了许多战略性文件，也采取了许多增进本国海洋利益的措施。2001年7月27日俄罗斯联邦总统普京批准了《2020年前俄罗斯联邦海洋学说》，再次申明了俄罗斯海洋战略的目标与原则，强调"俄罗斯只有成为海洋强国，才能成为世界强国"，"无论从其疆域和地理特点来看，还是从其在全球和地区国际关系中的地位和作用来看，俄罗斯始终是世界海洋强国。"[1]标志着俄罗斯进入了积极拓展海洋利益的新阶段。2015年7月26日普京总统签署《俄罗斯联邦海洋学说》，再次详细规定了俄罗斯的海洋战略目标，详细论述了俄罗斯在世界海洋活动的具体政策。

1998年以来，俄罗斯密集出台了一系列关于海洋活动的文件。1998年8月10日俄联邦政府第〔919〕号决议正式批准了《俄罗斯联邦"世界洋"目标纲要》《世界海洋环境研究子纲要》《俄罗斯在世界海洋的军事战略利益子纲要》《开发和利用北极子纲要》《考察和研究南极子纲要》《建立国家统一的世界海洋信息保障系统子纲要》等一系列相关战略文件，此后不断进行修改和补充，2010年8月12日和2011年3月4日发布了最新修订的上述文件。其他有关海洋政策的法律文件还有：《2010年前俄罗斯海军活动领域的基本政策》（2000年3月4日俄罗斯总统批准）《俄罗斯联邦政府关于海洋部门的决定》（2001年9月1日俄罗斯联邦政府第662号令）《俄罗斯联邦海军战略（草案）》（1999年11月），等等。2008年下半年金融危机给俄罗斯经济带来了严重影响，但俄罗斯争当海洋大国的雄心并未收敛。2008年9月18日梅德韦杰夫总统批准了《2020年前及更远的未来俄罗斯联邦在北极地区的国家政策原则》（2009年3月30日正式公布），在2010年10月21日举行的会议上俄罗斯政府批准了《2020年前及更远未来俄罗斯联邦在南极活动的发展战略》，2010年12月普京总统签署《2030年前俄罗斯联邦海洋工作发展战略》。2013年2月俄罗斯政府公布了《2020年前北极地带发展战略》，该战略得到总统普京的批准；2014年4月24日梅德韦杰夫签署《俄罗斯2020年前北极地区社会经济发展国家纲要》，把俄罗斯的北极战略进一步具体化。为了保障俄罗斯北极开发措施的顺利实施，俄罗斯正在研究制定"北极地区开发法"（Закон о развитии Арктического региона）、"北极航道航行条例"（Правила плавания по трассам СМП）、"海上作业指挥部章程"（Положение о штабах морских операций）、"北极航道通行船只的构造及设备要求"（Требования к конструкциям и оборудованию судов, следующих по СМП）、"北极航道冰上引航条例"（Положение о ледовом лоцмане на СМП），颁布北极航道船只通行服务的新的国家税收政策。[2]这些政策文件为俄罗斯海洋活动及国家海洋利益的拓展提供了可靠的法律、资金和机制保障，也是我们认识和了解俄罗斯海洋战略的重要依据。

从这些海洋政策文件中我们看到，俄罗斯海洋战略目标明确，关注的是俄罗斯在世界各大洋的利益。在2001年公布的《2020年前俄罗斯联邦海洋学说》中，俄罗斯把其海洋战略分成了5个区域方向：大西洋、北极、太平洋、里海、印度洋；在2015年公布的《俄罗斯联邦海洋学说》，确定了海洋活动的6个地区方向：大西洋、北极、太平洋、里海、印度洋和南极。俄罗斯所进行的海洋活动是综合性的，涵盖了海洋运输活动、世界海洋资源的开发和保护、海洋科研、海洋军事活动等方方面面，在这些海洋活动领域，增进国家的经济利益是其重要目标，而军事实力则是海洋活动的重要保障。

二、俄罗斯海洋战略变化的趋势

从俄罗斯海洋政策文件，特别是从先后出台的《2020 年前俄罗斯联邦海洋学说》和《俄罗斯联邦海洋学说》两份重要海洋战略文件看，俄罗斯海洋战略在深化，俄罗斯在世界各个大洋都要不断深化自己的利益和自己的存在，要捍卫和追求在公海的自由航行权，要掌握和利用渔业和油气资源等海洋资源，加强对海洋的科研工作。俄罗斯的海洋战略既着眼于现实，回应现实面临的挑战，又着眼于未来，有着广阔的活动空间。具体来看，俄罗斯的海洋战略变化趋势表现在以下 5 个方面：

第一，在大西洋与西方的对抗在加强。鉴于冷战结束以来，北约一直在不断东扩，美国不断加强在俄罗斯邻国的军事存在，北约仍被俄罗斯看成是安全的主要威胁，普京强调，“大西洋——与近期北约在此的积极活动及北约抵近俄罗斯边界相联系，俄罗斯无疑要对此进行回应。第二点是与克里米亚和塞瓦斯托波尔并入俄罗斯相联系的，必须采取措施使这一地区的经济活动尽快与俄罗斯实现一体化。当然要恢复已经存在的俄罗斯地中海舰队。”[3]鉴于乌克兰危机进一步加剧了俄罗斯与北约的紧张关系，两者关系达到了冷战后的冰点。2015 年新版海洋学说实质上是俄罗斯向西方发出的捍卫本国在大西洋及北极地区战略利益的宣言，明确宣布“北约在俄边界附近部署军事基础设施并试图赋予北约全球性职能的计划，是俄罗斯不可能接受的。”在大西洋方向上俄罗斯首先要“保障俄罗斯联邦在本地区足够的海洋军事存在。”[4]

第二，北极的战略分量在加重。北极对于促进俄国民经济和社会发展、保障俄国家安全极为重要，俄将继续巩固其作为北极地区国家在北极的主导地位，越来越重视北极。2001 年版海洋学说在谈到北极时强调，俄罗斯在北极地区的主要诉求是保证俄罗斯船队自由出入大西洋、开发在俄联邦专属经济区和大陆架的丰富资源。2015 年版海洋学说除强调俄罗斯联邦专属经济区和大陆架财富的重要性外，突出强调俄罗斯在这一地区要保障俄罗斯舰队自由出入大西洋和太平洋的特殊重要性，突出重视北极航道，强调“北方航道对俄罗斯联邦的可持续发展和安全来说，意义正在提升。”[5]随着北冰洋冰面的消融，北极航道未来可以把俄罗斯的太平洋舰队和北方舰队联合起来，可以相互支援，克服以往俄罗斯各个舰队被分割的不利局面。北极航道的商用价值潜力更是不容低估，根据最乐观预测，2020—2030 年，北极航道每年的货物运输量将达到 800 万～2 000 万吨。目前，北极航道船发放的船只通航许可一年超过 600 项。[6]北极航道如果大规模使用，将会改变世界政治经济格局，俄罗斯要抢占先机，计划重建破冰船队，建造新的核动力破冰船。目前，俄罗斯正在加紧实施代号为“22220”的新型核动力破冰船建设项目，到 2020 年，俄罗斯再建造 3 艘新一代核动力破冰船（“北极”号、“西伯利亚”号和“乌拉尔”号）。2016 年 6 月 16 日，“北极”号破冰船已在圣彼得堡下水试航，俄联邦为此还举行了一个隆重仪式，俄联邦委员会主席马特维延科、俄联邦西北大区的总统全权代表布拉文、摩尔曼斯克州州长科夫冬、俄罗斯国家极地科学院院长奇林加洛夫、俄罗斯国家原子能集团公司总经理基里延科等政府要员出席，充分体现了俄罗斯对该项目的重视。作为俄罗斯破冰船队的拥有单位，俄罗斯国家原子能集团公司建议俄罗斯国防部依托“苏联号”核动力破冰船建立“北极浮动指挥部”。2015 年 6 月俄联邦政府批准的北极航道一揽子发展规划，旨在确保航海安全、确保舰船正常通航、保障北方地区物资转运通畅、保护海洋环境、提高货物运输水平等；主要措施包括：为北极航道水域的船只通行提供导航、水文气象信息、搜救服务，发展海港设施，加强北极航道的防卫措施，研发和应用新型海洋用技术、系统和设备。该规划实施周期为 2015—2030 年。[7] 俄罗斯成立专门的俄联邦政府管理部门：“北极航道办公室”（Администрация СМП），为加强对包括北极地区在内的沿海城市反恐协调能力，2015 年 12 月，普京签署总统令，决定在摩尔曼斯克、里海、彼得巴甫洛夫斯克-堪察加、辛菲罗波尔、南萨哈林地区的沿海城市设立海洋反恐指挥部。[8] 为了保护自己的北极利益，俄罗斯要“巩固俄联邦海军实力，增强北方舰队的力量。”[9]

第三，南极的地位提高了。南极虽然是大陆，但为冰原所覆盖，也被当成了海洋。在 2001 年的海洋学说中，俄罗斯将南极放在印度洋方向内，只是强调要在这一地区进行科考，维持俄在南极的存在。2015 年版海洋学说在确定俄罗斯海洋战略地区方向上，南极被单独提了出来，并对南极政策做了详细规定，“南极资源潜力巨大。客观上讲，俄联邦希望保持南极的和平与稳定，从而为开展广泛的科研活动创造条件。”“作为南极条约成员国之一的俄联邦，要确保自己在南极活动的常态化和积极存在，这将有助于俄联邦充分参与解决与南极开发有关的国际问题。”[10] 南极大陆面积超过 1 440 万平方千米，其中 160 万平方千米覆盖厚厚冰层，南极是人类潜在的资源储备库。俄罗斯通过多年科考研究，在南极东部发现了一大片区域，那里蕴藏着丰富的铁矿和煤矿，还发现了硬质矿床，例如钨矿、锰矿、铜矿、多金属矿、钛矿、稀土矿、磷灰石、青金石、云母、硼矿、金矿、银矿、钻石、铂金。在南极大陆及其附属区域，还发现了大规模的沉积盆地，内部蕴藏的碳氢化合物燃料达到 700 亿吨。进入本世纪以来，随着俄罗斯实力的恢复，其在南极的活动明显增多。2013 年初，普京总统的新闻秘书曾通报说普京打算到南极考察站视察。2015 年 2 月 20 日，俄罗斯联邦海军长官维克多·契尔科夫表示，俄联邦海军预计在 2015 年前往南极洲进行科研考察。契尔科夫表示，在考察的框架内将进行一系列水文探测工作，并对航海图进行校对和修改，“最主要的目的是为了保障俄罗斯在海洋领域的利益，保障俄罗斯在水上和水下领域的安全。理所当然，将在北极地带进行开发，同时进行水文研究观测。俄联邦海军长官还表示，“我们今年还计划向南极进军，因南极也是俄罗斯的利益区域，且是我们应该进行研究和调查的区域。”[11]

2012 年以来，俄罗斯加快了对南极基地的现代化改造。根据计划，俄罗斯要对其在南极的 5 个全年工作站（进步站、和平站、东方站、新拉扎列夫斯基站、别林斯高晋站）和 5 个季节性飞行基地（友谊-4、联盟、青年、圣彼得堡、俄罗斯）进行设备更新的技术改造，正在兴建的“邦杰山”季节性飞行基地 2015 年后投入使用。目前俄罗斯南极科考机构主要由 3 家单位组成：俄联邦水文气象和环境监督局、俄联邦国家“北极和南极科学研究院”、俄罗斯南极科考技术保障中心。俄罗斯在南极有 2 艘科考船——“费德罗夫院士”号和“特列什尼克夫院士”号，有1艘“亚历山大·卡宾斯基院士”号科研船。2013年1月29日，俄罗斯总理梅德韦杰夫批准了《俄罗斯2013—2017年南极科考计划》，支持俄罗斯在南极对全球气候变化、冰川下的“东方湖”、地形测量、地图绘制的研究活动以及为俄罗斯航天事业提供保障。2012年5月，俄罗斯科学家们曾通过钻井，达到在3 769米深处的冰水交界处，提取了第一批水样，在水中发现了动物的踪迹，取得了过去50万年地球气候的独特资料。2015年1月，俄罗斯南极科考队在南极的东方科考站恢复了通向残存冰下湖的钻探工作。2014年6月5日，俄罗斯总统授予南极冰下湖沃斯托克湖项目参与者国家奖章，普京表示，发现和研究沃斯托克湖是研究南极工作中最辉煌的一页，“当前俄罗斯在南极拥有常年科考站的大型网点。它们每年接收数百名参与者，而且我们打算强化这项工作。”[12]极地科考是海洋大国的标志，俄罗斯在南极的科考中一直处于领先地位。2015年2月26日至3月4日，俄罗斯开展了最新一轮的科考活动，在“东方”站和“和平”站上执行了第60次冬季科考计划，在“进步”站、“新拉扎列夫”站和“别林斯高晋”站上执行了第59次、60次科学观测计划，而在“青年”、“友谊-4”季节性研究基地上，“费德罗夫院士”号和“亚历山大·卡宾斯基院士”号科研船开展了第60次科考计划。[13]在2015年1月举行的庆祝俄罗斯发现南极195周年纪念会上，俄罗斯地理学会第一副会长阿杜尔·契里戈罗夫说：“俄罗斯科学家和探险家为探索新大陆付出了巨大努力，为世界科学发展做出了巨大贡献。这其中尤为突出的便是俄罗斯的航海家们不顾艰难险阻，第一次到达了遥远的大陆。他们身上体现的勇敢和无畏精神、克服艰难险阻的毅力，成为当代英雄主义和为国家无私奉献的光辉典范，也成为我们青年应该和需要学习的榜样。”全俄海军支持运动（ОДПФ）主席米哈伊尔·涅那舍夫在会上表示，“新时期重温我们先辈发现南极的功绩，对于致力于重新谋求海洋和极地大国的俄罗斯来说，具有非常巨大的意义和现实性。拓展俄罗斯在第六大洲的存在符合俄罗斯的科学、经济乃至地缘政治利益。”[14]俄罗斯人在南极不仅要显示自己的科技实力，更在追求长远的政治经济利益，2014年10月31日，在澳大利亚闭幕的南极洲海洋生物资源保护委员会会议上，俄罗斯“阻挠”了美欧等国建立南极海洋保护区的计划，这是俄罗斯连续第四次反对这一计划。该计划禁止在南极保护区捕猎一些虾和鱼类，共涉及230万平方千米的南极海域，这损害了俄罗斯的利益，因为俄罗斯一直在南极捕鱼。2015年版海洋学说将南极地区增补为其海洋政策关注的新地区方向，意在表明俄罗斯将不断巩固其在南极的地位。

第四，加强在黑海的军事实力，促进克里米亚的经济发展。黑海和克里米亚对俄罗斯具有重要的战略价值。在当今俄罗斯的政治思维中，苏联解体以后出现黑海舰队及塞瓦斯托波尔问题以及黑海、亚速海、刻赤海峡水域的划界问题，根源是1991年乌克兰的独立和1954年苏联领导人赫鲁晓夫擅自决定将克里米亚从俄罗斯划归乌克兰。俄罗斯学术界和政界普遍认为，赫鲁晓夫当年的这一决定是主观的、错误的、不公正的、违法的、没有理由的。苏联解体之初，俄罗斯和乌克兰便开始面对如何界定原苏联的遗产黑海舰队及其主要基地塞瓦斯托波尔的法律地位的问题，这一敏感问题引发了俄乌关系的紧张和持续对立。到2000年，原苏联黑海舰队一分为二，在塞瓦斯托波尔组建了乌克兰海军和俄罗斯黑海舰队，都把塞瓦斯托波尔作为停泊基地。在随后的10年间，俄乌两国关系波折不断，其间乌克兰两位总统库奇马和尤先科都曾试图让俄黑海舰队迁出克里米亚。2010 年亚努科维奇担任总统后，情况发生了变化。同年 4 月，俄乌双方在哈尔科夫签署协议，将俄黑海舰队驻扎克里米亚的期限延长到了 2042 年，俄罗斯则将向乌克兰出口的天然气价格降低 30%。[15] 2014 年 3 月俄罗斯利用乌克兰危机“收复”克里米亚后，普京于同年 4 月 2 日签署法案，决定废止俄乌关于黑海舰队驻扎问题的 4 份协议。俄方认为，克里米亚和塞瓦斯托波尔加入俄联邦后，俄乌双方在黑海舰队驻扎方面的租赁关系已经被终止，上述协议失去存在意义。[16] 也使刻赤海峡不再是俄乌就黑海和亚速海的水域划界谈判的议题。从俄罗斯方面来看，重新控制克里米亚，解决了黑海舰队在塞瓦斯托波尔港口的去留问题。

2015 年版海洋学说规定，“在黑海和亚速海，国家海洋政策的基础是加快恢复和全面巩固俄罗斯联邦的战略地位，维护本地区的和平与稳定。”[17] 在黑海和亚速海方向，俄罗斯要实现的海洋政策目标共有 16 项，其核心是巩固俄罗斯在这一地区的法律地位，努力开发这里的各类资源，对港口进行现代化改造，发展运输业和油气管网，发挥这一地区在船只建造和修理方面的潜力，加快实现这一地区与俄罗斯联邦经济的一体化。优化黑海舰队结构和基础设施建设，增强黑海舰队的实力，以保证对黑海和克里米亚的控制权。根据计划，2020 年前，黑海舰队计划装备 30 艘各种级别的战舰和保障性舰船。为发展克里米亚的交通基础设施，俄联邦财政拨款 1 160 亿卢布，以用于刻赤大桥、辛菲罗波尔机场等重大基础设施项目建设。[18] 俄罗斯的黑海政策，对于巩固克里米亚作为俄联邦行政主体的地位，加强黑海舰队实力，保证俄南部战略方向的安全，放手经营黑海，进而加强在地中海东部地区的军事存在和影响力，都具有重要意义。

第五，强调俄罗斯在里海的主导地位。2015 年俄罗斯新版海洋学说重视里海，认为“无论从规模上，还是从数量上讲，里海地区的自然资源和生物资源储量都是独一无二的，需要进行系统性开发。”[19] 俄罗斯在这一地区当然不仅要开发资源，还要大力发展这一地区的旅游业、航运业，同时还要在里海划界问题上获取有利于俄罗斯的利益。里海沿岸五国围绕里海法律地位和划界的争夺，既是一场国家间的主权之争，更是一场涉及能源的利益之争。经过多年的谈判协商，在 2014 年 9 月 29 日俄罗斯、阿塞拜疆、土库曼斯坦、伊朗和哈萨克斯坦五国领导人在阿斯特拉罕举行的第四次峰会上，取得了突破性进展，“第一次敲定了里海地区五国合作的原则”，而且接受的基本是俄罗斯的方案。在联合声明中各国商定：有关五国各自对里海沿岸 25 海里以内水域行使主权的原则，里海大部分水域仍将由里海沿岸五国共同开发；五国领导人还商定了只有这五国拥有在里海驻军的权利、保持里海军力稳定平衡和在合理范围内进行军事建设的原则；联合开发交通基础设施是里海地区非常有前途的项目。普京总统称这次峰会是一个突破，他在扩大会议上对善于达成一致的伙伴们表示感谢，认为：“重要的是，我们协商通过了政治声明，首次敲定了里海地区五方合作的基本原则。”“我坚信，我们今后也有能力就目前尚存分歧的问题达成协议，并在下次峰会上通过公约。”俄科学院独联体国家研究所所长康斯坦丁·扎图林解释说：“做出让步的国家各有自己的盘算，但一个共同原因是不稳定的局势和外部威胁，包括‘伊斯兰国’的猖獗行动。这对东方和中亚的整个氛围都有影响。这是一个推动各国让步的新因素。”阿塞拜疆“南高加索”政治学家俱乐部负责人韦利扎杰说：“全球整体局势，包括乌克兰危机对峰会达成协议起了不小的作用。鉴于当前的国际局势，阿塞拜疆别无选择，它不希望局势继续尖锐化。业已达成的协议与阿塞拜疆的经济利益并不抵触。阿塞拜疆并未彻底放弃扇形划分里海的愿望，只不过改变了方式和重点。"[20]过去因对里海水域制度诠释不同导致国家间关系出现的紧张或争议，如今可以排除了，俄罗斯要利用这一良好势头。为了保证俄罗斯在里海地区的利益，俄罗斯还要从质和量两个方面，发展武装力量，加强里海舰队及其基地的建设。"里海舰队的数量、质量应维持在一个能足以应对俄联邦在该地区方向上的国家利益和安全所遭受威胁的水平，里海舰队要配备相应的驻泊、建造和维修的基础设施。"[21]俄罗斯要综合发展里海地区的经济，利用其资源，同时，也要大力加强里海分舰队的力量。

三、俄罗斯海洋战略实施面临的挑战

在 2015 年 7 月通过的俄联邦海洋学说中，俄罗斯确定的重点任务包括八个方面：降低俄联邦北极地区面临的国家安全威胁，发展克里米亚基础设施，强化在黑海地区的战略地位，确保在大西洋地区的足够存在，优先在本国造船厂建造船只，保持在地中海的常态化存在，加强北方舰队力量，遏制北约逼近俄边境的势头。俄罗斯要实现其雄心勃勃的海洋战略，完成所确定的这八项重点任务，有其独特的地缘优势，俄罗斯由于其疆域辽阔，与除南极和印度洋外的各大洋都比较近，特别是在北极优势更明显。但要完全完成这些任务，也面临不小的挑战。

俄罗斯海洋战略最明显的特征是应对西方，特别是北约对其安全的威胁。自乌克兰危机爆发以来，俄美两国在国际舞台上针锋相对、互相攻击，北约不断加强其在东欧和俄罗斯周边地区的军事存在。2015 年 2 月北约国家达成协议，要求加强其在东欧的 6 个指挥中心的防务力量，并派出 5 000 名士兵的先锋队，对抗俄罗斯威胁。6 月底的北约成员国防部长会议，计划将北约快速反应部队从现有的 3 万人扩至 4 万人，并且计划 2015 年底前在波罗的海国家和波兰、罗马尼亚、保加利亚建立 6 个协调指挥部。北约在俄罗斯周边地区的军事演习持续不断。俄罗斯也针锋相对地扩大了西部地区的军事部署。俄罗斯加强在大西洋、北冰洋、黑海等海域的海军力量，也是为了应对美国和北约的安全威胁，但这种你来我往的军事对抗是否就能保证安全。大量精力被用于应对西方的威胁，也必然会加重俄罗斯的经济负担，影响民众的生活。对于大国而言，民众的认同与否是国家安全的重要因素。

在海洋战略中，俄罗斯十分重视海军在维护俄罗斯海洋权益方面的作用，一直把海军作为维护国家海洋利益的重要手段，"海军旨在利用军事手段来保障维护俄联邦及其盟友在世界海洋上的国家利益，维护全球和地区层面的军事政治稳定，反击来自海洋方向的入侵。"[22]普京总统提出要在 2020 年前更新 70%的军事装备。西方对俄罗斯的多轮经济制裁，给俄罗斯经济带来了很大困扰，2015 年俄罗斯经济下降了 3.7%。俄罗斯是一个有强国主义传统的国家，民众的大国意识强，面对西方的压力和制裁，俄罗斯不会服软，只会变得更强硬。新版俄罗斯海洋学说正是在这一背景下出台的，其意图也主要是回应这一时代的挑战。但是，更新装备，发展军事力量，都需要经济实力作为支撑。

造船业是实施国家海洋政策的重要保障，无论是发展海军，还是发展海洋运输业，没有造船业作为基础是不行的。俄罗斯海洋学说强调，“船舶制造是保障海洋学说各项条款有效实施的技术基础”，要求通过全面发展造船业来提升军舰、民用船舶及科学考察船的技术水平。俄罗斯要保障自己所用的军舰和运输船只首先在本国生产，要提高航运船只的生产水平，保障本国在破冰船建造上的领先地位，还要建造许多高水平的各类舰船，要在造船和海军技术方面保持技术独立性。[23]向法国购买的两艘“西北风”级两栖攻击舰流产后，俄罗斯决定不再向外国采购军舰。2015 年 7 月俄海军第 9 艘 20 380 型护卫舰在阿穆尔船厂开工，这是为俄罗斯太平洋舰队建造的第 3 艘该型舰艇。[24]俄罗斯的造船、造舰技术都在世界上处于领先地位，但要保障这种地位并建造所需要的舰船，同样需要有经济保障。

因此，对于俄罗斯的海洋战略来说，其面临的最大挑战是其严峻的经济形势。2014 年 3 月，在俄罗斯“收复”克里米亚之际，西方便开始对俄罗斯进行经济制裁，限制俄罗斯主要银行、能源和军火公司获得国外贷款的机会。西方试图通过经济压力迫使俄罗斯在乌克兰问题上让步，但双方立场难以协调，西方的制裁是否能取消，要等到 2017 年 1 月才能再次讨论决定。西方的制裁不仅使俄罗斯遭受巨额直接经济损失，制裁所带来的投资环境恶化、资本外逃以及俄罗斯与西方原有合作项目难以为继等负面因素，使刚刚从 2008 年金融危机打击下缓慢恢复的俄罗斯国民经济再次雪上加霜。2005 年俄居民实际收入下降 4%，财政赤字达到 1. 95 万亿卢布（约合 250 亿美元）。俄罗斯试图通过加强与中、印等“东方”国家的合作来缓解困境，但并不能根本解决问题。俄罗斯经济结构不合理、垄断问题严重，也许西方的制裁会迫使俄罗斯下决心解决自身的问题，但这需要时间。

总之，2015 年 7 月 26 日普京总统批准的新版俄罗斯联邦海洋学说，意在向世界表明俄罗斯是海洋强国，在日益加剧的大国海洋博弈中，俄罗斯仍是重要角色。俄罗斯海洋战略的目标是宏伟的，其要完成的任务是艰巨的，受经济实力有限，俄罗斯要完成海洋学说所确定的任务不是件易事。为了实现俄罗斯的海洋战略目标，普京需要深化国内改革，缓解因西方经济制裁而恶化的经济状况，外交上在“东向”的同时，还要努力谋求缓和与西方国家，特别是与欧盟的关系，争取西方早日结束对俄罗斯的制裁。如果俄罗斯与西方国家的关系一直处于紧张状态，军事对抗增强，经济合作减弱，其海洋战略的实施也会大打折扣。但俄罗斯在海洋强国建设过程中，注重谋划，研究制定了大量关于海洋政策与法律的文件，为国家的海洋建设指明方向、确定目标以及明确具体实施方案的做法，是值得我们学习和借鉴的。

参考文献

[1] Морская доктрина Российской Федерации на период до 2020 года，http：//www. scrf. gov. ru/documents/34. html.

[2] *Половинкин В. Н.* Проблемы развития Арктической транспортной системы РФ в XXI веке. http：//www. unionexpert. ru/index. phpnewsitem/204-itog5let.

[3] Владимир Путин провёл совещание，на котором обсуждалась новая редакция Морской

доктрины Российской Федерации. http：//kremlin. ru/events/presidentnews50060.
[4] Морская доктрина Российской Федерации. С. 20. http：//kremlin. ru/events/presidentnews50060.
[5] Морская доктрина Российской Федерации. С. 24. http：//kremlin. ru/events/presidentnews50060.
[6] *Половинкин В. Н.* Проблемы развития Арктической транспортной системы РФ в XXI веке. http：//www. unionexpert. ru/index. php/news/item/204–itog5let.
[7] Справка о Комплексном проекте развития Северного морского пути. http：//government. ru/orders/18405/.
[8] Путин постановил создать антитеррористические оперативные штабы в морских районах РФ. http：//special. tass. ru/politika/2559422.
[9] Морская доктрина Российской Федерации. С. 24. http：//kremlin. ru/events/presidentnews50060.
[10] Морская доктрина Российской Федерации. С. 32. http：//kremlin. ru/events/presidentnews50060.
[11] 俄联邦海军计划在 2015 年前往南极洲进行科研考察 . http：//sputniknews. cn/russia/20150220/1013908776. html#ixzz3XMK4rbk5.
[12] Вручение государственных наград Российской Федерации，http：//www. kremlin. ru/news/45855.
[13] Оперативная сводка об основных операциях РАЭ за период с 26 февраля по 4 марта 2015. http：//www. meteorf. ru/documents/21/9059/.
[14] Значение Антарктиды для России и мира. http：//www. rgo. ru/ru/article/znachenie–antarktidy–dlya–rossii–i–mira.
[15] "Газовые контракты" остались без изменений – Россия оставила себе право вернуться к предыдущей схеме оплаты. http：//rus. newsru. ua/finance/22Apr2010/gaz. html.
[16] 曹妍 . 普京签署法案废除俄乌黑海舰队协议 . http：//news. xinhuanet. com/world/2014–04/02/c_ 1110073714. htm.
[17] Морская доктрина Российской Федерации. С. 21. http：//kremlin. ru/events/presidentnews50060.
[18] Украинские туристы в Крыму удивились "как все изменилось" . https：//regnum. ru/news/economy/1972631. html.
[19] Морская доктрина Российской Федерации. С. 30. http：//kremlin. ru/events/presidentnews50060.
[20] *Гуля Арифмезова* Прилив стабильности：Россия решила еще один многолетний территориальный спор с соседями. http：//www. vz. ru/politics/2014/9/29/708028. html.
[21] Морская доктрина Российской Федерации. С. 18. http：//kremlin. ru/events/presidentnews50060.
[22] Морская доктрина Российской Федерации. С. 18. http：//kremlin. ru/events/presidentnews50060.
[23] Морская доктрина Российской Федерации. С. 34. http：//kremlin. ru/events/presidentnews50060.
[24] 22 июля на Амурском судостроительном заводе заложат еще один корвет проекта 20380. http：//flotprom. ru/2015/Асз6/.

论文来源：本文为第三届中国海洋发展论坛投稿。

2015年南海国际舆论、外交与安全形势回顾

鞠海龙[*]　葛红亮[**]

摘　要：2015年，南海地区形势持续发酵。国际舆论层面围绕中国岛礁建设与中菲国际仲裁呈现出“双线多爆点”的特征；南海地区外交形势，由于美国在南海奉行“前沿-前线”策略和中美南海博弈地位的凸显，出现了明显的变化，而地区或周边国家则面临更小的权衡取舍与运作空间；南海地区安全形势，则受中美南海博弈与对峙局面的影响，不时出现紧张局面，而同时，在非传统安全形势依旧不乐观的情形下，传统安全方面的威胁日益加重。

关键词：南海问题；国际舆论；外交；地区安全

2015年，南海议题持续发酵。南海主权争议、南海安全仍然是其中最突出的聚焦点，也是国际舆论、区域内外国家外交与对话的热点。相比之下，南海安全形势2015年出现急剧变化，中美围绕中国南海岛礁建设及所谓的“军事化”议题、美国南海巡航在外交、军事层面交锋多次，而这也构成了南海安全形势2015年最凸显的特征，使南海安全形势中传统安全、非传统安全的比重对比发生了急剧的变化。

一、南海地区国际舆论的基本态势

2015年，南海问题的国际舆论围绕中国南海岛礁建设问题和“中菲南海仲裁案”两条线索持续发酵，引发多个舆论爆点，呈现出明显的“双线多爆点”结构。这种“双线多爆点”结构，一方面适应了国际舆论热点持续有效时间的规律，展示了当前南海问题国际舆论传播的基本形态和特征，另一方面从不同角度、不同时间点上维系了南海问题作为国际舆论热点的较高关注度，为南海问题国际舆论的进一步深化发展提供了基本动力源。

2014年5月以来国际上围绕中国的南海岛礁建设问题的舆论动态持续发酵，经2015年香格里拉对话会、8月份的东盟系列会议、美国“拉森”号侵入南海岛礁12海

---

[*] 鞠海龙，博士，教授，博士生导师，中国海洋发展研究会理事，现为暨南大学国际关系学院副院长，中国南海协同创新研究员。

[**] 葛红亮，博士，现供职于广西民族大学东盟研究中心，助理研究员。

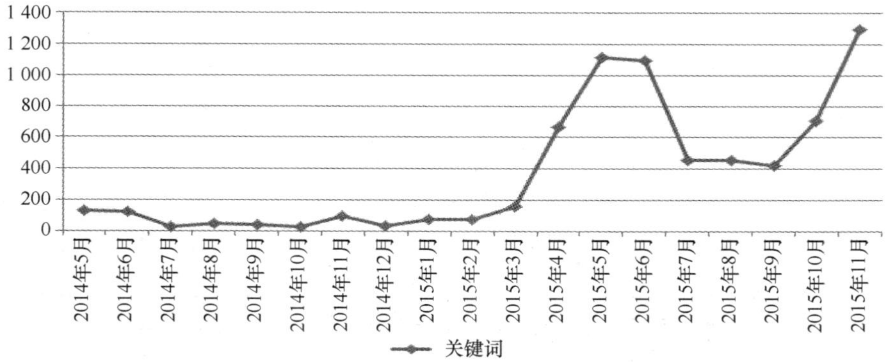

图 1　2014 年 5 月至 2015 年 11 月国际媒体涉中国南海岛礁建设的报道数量分布[1]

里事件而引发广泛的讨论，形成了以持续上升为基本特征的中国南海岛礁建设问题的国际舆论传播动态线。在这个过程中，国际社会围绕中国南海岛礁建设问题的讨论实现了由“岛礁建设行动的真伪”、“岛礁建设工程的进展”到“岛礁建设行动的意图”、“岛礁建设行动的影响”的转变，而中国南海岛礁建设的国际舆论的引导主体则经历了从菲律宾政府引导到国际媒介的大范围参与再到美国政府引导的调整。中国南海岛礁建设问题因而转化为单线多极的国际舆论热点。这既是中国南海岛礁建设问题的新闻价值被逐渐发掘和渲染的过程，更是中美双方围绕南海问题的政治博弈作用到国际舆论层面的过程。

由图 1 可以看出，国际媒体对中国南海岛礁建设的关注因美国国内对美海军进入中国南海岛礁 12 海里的讨论、美“P8-A”反潜巡逻机携 CNN 记者南海闹事、2015 年香格里拉对话会美防长对中国南海岛礁建设行动的点名批评而空前高亢。随后，随着中国南海岛礁“吹填工程”的结束以及中国在东盟系列会议中的积极表态，中国南海岛礁建设的国际舆论稍显回落。而“拉森”号事件则再次将中国南海岛礁建设国际舆论推向高潮，美国“以身作则”从幕后走向前台以及中美围绕南海问题的“直接对抗”都将成为国际舆论在“后岛礁建设时代”的着重关注点。

与中国南海岛礁建设问题的国际舆论传播动态线的发展特征不同，“中菲南海仲裁案”的国际舆论传播以中国、菲律宾、海牙仲裁法庭就南海国际仲裁而采取的行动为标志性节点而呈现出剧烈波动的发展特征。中菲南海国际仲裁的国际舆论传播动态线起源于 2013 年 1 月 22 日菲律宾向中方提交了就南海问题提起国际仲裁的照会及通知，发展于 2013 年 2 月 19 日中方声明不接受菲方所提仲裁，升温于 2013 年 4 月 27 日中菲南海争议仲裁庭组成和 2013 年 7 月 18 日国际法庭对中菲南海争端仲裁程序开始，2014 年 12 月 5 日美国国务院发表《海洋界限：中国南海海洋主张》和 2014 年 12 月 13 日中方发布《中华人民共和国政府关于菲律宾共和国所提南海仲裁案管辖权问题的立场文件》则将该问题推向舆论高峰。2015 年 7 月 13 日，按照《第四程序令》的安排，海牙仲裁法庭对管辖权之范围和菲律宾主张之可受理性进行庭审，并于 2015 年 10 月 30 日做出对菲律宾提请仲裁的 14 项中的 7 项拥有仲裁权的裁决。尽管这一裁决对中方没有约束

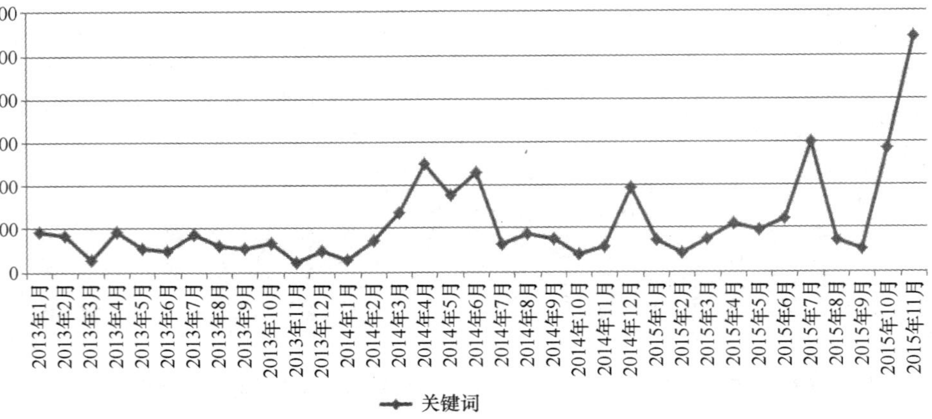

图 2　2013 年 1 月至 2015 年 11 月国际媒体涉中菲南海仲裁的报道数量分布[2]

力，却因其极具“标志性”而受到国际舆论的高度关注，为“中菲南海仲裁案”再次成为国际舆论热点提供了新的动力。作为南海问题国际舆论中的重要舆论线索和对南海问题有重要影响且极具国际关注效能的热点问题，“中菲南海仲裁案”将伴随着海牙仲裁法庭的相关程序的进展，继续留在国际舆论的视野中。

由图 1 和图 2 的比较可见，国际媒体对“中菲南海仲裁案”的关注并不如对中国南海岛礁建设问题的关注高，并呈现“波动”之势。自 2013 年 4 月中菲南海争议仲裁庭组成，海牙仲裁法庭在“中菲南海仲裁案”程序上的进展便受到国际媒体的格外关注。随后，海牙仲裁法庭对菲律宾所提请的仲裁事项的管辖权及其可受理性问题成为仲裁法庭成立之后亟须回答的首要问题，也是“场外”国际媒体的聚焦所在。近一年来，引发国际媒体聚焦的四大节点分别为：2014 年 12 月中国出具了《中华人民共和国政府关于菲律宾共和国所提南海仲裁案管辖权问题的立场文件》，具体阐述了中国不接受管辖不参与仲裁的立场，随后，仲裁法庭发布《第三号程序令》；2014 年 7 月仲裁法庭相继发布《第五号程序令》《第六号程序令》，并举行了管辖权听证会；2014 年 10 月仲裁法庭发布《第七号程序令》，并做出了管辖权裁定，确认对菲律宾提出的 7 项主张有管辖权；2015 年 11 月仲裁庭相继发布《第八号程序令》《第九号程序令》，并进行南海仲裁案实体部分的听证会。

2015 年南海问题国际舆论沿着中国南海筑岛和中菲南海仲裁两条基本线向后延展，中间经历了香格里拉对话、东盟系列会议、美国“军事化”中国筑岛行动、中菲仲裁管辖权的裁定等多个国际舆论引爆点，维持和持续推动了南海问题国际舆论的热点状态。这一舆论趋势与美国再平衡亚洲战略对中国南海地缘政治能力的反对和压制有关，与美国以巧实力撬动中国周边国家与中国的稳定关系有关，也与美国以所谓国际法原则确立其亚太国际秩序主导权而刻意塑造中国与国际法秩序的对立形象有关。不可否认，中国对美国南海挑衅和指责的有力驳斥很好地回应了美国在国际舆论领域内“强权即是公理”的逻辑。然而，客观来看，美国凭借国际舆论层面的主导权，在南海议题上制造话题、适时诱发热点、引导主流观点走向等方面优势相当明显。对此，中国不仅应有清晰、客观的认识，而且还应在沉着应对的同时，拿出更为积极有效的举措。

二、南海地区外交形势的发展

2015 年，围绕南海议题的外交博弈和交锋持续发酵，主要包括“中国岛礁建设”、“南海航行、飞行自由”、“南海行为准则”、“中菲南海仲裁案”与南海安全等议题。议题虽然有相似之处，但是 2015 年大国南海外交博弈与交锋的态势已然呈现出与以往不同的特征，中美南海博弈的战略地位显著提升，而其下区域内外国家在南海也是“暗流涌动”，而在中美之外，是否“选边站”逐渐成为判断与衡量区域内外有关国家南海政策选项的关键依据。

2015 年，中美南海战略博弈不仅上升到各自外交战略中前有未有的地位，而且构成南海大国竞争层面最为突出的元素。中美南海战略博弈的升级意味着南海议题如今已然成为中美两国国家战略结构性矛盾的新难题，而这在根本上则是美国南海政策日益强硬、激进的结果。从战略层面来看，美国随着其亚太“再平衡”战略的持续实施，南海地区在这一战略实施过程中的地位日益提高，而美国也逐渐在南海地区政治、经济、国际舆论与安全防务等领域站在了对华的最前线。[3]简单来讲，美国在南海地区的策略渐趋成形，而这可概括为“前沿-前线”策略。

美国这一战略的实施如今大体呈现为三条路径。在政治层面持续倾向于菲律宾等东南亚争端方及在舆论层面指责中国反映了美国在南海议题上持“中立”立场的虚伪性。作为美国新任驻东盟大使，妮娜·哈奇格恩（Nina Hachigian）在出席美国国会外交委员会的听证会时强调，中国在南海议题上越来越武断，而她在接受《外交杂志》采访时不仅延续了这一看法，而且透露了美国鼓励东盟发挥更大作用的想法。[4]4 月，美国总统奥巴马在出访牙买加时被问及南海议题，而他则称：“我们关注的是中国不遵守国际常规与条例，凭其大国之势迫使其他国家顺从其意……就因为菲律宾或越南没中国那么大，并不表示他们可以任意被推搡至一边”，[5]其中“大国强权”的意味甚浓。随着中国南海岛礁建设议题的持续发酵，美国各界，特别是军方对中国的指责也渐趋强硬、严厉。4 月初，美国太平洋舰队司令哈里斯称，中国在南中国海建设军用设施，将导致该区域紧张局势升温，是对其他涉及此海域争端的国家进行挑衅。[6]5 月 1 日，美国虽然接到了中国方面期望未来条件成熟时使用南海在建岛礁的邀请，但仍然坚持认为中国的举动是对地区现状的改变和地区局势再度紧张的根源，而美国的国务院发言人拉特克（Jeff Rathke）甚至表态，就算中国在建岛礁未来用于民事和地区救灾用途，仍无助于地区和平与安全。[7]可见，美国对中国南海岛礁建设的定性不仅有违事实，而且还包含着深刻的“强权即是公理”逻辑。不仅如此，美国国防部长卡特在前往“香格里拉对话”前还以此认为，中国的南海行为使其正在偏离各方坚持的国际规范和亚太安全框架等共识。[8]5 月、6 月，美国副总统拜登和总统奥巴马接连就南海议题阐述态度，认为中国在南海不遵守国际法和妨害航行、飞行自由，及在外交层面“以大欺小”与威胁、胁迫其他东南亚南海争端方。7 月，哈里斯在出席一次安全论坛时再度对中国南海行为表达了严厉的指责，认为中国在偏离外交路线和促发地区局势紧张。[9]与此同时，地区存在的相关多边框架与场合也成为美国领导人渲染中国“威胁”和表达对菲律宾等争端方倾向性的场所。11 月，奥巴马在菲律宾出席亚太经合组织领导人会议与在马来西亚参加东南亚峰会期间，也是不顾及会议的议题安排，持续挑起南海议题，认为中国应尽快停止南海岛礁建设与所谓的“军事化”进程。[10]

美国奉行“前线”策略的第二条路径则是“规则”与国际法之争名义下美国在南海的频繁抵近试探。一直以来，美国在南海议题上关于“规则”与国际法的争论聚焦在对中国南海“断续线”主张的指责及强调根据《联合国海洋法公约》和平解决南海争端，而维护南海航行自由则是美国介入南海的一个重要缘由。2015 年，美国不仅在口头持续表达前述态度，而且在实践上以派遣海军舰只、飞机前往南海巡航的方式来展示美国捍卫南海航行、飞行自由的决心。由此，“南海巡航”成为过去一年中美南海博弈的重要内容。5 月起，国际舆论方面已经有美军舰进入南沙相关岛礁“12 海里”进行巡航的传闻，而直到美国东部时间 10 月 26 日晚，美国海军“拉森号”舰在短时间内选择进入南沙美济礁与渚碧礁两个人工岛礁周围 12 海里海域，并进行了穿越式巡航。由于南海争端的存在及围绕这一争端展开的复杂大国竞争关系，美国巡航南沙 12 海里则具有明显的国际政治内涵。以此，美国不仅站在了维护“航行自由”的最前线，而且还回应了地区盟友与友好国家的期待及向中国传递了美国对中国南海行为的严重关切。[11]美军巡航南沙事件发生时，中国海军则采取了监视、跟踪和警告的对应措施；之后，中国外交渠道与军方均向美方提出了严正交涉和强烈抗议，而正如中国驻美国大使崔天凯所强调的，美国南沙巡航是政治与军事上的严重挑衅行为，南海局势也势必将因此更趋紧张。[12] 12 月 10 日，美国一架“B-52”轰炸机在“执行任务”时飞入南海华阳礁上空 12 海里范围内。这表明，美国正逐步推进南海巡航的机制化和常态化。南海巡航在彰显美国南海策略新变化的同时，也在侧面反映中美在南海博弈与战略“对抗”出现了前所未有的升级。

美国奉行“前线”策略的第三条路径则是将南海议题视为中美高层战略与对话的必谈话题。众所周知，南海争端并非中美间的纷争。然而，随着美国亚太“再平衡”战略的持续深入实施及南海地区在其中战略支点作用的日益凸显，南海议题本质上显然已经并非单纯的主权争议问题，而是成为一个战略、安全与外交问题。[13]南海问题之所以日益呈现出如此复杂的特征，美国作为南海问题“国际化”最突出因素，在其中扮演了最关键的作用，而将这一议题置于美中高层对话则成为美国在南海“亲上火线”的又一佐证。继 2013 年年中中美首脑加州庄园会后，南海议题在 2015 年 9 月中国国家主席习近平访美期间再度成为一个难以避开的话题。针对此话题，奥巴马在会谈期间向习近平主席强调了两点：一是，南海航行、飞行自由是国际法赋予的权力；二是，美国对中国南海岛礁建设及相关军事化部署深表关切及对地区安全局势感到担忧。[14]不仅如此，在中美两国其他层面的会谈与通话中，南海议题也充当一个必谈话题。

中美南海战略博弈与“对抗”是 2015 年南海大国竞争层面最为凸显的因素。但与此同时，中美南海战略竞争之下却也是明波潮涌、暗流涌动，而这同样构成了 2015 年南海地区外交形势不可不察的内容。中美南海战略博弈与“对抗”态势的升级实际上减少了南海沿岸及周边相关区域外大国的政策选项，而是否“选边站”俨然成为一个判断标准。

日本、菲律宾与澳大利亚如今显然是立场与美国最为接近的3个国家。以日本为例，日本在对中美战略博弈有着非常清晰认识的情形下，[15]在南海议题上也是动作不断。日本除持续追随美国南海政策外，虽然在派出自卫队舰只、飞机与美国联合巡航南海方面有所疑虑，但随着在解禁自卫权层面迈开实质性步伐，开始大肆向菲律宾、越南等东南亚南海争端方援助与售卖海上巡逻装备。不仅如此，日本在国际舆论层面不断向中国施压。2015年4月，正是由于日本的强推和幕后大量工作，在德国召开的G7外长会议史无前例地单独通过了一份涉及南海与东海局势的海洋安全问题声明。[16]

相比之下，不愿意在中美间“选边站”的国家仍然占据了多数，这些国家既包括域外印度、韩国等，也包括东南亚地区的大多数国家。虽然如此，这些国家2015年仍然从区域安全与“规则”层面表达了对中国岛礁建设的关切和按照《联合国海洋法公约》和平解决南海争端的立场。以东盟为例，其作为东南亚地区国家间的唯一组织，虽然并不在南海主权争议层面持有立场，但却对南海议题持有浓厚的兴趣并日益成为一个利益攸关者，[17]而这利益集中体现在南海区域安全层面。因此，南海议题虽非东盟系列会议的主导性课题，但由于触及地区安全与涉及南海区域内外复杂的国家间关系，却也是有关方“热炒”、相关方“推波助澜”与各方共同关注的话题，自然也为东盟峰会、外长会议等系列会议所重视。4月27日，东盟第26届峰会上，由于菲律宾、越南的执意推动，最后的主席声明中不仅重复了以往“咒语般”的原则性立场声明，还对持续推进“南海行为准则”（COC）进程做了强调及表达了部分成员国对中国南海岛礁建设的深切关注与担忧。[18]8月4日，东盟第48届外长会议召开。会议最后的联合声明在肯定中国-东盟在“南海行为准则”磋商取得积极进展的同时，也表达了对南海近期局势的关注。[19]11月21日，东盟第27届峰会召开，峰会最后的主席声明则表达了对南海日益呈现出的“军事化”与紧张局势的关切和担忧。[20]

南海地区外交形势2015年的发展态势与美国在地区持续落实“再平衡”战略不无相关，而随着中国南海维权力度的加强与中美海上战略信任赤字的持续增加，南海议题渐趋成为中美战略博弈的新的结构性矛盾，南海地区在成为美国地区战略前沿的同时，日益发展为美国对华考虑的前线。美国在南海地区奉行的“前沿-前线”策略使中美地区战略博弈与“对抗”大幅度升级，更使过去一年地区外交形态渐趋清晰化、明朗化。随着中国南海博弈与大国“对抗”出现明显升级，南海地区2015年的安全形势也出现了显著变化。

三、南海地区安全形势

在评估2013年以前的南海安全局势时，越南一名学者阮衡山（Nguyen Hung Son）强调了两个方面的因素：一是，由于南海沿岸国家对彼此的疑虑和不信任心理，这些国家“军备竞赛”愈演愈烈；二是，南海成为大国竞争与角逐的焦点，而这实际上构成了南海地区安全不稳定的影响因素。[21]虽然有所不同，但以上述两个方面的因素来分析2015年南海地区传统安全形势的发展，实际上并不为过。由于美国在南海奉行“前沿-前线”策略，中美在南海战略博弈与海上对峙局面的一再发生，南海传统安全形势出现了明显的恶化与紧张局面。

首先，美国在南海地区日益增长的前沿性军事存在和奉行的“亲上前线”的策略使南海传统安全面临前所未有的挑战。这种挑战具体包括下述两个层面：其一，在南海进行频繁地巡航和以此强调其捍卫航行、飞行自由的决心是美国由幕后走向前线的重要表现和象征，也无疑是2015年南海安全局势一再紧张的重要原因。“拉森号”事件与P8“海神”巡逻机、“B-52”轰炸机在南海的巡航既给中美友好交往带来了诸多负面因素，也一再使中美海空军在南海多次出现对峙的局面。其二，美国在南海周边，特别是东南亚地区，不断扩大前沿性军事存在。2月6日，美国发布了其2015年《国家安全战略》报告，强调中国应遵守国际规范和美国应密切关注中国在地区力量的发展以降低误判的风险；与此同时，报告还表明，美国正在地区通过防务合作关系和地区前沿军事存在的扩大来实现其所谓地区“再平衡”。[22]3月，美国发布的新版《21世纪海上力量合作战略》更是强调，随着美国聚焦点转移到印太地区，美军应持续增加在地区的舰船、飞机与海军陆战队员数量。[23]美国国防部7月1日发布2015年《国家军事战略》报告，紧接着又在8月21日发布了《亚太海上安全战略》报告，而两份报告无不强调要将美军“最先进的装备和更大的能力投向”亚太地区，[24]作为亚太地区重要战略前沿的南海地区无疑成为美军聚焦的重点对象。据此，美国以新加坡、菲律宾为南海地区主要海空基地进行了大规模和多次的轮转驻防。

其次，美国在地区的盟友体系和海上安全友好合作关系的巩固与扩大。在扩大美国地区军事影响力与增强对地区国家的军事牵引力的同时，也深刻影响着地区的安全态势。以美日同盟为基石，美国逐渐在地区巩固和扩大其防务合作体系，而这个体系也渐趋呈现出美国走在最前线，日本紧随其后，澳大利亚、菲律宾、新加坡、越南等积极参与的特征。举行双边或多边军事演习是美国在南海地区巩固防务合作关系的一条重要路径，2015年美国与日本、澳大利亚、菲律宾、新加坡与越南等地区国家在南海或周边海域举行了多次规模不等、内容不一的军事演习。不仅如此，美日等还通过外交与防务“2+2”对话来加强与东南亚地区菲律宾、越南等国家在情报交流、军事援助和军备发展方面的合作关系。以菲律宾为例，2015年美菲通过外交和防务对话关系持续加强了防务合作关系，而除规模史无前例的“肩并肩2015”联合军演外，美国还持续为菲律宾的军事现代化发展做努力。相关数据显示，2015年美国对菲律宾的军事援助提高到了7 900万美元，而美国也借此向菲律宾售卖舰船和飞机，用于加强菲律宾在南海的防务能力。[25]不仅如此，以美国为首，包括日本、澳大利亚、印度等在内的联合巡航力量建设日渐成为美国保持强有力前沿遏制的重要选择。以日本为例，建议日本参与南海巡航在2015年多次被美国提及。例如，美国第七舰队司令罗伯特·托马斯认为，鉴于日本拥有作战半径超过4 000千米的新型“p-1”巡逻机，因此日本未来在南海的行为是极具意义的。[26]在地区盟友体系之外，2015年英国外交大臣菲利普·哈蒙德（Philip Hammond）还史无前例地将英国与澳大利亚、马来西亚、新西兰以及新加坡签订了《五国国防协定》与南海议题相提并论，并强调如英国在地区的利益受到威胁，将随时在地区重新进行兵力部署。[27]

最后，南海区域内菲律宾、越南等国家对海空军发展更加重视及由此形成的东南亚“逆裁军”形势使南海地区安全也面临着不小的威胁。菲律宾、越南作为南海争端中态度最为激进的两个国家，在军备建设方面也是不遗余力。在增强同美日等国家防务合作关系的同时，菲越两国还热切期待从美国、日本等国家购买获得更多的海空军装备。2015 年 6 月初，越南迎接到访的美国国防部长卡特，同时也迎来了美国在越战后首次向越南出售的杀伤性武器“Metal Shark”巡逻艇，而为此越南也获得了美国高达 1 800 万美元的援助。[28]菲律宾总统阿基诺三世在 6 月初到访日本，寻求从日本获得 P-3C 巡逻机，虽然未能如愿，但仍然获得了日本的大量援助和向菲律宾出售巡逻艇的承诺。[29] 11 月 17 日，美国总统奥巴马到访马尼拉，并宣布将向菲律宾出售两艘舰船以提升菲律宾的巡逻能力；同日，菲日外长举行会谈，双方就情报交流与军备出等方面再度形成共识。[30]而从整体来讲，仅以美国国防部的说法，2015 年美国投入了多达 1. 19 亿美元帮助发展东南亚国家的海上能力，而这一数字将在 2016 年增加到 1. 4 亿美元，其中包括印度尼西亚、马来西亚、越南和菲律宾，而菲律宾则是美国在地区军援的接纳大户。[31]

2015 年南海传统安全形势的急剧升温，极大改变了地区传统安全与非传统安全的对比形势，南海地区安全形势因而呈现出显著的变化。然而，地区非传统安全比重的下降也并不意味着南海非传统安全形势发生过于乐观的转变。2015 年，因海上难民事件愈演愈烈及海盗事件频发，南海地区非传统安全形势仍旧未有发生根本好转。为摆脱贫困，来自缅甸的罗兴亚人和孟加拉人长期倾向于从海上偷渡至泰国、马来西亚和印度尼西亚等国，但他们的很大一部分却滞留于海上，或成为被绑架或被贩卖的对象。针对海上难民，马来西亚与印度尼西亚在 5 月表示，已有将近 2 000 名来自缅甸和孟加拉国的难民登上两国海岸，估计还有 6 000 名至 8 000 名难民漂在海上，而依据联合国难民署的报告《东南亚的非常规海上活动》，2015 年第一季度，就有多达 2. 5 万名罗兴亚人和孟加拉人登上了蛇头集团的船只，这几乎是 2014 年同期的两倍。[32]在海盗与海上武装抢劫方面，2015 年东南亚-南海地区的形势有所好转，但从全球范围来看，依旧是当今为数不多的海盗多发区域。以 2015 年第一季度为例，全世界发生了 54 起海盗事件，而东南亚水域发生的海盗事件占比为 55%，超过总数的一半。[33] 2015 年，全球共发生海盗和武装抢劫事件 246 起，而仅从 2015 年 1—9 月亚洲海域就发生了 161 起海盗与武装抢劫事件，相比 2014 年同期的 129 起增长了 25%。[34]就国别来看，由于印度尼西亚和马来西亚政府采取了有效举措，打击了当地两大黑帮团伙，这些地区的海盗和武装抢劫情况明显好转。依据数据，马六甲-新加坡海域仍然是海盗高发区，2015 年前三季度共有 96 起是发生在该区域，而有 27 起发生在越南海域。[35]

四、展望 2016 年及之后的南海形势

2015 年，南海地区形势持续发酵，国际舆论呈现出“双线多爆点”的特征，而随着中美南海博弈与“对抗”的加剧，南海地区外交形势也发生了明显的转变，由此也带来了地区安全形势持续向不乐观方向发展。中美在南海的博弈与“对抗”是两国新的结构性矛盾，不可能在短时间内得到化解，因此 2016 年及后几年的形势极有可能持续恶化。在国际舆论方面，2016 年中国南海岛礁建设与相关的军事部署、美国或联合其他国家巡航与中菲南海仲裁案预计将继续发酵；而随着美国地区“再平衡”战略和向亚太地区转移 60%海空力量进度的持续推进，南海地区作为前沿性对抗阵地的角色

也势必加重。受此影响，南海地区安全形势则或将受到更多不稳定因素的负面影响，进而出现局势紧张甚至动荡的局面。中国-东盟-美国是南海地区形势的基础决定力量，但随着中美南海博弈和“对抗”形势的加剧，中国-东盟的政策选择明显受限，而双方在全面有效落实《南海行为宣言》和平等磋商“南海地区准则”过程中进行的努力不可避免地受到挑战。显然，这考验着中国-东盟的战略魄力和智慧，也要求双方拿出更多的切实性举措共同维护南海的安全、稳定与和平。

参考文献

[1] 在 LexisNexis 新闻数据库中逐月进行检索，检索的时间区间为：05/01/2014-11/30/2015；检索一级词条为 south china sea，检索二级词条为 reclamation，得出相关数据。

[2] 在 LexisNexis 新闻数据库中逐月进行检索，检索的时间区间为：01/01/2013-11/30/2015；检索一级词条为 south china sea，检索二级词条为 arbitration，得出相关数据。

[3] Hongliang Ge, “US sea meddling makes trouble for itself”, Global Times, Feb. 28, 2016, http://www.globaltimes.cn/content/970885.shtml? from=singlemessage&isappinstalled=0.

[4] 美驻东盟大使：亚太再平衡政策关键是美国与东盟的关系．中国日报网，2014 年 12 月 31 日，http://world.chinadaily.com.cn/2014-12/31/content_19210624.htm.

[5] “Obama: China ‘using muscle’ to dominate in South China Sea”, BBC, April 10, 2015, http://www.bbc.com/news/world-asia-china-32234448.

[6] 美责中国扩建岛礁导致局势升．联合早报［新加坡］，2015 年 4 月 2 日。

[7] 美国拒绝中国“共用南中国海岛礁设施”提议．联合早报［新加坡］，2015 年 5 月 3 日。

[8] Wyatt Olson, New PACOM chief: China's South China Sea island claims ‘preposterous’, Stars and Stripes, May 28, 2015, http://www.stripes.com/news/pacific/new-pacom-chief-china-s-south-china-sea-island-claims-preposterous-1.349020.

[9] Terri Moon Cronk, Pacom Chief: China's Land Reclamation Has Broad Consequences, DOD News, Defense Media Activity, July 24, 2015, http://www.defense.gov/News-Article-View/Article/612689.

[10] Obama talks about South China Sea at APEC summit despite Chinese concerns, BBC, Nov. 18, 2015, http://www.bbc.com/news/world-asia-34853646; Simone Orendain, Obama Calls for " Bold Steps " to Quell Tensions in South China Sea, VOA, Nov. 19, 2015, http://www.voanews.com/content/obama-calls-for-bold-steps-to-quell-tensions-in-south-china-sea/3063005.html.

[11] 葛红亮．南沙“12 海里”背后的复杂竞争．中国网，2015 年 10 月 30 日，http://opinion.china.com.cn/opinion_73_139973.html.

[12] 章念生，张朋辉．我驻美国大使阐明中方严正立场．人民日报，2015 年 10 月 29 日，第 21 版。

[13] 朱锋．21 世纪的海权：历史经验与中国课题．北京：世界知识出版社，2015，前言，8.

[14] Rose Garden, Remarks by President Obama and President Xi of the People's Republic of China in Joint Press Conference, Office of the Press Secretary, the White House, Sept. 25, 2015, https://www.whitehouse.gov/the-press-office/2015/09/25/remarks-president-obama-and-president-xi-peoples-republic-china-joint.

[15] 2015年，日本防卫省的智库防卫研究所公布了分析日本周边安保环境的《东亚战略概观2015》，其认为在南海地区“美中两国之间的战略对峙正趋于明显”。see the National Institute for defense studies, East Asia Strategy Review 2015, Executive Summary, p. 8 http://www.nids.go.jp/english/publication/east-asian/pdf/2015/east-asian_e2015_executivesummary.pdf.

[16] 张伟．强推七国集团声明，日本暗藏心机．新华网，2015年4月17日，http://news.xinhuanet.com/world/2015-04/17/c_127698643.htm.

[17] 葛红亮．亚细安在南中国海议题上的角色与行为逻辑．联合早报［新加坡］，2015年8月10日，第21版．

[18] ASEAN, Chairman 's Statements of the 26th ASEAN Summit, Kuala Lumpur & Langkawi, Apr. 27, 2015, pp. 10-11.

[19] ASEAN, Joint Communique of 48th ASEAN Foreign Ministers Meeting, Kuala Lumpur, Malaysia, Aug. 4, 2015, p. 18 and pp. 25-26.

[20] ASEAN, Chairman 's Statements of the 27th ASEAN Summit, Kuala Lumpur, Malaysia, Nov. 21, 2015, p. 24.

[21] Nguyen Hung Son, ASEAN-Japan Strategic Partnership in Southeast Asia: Maritime Security and Cooperation , in Susan Hubbard and Kimberly Gould Ashizawa, edit. , Beyond 2015, ASEAN-Japan Strategic Partnership for Democracy , Peace and Prosperity in Southeast Asia, Japan Center for International Exchange, 2013, pp. 218-219.

[22] The White House, National Security Strategy 2015, Feb. 6, 2015, p. 24. https://www.whitehouse.gov/sites/default/files/docs/2015_national_security_strategy_2.pdf.

[23] Department of the Navy, A Cooperative Strategy for 21st Sea Power, March 13 , 2015, pp. 8-9, http://www.navy.mil/local/maritime/CS21R-Mandarin.pdf.

[24] Joint Chiefs of Staff, The National Military Strategy of the United States of America 2015, July 1 , 2015, p. 9, http://www.jcs.mil/Portals/36/Documents/Publications/2015_National_Military_Strategy.pdf; US. Department of Defense, Asia-Pacific Maritime Security Strategy: Achieving U. S. National Security Objectives in a Changing Environment, July 27, 2015, pp. 20-23, http://www.defense.gov/Portals/1/Documents/pubs/NDAA%20A-P_Maritime_SecuritY_Strategy-08142015-1300-FINALFORMAT.PDF.

[25] 参考消息，2015年11月26日报道．

[26] The Jamestown Foundation, U. S. Suggestion For Japanese Patrols in South China Sea Prompts ADIZ Threat, China Brief , Vol. 15, Issue 3, 2015, http://www.jamestown.org/programs/chinabrief/single/? tx_ttnews%5Btt_news%5D=43501&tx_ttnews%5BbackPid%5D=789&no_cache=1#.VtLYmf0bzS0.

[27] Foreign Secretary's speech on the UK in Asia Pacific, This speech was published under the 2010 to 2015 Conservative and Liberal Democrat coalition government, 30 January 2015, https://www.gov.uk/government/speeches/foreign-secretarys-speech-on-the-uk-in-asia-pacific.

[28] 美国向越南承诺1800万美元提升防务．人民网，2015年6月1日，http://world.people.com.cn/n/2015/0601/c157278-27082734.html.

[29] 菲日签联合宣言加强安全合作．联合早报［新加坡］，2015年6月5日．

[30] Japan-Philippines Foreign Minister's Meeting, Ministry of Foreign Affairs of Japan, Nov. 17, 2015, http://www.mofa.go.jp/s_sa/sea2/ph/page3e_000414.html.

[31] 参考消息，2015 年 11 月 26 日报道.

[32] 东南亚海上难民问题愈演愈烈 15 国将讨论应对危机. 环球网，2015 年 5 月 20 日，http：//world. huanqiu. com/hot/2015-05/6482171. html.

[33] 国际海事局：东南亚地区成为海盗事件新热点. 中新网，2015 年 4 月 22 日，http：//www. chinanews. com/gj/2015/04-22/7225187. shtml.

[34] ReCAAP ISC，Piracy & Armed Robbery Against Ships in Asia，the 3rd Quarterly Report 2015，p. 5，http：//www. recaap. org/Portals/0/docs/Reports/2015/ReCAAP% 20ISC% 203rd% 20Qtrly% 20Report%202015%20（Open）. pdf.

[35] ReCAAP ISC，Piracy & Armed Robbery Against Ships in Asia，the 3rd Quarterly Report 2015，p. 5；伊民. 国际海事局发布 2015 年全球海盗活动报告. 中国海洋报，2016 年 2 月 17 日，第 A4 版.

论文来源： 本文原刊于《东南亚研究》2016 年 02 期，第 12-21 页。

基金项目： 中国海洋发展研究会重大项目（CAMAZDA201502）；
国家社科基金西部项目（15XGJ007）。

论海洋强国之战略抉择与实践路径

董加伟*　王　盛**

摘　要：海洋强国是中国以两个“百年计划”为基础、以实现民族伟大复兴为目标，总结历史、立足当下、展望未来做出的重大战略抉择。海洋强国战略的推进是一个长期、宏大的系统工程，既要加强顶层设计，更要着力推动实践。本文从必然性和必要性两个角度论述了中国实施海洋强国战略的合理性、正当性，进而从意识养成、理念更新、制度完善、体制重构等四个层面提出了推进海洋强国战略的实践路径。

关键词：海洋强国；战略抉择；实践路径

一、引言

“拓展蓝色经济空间。坚持陆海统筹，壮大海洋经济……建设海洋强国。”继党的十八大报告首度将建设海洋强国提升至国家发展战略的高度之后，作为未来五年中国经济和社会发展总纲的“十三五”规划进一步从拓展国家发展空间的高度，坚定申明了建设海洋强国的战略部署。这是中国发展理念和发展重心由“重陆轻海”向“海陆并重”方向的重大历史性转变，昭示着海洋强国时代的正式开启！蓝色国土将以发展主战场的新姿态阔步迈入中华民族伟大复兴的历史进程！

“向海则兴，背海则衰。”20世纪风云变幻的国际形势和列强数度入侵的惨痛经历，让拥有着数千年灿烂文明的中华民族对海洋及与之密切相连的制海权有了刻骨铭心的认知，但知易行难，海洋意识的养成、发展理念的更新、战略决策的调整、管理制度的重构、具体实践的执行都不是一蹴而就的过程，站在又一个五年规划的起点，面对着浩瀚莫测的海洋，我们必须承认，海洋强国之路，从理念更新到战略抉择，从制度设计到社会实践，中国才刚刚起步。

二、海洋强国之战略抉择

近代以来，海洋常常和中华民族的生死危亡紧密相连，但对于正致力于实现民族复

---

* 董加伟，男，法学博士，中国海监山东省总队工程师，从事海洋法、渔业法理论研究，主要研究方向：行政法学、海洋法、渔业法。

** 王盛，男，中国海洋发展研究会环保分会秘书长，山东省海洋与渔业厅经济师，主要研究方向：海洋发展战略。

兴的中国而言，实施海洋强国战略不能只是痛定思痛之后的一种本能觉悟，也不能只是适应21世纪海洋开发与管理国际新秩序的一种被动应对，更是或更应该是在对人类社会发展历史和国家兴衰更替规律深刻把握基础之上，在综合考虑时代发展主题、国际总体环境、周边地区形势、自身内在条件之后，对国家和民族未来发展方向和进退路径的一种自主抉择。

（一）海洋强国战略抉择之必然性

海洋是与陆地并列的地球两大地理单元之一，是人类生命支持系统的重要组成部分。随着陆地资源的持续衰退和环境问题的持续恶化，人类将发展的视野转向陆地之外的领域是一个当然和必然的选择，而海洋作为一个巨大资源宝库的特性在保障其价值提升的同时更为这种战略转向提供了难以抵御的牵引。作为人类的第二生存空间，海洋蕴藏着以渔业资源为主的丰富的生物资源、以石油和天然气为主的丰富的能源资源，同时海洋及其上空维系着90%以上的世界贸易[1]，其生命线作用在国家能源安全、国土安全范畴中的意义日益突出。鉴于海洋的巨大战略、经济和生态意义，20世纪80年代以来，世界主要海洋国家纷纷调整海洋开发策略，美国于1999年提出“21世纪海洋开发战略”、2004年批准“美国海洋行动计划”；欧盟于2005年通过《综合性海洋政策》及第一阶段行动计划；日本于2004年发布第一部海洋白皮书、2007年通过被称为“海洋宪法”的《海洋基本法》[2]；加拿大于2002年制定《加拿大海洋战略》、2005年颁布《加拿大海洋行动计划》；韩国2004年出台海洋战略《海洋韩国21》……对于正致力于“两个百年目标”的中国而言，将海洋作为强国之路的新领域是一个必然的选择。

（二）海洋强国战略抉择之必要性

实施海洋强国战略是维护国家安全利益之所需。中国三面向陆，一面环海，属于陆海兼备的国家，除作为内海的渤海外，中国东部自北向南分布着黄海、东海和南海三片海域。在以蒸汽动力为基础的远程航海技术出现之前，海洋一直是中国东、南部国土安全最牢固的天然屏障，但同时也在一定程度上导致了中国制海权战略的弱化和海军力量建设的滞后，直到近代以来被西方列强坚船利炮的频繁侵犯和日本的残酷侵略所警醒。随着现代信息技术的发展，第一、二次世界大战式的无限战争方式已经并将继续被“综合利用外层空间卫星侦察技术、低层空间预警技术、深层海域潜艇和声呐技术，配合陆海平面精确导弹打击技术”[3]的新型战争形式所取代，海洋将是未来保障国家领土安全的主战场，海军将是决定国家安危的主力军。

实施海洋强国战略是维护国家主权利益之所需。冷战结束后，美国逐步形成和坚持实施了以中国为假想敌的亚太战略，而日本、菲律宾等东南亚国家及印度都因与中国的领土矛盾或者特定的战略发展意图而在战略上追随美国[4]，致使中国周边海域安全形势持续动荡，呈现出黄海相对稳定、东海持续僵持、南海局部冲突的格局。特别是随着南海油气资源开发的加快和航运通道作用的凸显，区域外大国出于遏制中国发展、维护本国利益的考虑急剧加大介入南海问题的深度，特别是美国和日本国内支持美国帮助所谓越南、菲律宾等和中国勇于抗衡的声音和势力不断上升，致使南海围绕岛礁归属的小规模主权冲突频繁出现，中国的南海政策面临美国、日本、澳大利亚、欧洲西方国家等国内舆论和政策上沉重的外交压力。[5]在此背景下，实施海洋强国战略不仅是维护中国海洋权益之所需，更是争取国家发展空间，保障能源和经济通道安全之必需。

三、海洋强国之实践路径

海洋强国建设是一个涵盖多行业、多领域、多要素的系统工程，其进程不仅取决于国民海洋意识的觉醒和对海洋强国目标的执著，更需要严谨周密的制度设计、健全完善的体制保障和有机高效的机制运作。

（一）海洋强国实践路径之意识养成

意识是抽象的，无有形之体可令旁观者触摸感知，意识又是具象的，直接决定了人或组织的行为方向和力度。海洋强国战略不能凭主观愿望强行实施，而必须依赖于全民海洋意识的觉醒和强化，这已为众多同类实践所反复证明。强化全民海洋意识应构筑“三个平台”：一是政策制定执行平台。中国是一个具有悠久集权历史的国度，命令执行式的自上而下式变革模式具有深厚的社会基础，因此如海洋开发规划、海洋经济区建设之类的国家海洋战略、政策的出台和宣传是短时期内提升全民海洋意识最有效的方式；二是平面及新媒体平台。一方面要优化并充分发挥《中国海洋报》《渔业报》等涉海媒体的专业引导作用，增加海洋在《人民日报》等综合媒体的宣传比重，另一方面要通过增设海洋频道、建立官方微博和微信公众号等新媒体，拓展宣传广度；三是国民教育平台。在中小学课本中增加海洋的内容，在重点大学增设海洋学科，举办海洋科普、海洋维权展览和海洋节等艺术活动，让海洋教育成为国民终生教育的内容之一。

（二）海洋强国实践路径之理念更新

海洋是大自然赋予全人类的共同财富，蕴藏着丰富的生物、能源、环境和空间资源。受开发技术和认识水平的限制，长期以来，我国对海洋的开发集中于资源利用领域，对海洋的管理延伸于陆地管理部门，呈现出“多头、多级、分权、分散”的状态和“无序、无度”的现状。建设海洋强国，必须学会从空间、资源、环境、权益一体的角度重新认识和定位海洋的多元价值和多宜功能，牢固树立起海洋综合管理的理念，从国家整体和长远两个利益出发，突破行业和地域两个限制，统筹考虑，整体把握，科学确定海洋开发与管理的基本原则，综合运用政策、规划、立法、执法等手段，合理控制海洋开发的方向、规模、力度和海洋管控的方式、手段、程度，为海洋强国之路提供坚实保障。

（三）海洋强国实践路径之制度完善

海洋强国是一个宏大、长远的战略目标，也是一个渐进、多维的实践过程，必须统筹谋划、协调推进。首先要完善战略规划，当前应以地区性守成为方向，立足于中国国力实际，兼顾于周边局势和国际环境，合理确定海洋强国战略的总体目标，协调产业布局，明确发展重点，细化阶段任务；其次要完善法律法规。笔者并不认为海洋立法的“缺、失”是制约中国海洋事业发展的瓶颈，也不认为制定一部《海洋基本法》即可解决开发无序、管理无据的痼疾。但从规范分析角度评析，我国海洋立法层级偏低、体系松散、部门化强、操作性差的问题确实比较突出，应借鉴美、日等海洋发达国家的立法经验，在宪法中增加海洋的内容，着手制定《海洋基本法》，修订《专属经济区和大陆架法》《领海和毗连区法》中“主权机关”之类过于原则的规定和《海洋环境保护法》《海域使用管理法》中的冲突规范条款，提高立法的可操作性；三是完善相应配套制度。规划和法律在总体上是原则的，而且具有滞后惰性，海洋强国战略部署和法律法规的具体实施需要大量具体可行的配套制度予以落实，如《渔业法》确立 TAC 制度 16 年之后仍束之高阁的空头立法状况决不能重复上演。同时应建立制度性评价和奖惩体系，切实提高制度执行的效率。

（四）海洋强国实践路径之体制重构

海洋强国由战略规划向现实实践的推进，中国从海洋大国向海洋强国的转变离不开海洋管理的坚强保障。但长期以来，中国海洋管理主体庞杂分散、管理依据政出多门、管理行为“群龙闹海”、执法效率普遍不高的状况饱受诟病，并在多层面、多领域限制了海洋事业的全面发展。实施海洋强国，重构海洋管理之体制、机制是不可或缺的重要一环。一是要重构海洋管理体制。积极适应国际海洋开发新秩序和海洋综合管理新任务的要求，变行业分散管理模式为统一综合管理模式，成立国家海洋管理总局，提升建制规格，确立其海洋管理领导机关的地位，使其在国家海洋委员会的领导下，全面负责国家海洋政策的制定和海洋事务的管理；二是要重构海洋执法体制。根据 2012 年《国务院机构改革和职能转变方案》，中国海洋执法体制改革已提上议事日程，但中国海警局的组建进程十分缓慢，其中原因众多，笔者认为，关键问题在于重构目标的模糊和推进思路的混乱。中国海洋执法体制改革必须服从于国家战略的总体部署，服从于自身国力实际，既不故步自封，闭门造车，也不邯郸学步，盲目照搬他国模式，应按照决策权与执法权分离的思路，将中国海警局与国家海洋局剥离，由其独立、全权负责海洋执法事务。在中央和地方执法力量整合方面，则应借鉴我国质量监督部门和检验检疫机构改革组合的成熟经验，在地方分别设立直属海警机构和地方海洋执法机构，分别负责对外维权和对内执法，统一领导，合理分工，全面提升我国海洋管控能力，为海洋强国战略实施提供坚实保障。

四、结语

“坐而论道，不如起而行之。”海洋强国战略最终要落脚于真实世界的具体实践，既要坚持开放性，积极学习借鉴海洋先进国家的有益经验，又要坚持系统性，科学制定目标合理、布局完善的整体规划，更要坚持实践性，稳步落实切实可行的具体推进措施。回眸百年，海洋数度成为中华民族难以忘却的痛；眺望前程，海晏河清的航标熠熠生辉点亮指向之灯；正视当下，海洋强国之路就在脚底等待实干之人。

参考文献

［1］ 马嬰．海洋战略是国家和平与繁荣的重要基石［C］．见胡思远编．中国大海洋战略［C］．北京：北京时代华文书局，2014：1.

［2］ 赵蕾．中国制定《海洋基本法》的必要性和可行性研究［D］．青岛：中国海洋大学，2011：

15-18.
[3]　张文木．论中国海权［M］．北京：海洋出版社，2014：9-11、16、41.
[4]　鞠海龙．中国海权战略［M］．北京：时事出版社，2010：85.
[5]　朱锋．南海主权争议的新态势：大国战略竞争与小国利益博弈［J］．东北亚论坛，2015，(2)：7.

论文来源：本文原刊于《海洋开发与管理》2016 年 05 期，第 46-49 页。
基金项目：中国海洋发展研究会基金项目（CAMAJJ201509）。

论共生系统理论视阈下的“一带一路”建设

夏立平*

摘　要： 共生系统理论是通过把共生理论和系统理论相结合，在这一基础上进行创新。它可以对推进“一带一路”的建设发挥重要参考作用。丝绸之路经济带设想的一个重要内容，是打通从太平洋到波罗的海的运输大通道，逐步形成连接东亚、西亚和南亚的交通运输网络。21世纪海上丝绸之路将主要有西线、东线和南线三条线。“一带一路”将是亚洲腾飞的“两只翅膀”。中国应该以共生系统理论指导“一带一路”战略的制定，将“一带一路”建设作为一个共生整体系统，同时作为系统工程来推进。“一带一路”建设的长期目标是建立共生型国际体系。

关键词： 一带一路；共生系统理论；丝绸之路

“一带一路”[1]已经成为中国的重大战略构想和重大战略部署。它将中国国内战略和国际战略紧密结合。“一带一路”是中国国家发展战略的重要组成部分，是中国对外战略的重要组成部分，是中国周边战略的重要组成部分，也是中国海洋强国战略的重要组成部分。共生系统理论可以对推进“一带一路”的建设发挥重要参考作用。

一、共生系统理论的构建

（一）共生理论的演变与发展

“共生”一词的概念源于生物学，指不同种属的生物一起生活。是指动植物互相利用对方的特性和自己的特性一同生活相依为命的现象。在我国古老的中医学说中，也早就提出了“五行学说”、“相生相克”的“共生理论”。德国生物学家德贝里1879年提出“共生”概念，指共生单元之间在一定的共生环境中按某种共生模式形成的关系，其要素包括共生单元、共生模式和共生环境。

20世纪中叶以来，共生理论和方法开始应用于其他科学领域，包括社会科学领域，主要是医学领域、农业领域和经济领域。有的西方社会学者认为，在科技高度发达的现代社会里，人们之间的交往越来越密切，具有高度知识的人与生产工具的综合比以往任

* 夏立平，男，中国海洋发展研究会理事，同济大学国际与公共事务研究院院长，中国亚太研究会副会长。

何时候都要密切。因此，人与人之间、人与物之间已经结成了一个互相依赖的共同体。在此基础上，西方的一些社会科学家提出了一种“共生方法”的理论来设计社会生产体系，强调社会生产体系中各种因素的作用与关系。1998 年，中国学者袁纯清运用共生理论研究小型经济，认为共生不仅是一种生物现象，也是一种社会现象；共生不仅是一种自然现象，也是一种可塑状态；共生不仅一种生物识别机制，也是一种社会科学方法。[2]

21 世纪 20 年代以来，中国学者开始将共生理论应用在国际关系领域。金应忠研究员的论文《国际社会的共生论——和平发展时代的国际关系理论》，认为“‘共生’不仅是国际社会的一种客观存在，而且是国际社会发展的基本途径”。[3]苏长和教授在论文《共生型国际体系的可能——在一个多极世界中如何构建新型大国关系》提出建立共生型国际体系的思路。[4]胡守钧教授论文《国际共生论》强调，必须从社会共生关系出发观察社会（包括国内社会、国际社会）。[5]

（二）系统理论的演变与发展

系统思想源远流长。系统一词来源于古希腊语，是由部分构成整体的意思。恩格斯就指出：“关于自然界的所有过程都处于一种系统联系中这一认识，推动科学到处从个别部分和整体去证明这种系统联系”。[6]

作为一门科学的系统论，是由美籍奥地利人、理论生物学家 L. V. 贝塔朗菲创立的。他在 1932 年发表《抗体系统论》，提出了系统论的思想。1937 年提出了一般系统论原理，奠定了这门科学的理论基础。1968 年贝塔朗菲发表专著《一般系统理论基础、发展和应用》，确立这门科学的学术地位，被公认为是这门学科的代表作。贝塔朗菲在该书中说：“一般系统论是对整体和整体性的科学探索”。他还指出：“一般系统论是关于整体的一般科学”。[7]很显然，他是把整体作为系统论研究对象的。至于整体和部分的关系，他仅强调指出“整体大于部分之和”的性质，而并没有对其做进一步的考察。贝塔朗菲的这种以整体性为研究对象的系统论可称为经典系统论。

中国科学大师钱学森继承了贝塔朗菲系统论的基本思想，但又把它的研究对象进一步扩展了，即扩展为以整体与部分的关系为研究对象的理论。20 世纪 70 年代末，钱学森就明确指出：“我们所提倡的系统论，既不是整体论，也不是还原论，而是整体论与还原论的统一。”[8]1979 年 10 月，钱学森在北京系统工程学术讨论会的演讲中还说过：“局部与全部的对立统一……本来是辩证唯物主义的常理；而这就是系统概念的精髓。”[9]这样一来，钱学森把辩证法引进了系统论，使它发展成为辩证系统论，或者叫现代系统论。钱学森在有关系统科学和系统工程的研究和实践中，也都强调把整体与部分结合起来解决问题的思想，并且提出了“综合集成方法”，从而对我国的社会主义现代化建设实践发挥了巨大的推动作用。

系统论揭示出，系统客体除具有因果联系外，还有系统联系、结构联系、功能联系和起源联系等。系统联系揭示了特定系统与其他系统在纵横各方面所形成的内在联系；结构联系展示了系统要素诸变量之间的各种内在的耦合关系或组合方式；功能联系是系统与外部介质之间的关联，它是把外部的物质、能量和信息输入到系统中去，并通过系统内部的结构变换为输出的过程；起源联系则展现了在系统产生和发展过程中诸要素之间、要素与环境之间所形成的必然联系。系统论提供的这些联系类型，丰富和深化了唯物辩证法的普遍联系观点。

系统论认为，任何物质系统都是具有诸多的关系、方面和特征的复杂系统。复杂系统包含许多关系，也就是包含许多矛盾或潜在矛盾。这样，系统论把唯物辩证法关于事物是多个方面、多种关系、多种矛盾的总和这一重要思想具体化了。

系统论表明，不同的要素组成的系统，其结构、性质、功能都不同；任何系统在特定范围内，要素之间的排列次序或结构的变化，并不引起系统整体的功能特性的改变。系统最终表现为从一种有序结构过渡到另一种新的有序结构。系统论坚持系统的整体性、关联性、动态性、最佳化等重要原则。[10]

（三）构建共生系统理论

共生系统理论是通过把共生理论和系统理论相结合，在这一基础上进行创新。共生系统理论的主要论点包括：

首先，世界一切事物都是共生在一个大系统中，是相互影响，相互作用，相互转化的。这就是“蝴蝶效应”[11]之所以产生的根本原因。国际体系是这个大系统中的一个组成部分，同时它本身也是一个系统，它的各组成部分之间都处于一种系统联系中，都是共生的。也就是说，国际体系中国家行为者之间、非国家行为者之间、国家行为者与非国家行为者之间都是相互影响和相互作用的。

第二，国际体系这一系统中各组成部分与整体之间的关系是辩证的。一方面，整体是由部分构成的，没有部分便没有整体，因而整体依赖于部分；另一方面，部分又是整体的组成部分，部分依赖于整体。但整体并不等于各部分的简单相加，而是具有新质特征的整体。例如，在当今国际体系中，既有发达国家，也有发展中国家；发达国家可分为超级大国和其他发达国家；发展中国家又可分为新兴大国、新兴工业化国家、最不发达国家等。当今国际体系虽然仍是由西方发达国家占主导地位，但随着一批新兴大国和新兴工业化国家的崛起，以及以发展中国家为主的亚洲的崛起，国际体系中的新质正在增加，霸权主义受到更多的抵制，和平共处五项原则更多地被接受和尊重，新安全观已经提出。

第三，国际体系这一系统中各组成部分之间的关系是辩证的，即对立统一的。他们既共生又竞争、既对话又斗争、既包容又排斥。正是这种事物矛盾双方既统一又斗争推动事物的运动、变化和发展。例如，中国和美国的关系是对立统一的。它们存在深刻的矛盾：美国是国际体系中占主导地位的大国，中国是国际体系中上升的大国；美国是最大的发达国家，中国是最大的发展中国家；美国是已经实现现代化的国家，即后现代化国家，而中国是正在实现现代化的国家。但同时，中国和美国的共同利益或并行不悖的利益也很大。冷战时期，中美关系只有一根支柱，即共同对付苏联霸权主义。而现在中美关系有两根支柱，即经济和安全。中美在经济上的相互依存不断增加，成为两国关系稳定的压舱石和黏合剂。在安全的两大部分，即非传统安全领域和传统安全领域，中美之间共同利益或并行不悖的利益也在增加。中美之间既共生又竞争、既对话又斗争、既包容又排斥的对立统一，成为推动相互关系和国际体系运动、变化和发展的重要因素之一。

第四，人类对共生系统性的认识经历一个从自在向自觉转变的过程。人们对拓扑学连锁反应的感性认识虽然长期以来存在，但真正提升到共生理论的高度来认识是近代的事。系统思想虽然源远流长，但提升至系统理论也是在现代。这些都存在一个事物从自在的向自觉的转变。在对国际体系的认识过程中，欧洲强权国家在18—19世纪只把欧洲国家作为主权国家，而把亚非拉广大地区作为它们的殖民地。随着20世纪亚非拉国家在民族解放运动中纷纷实现民族解放和国家独立，西方国家才不得不将亚非拉国家也作为国际体系中的成员。和平共处五项原则是由发展中国家提出的，但代表了世界各国的利益。这是人类对国际体系共生系统性认识的一大进步。在当今全球化时代，世界许多国家经济相互依存关系的发展，使得它们之间在经济上“一荣俱荣、一损俱损”。当然，这种相互依存关系现在又是不对称的，西方国家往往利用这种不对称的经济关系，向它们所认为的对手或异类施加压力。同时，世界各国在非传统安全领域面临着许多共同或相似的挑战，如气候变暖、环境污染、恐怖主义、大规模杀伤性武器扩散、跨国犯罪、毒品走私、艾滋病、埃博拉病毒等。

第五，由于系统中的各组成部分与整体之间是共生的，一个国家必须在考虑自己国家利益的同时，考虑全人类的共同利益。近年来，世界越来越多的国家逐渐认识到，在“地球村”这一共生系统中，世界各国必须合作才能应对这些挑战和威胁；而只有实行开放包容的对外战略，才能实现合作共赢

二、“一带一路”建设的战略构想与前景

（一）“丝绸之路经济带”建设的战略构想与前景

“丝绸之路经济带”（Silk road economic belt）是中国国家主席习近平2013年9月7日在哈萨克斯坦纳扎尔巴耶夫大学作重要演讲时首先提出的。习近平指出：“为了使欧亚各国经济联系更加紧密、相互合作更加深入、发展空间更加广阔，可以用创新的合作模式，共同建设‘丝绸之路经济带’，以点带面，从线到片，逐步形成区域大合作。”[12]

2 100多年前张骞开辟的“古丝绸之路”东起长安（今西安）、西达罗马，曾是横贯东西、连接中国与亚欧各国重要的贸易通道。在这条具有历史意义的国际通道上，五彩丝绸、瓷器和香料络绎于途，为古代东西方之间经济、文化交流做出了巨大贡献。作为经济全球化的早期版本，这条贸易通道被誉为全球最重要的商贸大动脉。

丝绸之路经济带，是在古丝绸之路概念基础上形成的一个新的经济发展区域。新“丝绸之路经济带”，东边牵手新兴的亚太经济圈，西边系着发达的欧洲经济圈，是世界上最大、最长和最具有发展潜力的经济带。总人口近30亿，占世界人口的近一半，领土总面积超过3 716万平方千米，占欧亚大陆的3/5。

丝绸之路经济带设想的一个重要内容，是“打通从太平洋到波罗的海的运输大通道，逐步形成连接东亚、西亚和南亚的交通运输网络”[13]。上海合作组织正在协商交通便利化协定，目的是开辟从波罗的海到太平洋、从中亚到印度洋和波斯湾的交通运输走廊。中国和西班牙之间的“新丝路”铁路班列于2014年12月开始运行。这是中国和欧洲之间第三条直达铁路班列，另外两条与德国相连（即渝新欧国际铁路联运大通道

和郑欧国际铁路货运班列）。它们都横跨第二亚欧大陆桥。亚欧大陆桥是通过铁路将亚欧大陆连接起来的陆路运输通道。第二亚欧大陆桥指 1990 年 9 月与哈萨克斯坦铁路接轨的经过我国兰新铁路、陇海铁路的新亚欧大陆桥。由于所经路线很大一部分经过古代的丝绸之路，所以人们又称作现代丝绸之路。第二亚欧大陆桥东起我国连云港，向西经陇海线，过我国边境的阿拉山口，进入哈萨克斯坦，再经俄罗斯、白俄罗斯、波兰、德国，西止荷兰鹿特丹港。全长 10 800 千米，该铁路 1992 年 12 月 1 日正式投入国际集装箱运输业务。2014 年 12 月 17 日，中国、塞尔维亚、匈牙利、马其顿决定在 2013 年规划的匈塞铁路基础上，进行延伸扩展，北起匈牙利布达佩斯，南至希腊比雷埃夫斯港，中途经过马其顿科普里和塞尔维亚贝尔格莱德，搭建一条全新的中欧陆海快线。

泛亚铁路网将成为丝绸之路经济带的自然延伸和重要组成部分。2014 年 12 月 19 日李克强总理与泰国总理共同见证了《中泰铁路合作谅解备忘录》的签署。拟建设的中泰铁路连接泰国北部的廊开和南部港口玛达普，总长 800 多千米，是泰国首条标准轨铁路，将全部使用中国的技术、标准和装备建设。这是以泰国为中心、遍布整个东南亚的“泛亚铁路网”计划的一部分。泛亚铁路从 20 世纪 60 年代开始酝酿，至今已有半个世纪。它计划从云南省昆明市出发，东线经玉溪、蒙西、河内、胡志明市、金边到曼谷；中线经景洪、磨憨、老挝首都万象，到达泰国首都曼谷；西线经大理、保山、瑞丽、缅甸仰光至曼谷。东中西三线最终在曼谷汇合，随后向南经过吉隆坡最终到达新加坡。

与此同时，丝绸之路经济带也涵盖若干经济走廊，包括孟中印缅经济走廊、中蒙俄经济走廊、中国—巴基斯坦经济走廊等。

孟中印缅经济走廊是 2013 年 5 月李克强总理访印期间中印共同倡议建设的，旨在推动中印两个大市场更紧密连接，加强该地区互联互通。中国西南、印度东部、缅甸、孟加拉相对而言均不发达，此前邦省级别的合作动力有限。而将打造“经济走廊”上升至国家层面，能够通过中印缅孟经济走廊的辐射作用带动亚洲经济最重要三块区域，即南亚、东南亚、东亚三大经济板块联合发展。

中蒙俄经济走廊是 2014 年 9 月 11 日国家主席习近平在中俄蒙三国元首会晤时提出的。习近平主席说：“中方提出共建丝绸之路经济带倡议，获得俄方和蒙方积极响应。可以把丝绸之路经济带同俄罗斯跨欧亚大铁路、蒙古国草原之路倡议进行对接，打造中蒙俄经济走廊，加强铁路、公路等互联互通建设，推进通关和运输便利化，促进过境运输合作，研究三方跨境输电网建设，开展旅游、智库、媒体、环保、减灾救灾等领域务实合作。”[14]

中巴经济走廊是 2013 年 5 月国务院总理李克强访问巴基斯坦期间两国同意启动建设的。按照初步规划，中巴经济走廊将连接中国西部和巴基斯坦，它从新疆的喀什直通巴基斯坦的西南港口城市瓜达尔港，其中包括高速公路、铁路、石油和天然气管道以及经济特区等项目建设。预计这条经济走廊的投资额将达到 200 亿美元。中巴经济走廊将连接丝绸之路经济带和 21 世纪海上丝绸之路。

（二）“21 世纪海上丝绸之路”建设的战略构想与前景

“21 世纪海上丝绸之路”（the Maritime Silk Road in the 21st Century）是国家主席习

近平2013年10月3日在印尼国会发表重要演讲时首次提出的。习近平指出："东南亚地区自古以来就是'海上丝绸之路'的重要枢纽，中国愿同东盟国家加强海上合作，使用好中国政府设立的中国—东盟海上合作基金，发展好海洋合作伙伴关系，共同建设21世纪海上丝绸之路"。[15]

海上丝绸之路早在中国秦汉时代就已出现。唐朝中后期，陆上丝绸之路因战乱受阻，加之中国经济重心转向南方，海上丝绸之路取代陆上丝绸之路成为中外贸易主通道。南宋和元朝时期航海技术的突破和经济贸易的空前需求使海上丝绸之路达到鼎盛。海上丝绸之路主要分为东线和西线两条线。东线是向东直抵朝鲜半岛和日本。西线是向西通达东南亚、南亚、西亚、北非、欧洲等。斯塔夫里阿诺斯在《全球通史》中这样描述宋元时期海上丝绸之路的影响："宋元时代的欧亚大陆展开了前所未有的商品和技术交流。海洋四通八达，技术与市场、原料与商品、生活习俗与宗教信仰、思想与艺术彼此交流、相互影响，从东北亚的日本、高丽，到东南亚各地和印度沿海，乃至波斯湾和东非各港口，已经形成了一个'小全球化'的活跃贸易网络，商船扬帆万里；中国内陆是庞大的丝绸、瓷器、茶叶供应基地，这些深受国外客商欢迎的产品，从各地经过车马、舟船、手挑、肩扛，汇聚到海岸线上的各大小港口，集中到泉州等大港口装上大船随着季风运往海外……与此同时，发生在宋朝庞大经济体内部的商业革命则十分有力支撑宋朝成为整个中国古代最富有的朝代。南宋偏安半壁江山，但城市化率、科技商业却是中国古代的最高峰"。[16]600多年前，中国伟大的航海家郑和率领由250多艘船只组成的舰队，访问了30多个南亚和非洲的国家和地区。

海上丝绸之路不仅促进了沿线国家的贸易和文明交流，影响沿线国家的政治经济，也塑造和改变了历史。海上丝绸之路的繁荣吸引了当时还在中世纪蒙昧时代的欧洲人对东方和中国的向往，使他们想绕过穆斯林世界寻找前往东方的新航路，从而引发地理大发现和大航海。

但由于明朝在郑和七下西洋之后实行海禁，以及清朝继续实行海禁政策，海上丝绸之路受到极大阻碍。海禁直接导致中国退出海洋竞争。这种闭关锁国的政策，也是中国1840年后落后挨打的最重要原因之一。

"21世纪海上丝绸之路"将主要有西线、东线和南线三条线。西线从中国沿海港口过南海，经马六甲海峡和印度洋，途经东南亚、南亚、西亚、中东、北非，通达欧洲。东线将不仅直抵朝鲜半岛、日本和俄罗斯远东地区，而且可以到达北美大陆和拉丁美洲；随着北极环境变化和北极航道的开通，甚至可以通过北极航道，抵达欧洲和北美大陆东海岸。南线将从中国沿海港口过南海，经东南亚抵达南太平洋国家，这是"21世纪海上丝绸之路"的自然延伸。

（三）"一带一路"建设的战略构想与前景

2014年1月17日，国家主席习近平在人民大会堂会见来华出席中国—海湾阿拉伯国家合作委员会第三轮战略对话的海合会代表团时表示："中方愿同海方共同努力，推动丝绸之路经济带和21世纪海上丝绸之路建设"。[17]同年3月，李克强总理在《政府工作报告》提出，抓紧规划建设"丝绸之路经济带"和"21世纪海上丝绸之路"。同年4月，博鳌亚洲论坛年会开幕大会上，李克强总理全面阐述了中国的亚洲合作政策，并特别强调要推进“一带一路”的建设。[18]同年11月8日，国家主席习近平在“加强互联互通伙伴关系”东道主伙伴对话会上的讲话中，将“一带一路”比喻为亚洲腾飞的两只翅膀。[19]他指出：“当前，‘一带一路’进入了务实合作阶段”。[20]

“一带一路”（One Belt and One Road）建设应是亚欧非拉北美大洋洲动和互动，将成为世界经济的新增长源。

从地域范围来说，将可能经历两个阶段：

第一阶段重点是通过“丝绸之路经济带”实现亚太经济圈和欧洲经济圈的大连通和经济带本身的发展；通过“21世纪海上丝绸之路”促成东亚经济共同体的形成以及中国与印度洋国家、非洲国家、中东国家形成机制化的睦邻友好关系。第二阶段重点是通过“丝绸之路经济带”和“21世纪海上丝绸之路”实现亚太自贸区、欧亚大陆经济圈、非洲联盟和中东经济圈联动和互动，最后实现经济一体化。

亚洲基础设施投资银行、丝路基金、中国—东盟海上合作基金、中国—欧亚经济合作基金[21]、金砖国家开发银行[22]，以及规划中的上合组织银行[23]将是推进“一带一路”建设的重要投融资平台。2013年10月2日，国家主席习近平表示，为促进本地区互联互通建设和经济一体化进程，中方倡议筹建亚洲基础设施投资银行，愿向包括东盟国家在内的本地区发展中国家基础设施建设提供资金支持。亚洲基础设施投资银行（Asian Infrastructure Investment Bank）是一个政府间性质的亚洲区域多边开发机构，重点支持基础设施建设。亚投行法定资本1 000亿美元。2014年10月24日，包括中国、印度、新加坡等在内21个首批意向创始成员国的财长和授权代表在北京签约，共同决定成立亚洲基础设施投资银行。同年11月8日，国家主席习近平宣布，中国将出资400亿美元成立丝路基金，为“一带一路”沿线国基础设施建设、资源开发、产业合作等有关项目提供投融资支持。[24]2011年11月国务院总理在第十四次中国与东盟领导人会议提出，中方将设立中国—东盟海上合作基金，推动海洋科研与环保、互联互通、航行安全与搜救、打击跨国犯罪等领域合作。[25]

“一带一路”建设适应了地区和世界经济发展的新形势，适应了欧亚经济转型发展的需要，将兼顾所有参与国家利益的需要。它将成为地区和世界经济发展的新动力。正因为如此，丝绸之路沿线60多个国家，已有50多个国家表示支持“一带一路”建设。

三、运用共生系统理论推进“一带一路”建设

中国应该以共生系统理论指导“一带一路”战略的制定。

（一）将“一带一路”建设作为一个共生整体系统，并运用系统工程理论来推进

从共生系统论角度看，“一带一路”是一个共生的整体系统，它的建设必须统筹全局、照顾共生。

首先，“一带一路”建设必须统筹国内国外两个大局，将中国国内经济社会发展战略与对外经济合作紧密结合起来。2014年12月11日，习近平总书记在中央经济工作会议强调2015年“重点实施‘一带一路’、京津冀协同发展、长江经济带三大战略”。这三大战略可以相互结合共同推进。“一带一路”战略实际上成为中国对外经济合作总体构想的重要组成部分，是新时期我国深化改革开发的重大举措，也是促进国内经济转

型发展，扩大、优化对外开放格局的动力源之一。中西部成为“一带一路”战略的前沿，国家资源更多向西部倾斜，加快中西部开发，与对外经济合作密切结合，促进国内发展和实现沿线国家共同发展，做到共商、共建、共享。“一带一路”战略也促进中国优质产能走出去。当前，中国经济正在从劳动力密集型为主向资本—技术密集型为主转型，同时中国经济发展又面临环境的巨大压力。“一带一路”战略可以促使中国将其经济新的比较优势和优质产能，如高铁、港口设备等向国外投资和销售。“一带一路”战略在推进中，必须统筹考虑和综合运用国际国内两个市场、国际国内两种资源、国际国内两类规则。“一带一路”战略又可以倒逼中国国内的经济和行政改革，促使政府和企业更加重视劳工保护法律和环境保护法律的实施和落实。

其次，“一带一路”战略的目标是中国与丝绸之路沿线国家构建利益共同体、命运共同体、责任共同体。共生系统论是构建这些共同体的理论基础。正是因为中国与丝绸之路沿线国家是共生的，需要树立同舟共济、互利共赢的意识，加强合作，联合自强。“一带一路”本身是中国提出的适应亚洲发展的新型区域合作机制。中国与丝绸之路沿线国家在构建利益共同体、命运共同体、责任共同体的过程中，将逐渐构建经济共同体、金融共同体、安全共同体。例如，“一带一路”建设可以成为区域经济一体化的重要抓手，促进“区域全面经济伙伴关系协定”（英文缩写 RCEP）[26]的签订，以及东亚共同体、亚太自由贸易区（英文缩写 FTAAP）的建设。又如，可以侧重将上海合作组织打造为成员国命运共同体和利益共同体，使其成为成员国共谋稳定、共同发展的可靠保障和战略依托；同时加强上海合作组织与欧亚经济共同体的合作。也可以构建其他小多边安全机制，比如在南海建立共同休渔制度、开展联合巡逻、进行双边与多边联合军事演习，等等。还可以充分运用好各种双边合作机制，如中韩自由贸易区、中澳自由贸易区等。

第三，“一带一路”战略必须统筹发展与安全两件大事。“一带一路”建设主要是促进中国与丝绸之路沿线国家的经贸关系和文化交流，但“一带一路”建设离不开安全保障。随着中国利益向海外扩展，必然要涉及中国在海外人员、投资和产业的安全，涉及所在国和区域安全问题。因此，中国必须牢牢把握坚持和平发展、促进民族复兴这条主线，统筹安排和协调，通过各种双边和多边安全合作机制，根据国际法和国际规则，维护国家主权、安全、发展利益。中国军事力量走出国门，承担国际义务和责任，保卫国家利益，应在国际法框架下，顺势而为，水到渠成。例如，中国向印度洋派遣军舰反海盗，向南苏丹派出维和部队等。在“一带一路”战略中，经贸关系发展是第一位的，安全是为了保证这种发展，二者应是相辅相成、互相传输正能量的。

第四，“一带一路”建设应是经贸、人文、金融、安全、政治五位一体综合性的。历史上丝绸之路和海上丝绸之路既是连接中国与亚欧各国的重要贸易通道，又是东西方文明交流的重要途径。而现在的“一带一路”建设则不仅要发挥经贸和人文作用，而且必须考虑到从长远来说，不可避免要涉及金融、安全、政治等领域。它的最终目标不仅是建立经济共同体，而且也是建立金融共同体和安全共同体。从共生系统论出发，必须综合考虑“一带一路”建设的整体性，统筹协调好这五个方面的工作。

第五，“一带一路”建设应该强调开放包容。历史上的丝绸之路不光是中国人开拓出来的，也是丝绸之路沿线各国人民共同努力的结果。当前的“一带一路”建设也不应只是中国的努力，应该充分调动“一带一路”沿线各国的积极性。“一带一路”沿线各国国情千差万别，社会制度、文化、经济发展水平不同。正因为共生系统论将“一带一路”建设看作是一个共生系统的整体，它应该具有极大的包容性，努力形成深度交融的互利合作网络。在“一带一路”建设中，中国可以将自己的计划和项目与沿线各国的规划和项目结合起来。例如，哈萨克斯坦正在实施的“西欧—中国西部”国际公路运输走廊项目，契合了“丝绸之路经济带”的构想。

“一带一路”建设是一个系统工程，必须按照系统工程本身的规律来统筹协调、逐步推进。现在国内各省市对“一带一路”建设热情很高，这是好事。但历史经验教训表明，越是积极性高的时候，越要讲究科学决策，避免仓促实施，不可一哄而上，要选择重点、量力而行、稳步向前。

将“一带一路”建设作为系统工程来推进时，还必须充分考虑到其面临的挑战和风险。

首先，美国作为国际体系中的主导大国，它对“一带一路”建设采取何种政策。现在奥巴马政府对中国仍采取“两边下注”战略，一方面，美国争取在有共同的和并行不悖的利益问题上与中国合作；另一方面，美国担心中国崛起后可能成为美国的对手，因此对中国进行制约或做出应对准备。美国的“亚太再平衡”战略有针对中国的因素，但不是完全针对中国的。在这种情况下，中国和美国应努力构建不冲突不对抗、相互尊重、互利共赢的新型大国关系，中国应表明“一带一路”建设的巨大包容性，在这一框架下处理中美两国在“一带一路”建设方面可能产生的矛盾，争取合作共赢。

第二，一些周边国家对中国存在不信任与猜忌。中国正在由一个“有世界影响的地区大国”向“综合性的世界大国”转变。这一转变过程也是中国学习做“综合性的世界大国”的过程。而且，中国对外政策在这一转变过程中有时会出现不确定性。这些使得中国一些周边国家对中国的不信任与猜忌上升。它们采取“经济上靠中国、安全上靠美国”的双重取利战略。一些“一带一路”沿线国家还担心中国在推进“一带一路”建设中把腐败和环境污染带给它们。中国应该以打造周边命运共同体为目标推进“一带一路”建设，秉持亲诚惠容的周边外交理念，坚持与邻为善、以邻为伴，坚持睦邻、安邻、富邻，深化同周边国家的互利合作和互联互通。

第三，“一带一路”建设的困难程度是前无古人的。“一带一路”沿线各国国情千差万别，社会制度、文化、经济发展水平差异很大，其中一些国家自然环境较差，安全环境恶化。在这种情况下，“一带一路”建设将面临许多困难。特别是一些投资项目如果不慎或环境发生重大变化，可能无法收回投资。中国在推进“一带一路”建设时必须充分认识可能遭遇的风险和困难，做好充分的工程前评估和应变准备，走出一条共建、共享、共赢的合作之路。

（二）“一带一路”建设的长期目标是建立共生型国际体系

根据共生系统论，整体并不等于各部分的简单相加，而是具有新质特征的整体。建设“一带一路”过程应该是逐渐增加国际体系新质特征，最终形成共生型国际体系的过程。2013 年 3 月 23 日，国家主席习近平在莫斯科国际关系学院发表演讲时提出：

"各国应该共同推动建立以合作共赢为核心的新型国际关系"。[27]以合作共赢为核心的新型国际关系实际上就是共生型国际体系的主要特征之一。

长期以来，国际体系的主要特征之一是世界处于无政府状态下，"权力均势"理论和零和博弈在这种国际关系中起主导作用。世界现仍处于这一阶段，但正在逐渐超越这一阶段，开始进入相互依存状态下的国际体系。在新的阶段，绝大多数国家之间的关系将更多地建立在相互依存的基础上。这一新阶段的主要特点之一，是世界总体上将由不对称相互依存向对称性相互依存转变。即上升中大国的实力逐渐接近国际体系中占主导地位大国的实力，发展中国家不仅要完成国家现代化的过程，而且要逐渐缩小和消弭与发达国家之间的经济鸿沟。这将是共生型国际体系的初级阶段。"一带一路"建设将有助于推动建立以合作共赢为核心的新型国际关系，有助于推动构建共生型国际体系。

共生型国际体系的高级阶段将是一体化条件下的国际体系。在这一阶段，世界将逐渐实现经济和政治一体化。这一阶段的主要特点之一，是实现从区域一体化到全球一体化。2014 年 11 月，习近平在中央外事工作会议讲话中提出，要在坚持不结盟原则的前提下广交朋友，形成遍布全球的伙伴关系网络。[28]全球伙伴关系网络包括两个层面的内涵：其一，建立伙伴关系的前提是坚持不结盟原则，即结伴而不结盟；其二，中国的伙伴关系网络遍布全球。现在中国已经与 67 个国家以及国际组织等建立了 72 对伙伴关系。这些伙伴关系具有多层次、多样性的特点。例如，中俄战略协作伙伴关系、中德全方位战略伙伴关系、中国—东盟战略伙伴关系等是构建全球伙伴关系网络的基础。"一带一路"建设将加强这些伙伴关系。构建全球伙伴关系网络是"一带一路"建设的重要目标之一，将推动建立以合作共赢为核心的新型国际关系。从长远来说，全球伙伴关系网络将成为共生型国际体系的基础。

（三）以互联互通推动"一带一路"建设应该形成经贸流、金融流、智慧流、信息流、人文流等五个大通道

共生系统论认为，系统客体具有系统联系、结构联系、功能联系和起源联系等，这些联系是系统客体存在和发展的内在动力。2014 年 11 月 8 日，国家主席习近平在讲话中指出，互联互通是"一带一路"这两只亚洲腾飞的翅膀上的血脉经络。[29]"一带"是从中国向欧亚大陆腹地及西部延展，"一路"是从中国向太平洋和印度洋延展，"一带"与"一路"对接，形同雄鹰展翅。这个大战略需要互联互通的有力支撑。互联互通可以推进区域基础设施、基础产业和基础市场的形成，促进贸易投资自由化和便利化，就像打通经络和血脉，会让"一带一路"活起来、动起来，强起来。

不仅如此，"一带一路"建设还必须要实现经贸流、金融流、智慧流、信息流、人文流等五个大流通。这五个大流通也是"一带一路"建设共生的五个子系统。为了实现"一带一路"的这五个大流通必须做到政策沟通、道路联通、贸易畅通、货币流通和民心相通等五通。这五通使"一带一路"建设既具有战略价值，也具有功能价值。

现在这五通已经进入了务实推进和合作阶段。首先，以亚洲国家为重点方向，率先实现亚洲互联互通，努力扩大亚洲国家共同利益。第二，以经济走廊为依托，建立亚洲互联互通的基本框架。第三，以交通基础设施为突破，优先推进联通中国和巴基斯坦、

孟加拉国、泰国、缅甸、老挝、柬埔寨、蒙古国、塔吉克斯坦等邻国的铁路、公路项目。第四，以建设融资平台为抓手，为“一带一路”沿线国家基础设施、资源开发、产业合作和金融合作等与互联互通有关的项目提供投融资支持。第五，以人文交流为纽带，鼓励加强各国文化交流和民间往来。在这一过程中，中国必须将硬实力、软实力、结构性实力相结合，推进“一带一路”。

（四）推动“一带一路”建设应形成共同价值观

人类对共生系统性的认识经历一个从自在向自觉转变的过程。而且，人们对世界的认识还有先后之分与正确错误之分。这就是为什么世界上有些人身体已进入 21 世纪，而脑袋还停留在过去，停留在殖民扩张的旧时代里，停留在冷战思维、零和博弈的老框框内的主要原因。西方有些人企图将他们的价值观作为普世价值观来推销。但西方国家民主制度自身遭遇的治理困境和某些照抄西方民主制度的国家遭遇的治理困境，使越来越多的人不相信西方价值观的普世性。

“一带一路”建设所带动的人文流和民心相通，必然会导致不同文明之间的碰撞和交流。随着不同文明之间交流的深入，将会产生一些共同价值观。中国共产党第十八次代表大会提出，倡导富强、民主、文明、和谐，倡导自由、平等、公正、法治等社会主义核心价值观。这些价值观中的民主、文明、自由、平等、公正、法治等也是人类的共同价值观。当然，各国应该根据本国国情实行民主、自由、公正、法治等。“一带一路”建设是提升中国民族文化软实力，增强我国国际影响力的重要途径。中国自己能真正实行好这些价值观，就能够发挥榜样的力量。正如孔子所说的：“故远人不服，则修文德以来之。”[30]

参考文献及注释

[1] “一带一路”即指“丝绸之路经济带”和“21 世纪海上丝绸之路”。

[2] 袁纯清，谢锐．共生理论——兼论小型经济．北京：经济科学出版社，1998：16.

[3] 金应忠．国际社会的共生论——和平发展时代的国际关系理论．社会科学，2011，（10）．

[4] 苏长和．共生型国际体系的可能——在一个多极世界中如何构建新型大国关系．世界经济与政治，2013，（9）．

[5] 胡守钧．国际共生论．国际观察，2012，（4）．

[6] 恩格斯．反杜林论．北京：人民出版社，1970：91.

[7] Bertalanffy Ludwig von.，“General system theory：foundations，development，applications”．New York：George Braziller，1968，pp. 18.

[8] 钱学森．论系统工程．上海：上海交通大学出版社，2010：23.

[9] 钱学森．创建系统学．上海：上海交通大学出版社，2010：12.

[10] 周为群．系统论与唯物辩证法的关系探新．郑州大学学报（哲学社会科学版）．1994，（3）．

[11] 蝴蝶效应（The Butterfly Effect）即拓扑学连锁反应，是指在一个系统中，初始条件下微小的变化能带动整个系统的长期的巨大的连锁反应。这是一种混沌现象。任何事物发展均存在定数与变数，事物在发展过程中其发展轨迹有规律可循，同时也存在不可测的变数，一个微小的变化能影响事物的发展，说明事物的发展具有复杂性。

［12］ 国家主席习近平．弘扬人民友谊 共创美好未来——在哈萨克斯坦纳扎尔巴耶夫大学的重要演讲．人民日报，2013 年 9 月 8 日．
［13］ 国家主席习近平．弘扬人民友谊 共创美好未来——在哈萨克斯坦纳扎尔巴耶夫大学的重要演讲．人民日报，2013 年 9 月 8 日．
［14］ 习近平出席中俄蒙三国元首会晤．人民日报，2014 年 9 月 12 日．
［15］ 国家主席习近平．携手建设中国—东盟命运共同体——在印度尼西亚国会的演讲．人民日报，2013 年 10 月 4 日．
［16］ 斯塔夫里阿诺斯（Leften Stavros Stavrianos）．全球通史：从史前史到 21 世纪（第 7 版・修订版）（下）．吴象婴，等译．北京：北京大学出版社，2005. 123.
［17］ 国家主席习近平 17 日在人民大会堂会见来华出席中国—海湾阿拉伯国家合作委员会第三轮战略对话的海合会代表团．人民日报，2014 年 1 月 18 日．
［18］ 国务院总理李克强．共同开创亚洲发展新未来——在博鳌亚洲论坛 2014 年年会开幕式上的演讲．人民日报，2014 年 4 月 11 日．
［19］ 国家主席习近平．联通引领发展 伙伴聚焦合作——在“加强互联互通伙伴关系”东道主伙伴对话会上的讲话．人民日报，2014 年 11 月 9 日．
［20］ 国家主席习近平．联通引领发展 伙伴聚焦合作——在“加强互联互通伙伴关系”东道主伙伴对话会上的讲话．人民日报，2014 年 11 月 9 日．
［21］ 2013 年 11 月 29 日，国务院总理李克强在塔什干举行的上海合作组织成员国政府首脑理事会第十二次会议讲话时提出，中方愿设立面向上合组织成员国、观察员国、对话伙伴国等欧亚国家的“中国—欧亚经济合作基金”，欢迎各方积极参与。2014 年 12 月 15 日，国务院总理李克强在上海合作组织成员国政府首脑理事会第十三次会议上的讲话中披露，中方将正式启动中国—欧亚经济合作基金首批项目遴选，并愿与各方设立双边子基金，支持区域内经济项目实施．
［22］ 2014 年 7 月 15 日，中国、巴西、俄罗斯、印度和南非在巴西福塔莱萨签署协议，成立金砖国家开发银行，宣布金砖国家新开发银行初始资本为 1 000 亿美元，由 5 个创始成员平均出资，总部设在中国上海．
［23］ 2010 年 11 月 25 日，国务院总理温家宝在杜尚别出席上海合作组织成员国第九次总理会议时，建议上合组织深化财金合作，研究成立上海合作组织开发银行，探讨共同出资、共同受益的新方式；扩大本币结算合作，促进区域经贸往来。2013 年 11 月 29 日，国务院总理李克强在塔什干举行的上海合作组织成员国政府首脑理事会第十二次会议讲话时提出，发挥好上合组织银行联合体作用，推进建立上合组织开发银行，为成员国互联互通与产业合作提供融资支撑。2014 年 9 月 12 日，上海合作组织成员国元首在杜尚别举行上合组织成员国元首理事会会议，共同签署并发表《杜尚别宣言》，同意加快成立上合组织开发银行．
［24］ 习近平：中国将出 400 亿美元设丝路基金．人民日报，2011 年 11 月 19 日．
［25］ 郝亚琳，冯坚，赵承．温家宝：中方将设 30 亿元中国—东盟海上合作基金．人民日报，2011 年 11 月 19 日．
［26］ “区域全面经济伙伴关系”是东盟国家近年来提出，并以东盟为主导的区域经济一体化合作，是成员国间相互开放市场、实施区域经济一体化的组织形式。其主要成员国计划包括与东盟已经签署自由贸易协定的国家，即中国、日本、韩国、澳大利亚、新西兰、印度等．
［27］ 国家主席习近平在莫斯科国际关系学院演讲．顺应时代前进潮流，促进世界和平发展．人民日报，2013 年 3 月 24 日．
［28］ 中央外事工作会议在京举行 习近平发表重要讲话．人民日报，2014 年 11 月 30 日．

［29］ 国家主席习近平．联通引领发展 伙伴聚焦合作——在“加强互联互通伙伴关系”东道主伙伴对话会上的讲话．人民日报，2014 年 11 月 9 日.
［30］ 季氏将伐颛臾·论语．长沙：岳麓书社，2011. 26.

论文来源：本文原刊于《同济大学学报（社会科学版）》2015 年第 02 期，第 30-40 页。
基金项目：国家社科基金重点项目（ 14AZD060）；
中国海洋发展研究会项目（CAMAZD201608）；
同济大学人文社会科学学科建设专项资助。

构建海上丝绸之路与海洋强国论析

胡志勇*

摘　要：中国是典型的陆海复合型国家，决定了中国必须努力在海、陆两个方面发展以保持平衡。本文从地缘战略出发，阐述了构建海上丝绸之路建设与中国海洋强国战略之间的关系。强调了新海洋安全观是中国国家战略重要组成部分，“一轴两翼”是中国新海洋安全观的核心，而“西翼”应成为中国新海洋安全观的优先发展方向。中国实施新海洋安全观可综合运用政治、经济、安全、外交与文化等手段，加强陆地基础设施建设，打通中国通往太平洋和印度洋的陆上和海上通道，形成与周边国家共同发展的良好态势。

关键词：中国；海上丝绸之路；战略；安全观

2013 年 10 月，国家主席习近平访问东盟国家时提出建设“21 世纪海上丝绸之路”战略，这是新一届中国领导人为进一步深化中国与东盟的合作，构建更加紧密的命运共同体，为双方乃至本地区人民的福祉而提出的战略构想。[1]也是中国对外宣传和平发展的一次正名之举，更是实现中华民族复兴的必由之路。发展互利共赢的陆上与海上丝绸之路是中国新一届领导人策应新形势下世界和地区发展的重要战略思考。海上丝绸之路的建设对我国提高对外开放水平、构建对外开放新格局具有重要的理论意义与现实意义。海上丝绸之路是中国坚定不移地致力于维护世界和平、促进共同发展战略思想的具体体现。

一、建设“21 世纪海上丝绸之路”与海洋强国的关系

目前中国所处的地缘政治与地缘经济特征，使陆上与海上丝绸之路战略并举成为中国国家战略的重点发展方向。中国构建新海洋安全战略面临着难得的发展机遇，丝绸之路建设以发展贸易关系为纽带，辅之以人文交流，具有更强的可操作性。海上丝绸之路完全是一种经济策略，但是具有显著的战略意义。[2]实际上，海上丝绸之路战略所蕴含的一些人文理念起到了淡化政治与安全分歧的作用，有助于缓解中国周边国家安全上的忧虑。

---

* 胡志勇，男，中国海洋发展研究会理事，上海社科院国际关系研究所研究员，研究方向：南亚、东南亚地区政治与安全与外交战略、海洋安全、中国周边外交。

（一）建设海上丝绸之路有利于促进文化交流与文明的融合

在人类漫长的文明进程中，海上丝绸之路就是东西方海上交通、海洋贸易的通道，是东西方和平交往、增进友谊的纽带。海上丝绸之路促进了东西方各国各民族之间的融合，推动了世界历史不断向前发展。“21 世纪海上丝绸之路”不仅传承了古代海上丝绸之路“和平友好、互利共赢”的价值理念，而且注入新的时代内涵，合作层次更高，覆盖范围更广，参与国家更多，将串起连通东盟、南亚、西亚、北非、欧洲等各大经济板块的市场链。建设“21 世纪海上丝绸之路”，加快港口建设，促进海洋产业链的延伸与完善，重点选择链条长、关联度高、辐射能力强、带动效应大的现代海洋产业和海洋战略性新兴产业，避免各国海洋产业同质化竞争与低质化重复，更好地开拓国际市场。抓紧规划建设“丝绸之路经济带”、“21 世纪海上丝绸之路”，推进孟中印缅、中巴经济走廊建设，推出一批重大支撑项目，加快基础设施互联互通，以“海上驿站”为依托，扩大海上丝绸之路的辐射范围，拓展国际经济基础合作新空间。

海上丝绸之路文化，既是海洋文化软实力的载体，又是海洋文化软实力的迸发体。海上丝绸之路战略是建设海洋文化、提升文化软实力、增强综合竞争力的重要举措。充分利用海洋文化优势，全方位发挥海洋文化软实力，借海上丝绸之路建设，加强中国与世界其他国家之间全方位的合作与联系，向全世界展示“中国梦”的魅力与内涵。陆上与海上丝绸之路并举以经贸合作与人文交流等更缓和的方式推动中国国家发展战略的实施，可以减少其他国家的防范意识。建设“丝绸之路经济带”和“21 世纪海上丝绸之路”，是中国适应经济全球化新形势、扩大同各国各地区利益汇合点的重大战略，是构建开放型经济新体制的重要举措，[3] 是中央实施新一轮对外开放的重大举措。建设“21 世纪海上丝绸之路”，有助于中国与周边国家进一步加强海上务实合作，发展海洋合作伙伴关系，发挥各自优势，互通有无，优势互补，实现多元共生，包容共进，共享机遇，共迎挑战。

（二）建设“21 世纪海上丝绸之路”体现了海洋安全观新思维

中国积极构建向西、向南两条“丝绸之路”的战略，体现了我国外交的战略布局。陆上与海上丝绸之路的建设不仅可以增进中国与各国民众之间的感情，而且体现出中国的睦邻外交政策。尤其是海上丝绸之路建设，体现了新的海洋安全观。将中国和东南亚国家临海港口城市串起来，通过海上互联互通、港口城市合作机制以及海洋经济合作等途径，最终形成海上“丝绸之路经济带”，不仅造福中国与东盟，而且可辐射到南亚及中东地区。

随着中国经济的快速发展，对能源的需求日趋增长，使得能源运输更多地依赖海上交通线的畅通，海洋安全日益重要。但是迄今为止，中国尚未形成成熟的中国新海洋安全观理论体系。而且，随着海上争端的加剧，推动了中国海洋政策的调整。[4] 中国亟须构建有中国特色的新海洋安全观，以维护中国的国家权益与海上通道安全。毕竟，一定国家的海权，决定着海洋利益所具有的军事与经济价值而达到其目的的能力。[5] 实际上，“国家海权”可以说是国家海上综合国力的代名词。[6] 中国新海洋安全观必须成为国家海洋发展整体战略的一部分，中国国家海洋发展整体战略包括了国际和国内两个战略层次。中国新海洋安全观中的“西翼”战略与中国的南亚战略相适应，应成为国家海洋战略的发展重点，以打破岛链封锁与马六甲困局，从根本上改善中国战略处境，加速中国的复兴崛起。中国应利用与伊朗高原国家及阿拉伯国家在政治和传统上的基础，建立和长期保持与强化中国在环印度洋区域的存在，保障中国海洋战略运输通道安全，实现陆海通达目标。

（三）海上丝绸之路是以经济促政治的新型合作模式

建设陆上与海上丝绸之路对中国可持续发展具有十分重要的意义，是中国在21世纪中叶实现全方位开放格局的新举措。海上丝绸之路不仅是经贸合作的平台，也是进一步推动中国与沿线国家人文和科技交流的载体。以推进“一带一路”建设为契机，使周边国家成为同中国政治关系更加友好、经济纽带更加牢固、安全合作更加深化、人文联系更加紧密的可靠战略依托。海上丝绸之路可以成为不同发展水平国家实现互利共赢的区域合作新模式。[7]据中国商务部统计，2012年中国与海上丝绸之路沿线各国贸易总额高达6 900多亿美元，占中国外贸总额的17.9%。这表明中国与海上丝绸之路沿线各经济体共建“21世纪海上丝绸之路”具有优越的经贸合作基础。[8]

海上丝绸之路战略具有外交与经济的双重意义。海上丝绸之路是冷战后中国提出的首个全球战略，与我国周边外交理念一脉相承，也是中国周边外交更为具体化的一种体现，是构建和平稳定周边环境的战略举措，可以使中国在维护南海主权方面选择余地更大。“和平、友好、开放、包容”正成为丝绸之路精神的核心，而“合作共赢，打造利益共同体”是中国提出“丝绸之路经济带”和“21世纪海上丝绸之路”的战略目标。[9]同时，海上丝绸之路战略的提出有利于推动欧亚各国经济联系，是区域一体化的重要步骤。建设“丝绸之路经济带”和“21世纪海上丝绸之路”是中国新一届领导层对新形势下世界和地区发展的重要战略思考，成为“中国梦”战略的合理延伸，再次体现了中国新一届政府对外政策中“改革开放、合作共赢”理念，更多强调在战略实施和发展中惠及周边国家。加强合作、寻求共赢，以放射性的区域经济合作推动区域政治合作，从政治合作再向安全合作发展，从而使“经济共同体”提升至“命运共同体”的更高层次。

二、“一轴两翼”构成了中国新海洋安全观的核心

新海洋安全观是中国国家战略重要组成部分，应以“一轴两翼”展开。“一轴”即以南海为轴。近年来围绕南中国海海域及岛屿的主权争议已成为亚洲最具潜在危险性的冲突点之一。而菲律宾、越南、文莱和马来西亚等国均宣称对南海诸岛或其中一部分拥有主权。近期南中国海主权争端不断升级，已危及到该地区的和平稳定。因此，以南海为中国新海洋安全观的轴心，凸显南海在中国新海洋安全观中的重要地位。“两翼”是指以太平洋和印度洋为东西两翼。“一轴”与“两翼”相互影响，互为补充。鉴于目前中国尚不具备与美国等在太平洋竞争的优势，中国在印度洋面临着资源开发与维护海上通道安全等方面的机遇，中国应加强在印度洋的存在，以不断拓展新的国际活动空间。中国不仅要关注东翼——太平洋，更要以西翼——印度洋战略为重点发展方向，南下寻找通往印度洋新的战略通道，积极拓展与强化在印度洋的战略空间，逐步掌握西翼战略

主动权，反过来又促进中国在太平洋的发展空间。因此，“一轴两翼”应成为构建中国新海洋安全观的核心。中国应抓紧构建具有本国特色的海洋安全战略，形成中国的话语权。坚决捍卫与维护国家主权完整与领土统一，努力营造服务于中国和平发展的国际环境，全面参与国际海洋制度与海洋秩序的建设。

（一）不断强化海军建设和海洋战略

加强海上力量尤其是海军现代化建设，增强海上作战能力，不断提高海上远程投送能力，强化海上威慑能力，建设“远洋积极防御型战略海军”，重点发展海军力量与航母舰队，建立由海军力量、海上武警力量、海上民兵预备役力量“三位一体”的应急作战体制与海上国防动员体制，形成对我国海洋周边国家乃至域外大国强大威慑力。

（二）不断强化国家海洋机制建设

在中国新海洋安全观演变进程中，中国应不断完善海洋体制机制建设，强化海洋管控，进一步明确与完善我国的海洋政策及法律制度，使捍卫海洋领土权益与近海核心利益、维护中国海外利益尽早形成机制化、常态化模式。积极、灵活、妥善地处理中国与世界其他国家的海权问题与海洋权益争端，建立相应的海上对话沟通机制，在巡航、海上补给、海上救援、打击海盗和反恐等领域加强协调与合作。

（三）分阶段实施中国新海洋安全观目标

与国家发展战略相适应，中国新海洋安全观分近期、中期和远期目标。中国现阶段的海洋安全观目标应以保护海洋通道安全为主，明确不同时期中国新海洋安全观发展重点与难点，采取先易后难策略，稳步推进，有效拓展中国的出海口，不断扩大中国在西太平洋和印度洋区域的硬实力与软实力，使相关国家成为中国印度洋安全架构上的利益攸关方，最终实现中国由区域性海洋大国向世界性海洋大国的战略转型。

中国实施新海洋安全观可综合运用政治、经济、安全、外交与文化等手段，加强陆地基础设施建设，打通中国通往太平洋和印度洋的陆上通道，形成陆上通道与海上力量相配合的有利战略态势，保证中国石油运输安全。加大对中南半岛铁路等交通运输网络投入，构建经由中南半岛到印度洋的陆路通道，从而间接获得印度洋出海口。以伊朗高原国家为新的战略发展方向，积极寻求战略支点，分阶段稳步推进，最终实现“一轴”与“两翼”的联通，形成东西两翼互动格局，建立以陆上地缘经济优势促进海上地缘政治优势的海洋安全战略模式，完成“一轴两翼”战略建构而成为海洋国家。

（四）积极深化新型海洋合作

在西太平洋，中美两国可以建立合作共赢的新模式，加强相互协调，减少冲突，管控分歧，实现利益最大化。同时，中国应妥善处理好与东盟国家的海洋权益争端，坚持“双边协商”的具体策略，力避南海问题国际化。客观认识印度等区外力量向南海地区的渗透，积极寻求应对之策。在印度洋，中印两国可以建立合作机制。印度积极拓展在南中国海地区的战略空间与影响，企图阻止中国力量进入印度洋。在这样的背景下，处理好与印度的关系是中国印度洋战略的关键所在。应该通过深化互利合作来规避或减少冲突。同时，积极发展和保持与印度洋沿岸非洲国家的关系，最大限度地维护中国的战略利益。

三、印度洋应是中国新海洋安全观近期优先发展方向

中国积极推进“21 世纪海上丝绸之路”建设已得到世界上许多国家的积极响应，但是，也引起某些国家的疑虑和警惕。周边国家担心中国“21 世纪海上丝绸之路”不仅仅是经济合作之路，而且是军事扩张之路。中国提出的海上丝绸之路战略是中国国家发展战略的重要组成部分，是向国际社会重新表达善意，传达和平与合作的信号，建立“以我为主”的国际贸易和投资网络，以提升中国开放型经济发展水平的重要举措。东南亚地区可成为国家发展战略的重点，带动海上丝绸之路沿线国家的发展，从而改善中国战略处境，加速中国的复兴崛起。中国应利用与东南亚、南亚在国际政治和传统关系上的基础，建立和保持与强化中国在环印度洋区域的存在，保障中国海洋战略运输通道安全，实现陆海通达目标。陆上的“丝绸之路”把中国和欧洲联系起来，海上的“丝绸之路”把中国和南亚、西亚、非洲联系起来。加快构建海陆互动格局，可以扩大中国的经济腹地，提高中国在全球的地缘战略位置，并促进沿线国家共同繁荣。

随着海洋在中国全球战略中地位的日益凸显，中国可以利用陆权优势改变海权劣势，用地缘经济改变地缘政治。由陆及海，借助周边国家走向海洋。但以美国为首的西方大国及周边国家对中国崛起的疑惧与防范心态日趋上升，中国在印度洋的贸易航线较为单一及海军实力有限等，特别是美国的“两洋战略”、印度的“印度之洋”战略与中国的印度洋战略存在冲突。中国应以“构建共同价值观、寻找共同利益、促进共同发展”为原则，积极应对印度排他性的海洋战略，从经济、人文和外交等方面强化对印度洋地区的投入。

目前，在东翼——太平洋地区，由于美国拥有世界上最强大的现代化武器装备及军队，中国没有能力也不可能与美国在东翼展开战略竞争，更不可能在东翼与美国展开战略上的抗衡。因此，中国必须积极稳妥地处理好与美国的关系，避免或减少潜在冲突，使东翼不至于成为影响中国经济发展的羁绊。中国应加大力度积极与美国、日本等太平洋沿岸国家发展战略性合作伙伴关系，以保护中国的国家利益不受损害。与此同时，在西翼——印度洋地区，中国存在着较大的发展空间。中国应以“构建共同价值观、寻找共同利益、促进共同发展”为原则，积极应对印度排他性的海洋战略，从经济、外交等方面强化对印度洋的投入。

美国在战略上一直试图将太平洋—印度洋“两洋合一”，而中南半岛成为美国实现这个战略的最佳接合点。鉴于目前中国尚不具备与美国在太平洋竞争的优势，中国在印度洋面临着资源开发与维护海上通道安全等方面的机遇，中国应加强在印度洋的存在，以不断拓展新的国际活动空间。中国不仅要关注东翼——太平洋，更要以西翼——印度洋战略为重点发展方向，南下寻找通往印度洋新的战略通道，积极拓展与强化在印度洋的战略空间，逐步掌握西翼战略主动权。这反过来又能促进中国在太平洋的发展空间。因此，构建中国特色的西翼战略成为中国新海洋安全观的重点，它是 21 世纪中国海洋安全整体战略的一部分，与中国的南亚战略相适应，应成为国家海洋战略的发展重点，以打破岛链封锁与“马六甲困局”，从根本上改善中国战略处境，加速中国的复兴崛起。中国应利用与伊朗高原国家及阿拉伯国家在政治和传统上的基础，建立和长期保持

在环印度洋地区的存在。

（一）印度洋在中国经济可持续发展阶段具有十分重要的地位

印度洋是中国走向海洋、发展海洋战略的重要通道，是中国通向南亚、中东、西亚和欧洲、非洲重要的交通、贸易、能源通道。无论中国从中东进口石油，还是从非洲进口石油和矿产，都得经过印度洋航道，这是一条最经济、最便捷的海上航线，印度洋上“能源通道”和“贸易通道”的安全，直接影响到中国的国家安全。繁荣活跃的跨印度洋贸易有利于中国经济持续高速增长。但长期以来，中国进出印度洋的主要通道只有马六甲海峡。85%以上的进口石油要通过马六甲海峡运输，而马六甲海峡狭窄、拥挤，海盗出没，运输成本巨大，特殊时期更可能遭遇“锁喉”。“马六甲困境”成为中国经济持续发展的一个阻力。就马六甲海峡对中国能源安全的影响而言，应该着重处理的是和平时期的能源安全。[10]随着中国经济的快速持续发展，中国对能源的需求日趋增长，中国有多达80%的石油供应需要经过印度洋，对印度洋、南中国海的依赖程度也越来越强。

（二）从地缘政治考量，中国应分近期、中期和远期三个阶段实施西翼战略

中国面临着西南印度洋方向强大的军事威胁。印度的国力、军力都较为强大，出于遏制中国的战略需要，美、日、俄、欧等主要的西方国家积极主动地拉拢印度，印度成为中国在印度洋上面临的最大威胁。以美国为首的西方大国以及印度洋沿岸包括印度在内的周边国家对中国崛起的疑惧与防范心态日趋上升，中国在印度洋的贸易航线较为单一及海军实力有限等，特别是美国的“两洋战略”、印度的“印度之洋”战略与中国的“印度洋战略”存在着冲突。印度的“印度洋战略”如果实施成功，中国若不采取有力的应对措施，中国的印度洋航线将不得不完全受制于人，这将严重制约和影响中国经济的发展。因此，中国应大力发展海军力量。中国发展海军的目的是为了维护自己的正当海洋权益，维护海外利益的安全。中国海军派遣舰艇编队前往亚丁湾、索马里海域护航，与包括美国在内的其他国家共同维护世界航运的安全，就是中国海军和平走向深蓝的范本。[11]明确不同时期西翼战略发展重点与难点，采取先易后难策略，稳步推进，积极拓展新的国际市场空间，使中国的发展惠及印度洋地区，减轻印度洋周边国家对中国崛起的恐惧感；主动化解与南亚、东南亚国家的矛盾，积极疏解美国“再平衡”战略的压力，为中国现代化建设创造长期稳定良好的外部环境。南下寻找通往印度洋新的战略通道，有效拓展中国的出海口，不断扩大中国在印度洋区域的硬实力与软实力，积极拓展与强化在印度洋的战略发展空间，使相关国家成为中国印度洋安全架构上的利益攸关方，最终实现中国由区域性海洋大国向世界性海洋大国的战略转型。中国现阶段的西翼战略目标应以保卫印度洋航线为主。因此，中国西翼战略必须以伊朗高原国家为新的战略发展方向，积极寻求战略支点，分阶段稳步推进，最终实现印度洋与太平洋的联通，形成东西两翼互动格局，建立以陆上地缘经济优势促进海上地缘政治优势的海洋安全战略模式，由陆及海，借助周边国家走向印度洋，最终成为世界海洋强国。

（三）构建互联互通应该成为海上丝绸之路战略的重点

中国应积极打通大西南陆上通道，直达印度洋，打通印度洋的陆上通道。中国积极

构建西翼战略，加大对中南半岛铁路等交通运输网络投入，构建经由中南半岛到印度洋的陆路通道，从而间接获得印度洋出海口。依托缅甸的地缘优势，尽早建成中缅孟国际大通道，从云南取道缅甸进入印度洋；由新疆西行至中亚最终连贯欧亚的大陆桥，将伊朗、阿富汗相联结直抵阿曼湾；并以新疆喀什为起点，经中巴边境口岸红旗拉普山口，贯穿巴基斯坦全境修建一条直抵印度洋畔瓜达尔港的铁路，进而向中东和非洲东海岸扩展，以提高中国在印度洋维护地区平衡与稳定能力。中国的西翼战略可以打破岛链封锁与马六甲困局，跳出美、日等国的战略包围圈，大幅度增强中国的战略威慑力，从根本上改善中国的战略处境，加速中国的复兴崛起，并改变世界格局。

中国在构建西翼战略中，必须着眼于中国的经济实力与海外利益拓展，确立西翼战略的战略取向，研究制定中国可能参与的海洋通道范围及运营方式，保障中国的海洋战略运输通道的安全，真正实现陆海通达的目标。从而为实现中国的复兴崛起创造更为有利的海洋环境。

四、中印关系是中国构建印度洋战略的核心

近年来，随着中、印两国综合国力的不断发展，两国对海洋利益的关注愈发迫切，印度洋成为中、印两国海洋利益的博弈所在。中、印两国在印度洋的战略博弈，将最终改变印度洋地区的整体战略格局，甚至对西太平洋地区将产生深远的影响。中国应客观认识印度等区外力量向南海地区的渗透，积极寻求应对之策。中、印两国在印度洋地区存在着合作与和平共处的可能性。特别是两国日益密切的经贸关系成为双方在印度洋事务上合作的基础。随着印度洋在中国全球战略中的地位日益凸显，中国可以利用陆权优势改变海权劣势，以地缘经济改变地缘政治。目前，中国已成为印度第一大贸易伙伴国。贸易和投资带来的经济增长可能促使双方追求更加务实的经济合作，形成经济利益上的相互依赖，并进一步促使双方寻求经济领域外的合作，这为两国在印度洋事务上的合作奠定了物质基础。中国与印度洋大国印度之间的经贸关系发展迅速及美印在印度洋战略目标冲突有利于促进中印合作。

中国应继续深化与印度的双边关系，将发展与印度的战略合作关系列为中国对外政策的优先内容，并积极利用与印度洋沿岸国家之间的关系，寻求战略支点，积极按照国际惯例打造海外战略支撑点，打通印度洋的陆上通道。中国在平等、互利与友好协商基础上，在他国建立相对固定的海外补给点、人员休整点以及舰机靠泊与修理点。未来10年内，中国有望在印度洋地区最终形成以巴基斯坦、斯里兰卡、缅甸为核心的北印度洋补给线，以吉布提、也门、阿曼、肯尼亚、坦桑尼亚、莫桑比克为核心的西印度洋补给线，以塞舌尔、马达加斯加为核心的中南印度洋补给线的三线远洋战略支点态势，从而丰富中国“印度洋战略”，进一步提升中国有效承担维护国际海上战略通道安全、维护地区及世界稳定的大国责任和能力。

中、印两国没有必要在印度洋争夺主导权。中国在印度洋地区的博弈具有非强权性、非霸权性和非扩张性，其目的仅仅是为保障中国能源安全和航运安全，并非挑战印度在该地区的地位。这是两国在印度洋事务上展开合作的重要前提和保证。随着中国和印度纷纷打造各自蓝水海军，并将战略投射能力从马六甲海峡延伸至亚丁湾，中、印两

国应在印度洋上展开良性互补局面，共同维护印度洋的通道安全。中、印两国在印度洋可建立合作机制，了解彼此的海洋需求，及时处理和化解双边在海洋方面的冲突与矛盾，规避或减少冲突。印度积极拓展在南中国海地区的战略空间与影响，企图阻止中国力量进入印度洋，处理好与印度的关系是中国印度洋战略的关键所在，应深化互利合作，规避或减少冲突。积极发展和保持与印度洋沿岸非洲国家的关系，最大限度地维护中国的战略利益。同时，中国应处理好与美国的关系，妥善处理好与东盟国家的海洋权益争端，坚持“双边协商”的具体策略，力避南海问题国际化。中、印两国在印度洋事务上的合作可以平衡印度洋地区各方力量，特别是非传统安全方面的合作，将有助于印度洋地区的和平与稳定。

中、印两国展开海上竞争的条件尚未成熟。鉴于中国海军能力不足，而且其目前重点关注海域为西太平洋地区，印度洋在未来 20 年仍将是美国和印度海军的天下。未来 20 年内，中、印两国不可能发生大规模的海上冲突。虽然大国在西太平洋和南中国海存在利益分歧，但美国和印度海军的相对优势将对印度洋上的对抗起到一定的缓和作用。但是，中、印两国在印度洋上仍存在着潜在冲突的可能性，双方需要加强交流与合作，增进互信。中、印两国海军之间应建立定期对话的机制。以集中讨论印度洋的海上安全、加强海军能力建设和两国海军合作等问题，以进一步加深中、印两国海军间的互信与理解。在海上救灾、反海盗、反恐和地区“海上事故”协议可行性等问题上，中、印两国海军存在着进一步合作、协调双方行动，共享有效信息的可能性与发展空间。

五、构建中国新海洋安全观的地缘战略意义

中国是典型的陆海复合型国家，决定了中国必须努力在海、陆两个方面的发展保持一定平衡。而陆地边界的安全问题始终是中国安全战略中的重心。一方面，中国的地缘政治环境使得中国不可能发展全球性的海权，中国的反制不会对美国的全球海洋霸权构成威胁。中国应积极加强中美海上军事安全磋商机制，加强彼此的战略关切，积极妥善处理好中美关系中的海权问题，规避或减少冲突。另一方面，在中国海域面临新中国成立以来最复杂的态势下，中国构建新海洋安全观的重要性日趋凸显，中国积极构建新海洋安全观，可以利用陆权优势改变海权劣势，用地缘经济改变地缘政治。有助于破解中国的海洋困局、突破西方国家对华战略遏制。同时，中国积极构建新海洋安全观，也有利于保证中国能源通道安全。

构建中国新海洋安全观首先在于中国处在经济快速上升期，发展面临来自海洋体系的地缘政治压力。中国提出“海洋强国”战略后，又适时提出了“一带一路”战略，它是对中国“海洋强国”战略的进一步具体化，也是积极主动地拓展中国对外发展需要的渠道与空间、加强战略自主性的大战略、不断发挥中国海陆地缘优势、有效进行海陆统筹、避免同现有海洋霸权之间正面与直接的冲撞、积极应对太平洋方面压力的有效战略举措。在相当长的时期内，中国的海洋战略总体上应以防御性区域战略而非全球战略为主。中国应积极主动地“谋势”与“造势”，以商业合作为主，不断提高对印度洋地区周边事态发展的主导与管控能力，使捍卫海洋领土权益与近海核心利益、维护中国海外利益尽早形成机制化、常态化模式。建立相应的海上对话沟通机制，在巡航、海上

补给、海上救援、打击海盗和反恐等领域加强协调与合作。在新的国际海上安全规则和危机处理过程中积极牵头立法，争取话语权，推动公正合理的国际海上安全新秩序与体系的建立。塑造有利于中国稳定发展的周边环境。

“一带一路”战略的提出，不是片面追求自身地缘政治空间，而是建立在国际社会共同利益基础上的和平发展地缘战略。它超越了传统地缘政治片面单方面追求自身的生存与发展空间的“零和”模式，是在新的历史条件下的地缘政治与地缘地理相结合的产物，也是对传统地缘战略理念的创新与超越。“一带一路”战略有助于打破美国、日本在中国东、东南方向实施的战略包围，化解“亚太再平衡”给中国带来的不利影响，有利于中国巩固并加深与沿线国家的关系，力争将经济合作的成果“外溢”到安全领域，维护南海地区的和平与稳定，是解决中国出海大通道较为温和的战略手段。因此，“一带一路”战略可成为中国开拓“两洋”出海大通道战略的目标。它与中国的周边战略相适应，采取先易后难策略，以经济合作推动政治合作，缓慢深入，逐步推动中国海权向印度洋方向拓展，最终实现中国由区域性海洋大国向世界性海洋大国的战略转型。

中国所处的地缘政治与地缘经济特征对中国海洋安全产生了一定的影响。但中国的海洋强国之路应避免重蹈世界金融资本操弄下传统海洋战略的覆辙，也不会以牺牲海洋为代价谋求自身利益。探索新型海洋战略并影响周边国家乃至世界其他国家的海洋政策，成为中国新一代领导人必须考虑的主要议题。中国新海洋安全观在于自我经济社会的结构性升华及其带来的社会文化的新生，与周边国际建立持久良好的睦邻合作关系将有助于中国新海洋安全观的健康发展。构建“刚而不锐”的新海洋安全观符合中国和平发展的战略需要，也符合人类历史发展潮流，更符合中国一直坚持的维护世界和平的道德正义。中国新海洋安全观正从过去韬光养晦转变为积极主动维权，积极应对来自海上争端的挑战，力争实现对争议海域的有效控制。中国正积极通过海上民事合作带动海上安全合作，缓解或减少双边乃至多边的海洋冲突与矛盾；通过建立双边或多边海洋合作战略对话与磋商机制，化解海洋矛盾、实现海洋合作。新海洋安全观的转变也是中国外交的转型和新政的关键所在，发展海上力量是确保中国在周边地区实现维权、维稳双重目标的战略性举措。

参考文献

[1] 习近平．中国愿同东盟国家共建21世纪“海上丝绸之路”．人民日报，2013年10月3日．

[2] [日] 香农·蒂也齐．海上丝绸之路与珍珠链．外交学者，2014年2月13日．

[3] 黄伟宗．建设21世纪海上丝绸之路战略刍议．南方日报，2014年3月3日．

[4] 张洁．中国周边安全形势评估（2013）．北京：社会科学出版社，2013. 24.

[5] 王生荣．海洋大国与海权争夺．北京：海潮出版社，2000：45.

[6] 刘中民．世界海洋政治与中国海洋发展战略．北京：时事出版社，2009：5.

[7] 李建民．海上丝绸之路是不同发展水平国家能够实现互利共赢的区域合作新模式．人民论坛-学术前沿，2014年3月21日．

[8] 朱静远．中国提议构筑“海上丝路”，各国政治意愿或面临难题．新闻晚报，2013年10月11日．

[9] 王毅举行中外记者招待会，人民日报，2014 年 3 月 9 日．
[10] 薛力．中国“马六甲困境”被高估下一步怎么办？联合早报（新加坡），2010 年 8 月 13 日．
[11] 王新龙．印度的海洋战略及其对中印关系的影响．南亚研究季刊，2004，（1）．

论文来源：本文原刊于《印度洋经济体研究》2015 年 01 期，第 69-79 页。
基金项目：中国海洋发展研究会项目（CAMAZD201407）。

试论加强中国特色新型海洋智库建设

王　盛*

摘　要： 大国之间的竞争，既有硬实力方面的竞争，又有软实力方面的竞争。智库是国家软实力的重要组成部分。笔者联系海洋工作实际，提出通过加强海洋软实力重要组成部分——“海洋智库”建设，推进海洋强国建设。本文提出了中国特色新型海洋智库的涵义；指出了建设中国特色新型海洋智库是应对国际竞争和挑战、维护国家海洋权益的迫切需要，是推进决策科学化、民主化，加强海洋强国建设的现实需要；从顶层设计、平台建设、队伍建设、大数据库建设、决策机制建设、激励机制建设等方面，较系统地阐述了建设中国特色新型海洋智库的基本路径。

关键词： 中国特色；新型海洋智库；建设；路径

中国共产党第十八届中央委员会第三次全体会议通过的《中共中央关于全面深化改革若干重大问题的决定》提出，加强中国特色新型智库建设，建立健全决策咨询制度。近年来，习近平总书记两次对智库建设做出重要批示，指出智库是国家软实力的重要组成部分，要高度重视、积极探索中国特色新型智库的组织形式和管理方式等。2014年7月8日举行的经济形势专家座谈会上，习近平总书记再次强调了建设中国特色新型智库的重要性，可以说，将智库建设的重要性提到前所未有的高度。

笔者结合海洋工作实际，就中国特色新型海洋智库建设的涵义、意义和路径作一粗浅探讨。

一、中国特色新型海洋智库的涵义

智库亦称“思想库”、“智囊团”，是指研究公共政策的专业机构或团队，通过提交咨询报告为政府等组织提供决策咨询，或者通过公开发表研究成果以影响公共决策和公众舆论。有人形象地把智库称为生产思想产品的工厂。

就像每家工厂的经营范围各不相同一样，每家智库的研究范围也不尽相同。有的智库研究范围很广，属于综合型的。有的智库研究范围集中在一个或几个领域，属于专业

* 王盛，男，中国海洋发展研究会环保分会秘书长，山东省海洋与渔业厅经济师，研究方向为海洋发展战略、海洋经济、渔业经济。

型的。专门研究海洋政策问题或与海洋相关政策问题的智库，属于专业型智库当中的一类。对于这类智库，目前国内外尚无统一的叫法，笔者为述及方便将其称为“海洋智库”。

笔者认为，中国特色新型海洋智库，是以中国的国家利益为核心利益，以社会主义价值观为核心价值观，专门开展各种战略性、综合性、复杂性海洋问题研究，为国家和地方机关提供决策服务的、组织形式和管理方式创新的专业研究机构或团队。中国特色新型海洋智库的内涵主要有以下几个特征。

（一）服务性

服务性是指为党和国家决策服务，从根本上也是为中国的国家利益服务、为广大人民群众的根本利益服务，这是中国特色新型智库的“特色”所在，也是所有中国智库的基本属性，中国特色新型海洋智库自然不能例外。西方智库将独立性视为基本属性，在资金来源、组织管理和研究理念方面都努力与政府和党派保持距离，以保证研究的客观性、公正性。但事实上，几乎任何资金的背后都与某个政治派别有千丝万缕的联系，任何研究也难以绝对排除政治倾向。因此，任何智库的“独立性”都是相对的。中国智库应当将为党和国家决策服务放在第一位，但在研究视角和研究方法等方面可以尽量保持独立，同样可以保证研究的客观性、公正性。

（二）战略性

决策者需要智库提供的服务往往不是针对战术决策而是针对战略决策的服务。智库作为进行政策研究的专业机构或团队，通常着眼于全局性、长期性问题开展前瞻性研究，从战略角度分析问题成因或各种相关因素，找出战略方向和战略目标，做出战略规划。如，我们国家在制订每个五年规划之前，都会委托国务院发展研究中心等多家智库，开展相关研究，为决策层确定规划内容提出建议。我国主要海洋智库——国家海洋局海洋发展战略研究所、中国海洋发展研究会等，主要职能是开展海洋发展战略、方针、政策、法规的研究。

（三）综合性

海洋问题比其他一般专业领域问题更加复杂，同时涉及经济、政治、社会、文明、生态乃至外交与军事问题等领域，关系到内政外交。如：海洋权益问题，既有外交问题和军事问题，又有科技问题和经济问题，既有现实问题，又有历史问题；海洋油气开发问题，既有海洋资源开发问题，又有海洋环境保护问题，同时还有可能涉及海洋权益问题。因此，针对海洋政策问题的研究，不能只见树木不见森林，必须从全局的角度系统分析、综合判断。

（四）特定性

中国特色新型海洋智库属于专业型智库，研究对象为特定领域——海洋领域的政策问题，研究人员一般应具有特定的专业背景，对特定领域的特定问题、特定规律有相当的了解，甚至有时需要运用特定的方法开展研究。

二、建设中国特色新型海洋智库的必要性和重要性

现代意义上的智库产生于19世纪的西方国家，是社会分工精细化和决策科学化、民主化的结果。20世纪中叶以来，随着科技进步，世界政治力量格局和经济秩序持续发生重大变化，各国面临形势和环境的复杂性不断增强，传统的谋士、幕僚等以个体形式为主的智囊的能力已不能继续适应决策者应对挑战的需要，迫切需要团队形式的智库为决策者提供更高质量的专业咨询和政策方案。各类智库由此得到快速发展，决策咨询服务水平不断提高，政策影响力日益扩大，决策层与智库的关系愈加紧密。智库逐渐成为国家治理体系的重要组成部分，在国家治理中发挥着越来越重要的作用[1]。

美国是世界上智库数量最多、智库影响力最大的国家。美国宾夕法尼亚大学“智库项目（TTCSP）”研究成果《全球智库发展报告》显示：2013年，全球有6 826家智库。其中：在数量方面，美国有1 828家，高居全球第一，中国有426家，位列第二；在影响力方面，美国有布鲁金斯学会、兰德公司等6家著名智库进入全球前十，而中国社会科学院作为排名最为靠前的中国智库仅列第20位。由此不难看出，中国的智库在绝对数量方面已经进入世界前列，但在影响力方面与美国等西方国家智库相比还有很大差距。

被誉为美国“思想库”的兰德公司，凭借曾对朝鲜战争走向、苏联卫星发射、中美建交、古巴导弹危机和德国统一等重大国际热点事件作过成功预测，而成为美国政界、军界的首席智囊机构，通过它的研究成果，影响和左右着美国的政治、经济、军事、外交等一系列重大事务的决策。布鲁金斯学会、卡内基国际和平基金会、战略与国际研究中心等其他各大顶级智库，也都通过类似方式深深影响着美国的内政外交。可以说，“二战”后美国政府推出的每一项重大战略的背后，几乎都可以找到智库的影子。

当前，世界主要国家之间的竞争，不仅有经济、科技等硬实力的竞争，还存在着思想、文化、话语权等软实力方面的激烈竞争。改革开放以来，中国的经济迅速崛起，已经是全球第二大经济体。与中国“硬实力”迅速上升相反的是，中国还缺少“软实力”，尤其缺少国际舆论话语权、缺少在世界重大问题上提出“中国主张”或“中国议案”。从国内发展方面看，当前改革进入“深水区”，各种问题盘根错节，各种利益复杂交织，如此复杂的情况和严峻的形势，对决策的科学化、民主化提出了更高的要求和更大的挑战。加强智库建设，不仅是应对国际竞争的需要，也是推进决策科学化、民主化，加强中国特色社会主义建设的需要。“凡事预则立，不预则废”。决策的科学化和民主化是决策正确的重要保证。推进决策科学化、民主化，从改革和完善决策程序的角度，重大决策要进行决策咨询、决策论证，离不开智库的参与；从改革和完善决策体制的角度，尽快建立和完善调查、研究、跟踪、评价等决策辅助体系，也离不开智库的参与。

党的十八大做出了建设海洋强国的重大战略部署。建设海洋强国，使命光荣，责任重大。当前，世界大国围绕我国周边海洋权益的争夺日趋激烈，日本、越南、菲律宾等周边国家不断在海洋主权问题上制造事端挑衅我国，美国的重返亚太战略使海洋问题变得更加复杂。这些年来，我国海洋经济在取得巨大发展的同时，也面临着许多重大挑

战：海洋生态遭到严重破坏、传统海洋资源日益枯竭导致海洋经济发展后劲不足，海洋经济结构存在不合理之处亟须转型升级。应对这些复杂挑战，仅靠决策部门自身的智慧和能力显然是不够的，必须要发挥海洋智库以及相关方面智库的作用，及时为决策者提供专业、精准的决策建议，让决策者在危机面前第一时间得到需要掌握的各种信息及专业的分析判断、看到两个以上甚至三个五个决策备选方案以及每种方案的利弊。这种服务决策的能力，只有专门从事海洋政策问题或与海洋相关政策问题研究的智库方能具备。

目前，我国专门从事海洋政策问题或与海洋相关政策问题研究的可以称为海洋智库的专业机构为数不多。国家级的官方、半官方海洋智库仅有国家海洋局海洋发展战略研究所、中国海洋工程咨询协会和中国海洋发展研究会等少数几家。省级的研究所或研究会等官方、半官方海洋智库，在全国仅有10家左右。而且，屈指可数的这些海洋智库，真正能开展持续研究、每年拿出研究成果的不足一半，能在国家海洋主权问题上发出声音或能为中央、地方政府提供高质量咨询服务的也就3~5家，而能在国际海洋外交舞台上有一定话语权的仅有1~2家。作为一个有约40万平方千米领海、300万平方千米主张管辖海域和13亿人口的海洋大国，全国的官方、半官方海洋智库仅区区10余家，绝大部分的沿海省、市、自治区竟然没有一家地方性海洋智库，这种情况实在与建设海洋强国的要求相差甚远。因此，尽快建设一批中国特色新型海洋智库，并打造一定数量高水平的、在国际海洋外交舞台上有一定话语权的海洋智库，是建设海洋强国的迫切需要，也是当前及今后一段时期维护国家海洋权益的战略需要。

三、建设中国特色新型海洋智库的路径

建设中国特色新型海洋智库，搞好顶层设计是前提。在智库建设顶层设计方面，国内首开先河的是教育系统。教育部于2014年年初发布了《中国特色新型高校智库建设推进计划》。在地方海洋智库建设方面，山东省走在了前面，从2012年开始山东省海洋与渔业厅在财政部门的支持下，安排专项资金启动了“海洋与渔业软科学课题研究计划”，并启动将海洋智库建设纳入《山东省海洋事业发展规划》（2014—2020年）。国家海洋行政主管部门可以借鉴这些做法，一方面协调国家有关部门争取在《国家海洋事业发展“十三五”规划》中纳入中国特色新型海洋智库建设的内容；另一方面制定和发布《中国特色新型海洋智库建设推进计划》或类似行动计划，明确中国特色新型海洋智库建设的目标、方向、重点、步骤、抓手等。

加强中国特色新型海洋智库建设，具体要从以下四个方面入手。

（一）构建以官方智库为主体、民间智库为补充的海洋智库平台

平台建设是中国特色新型海洋智库建设的基础。

中国的国情，没有必要也不允许照搬西方智库非政府、非党派的做法。中国智库是为党和政府决策服务的，官方智库是智库的主体，但发展官方智库的同时不排斥民间智库发展。

建议中央政府重点打造几个能在国家重大海洋政策问题上提供高质量咨询建议、具有全球视野并能在国际海洋外交舞台上掌握一定话语权的国家级海洋智库。沿海省、

市、自治区至少各组建一个立足本地、满足当地海洋决策科学化、民主化需要的地方海洋智库。海洋智库作为专业型智库，不在于大，而在于精，在于特色突出。官方海洋智库的具体形式，属不能或不宜由市场配置资源的事业单位，宜定性为从事公益服务的事业单位，即面向社会提供公益服务和为机关行使职能提供保障的事业单位，具体划分为公益一类事业单位。

与此同时，应鼓励和支持社会力量参与海洋智库建设，形成多元化的建设格局。也可以统筹相关资源成立项目组结合实际工作开展软课题研究。如：山东省海洋行政主管部门，近年来专门拿出经费，组织系统内既有工作经验又熟悉情况、并有一定研究能力的一线管理人员，联合高校和科研院所，结合日常工作开展软课题研究，着眼于发现新情况，着手于分析新问题，落脚于提出可直接用于决策的新建议，边调研，边探索，边试验，边跟踪，边调整，完成了一系列海洋方面软课题研究，有效解决了实际工作中亟须突破的一些热点、难点问题。

要加强海洋智库之间的工作交流，通过经常召开海洋智库发展研讨会、创办《中国海洋智库》刊物等信息交流平台，不断提升整体研究水平。

（二）建立政府重金支持、社会力量参与、以质论价的智库成果激励机制

鉴于海洋智库对于国家利益的极端重要性，非常有必要建立具有足够激励作用的财力支撑机制。要吸引有水平、有能力、有责任、有担当的人士，以此为职业，耐得住寂寞，潜心钻研，力求出精品、出大作。在建设投入方面，政府要舍得投资，像抓硬实力建设一样抓软实力建设，同时还要鼓励和引导民间资本参与海洋智库建设。西方智库虽然是独立于政府以外的组织，不受政府资助也不受政府领导，但与政府之间的关系却非常密切。兰德公司65%的资金来源来自美国联邦政府，但这种资金来源不是政府直接投资，而是政府通过购买服务支付佣金。党的十八届三中全会提出，“推广政府购买服务”。在智库市场上推广政府购买服务，对官方、半官方智库来说，可以激发其内部活力，促使其服务意识和服务水平的提高。对非官方智库来说，可以使其获得更多的发展机会和发展空间。换句话说，就是通过市场手段配置智库资源，大量的政府资金通过市场配置给有能力提供高质量服务的智库，优质的智力服务通过市场配置给有需求的政府部门。这种智库资源配置方式，可以使那些优秀智库脱颖而出、迅速壮大，同时可以逐渐淘汰那些“睡眠”智库。

具体到海洋智库服务领域，各级政府决策部门应将海洋方面的公共研究课题通过公开招标、邀标等市场竞争的方式确定哪家智库作为服务提供单位，通过委托合同约定服务内容、服务标准、佣金数额以及双方的权利义务，如委托开展国家或地方海洋事业“十三五”发展规划研究或编制等。

要重金奖励优秀智库、优秀团队和优秀成果。中国智库与西方智库在管理方面的重要差距之一，是缺少成熟的评价机制和激励机制。美国宾夕法尼亚大学自2006年起每年都发布《全球智库报告》，对全球知名智库进行各种排名。西方国家对智库的评价有一套非常成熟的标准。在这方面，中国刚刚起步，上海社会科学院智库研究中心2014年首次发布《中国智库报告》。除了对智库进行科学评价、排名，还要对研究团队、研究成果进行科学评价，使优秀的智库和优秀的团队得到优先支持、优先发展，优秀的研

究成果得到社会肯定和鼓励。政府部门应该像奖励百强企业、纳税大户一样巨资奖励优秀智库和优秀团队，像奖励奥运金牌获得者一样慷慨奖励优秀成果完成者。

（三）建立复合型、高层次的海洋智库人才队伍

智库从事的政策研究是软科学研究，是不同于硬科学的独立系统。智库水平的高低，几乎不依赖任何实验设备支持，而主要取决于智库研究队伍综合水平的高低。

政策研究不同于学术研究，它需要解决的问题是复杂的现实问题而不是纯理论问题，因此仅有学术积累而没有经验积累者不能胜任。在研究人员录用、研究团队组建方面，要吸收不同阅历、不同知识结构、不同性格禀赋的研究人员进入智库，打造多层次、多学科、多领域、老中青相结合的研究团队。每个项目组要由资深行政决策人员担纲。项目组成员当中：既要有具备海洋行政管理背景的人员，也要有具备海洋专业技术背景的人员；既要有从事理论研究的人员，也要有长期从事实践工作的人员；既要有阅历和经验丰富的资深人士，也要有精力和冲劲十足的年轻干将；既要有文科人才，也要有理科人才；既要有具备海外学习研究经历的海归派，也要有始终扎根国内深谙国情的本土派。在人才培养方面，要创造条件委派有潜质的研究人员到国外高水平智库去担任“访问学者”，学习国外先进的研究理念和研究方法，或者与国外高水平智库联合开展研究。在智库研究人员出国参加国际性会议或学习交流等出国审批方面，给予宽松政策、放开次数限制。

美国的智库与政府之间有扇“旋转门”，就是政府经常从智库获得人才输送，智库也经常聘请曾经在政府工作过的高官，甚至有的官员因所在政党由执政党变为在野党而暂时退出政坛后便进入智库从事研究，一旦所在政党由在野党重新成为执政党，本人“东山再起”又回到政府任职。布鲁金斯学会的现任200多名研究员中，有1/2的人具有政府工作背景，担任过驻外大使的就有6位之多。到2010年为止，布鲁金斯学会加入奥巴马政府的有36人之多。在奥巴马政府任职的前布鲁金斯学会成员中，穿越“旋转门”次数最多、最为典型的当属美国常务副国务卿詹姆斯·斯坦伯格，从1977年至2010年，斯坦伯格5次穿越“旋转门”。除了布鲁金斯学会与政府之间的旋转门之外，其他美国思想库与政府之间也保持着这种旋转门机制[2]。中国的海洋智库应该借鉴这种用人思路，聘请那些从海洋系统管理岗位上退出的有丰富管理经验的行政官员，发挥他们的经验和智慧开展研究。

日本智库在组织上采取独特的“派出研究员”制度，即政府、大学、企业、研究所向智库派出研究员，工作2~3年，工资由原单位发，到期回原单位。如日本综合研究开发机构，共有33名研究员，长期聘用的仅有3人[3]。这与我国的挂职制度类似。建设海洋智库，可以将日本的“派出研究员”制度与我国的挂职制度糅合改造成“双向挂职制度”——从海洋智库选派研究人员到海洋行政管理部门挂职，增加行政管理实践经验，从海洋行政管理部门安排有研究能力的官员带着问题到海洋智库挂职，利用挂职的1~2年时间潜心研究突破一些政策难题。

（四）建立能够产生有价值思想成果的优质海洋智库生产机制

1. 建立海洋智库大数据库

大数据库建设是中国特色新型海洋智库建设的保障。当今时代是信息时代，谁占有

更多的信息量，谁才有可能做出更科学的分析判断。对海量数据的把控和挖掘是占领信息化先机的重要手段。西方智库以及日本智库特别重视大数据库建设等基础设施建设，如日本的亚洲经济研究所建有日本 1 700 家企业财务情况的数据库[3]。有人说，在中国，智库要想获得数据是比获得资金更难的事情。因此，加强中国特色新型海洋智库建设，必须尽快建立起海洋信息大数据库，为海洋智库开展研究提供数据支撑。

2. 建立海洋智慧火花碰撞机制

科学的决策机制，既是科学决策的重要制度保障，也是智库发展的制度土壤。中央一贯强调重视调查研究、提高决策透明度、建立健全决策的民主程序。在新的时代背景下，各级决策部门落实中央这一要求，要把建立科学决策机制与加强中国特色新型智库建设联系起来，通过建立科学决策机制为中国特色新型智库发展提供气候和土壤，通过加强中国特色新型智库建设，为建立科学决策机制提供条件支持。要坚持问题导向，在充分调查研究的基础上拟定多套方案，经过充分论证和分析评估，选择最佳方案。各级海洋决策部门，应该通过加强海洋智库建设，将开展大型调查研究、拟定重大决策方案、编制长期发展规划等任务，交给海洋智库，充分利用海洋智库这个“外脑”，凭借专业政策研究人员对德尔菲法、头脑风暴法、回归分析法、系统工程方法等各种科学分析方法和科学决策方法的熟练运用，多开产生智慧、破解难题的“诸葛亮会”，多做“去粗取精，去伪存真，由此及彼，由表及里”的深入研究，让海洋智库充分为海洋决策服务，同时给海洋智库以充分的成长空间。

参考文献

[1]　李伟．探索中国特色新型智库发展之路［N］．人民日报，2014-04-24（07）．
[2]　王莉丽．旋转门：美国思想库研究［M］．北京：国家行政学院出版社，2010：99-100.
[3]　刘少东．智库建设的日本经验［J］．人民论坛，2013，35：20-25.

论文来源：本文原刊于《海洋开发与管理》2014 年 12 期，第 5-9 页。

介入域外海洋事务：欧盟海洋战略转型

刘 衡*

摘 要： 欧盟是《联合国海洋法公约》唯一的国际组织缔约方，但是，它只在成员国让渡的有限领域享有海洋事务的专属权能和共享权能，凭以维护和拓展自身海洋权益的手段和工具有限。因此，2007 年以来，欧盟启动了海洋战略转型进程，推行积极介入域外海洋事务的基本政策。欧盟海洋战略转型的最终目标是促进它在国际海洋事务中的领导作用、提升它在海洋治理中的国际地位，进而扩大它“作为一个全球行为体”在国际体系中的政治影响力。欧盟精心选择了国家管辖范围外海域生物多样性议题、北极事务和东亚海洋事务作为其介入域外海洋事务的优先事项。这三大事项体现了欧盟海洋战略转型的三个不同维度，它们在欧盟议程中的地位以及欧盟在不同事项上的行动强度，与它们和欧盟利益的紧密程度存在正相关关系。欧盟在这三大优先事项上紧紧围绕战略转型目标开展工作，已经初步展示设定国际海洋事务议程的能力。欧盟在海洋战略转型方面的努力，为评估它在国际体系中的地位和角色提供了新的视角。

关键词： 欧盟；海洋权益；海洋战略转型；国际海洋治理；海洋新秩序

一、引言

欧盟[1]与日本 2015 年 5 月 29 日发布的《日本—欧盟领导人峰会联合声明》指出，双方“关切东海和南海形势以及改变现状和加剧紧张的任何单方行为”。这一表述不仅使用了“改变现状”和“加剧紧张”的词汇，而且明确提及“东海”和“南海”，这在欧盟与第三方的公开双边文件中尚属首次。这一新动向与欧盟 2007 年开始海洋战略转型后推行积极介入[2]域外海洋事务的基本政策密切相关，东亚海洋事务恰恰是当前其介入域外海洋事务的重点。

欧盟介入域外海洋事务始于 20 世纪 70 年代。当时的欧洲经济共同体及其成员国共同参加了第三次联合国海洋法会议。有关国际组织的参加事项（《联合国海洋法公约》附件九）是会议中最复杂、最费时的议题，欧洲经济共同体是参与谈判的唯一相关国

---

* 刘衡，男，法学博士，中国社会科学院欧洲研究所助理研究员。研究领域：欧盟法、国际法、国际争端解决。

际组织，它的参加事项便成为中心议题。最终通过的《联合国海洋法公约》（以下简称《公约》）附件九因而有些为欧洲经济共同体“量身定做”的意味，被称为“欧洲经济共同体参加条款（EEC participation clauses）”。[3]欧盟首次涉入国际海洋事务便取得重大成果。经过9年的马拉松谈判之后，《公约》于1982年正式通过并开放签署，当时的欧洲共同体于1984年签署了《公约》。1998年，欧盟理事会通过《关于欧洲共同体缔结的<1982年联合国海洋法公约>和<1994年海洋法公约第十一部分执行协定>的决定》,[4]代表欧共体核准了《公约》及其《第十一部分执行协定》,[5]并于当年4月1日向联合国秘书长交存了加入文书，正式成为《公约》第一个国际组织缔约方。迄今为止，欧盟仍然是《公约》的唯一一个国际组织缔约方。欧盟参与《公约》及其两个“执行协定”[6]的谈判并加入这些国际条约，使它获得了参与国际海洋治理的主体资格，打通了参与国际海洋事务的基本渠道。但是，当时欧盟还没有自身的海洋战略，参与《公约》谈判的现实目的，是为了解决因成员国让渡部分涉海权能在谈判中给第三国造成的混乱。加入《公约》后，欧盟初步确定了海洋战略，即在一定时期内致力于在联盟内部遵守和实施《公约》。

经过近10年的内部建设后，欧盟在2007年10月正式出台了首份“海洋蓝皮书”——《欧盟的海洋综合政策》。[7]这份蓝皮书全面阐述了欧盟关于海洋利用和保护的未来设想与规划，标志着欧盟的海洋战略开始转型：从早期聚焦区域海洋治理迈向积极投身域外海洋事务。在此基础上，2009年10月，欧盟出台第二份“海洋蓝皮书”——《欧盟海洋综合政策的国际拓展》（以下称“2009年蓝皮书”）。该蓝皮书秉承欧盟在“2007年蓝皮书”中宣示的基本海洋治理观，进一步系统阐明了欧盟的国际海洋治理战略。两部蓝皮书为欧盟介入域外海洋事务提供了基本依据。[8]

在谋求积极介入域外海洋事务的新阶段，地域上，欧盟的视线从周边的大西洋、地中海、波罗的海等逐步扩大到印度洋、北极、太平洋、东亚和南极；内容上，欧盟介入域外海洋事务主要包括参与甚至在一些议题上主导全球海洋治理以及介入其他区域或热点海洋事务两个方面。根据“2009年蓝皮书”确定的战略目标，国家管辖范围外海域生物多样性（marine biodiversity in areas beyond national jurisdiction，BBNJ）议题、北极事务、索马里海域打击海盗[9]和东亚海洋事务等，成为当前欧盟介入域外海洋事务的重点内容。欧盟利用联合国大会、《公约》缔约方会议和“海洋法非正式磋商进程”[10]等国际平台以及其他多边和双边场合，围绕这些重点议题，不断发出“欧盟声音”，并尝试在这些“声音”的基础上整合完善，提出关于海洋治理和国际海洋法发展的“欧盟方案”。

学界注意到了欧盟已经开始的海洋战略转型以及它相应在域外海洋事务的部分领域加强活动的现象。但遗憾的是，在研究方法上，既有研究尚未充分理解欧盟海洋政策模式从部门分散（sectoral approach）到综合集成（integrated approach）的重大转变，仍然沿用传统的部门导向和议题导向的分析路径。在研究内容上，既有研究主要选取单一部门或热点议题进行跟踪，缺乏对不同部门或议题之间的内在联系以及欧盟在不同部门和议题方面介入域外事务的活动与欧盟海洋战略转型之间因果关系的论述。[11]

本文基于欧盟海洋政策的重大转变，以国家管辖范围外海域生物多样性议题、北极事务和东亚海洋事务为例，分别从全球治理维度、区域治理维度和第三维度，对欧盟介入域外海洋事务的政策与实践进行整体性和系统性探讨，尝试回答下列问题：欧盟启动海洋战略转型的动因是什么？战略目标有哪些？它如何选择推动海洋战略转型的优先事项？它介入域外海洋事务的成效如何？面临哪些困境？

二、欧盟海洋战略转型的动因与目标

如前所述，自 1998 年加入《公约》以来，大致以 2007 年海洋蓝皮书的出台为界，欧盟的海洋战略具有明显的阶段性。在前一阶段，欧盟聚焦区域海洋治理，通过立法、司法等方式，以处理联盟与成员国关系（尤其是双方在相关涉海事项上的权能分配）为重点，致力于在联盟内部遵守和实施《公约》，表现出“内向”特征；现阶段，欧盟积极投身域外海洋事务，试图通过“欧盟声音”和“欧盟方案”引导和主导国际海洋事务的处理和发展，表现出“外向”特征。

欧盟转向积极介入域外海洋事务具有必然性。首先，欧盟是一个“海洋之盟”，[12]海洋是它生存和发展的重要物质基础。海洋几乎是欧盟半数人口的家园，海洋经济产出约占其 GDP 的 50%。[13]欧盟的海洋活动范围早已超出它的周边海域，自然产生了其介入域外海洋事务的实际需求。其次，与欧盟对《公约》和国际海洋治理的总体认识密切相关。在欧盟看来，《公约》的通过是国际海洋治理的转折点，《公约》为治理所有海洋活动（包括全球海洋活动和区域海洋活动）建立了一个稳定的基本法律框架，它可以在其中发挥更大作用；在区域海洋治理取得初步成功之后，只有积极介入域外海洋事务，才能确保它作为“海洋之盟”的基本利益。基于上述判断，欧盟的国际海洋治理观有两个基本支点：一是坚持海洋多边主义，二是推动以《公约》为核心的海洋法治。最后，欧盟转向积极介入域外海洋事务，也是它谋求在国际事务中发挥更大独特作用的重要内容。国际贸易、气候变化和海洋事务是欧盟参与国际事务的三大重点领域。相比之下，它参与国际贸易和气候变化治理具有较长的历史，积累了丰富的经验，它的地位和角色已经相对固化；介入域外海洋事务是其开发的参与国际事务的“新增长极”，成为现阶段的优先事项。

欧盟转向积极介入域外海洋事务这一现象本身不存在悬念，需要回答的是：这个转向何时会出现？前文已提及，2007 年海洋蓝皮书的出台是这一转向的标志。“2007 年”并非一个随意的时间点。首先，在 2005 年联合国成立 60 周年之际，联合国召开了规模空前的首脑会议，通过了《2005 年世界首脑会议成果文件》。该文件提出“改善各个层面的合作与协调，以期综合治理各种海洋问题，并促进海洋的综合管理和可持续发展”。[14]随后，国际社会开始落实该文件提出的各项措施与倡议，欧盟 2007 年海洋蓝皮书是对该呼吁的直接回应。其次，旨在对欧盟机构和运行诸事项（包括联盟与成员国在涉海方面权能的分配）进行改革的《里斯本条约》于 2007 年上半年启动谈判，并于当年 10 月签署。2007 年海洋蓝皮书可视为《里斯本条约》配套改革政策和措施的一部分。最后，比较巧合的是，2007 年是《公约》开放签署 25 周年，这在国际海洋治理发展历史上具有里程碑意义。欧盟选择在这样一个特殊的时间点开启海洋战略转型，可谓“恰逢其时”。

那么欧盟海洋战略转型的目标是什么呢？2007 年海洋蓝皮书明确提出“促进欧盟在国际海洋事务中发挥领导作用”。[15]这种“领导作用”有两个维度：第一，加强欧盟内部协调，在国际海洋事务中“用一个声音说话”，[16]至少“欧盟声音”要压倒成员国的不同声音。为此，欧盟在内部做出了多种努力，目的是迈向“共同海洋政策”，[17]确立欧盟在海洋事务方面的单一实体地位。[18]第二，践行“海洋区域主义”，整合区域海洋治理经验，通过“欧盟方案”在全球层面引导和主导海洋治理和国际海洋法的新发展。一方面，欧盟是区域海洋治理的先行者，在渔业资源的养护和可持续利用、海洋环境保护和污染防治等方面积累了丰富的经验；另一方面，欧盟通过在某些方面以较高标准遵守《公约》和海洋法方面的其他国际协定，谋求树立它在国际社会中忠实履行国际义务的良好形象，增加其参与国际海洋事务的正当性和话语权，进而提升它在国际海洋事务中的地位。

相应地，“2009 年海洋蓝皮书”进一步提出了欧盟参与国际海洋治理的 12 个具体战略目标，其中包括：各成员国以及欧盟和国际社会以更协调一致的方式更多参与多边行动，发挥欧盟作为全球行为体的重要作用；在全球推动更多国家加入《公约》；[19]与欧盟的关键伙伴建立高水平对话关系，确保部门对话可产生协同效应；[20]支持以综合方法加强海洋生物多样性的养护和可持续利用，特别是国家管辖范围外海域的生物多样性保护，包括建立海洋保护区；强化在确保航行自由和安全方面业已开展的行动。[21]推动国家管辖范围外海域生物多样性议题、参与北极事务和关注东亚海洋事务直接关乎上述战略目标，因而成为近几年欧盟介入域外海洋事务的优先事项。这三大事项体现了欧盟海洋战略转型的不同维度，从中可以管窥它在海洋战略转型过程中如何选择并推动优先事项以及转型的成效等等。

三、欧盟海洋战略转型的全球治理维度

国家管辖范围外海域生物多样性的养护和可持续利用是新世纪以来日益引起国际社会关注的新问题，它涉及全球海洋公共产品的提供，与外大陆架划界、深海采矿和极地事务等同为全球海洋治理的前沿议题。欧盟的积极推动是该议题提出和推进的重要原因，联合国大会（以下简称“联大”）为此专门设立“不限名额非正式特设工作组”（以下简称“特设工作组”）讨论这一议题。“海洋法非正式磋商进程”、《公约》缔约方会议和《生物多样性公约》缔约国会议等国际平台也纷纷加强对相关问题的讨论，使得该议题成为当前全球海洋治理的热点。欧盟在该议题上的政策与实践是其海洋战略转型的最集中表达。

关于这一议题现行法律框架的主要问题，国际社会有两种观点：一是认为现有法律制度基本完善，但是对相关协定执行不力和现存机制利用不够；二是认为现有法律制度本身存在空白，需要制定新的规则。[22]欧盟的立场很明确：在制度层面，主张并强力推动谈判签订《公约》“第三执行协定”；在操作层面，支持建立公海海洋保护区。

（一）签订《公约》“第三执行协定”

欧盟的基本主张是，《公约》作为“海洋宪章”，为所有海洋活动的实施确立了基本法律框架。但是，对于国家管辖范围外海域生物多样性等新议题，《公约》框架无法

将调整所有具体活动所需要的详细规定都纳入其中，一些海洋活动的后果在《公约》通过之后才显现；同时，《公约》及其两个“执行协定”未涉及的新的海洋活动或者已经出现，或者正在拟议中。因此，《公约》在这方面存在不足和空白，谈判签订《公约》新的执行协定（“第三执行协定”）是最好的应对方式。基于此，欧盟自2007年开始就建议联大尽早启动《公约》“第三执行协定”的谈判。[23]

欧盟的提议在主要海洋国家中的发达国家阵营引起了激烈的争论，加拿大、澳大利亚和新西兰明确支持，但美国、日本、韩国、挪威和冰岛坚决反对。[24]相比之下，七十七国集团和中国则反应冷淡。[25]欧盟以争取“沉默的大多数”为主要工作策略，取得了初步成功。在欧盟等的持续努力下，联大做出了积极回应。2013年联大第68届会议“欢迎”“特设工作组”讨论国家管辖范围外海域生物多样性的养护和可持续利用方面的法律框架，“包括执行现有文书，并可能根据《公约》拟订一项多边协定”，[26]重申“在大会第69届会议结束之前抓紧处理国家管辖范围外海域生物多样性的养护和可持续利用问题，包括就依据《公约》的规定拟订一份国际文书的问题做出决定；并决定在工作组内设立一个筹备这一行动的进程”，[27]请工作组“为大会第69届会议将要做出的决定做好筹备工作”。[28]为此，“特设工作组”分别于2014年4月和6月召开了两次会议讨论上述联大指示，并决定在2015年1月举行的会议上，“就依据《公约》规定拟订一份国际文书的规模、范围和可行性向大会提出建议”。[29]虽然这份“国际文书”最终能否成为《公约》“第三执行协定”尚存疑问，但是整体事态基本是按欧盟的思路在发展。

（二）建立公海海洋保护区（MPAs）

具体操作上，欧盟一直认为建立公海海洋保护区[30]是解决国家管辖范围外海域生物多样性问题的可行方法。通过建立海洋保护区以保护海洋环境和生物多样性已被证明是一种有效方式，欧盟在这方面的实践非常丰富。[31]但是，目前世界上绝大多数的海洋保护区都是建立在国家所有或国家管辖海域范围之内，在公海建立海洋保护区涉及公海自由等基本海洋制度，具有高度的敏感性，主权国家大多行事谨慎。

为推动公海海洋保护区的建立，欧盟采取了一些手段，首先推动在不那么具有主权敏感性的南极地区建立海洋保护区。2009年，以欧盟的提议为基础，南极海洋生物资源养护委员会（CCAMLR）在管辖区域设立了第一个海洋保护区，即南奥克尼群岛南部地壳保护区（the South Orkney Island Southern Shelf），在该保护区内，只允许进行科研捕鱼。2010年，欧盟联合澳大利亚和法国向CCAMLR提出在南极东部建立海洋保护区网络。该保护区的目标是在南极洲东部建立7块养护区，拟议总面积约163万平方千米，略等于欧盟成员国领土的一半。[32]但该提议第一次没有通过。2013年10月，欧盟再次联合提出该议案，并同时支持新西兰和美国联合提出的在南极罗斯海海域建立海洋保护区的议案。为确保议案获得通过，上述成员在会前还发表了“联合声明”。[33]从现有公开信息看，上述海洋保护区尚未得到批准。[34]尽管如此，欧盟的态度是坚持通过建立公海保护区来应对国家管辖范围外海域生物多样性问题，并将其作为“第三执行协定”的主要内容。

（三）“第三执行协定”的影响与前景

理论上，公海海洋保护区是对公海自由的限制和侵蚀。如果欧盟以生态理由推动在公海建立海洋保护区的行动通过《公约》“第三执行协定”成为国际法，将极大改变甚至“颠覆”现行国际海洋法。它将“修正”自1609年胡果·格老秀斯（Hugo Grotius）发表《论海洋自由》400多年以来最古老、最基本的国际海洋法制度，并掀起新一轮的海洋圈地运动。此外，作为唯一一个《公约》非主权国家缔约方，欧盟在国际海洋法律秩序中的地位将显著提高，所享权利大大增加；相比之下，主权国家的权利能力和行动能力反而会受到束缚，进而影响全球海洋利益格局。这是欧盟选择将国家管辖范围外海域生物多样性议题作为引导和主导全球海洋治理突破口的最根本原因。

欧盟和七十七国集团已在“特设工作组”2015年1月会议上就《公约》“第三执行协定”的谈判路线图达成妥协，确定旨在2018年启动政府间谈判进程。[35]虽然未来谈判能否如期启动还是个问题，谈判本身也必将面临很多困难，但是不能忽视欧盟在该议题上已经取得的成功。一旦“特设工作组”的建议被联大接受，这将是国际海洋法继1995年《鱼类种群协定》之后最重要的发展，也是这方面国际海洋法的重要变革，而且意义将更加深远。对欧盟自身而言，这可能会成为它目前在贸易、气候变化和海洋三大全球治理重点领域中的最大收获。[36]简言之，在欧盟的强力推动下，国家管辖范围外海域生物多样性议题目前处于磋商和形成相关国际法律框架的关键时期。

四、欧盟海洋战略转型的区域治理维度

北极事务涉及海洋环境保护、资源和能源的开发与利用、海上航行和运输安全等。它既是区域海洋治理问题，也是全球海洋治理的前沿议题，但是欧盟更倾向于将其作为区域海洋治理问题处理。欧盟关注北极首先源于地缘以及紧密相关的资源和能源利益。[37]这也是它开始海洋战略转型、实施“海洋综合政策”以来比较突出的新发展。

迄今为止，欧盟发布了两份对北极政策文件，[38]指出其北极政策的目标是保护和保全北极、促进资源的可持续利用与国际合作。[39]但是，“在欧盟（欧共体）历史上，北极地区被认为无足轻重，属于边缘事务”。[40]因而同国际社会一样，欧盟对北极的重视也是近几年的新现象。2006年12月，挪威政府发布了《北极战略》，随后出现了2007年8月的俄罗斯北极插旗事件，美国政府也于2009年1月发布了《北极政策总统令》。在相关国家纷纷出台北极战略和政策的背景下，欧盟在2007年海洋蓝皮书中首次提出它在北极存在利益；2008年10月，欧洲议会通过《关于北极治理的决议》，建议欧盟委员会应准备开始进行“以最终通过一份保护北极的条约为目的的国际谈判”。[41]2008年11月，欧盟发布首份北极政策文件《欧盟与北极地区》，强调在历史、地理、经济、科学等方面，欧盟与北极有着重要而密切的联系。[42]同年12月，欧盟正式向北极理事会（the Arctic Council）[43]提出成为该理事会永久观察员的申请。2012年7月，欧盟发布第二份北极政策文件《发展中的欧盟北极政策：2008年以来的进展和下一步行动》，以调整和完善它的北极政策。[44]2014年，欧洲议会和欧盟理事会先后形成决议，支持欧盟的此种努力。

（一）2008 年《欧盟与北极地区》

在该政策文件中，欧盟正式提出有关北极的三点法律主张：北极地区非主权化、北极治理多边化和北极规范专门化。

第一，北极地区非主权化。欧盟明确指出，北极或北冰洋不属于任何国家或国家集团主权所有，对俄罗斯、加拿大、丹麦等北极国家采用直线基线的做法持异议；认为北冰洋沿岸国家间存在的是专属经济区划界争端，而非主权争端；北冰洋沿岸国家向联合国大陆架界限委员会提交大陆架划界案可能导致权利主张重叠；北极水域是可用于国际航行的水域而非某些国家的内水，国际社会在北极享有航行自由，在北极航道（北方航道和西北航道）享有无害通过权和过境通行权。

第二，北极治理多边化。推动北极治理多边化是欧盟北极政策的核心之一，也是欧盟海洋多边主义在北极事务方面的具体体现。它表示应致力于“进一步发展以《公约》为基础的北极合作治理体系”，以确保北极的“安全和稳定、严格的环境管理、资源的可持续利用与平等进入权”。[45]文件中虽然多处提及北极理事会，但是对理事会的重要作用似乎有意弱化。

第三，北极规范专门化。《欧盟与北极地区》明确指出北极没有专门的条约体系，而且也谈到“现有不断发展的国际法律框架同样适用于北极”，[46]“与其制定新的法律，不如充分履行现有义务”。[47]但是，欧盟紧接着提出“这不应排除发展新的法律框架，以适应新的条件或北极地区的具体情况”。[48]联系到此前欧洲议会有关“北极条约”的建议，并表示该想法是受《南极条约》的启发以及欧盟的北极治理多边化立场，可见，虽然欧盟委员会的态度较欧洲议会有所缓和，还是委婉传递了在可能的情况下谈判缔结“北极条约”的意图，并非“折中的态度”。[49]

欧盟的上述主张与北极国家“北极地区主权化、北极治理域内化和北极规范有框架”的立场和努力明显相悖。2008 年，北冰洋沿岸五国（美国、俄罗斯、加拿大、挪威与丹麦）通过《伊鲁利萨特宣言》（the Ilulissat Declaration），该宣言旨在强化五国在北极事务中的决定性地位，排斥包括欧盟在内的域外行为体在北极事务中的作用，反对缔结“北极条约”，[50]这对欧盟介入北极事务和申请成为北极理事会的永久观察员产生了直接影响。2011 年 5 月，北极理事会对观察员事项进行改革，取消临时观察员，将永久观察员改称“观察员”，并颁布了观察员的新标准。新标准包括承认北极国家在北极的主权、主权权利和管辖权；承认现有国际法律框架，尤其是海洋法是北极治理的坚实法律基础等内容。[51]没有证据表明北极理事会制定观察员的新标准是专门针对欧盟，但是，这确实给欧盟提出了新的挑战。欧盟于 2011 年按照新的标准提交了成为观察员的新申请。

（二）2012 年《发展中的欧盟北极政策》

确如文件标题所示，在第二份对北极政策文件中，欧盟的北极政策在“发展中”。第二份政策文件在总结吸收实施第一份政策文件经验教训的基础上，形式上对政策立场进行了相当的调整，北极关键词成为“知识、责任和参与”。首先，欧盟已不再明确提及与北极国家主权、主权权利或管辖权有关的内容，而是大谈其与北极理事会和各北极国家之间的良好合作以及它对北极的参与和投入。其次，欧盟放弃了有关“北极条约”的想法，不再讨论是否需要充分履行现有法律义务以及制定新的协定来调整北极事务的问题，而是强调现有以《公约》为基础的法律框架应如何适用于北极。再次，欧盟不再专门推崇北极多边治理，而是确认北极理事会是开展北极合作的第一平台，赞赏和强调理事会在北极事务中已经发挥并将继续发挥重要作用，表达同理事会加强合作的良好愿望。北极国家对非北极行为体讨论北极治理一直心存疑虑，欧盟不再提多边治理，据称是为了避免它们的此种担忧。[52]最后，欧盟强调其就北极事务开展国际合作的目的，是为了就如何应对对彼此有影响的北极问题形成全面一致的政策，不存在更大的政治抱负。

事实上，由于很快就发现2008年《欧盟与北极地区》这一政策文件的效果不佳，欧盟自2009年起就开始了政策调整进程，2012年政策文件算是这种调整的阶段性成果和总结文件。问题是，尽管欧盟对政策表述进行了调整，也仍然没有获得北极理事会的足够信任。2013年5月召开的北极理事会部长级会议正式接纳中国等6个北极域外国家为观察员，却不包括欧盟。欧盟申请被搁置的直接原因是，加拿大认为欧盟禁止进口海豹等动物制品影响北极原住民的生计。[53]但是实际上，北极理事会迟延接纳欧盟为观察员的深层次原因是，北极国家对欧盟的北极多边治理主张仍抱有戒心。[54]此事在2015年有了新的发展：4月召开的北极理事会部长级会议第三次拒绝了欧盟成为观察员的申请。这次否决欧盟的不再是加拿大，而是另一个北极核心国家俄罗斯，原因是俄因乌克兰危机对欧盟进行报复，非北极因素开始对欧盟参与北极事务产生直接且明显的影响。

（三）欧盟陷入“北极困局”

毋庸置疑，欧盟在北极具有很大的地缘、资源、能源以及航运方面的利益，因此它在北极事务上投入了很多资金、人力和精力，短短5年时间内先后出台了两个北极政策文件。然而，同样不可否认，其收效并不明显，三次申请成为北极理事会观察员，迄今仍未被接纳。欧盟目前的“北极困局”并非偶然。

第一，欧盟对北极所持立场与北极国家存在分歧。首先，如前所述，欧盟2008年有关“北极地区非主权化、北极治理多边化和北极规范专门化”等主张与所有北极国家的整体立场相左。虽然欧盟很快意识到了这个问题，在2012年进行了正式调整，不再坚持北极规范专门化，但是，它对北极地区非主权化和北极治理多边化两方面的调整主要是形式上的，没有证据显示其基本立场（尤其是有关北极治理的基本立场）发生了根本改变。其次，欧盟的一些具体法律观点，如有关北极国家领海直线基线问题、西北航道和北方航道的法律性质等与美国所持立场相同或相近，但与加拿大、俄罗斯等其他北极核心国家的利益甚至核心利益相悖。最后，欧盟初期出现了明显的政策失误。一开始，欧盟显然没有认识到或者不太愿意认可北极理事会在北极地区和北极治理中的重要角色和重要作用。此外，欧盟强力推动的《公约》“第三执行协定”预期同样适用于北极地区。北极国家目前对此尚未加以适当注意，但是一旦谈判进入实质阶段，估计将引发它们的集体或单独反应。

第二，欧盟历史上过于忽视北极地区。欧盟（欧共体）历史上认为北极地区无足轻重。欧共体的此种态度与格陵兰于1973年加入欧共体后，又通过全民公决方式于

1985 年正式退出有直接关系，而格陵兰曾是欧共体在北极发挥影响的最重要支点。这种不重视北极的情形一直延续到 2007 年。由于长期忽视北极，欧盟对北极的基本状况缺乏必要的了解，对北极国家的基本主张缺乏必要的关注，因而对北极国家的基本利益缺乏必要的敏感（“三缺乏”）。[55] 对北极国家来说，欧盟 2008 年的首份政策文件多少有些“激进”。很大程度上，这也是欧盟长期过于忽视北极所（应该）付出的代价。2012 年政策文件在某种意义上承担着对 2008 年政策文件进行纠偏的功能；同时，它将欧盟的北极关键词调整为“知识、责任和参与”，也表明欧盟正在努力“补课”，以尽早改变“三缺乏”的基本状况。另外，2008 年爆发、迄今仍未结束的欧债危机消耗了这一时段欧盟的主要精力，使得北极事务虽然成为它介入域外海洋事务的优先事项，但是并非其日程的核心政治议题。

第三，欧盟的内部决策结构和成员构成比较复杂。欧盟层面，欧盟理事会、欧盟委员会和欧洲议会对北极的认识并不一致，各自的办事风格也不一样，一定程度上影响了欧盟北极政策的决策过程以及政策的确定性和连贯性。欧盟委员会最终出台或执行的主要政策立场和措施，在欧盟内部不无争议。2008 年政策文件反映了这一现实。2009 年申请成为北极理事会永久观察员受挫后，欧盟机构间加强了协调（2012 年政策文件可看出这种努力），这种情势才有所缓解。

更重要的是，欧盟成员国中既有非北极国家，也有北极国家，欧盟与其北极成员国之间的北极利益不尽相同，立场时有冲突，如何处理这些分歧是欧盟始终面对的一个难题。北极八国中，丹麦、芬兰和瑞典是欧盟成员国。它们又可以分为两类：丹麦属北极核心五国之一，与欧盟整体利益冲突的可能性较大，而芬兰和瑞典并非北冰洋沿岸国家，北极利益敏感度相对较低，与欧盟整体利益协调的空间更多。无论如何，此种局面使得欧盟在决策中必须考虑：先决定联盟立场再来考虑北极成员国的利益，还是先由三个北极成员国协调立场？

换个角度，欧盟的难题同样是上述三个成员国的难题，而且对它们来说难度要大于欧盟。实践中，由于芬兰和瑞典在利益方面比丹麦相对超脱，它们又比欧盟更熟悉北极问题，两国在协调欧盟与北极国家之间的利益方面付出了不少努力。事实上，欧盟尝试实质参与北极事务正是始于芬兰 2006 年担任欧盟理事会轮值主席国期间，其后瑞典在 2009 年担任轮值主席国时为欧盟北极政策的调整和完善花费了不少心血。丹麦的态度相对强硬，与欧盟在北极事务上时有紧张情形出现。比如，在是否需要缔结“北极条约”方面，丹麦坚决反对欧洲议会的立场，欧盟委员会的温和表达显然考虑了丹麦的这一态度。但是，丹麦在欧盟的北极决策中属于少数派。

为解决上述矛盾，2009 年之后，一方面，至少从形式上，欧盟尽量适当顾及北极国家（尤其是北极核心国家）的战略主张和基本利益，避免明确提及存在明显分歧的事项；另一方面，欧盟在逐步完善北极政策的过程中，力图既“保护联盟的利益，承担联盟的责任，同时又认可成员国在北极的合法权益”。[56]

第四，部分非欧盟北极核心国家不支持欧盟实质介入北极事务。欧盟 2009 年和 2013 年申请成为北极理事会观察员受阻都是因为加拿大的否决。加拿大反对的表面原因是，欧盟禁止海豹产品进入欧盟市场影响了北极原住民的利益，然而，反对的背后原因是加拿大一直对欧盟参与北极事务的动机表示怀疑。加拿大外交部长曾直言不讳，“加拿大不认为欧盟现阶段能够认识到北极理事会及其成员资格的敏感性”。[57]尽管如此，加拿大的反对都是基于对北极事务本身的考虑。2015 年俄罗斯反对欧盟成为观察员使得欧盟参与北极事务进一步复杂化。俄欧双方在乌克兰危机上的对立并不涉及北极，却成为阻止欧盟进一步参与北极事务的“利器”，虽然感觉有些意外，但是并非不合逻辑。这表明欧盟与北极核心国家之间的非北极双边问题也可能对它参与北极事务产生影响。

此外，欧盟的遭遇至少表明：北极地区已经形成相对固化的利益群体，它们以北极理事会为基本平台，在对外方面持有比较一致的立场，整体相对保守和封闭；任何域外行为体有关参与北极治理的明确战略或政策（尤其是涉及主权、主权权利和管辖权、多边治理等方面），都可能引起它们本能的不悦或反弹。

由于上述原因的存在，欧盟的北极政策虽然在不断调整和完善，而且“从最开始的笼统框架型政策逐步向具体且细致的实战型政策迈进”，[58]但是，客观地讲，它的基本政策仍未定型，还处于“摸着石头过河”的阶段。当然，欧盟也正在想办法破解在北极事务上所面临的尴尬处境。2014 年上半年，欧洲议会和欧盟理事会先后通过《欧盟北极战略决议》[59]和《发展欧盟的北极政策决议》，[60]支持 2012 年政策文件的基本思路，鼓励欧盟通过多种途径、采取多种方式，加强同北极的联系、增强在北极的存在。然而，北极理事会观察员申请第三次被拒，表明形势依然不容乐观。

无论欧盟的北极政策如何调整，它的核心问题是一个定位、两组关系。一个定位是指：欧盟到底应该以及它意欲在北极治理中扮演何种角色？两组关系是指：欧盟如何处理它同北极国家（尤其是 5 个核心国家）之间以及它同其北极成员国（尤其是丹麦）之间的关系？解决了这两个核心问题，也就基本解决了欧盟参与北极事务的问题，但这绝非易事。如何回答这两个核心问题，以破解“北极困局”？拟于 2015 年年底出台的欧盟第三份北极政策文件或许值得期待。

当然，我们也应看到，虽然欧盟目前面临“北极困局”，但就北极对欧盟的战略意义和其介入北极事务的主动性和投入程度来看，它的表现在北极域外行为体中还是非常突出的。长远看，它在北极事务中扮演的角色或许不能和北极国家相提并论，然而在北极域外行为体中应属关键级。

五、欧盟积极介入东亚海洋事务

“东亚海洋事务”是欧盟在谈及南海、东海问题时所使用的表述。严格意义上，欧盟所指东亚海洋事务既不属于全球海洋治理范畴，也非区域海洋治理议题，而只是本地区部分国家之间涉及岛礁领土主权和重叠海域划界的问题。因此，与前面论及的两个优先事项不同，欧盟既无明确的“东亚海洋战略”或者“南海战略”，也没有明确的政策选项。而且，与北极不同，欧盟与东亚地理相距遥远，历史联系不多，它一向对东亚海洋事务关注较少。但是，在欧盟海洋战略转型语境下，随着东亚地区经济实力的不断增加以及一段时间内东亚海洋形势的热炒，[61]欧盟开始对东亚海洋事务表示兴趣，短时间内密集表达关注。东亚海洋事务目前成为欧盟介入域外海洋事务的第三领域。

（一）2012 年：欧盟介入东亚海洋事务元年

2012 年，欧盟和亚洲之间开展了一系列活动，如高级别会议、互访和领导人峰会等，包括在老挝举行的第九届亚欧峰会和欧盟签署《东南亚友好合作条约》，因而欧盟将 2012 年界定为“亚洲年”。[62]同样在这一年，欧盟对东亚海洋事务单独或与他国联合密集表态，前所未有，或可认为该年是它介入或试图介入东亚海洋事务（特别是南海）元年。

2012 年 6 月 15 日，欧盟出台了第二份《东亚外交与安全政策指南》。该“政策指南”在 2007 年首份“政策指南”的基础上，新增了有关南海的内容，首次系统阐述了欧盟对南海问题的态度和立场：第一，欧盟及其成员国对南海各方权利主张不持立场；第二，呼吁各方在国际法（尤其是《公约》）基础上，通过和平与合作性方案解决争端；第三，鼓励东盟和中国推进“南海行为准则（Code of Conduct）”；第四，愿与各方分享欧盟及其成员国在这方面的经验。[63]

时隔不到一个月，7 月 12 日，欧盟和美国在柬埔寨首都金边发表了《关于亚太地区的联合声明》。该声明除欢迎东盟在区域发挥主导作用外，还单列中国，表示欢迎中国在亚太地区发挥建设性作用；[64]在和平与安全方面，强调依照国际法打击海盗、依照国际法（尤其是《公约》）加强海洋安全；关于南海，双方称一如既往鼓励东盟和中国推进“南海行为准则”，通过和平、外交与合作性方案解决领土和海洋争端。

9 月 25 日，欧盟外交事务和安全政策高级代表凯瑟琳·阿什顿（Catherine Ashton）代表欧盟首次就东亚海洋事务发表单独声明。声明认为，欧盟在东亚具有“重要利益（significant interests）”，它关注东亚海域的新动态；敦促相关各方依照国际法，特别是《公约》寻求和平与合作的解决方案，澄清各自主张。[65]

且不谈欧盟上述政策文件或声明中所论及的具体内容和表达的政策立场，仅就其先后对相同或类似议题在几个月时间内连续表态这一行为来判断，可看出它介入或试图介入南海和东海问题的意图。在欧盟的对外实践中，一般两种情形下它会连续表态：一是为预定将要举行的某项重要活动和发生的重大事件造势；二是实际发生了对其或国际社会有重大影响的突发事件，且该事件或其影响将持续一段时间。南海和东海问题不属于这两种情形，只能说明欧盟另有所图。

（二）支持菲律宾提起“南海仲裁案”

虽然欧盟私下鼓励菲律宾将中国诉诸国际争端解决法律机制的可能性存在，但是没有证据显示菲 2013 年 1 月提起“南海仲裁案”[66]一事与其有关联。2013 年 7 月菲总统历史性访问欧盟，寻求对菲提起“南海仲裁案”的支持。时任欧盟委员会主席巴罗佐（Jose Manuel Barroso）在声明中使用了标准的外交语言，“欧盟鼓励各方通过对话与合作，依照国际法（特别是《公约》）寻求和平的解决方法”。[67]也有不少渠道的信息传说欧盟做出了某些与公开立场不一致的承诺，但都无法证实。可以证实的是，2014 年和 2015 年，欧盟连续两年在《公约》缔约方会议上对中国不接受、不参与“南海仲裁案”的行为进行公开批评，就中国是否执行可能做出的仲裁裁决向中国施压。[68]

这两次《公约》缔约方会议是对国际海洋法法庭（ITLOS）的工作报告进行审议的

专门会议。在2014年会议上，欧盟代表借尼日尔成为《公约》第166个缔约方一事话锋一转，开始讨论《公约》强制争端解决机制的重要性，他指出："欧盟及其成员国认为，建立综合的强制争端解决机制是《公约》最重要的创新。成为《公约》缔约方意味着明确接受了《公约》规定的强制争端解决机制，同时默示表明，其接受和执行依据《公约》负责争端解决的相关机构（包括国际海洋法法庭、国际法院和依《公约》成立的仲裁法庭）所做出的决定"，"我们非常关注（with great concern）一些缔约方拒绝参与《公约》项下（附件七）仲裁程序一事。我们希望所有缔约方都遵守《公约》争端解决机制，参与此种程序，并接受和执行相关机构通过的决定"。[69]在2015年的会议上，欧盟干脆连转折也省了，直接重申其2014年对中国不应诉"南海仲裁案"的批评立场。

自欧债危机以来，国际海洋法法庭的预算问题基本上是欧盟这几年唯一关心的问题，但是，在这两年的缔约方会议审议国际海洋法法庭工作报告的过程中，它却毫无征兆地顺手向中国投枪。[70]在一个审议国际海洋法法庭工作报告的场合，拿自身并非当事方且与国际海洋法法庭工作没有实质联系的仲裁说事，有点不可接受。将这理解为欧盟对"南海仲裁案"的表态和对菲方的支持，恐怕并不过分；同时，这也是它试图介入南海问题（争端）的直接证据。

（三）2015年：《日本—欧盟领导人峰会联合声明》

在2015年5月29日日本—欧盟领导人峰会召开前夕，媒体提前抛出了"联合声明"的草稿，其中显示要同时明确提到"东海"和"南海"。普遍分析这个可能性非常大。因为2014年七国集团（G7）领导人峰会最后声明中，就已提及东海和南海，而2015年4月召开的七国集团外长会议，历史性就海洋安全单独发表声明，其中也提及东海和南海。[71]这种情势的出现，日本极力推动是一方面，但不是唯一原因。美国的态度肯定是积极的；若没有七国集团中其他国家的积极配合，尤其是会议东道国（德国）的协调，日本不可能达到目的。在七国集团中，除了日本、美国和加拿大，其余的德国[72]、法国、意大利和英国都是欧盟的主要成员国，它们在很多议题上主导着欧盟的立场。因此，七国集团声明模式在日本—欧盟领导人峰会中延续，不会令人感到特别意外。[73]

（四）欧盟介入东亚海洋事务的特点

现阶段欧盟介入东亚海洋事务具有如下四个特点：

第一，模糊性。除了2012年"政策指南"中阐述的一些初步立场外，欧盟尚未出台明确的"东亚海洋战略"或者"南海战略"，也没有明确的政策选项。有些学者认为欧盟对南海有比较确定的实际立场，并将其概括为"三不四坚持"，即不军事干预、不发挥主导作用、不公开提及任何当事方；坚持有效多边主义、坚持通过外交和平解决争端、坚持欧盟可基于国际法发挥调解作用、坚持分享经验。[74]这个概括并未突破2012年"政策指南"的框架。

模糊性给人的感觉是，欧盟似乎在东亚海洋事务方面的利益不多，因而对这方面的动向不太在意。这种感觉在2012年以前基本适用，但是这几年的形势发展似乎表明，欧盟原有立场已发生变化。一定程度上，中国这几年对欧盟的相关动向关注不够，可能与此种心态有关。如果不改变这种认识，或许未来某些时候会带来麻烦。模糊性的另一个后果是，很难对欧盟介入东亚海洋事务的动机和目标做出准确判断。它是想显示自身的存在，还是给中国制造不愉快，或者与其他西方国家一起围堵中国？抑或基于自身客观理解做出的自然反应？或者兼而有之？现阶段还无法看得很清楚。

第二，演进性。这至少有两个表现，首先，欧盟介入东亚海洋事务最初未必是一个主动的选择，但现在已经变得相对积极。“东亚海洋事务”是欧盟使用的词汇，最初的动机或许只是想适当表达一下对南海问题的关注，以证明它并非只是一个区域组织，而是一个全球行为体，但是，又担心刺激中国或者引发相关国家和组织的其他联想，因而选择了这个词汇。现在，“东亚海洋事务”已经明确不仅指向南海，也延伸到了东海。而且，欧盟使用“东亚海洋事务”的时候越来越少，开始直接指明南海或东海。其次，虽然战略目标依然模糊，但是欧盟对南海、东海的具体政策取向似乎日趋清晰。以南海为例，就它这两年的实际行为而言，其似乎已不再遵循 2012 年“政策指南”确定的基本立场和所谓的“三不四坚持”原则。

第三，集体行动。迄今为止，欧盟对南海和东海表现出比以往更强的进取心，但是单独行动的时候并不多，而是主要与美国、日本和七国集团联合行动，且不挑头。这种做法与它在世界贸易组织（WTO）争端解决机制中对中国采取的行动路线非常相似。[75]美国因素在发挥作用，久拖不决的欧债危机也是一个很重要的影响因子。[76]今后一段时间内，欧盟挑头的可能不大，但是单独行动可能会比以往增多，在具体议题和工作层面对中国的压力可能会增加。当然，如果中美在南海、东海方向处理得比较好，欧盟的进取态势会有所收缩。

第四，与中国利益相悖。中国反对南海问题国际化、多边化、司法化；东海问题仅涉及中日两国，基本立场更不待言。首先，欧盟不断在国际和多边场合（甚至一些与这些问题毫不相关的场合）表达对南海和东海问题的关注，不是一种令中国感到舒服的做法。其次，虽然欧盟自身的海洋争端大多不是通过国际法律机制解决，但是，它主张南海和东海争端通过国际法律机制解决，对菲方提起“南海仲裁案”的支持是它上述态度的具体体现。最后，就东亚海洋形势而言，有三个背景事实众所周知：美国 2012 年正式提出“亚太再平衡”战略、中日关系因钓鱼岛问题和相关历史问题持续恶化、菲律宾和越南是中国在南海问题上的两大主要争议方。问题是，欧盟此时的所作所为似乎或呼应或强化这些事实。比如，它对东亚海洋事务单独发表声明，宣布自身在东亚具有重要利益；分别与美国和日本发表联合声明，支持美国深度介入南海、东海的行为，在东海方向支持日本，支持日本（域外国家）实质介入南海；相继接待寻求其在南海问题上对本方立场进行支持的菲律宾和越南领导人对它的历史性访问。这些事情并非偶然，呼应了美日等国在南海和东海问题上给中国施压的意图。

总体上，由于东亚海洋事务在欧盟海洋战略中的整体地位偏低，在短时间内，它或许还不会提出明确的东亚海洋战略。但是在模糊的基本面上，它的政策取向似乎有逐渐明晰的迹象（至少在某些特殊时段）；在国际和多边场合，在事关南海和东海问题的具体议题和工作层面上，给中国制造不愉快可能将成为一种“新常态”。一旦欧债危机的解决步入良性轨道，欧盟的作为可能会强化。另一方面，东亚海洋事务毕竟不涉及欧盟的核心利益，甚至不是重要利益。欧盟虽然宣称“在东亚具有重要利益”，但是与北极不同，它在东亚除了贸易以及相关的航运安全利益之外，一无地缘政治利益、二无资源和能源利益、三无军事利益。即使在贸易和航运安全方面，欧盟和中国的利益交汇也远远大于分歧。可见，在东亚海洋事务中，盟友利益大于欧盟自身的利益，美国因素对它（尤其是其主要成员国）这方面的战略和政策选择有明显影响，有时甚至是决定性影响。

六、结论

欧盟参加了联合国海洋法第三次会议，成功争取了有利的“参加条款”，获得了参与国际海洋治理的主体资格，打通了参与国际海洋事务的基本渠道。但是，它不是主权国家，只在成员国让渡的有限领域享有海洋事务的专属权能和共享权能，[77]凭以维护和拓展自身海洋权益的手段和工具有限。因此，2007 年以来，欧盟启动了海洋战略转型进程，推行积极介入域外海洋事务的基本政策。

欧盟海洋战略转型的最终目标，是要通过积极介入域外海洋事务，将自身在海洋权益方面的关切合法导向全球，在国际海洋事务中形成欧盟的“海洋区域主义”，在国际海洋治理中谋求更大的海洋权益，以促进它“在国际海洋事务中发挥领导作用”、提升它在海洋治理中的国际地位，进而扩大它“作为一个全球行为体”在国际体系中的政治影响力。

为此目的，欧盟精心选择了介入域外海洋事务的优先事项。国家管辖范围外海域生物多样性议题、北极事务和东亚海洋事务三大事项虽然性质各异，但是，它们都是当前海洋事务的热点，体现了欧盟海洋战略转型的三个不同维度。欧盟根据不同事项与自身利益的紧密程度对它们进行分类，以确定它们在欧盟议程中的地位，以及自身在这些事项中的行动逻辑。比如，国家管辖范围外海域生物多样性议题可界定为驱动型，北极事务和东亚海洋事务则分别属于追随型和附和型。它们与欧盟的利益存在正相关关系，但紧密程度依次减弱，这意味着欧盟在不同事项上的行动强度会相应递减。三大优先事项的确定，表明欧盟对自身的海洋权益和当前的世界海洋利益格局、国际海洋秩序的未来演变有着比较准确的研判。

欧盟在这三大优先事项上紧紧围绕战略转型目标开展工作，各领域进展不一，总体成效明显。国家管辖范围外海域生物多样性议题是它投入的重点方向，前期收获颇丰；它在北极的投入也很多，目前陷入困局，但是长远向好；它在东亚海洋事务上的动机还不明朗，尚难评估，可以确定的是其行动给中国带来了压力。国家管辖范围外海域生物多样性议题目前的进展表明，欧盟已经具备设定或引导国际海洋事务议程设定的能力，是它“在国际海洋事务中发挥领导作用”的一种展示。

如前所述，国际贸易和气候变化是欧盟参与国际事务的传统优势领域，但是，一方面，它在其中的地位和角色已经相对固化，难以取得新的突破；另一方面，2008 年以来，新兴市场国家整体崛起，而欧盟受欧债危机拖累，在这两大传统领域的优势地位和主导力日渐下降。与此相对照，作为国际海洋事务中的“弱势群体”，自 2007 年开始海洋战略转型以来，欧盟将介入域外海洋事务视为参与国际事务、提升国际地位、发挥它“作为一个全球行为体”影响力的“新增长极”。可以说，在参与国际海洋事务（尤其是推动国际海洋法的新发展）方面，欧盟走在国际社会的前面。一旦欧债危机的解决步入良性轨道，欧盟有望在引导和主导国际海洋事务的处理和发展上付诸更多努力，发出更多“欧盟声音”，乃至推出更多“欧盟方案”，以在全球海洋新秩序的建立中抢得先机，在世界海洋利益格局重塑中拓展自身权益。参与国际海洋事务的能力和表现将成为评估欧盟在国际体系中地位和角色的一个新的基本指标。

参考文献及注释

[1] 自 1951 年《欧洲煤钢共同体条约》决定成立欧洲煤钢共同体，至 2009 年《里斯本条约》生效，欧盟自身经历了从欧洲煤钢共同体、欧洲经济共同体、欧洲共同体（包括欧洲经济共同体、欧洲煤钢共同体和欧洲原子能共同体）到欧洲联盟的复杂演变。在演变过程中，它的法律基础、组织形态、权能范围和职能机构等都发生了实质性变化。鉴于在不同历史时期欧盟有不同的正式称谓，必要时本文尽可能沿用当时所使用的称谓，但为行文方便计，若无必要本文则使用“欧盟”泛指该组织称谓.

[2] 本文语境下，“介入”是指出现在事件进程之中，并为推动事件朝某个方向发展付诸程度不一的实际行动，或者在进程中明确支持利益冲突各方的某一方利益.

[3] 参见 Veronica Frank, *The European Community and Marine Environmental Protection in the International Law of the Sea: Implementing Global Obligations at the Regional Level*, Leiden: Martinus Nijhoff Publishers, 2007, pp. 153-160.

[4] 欧共体全程参加了有关 1994 年《海洋法公约第十一部分执行协定》和 1995 年《养护和管理跨界鱼类种群和高度洄游鱼类种群执行协定》谈判，加入《公约》同时加入《第十一部分执行协定》，2003 年 12 月 19 日加入后者.

[5] Council of the European Union, "Decision Concerning the Conclusion by the European Community of the United Nations Convention of 10 December 1982 on the Law of the Sea and the Agreement of 28 July 1994 Relating to the Implementation of Part XI Thereof (98/392/EC)," *OJ L* 179, 23. 6. 1998, p. 1.

[6] 即 1994 年《海洋法公约第十一部分执行协定》和 1995 年《养护和管理跨界鱼类种群和高度洄游鱼类种群执行协定》.

[7] Commission Communication, *An Integrated Maritime Policy for the European Union*, COM (2007) 575 final, 10. 10. 2007. 开放签署 25 周年对《公约》发展具有里程碑意义，全球开展了一系列庆祝活动，欧盟的海洋新政可视为这些庆祝活动的一部分。而欧盟为出台该政策，在 2006 年先公布了该政策的建议稿“联盟海洋政策迈向未来——欧洲的海洋观（海洋政策绿皮书）”，在联盟内征求公众意见.

[8] Commission Communication, *Developing the International Dimension of the Integrated Maritime Policy for the European Union*, COM (2009) 536 final, 15. 10. 2009.

[9] 自 21 世纪 10 年代中期开始，索马里海域的海盗问题引起国际社会广泛关注。联合国安理会于 2008 年 10 月和 12 月两次通过决议，鼓励国际社会加强合作打击和遏制海盗，其中包括授权外国军队经索马里政府同意后进入索马里领海打击海盗及海上武装抢劫活动。依据安理会决议，并征得索马里当局同意，欧盟在共同安全与防务政策（CSDP）框架下，组成“欧盟海军”于 2008 年 12 月前往索马里海域打击海盗，名为“阿塔兰塔行动（Counter Piracy Operation

EUNAVFOR ATALANTA）”。目前欧盟已将该行动期限延至2016年12月。由于欧盟的该行动与其他在该海域参与打击海盗的国家和国际组织的相关行动相比并无太多特殊性，本文不作具体研究．

[10] “联合国海洋事务和海洋法不限名额非正式磋商进程（Open-ended Informal Consultative Process on Ocean and the Law of the Sea, ICP or UNICPOLOS）”建立于1999年，它相当程度上扮演了《公约》缔约方会议的角色，是评估《公约》执行情况的主要场所，影响着国际海洋事务议程的设置。（有关信息可参见联合国网站：http：//www. un. org/Depts/los/consultative_process/consultative_ process. htm，登录时间：2015年7月6日．）

[11] 相关代表性研究成果如：Anra Oriolo, "The Multi-Approach of the EU Maritime Security Policy: the Fight Against Piracy, Terrorism and Violence at Sea," *The Global Community*, Vol. 9, No. 1, 2009, pp. 251-266; Kamrul Hossain, "EU Energy Policy and the Arctic Region: a Balancing Interest Between Environmental Responsibility and Resource Dependence," *European Energy and Environmental Law Review*, Vol. 19, No. 6, 2010, pp. 295-305; Armand de Mestral, "The EU as an Arctic Power: Analysis of the Competence of the EU in the Arctic by Policy Areas," *Dalhousie Law Review*, Vol. 35, No. 2, 2012, pp. 329-356; Mar Campins Eritja, "The European Union and the North: Towards the Development of an EU Arctic Policy," *Ocean Yearbook*, Vol. 27, 2013, pp. 459-485；何奇松．气候变化与欧盟北极战略．欧洲研究，2010，（6）：59-73；杨剑．北极航道：欧盟的政策目标和外交实践．太平洋学报，2013，（3）：41-50；公衍芬等．欧盟公海保护的立场和实践及对我国的启示．环境与可持续发展，2013（5）：37-40；夏立平．规范性力量理论视阈下的欧盟北极政策．社会科学，2014，（1）：14-22.

[12] 1952年欧洲煤钢共同体成立时，6个成员国中有5个为沿海国家。此后一直到1995年奥地利加入之前，欧盟的其他8个新成员国全都是沿海国家。现拥有28个成员国的欧盟在地理上被波罗的海、北海、大西洋、地中海、亚得里亚海、爱琴海和黑海等环绕，其中23个成员国为沿海国。根据欧盟公布的数据，其拥有的海岸线长度是美国的7倍和俄罗斯的4倍；欧盟成员国管辖的海洋区域大于其所管辖的陆地面积，它们加在一起构成了世界上最大的海洋领土．

[13] European Commission, "Maritime Affairs," http://ec. europa. eu/maritimeaffairs/documentation/facts_ and_ figures/index_ en. htm，登录时间：2015年8月13日．

[14] United Nations, 2005 *World Summit Outcome*, Resolution adopted by the General Assembly, A/RES/60/1, p. 14, para. 56 (1).

[15] Commission Communication, *An Integrated Maritime Policy for the European Union*, para. 4. 4, p. 13.

[16] Commission Communication, *Developing the International Dimension of the Integrated Maritime Policy for the European Union*, para. 2, p. 7.

[17] 由于涉海事项涉及的部门比较多，理论上形成联盟“共同海洋政策”的难度比较大。目前这方面除了共同渔业政策，以及共同商业政策所涉商业和关税事项外，欧盟在海上运输、海洋污染防治等有限领域享有共享权能，其他方面的权能则属于成员国。欧盟官方表达中从未出现过“共同海洋政策”之类的表述。公开可见“共同海洋政策（common maritime policy）”一词最早出现在1998年一篇讨论欧共体海上运输政策的英文论文（Rossina Petrova, "Cabotage and the European Community Common Maritime Policy: Moving Towards Free Provision of Services in Maritime Transport," *Fordham International Law Journal*, Vol. 21, No. 3, 1998, pp. 1019-1092.）中。此后相关论文多采取“共同××××政策”（如“共同海上运输政策”）方式。本文之所以采用此种表述，一方面是因为本文从整体上考察欧盟的海洋政策与实践，并不具体讨论某个

涉海部门；更重要的是，在海洋政策与实践中，欧盟经常使用“用同一个声音说话”和“单一实体地位”这两种表达，而它们都是传递欧盟试图形成某种共同政策的信号.

[18] 比如，欧盟试图在已明确的专属权能事项上强化其已完全取代成员国，成为一个独立成员的形象；在共享权能方面，欧盟试图借助《公约》相关规定，逐步扩大自身权能或者通过实践从共享权能向专属权能发展；在其他联盟尚不享有权能的《公约》事项方面，欧盟也努力通过各种途径和创新方式，争取在联盟与成员国权能分配方面获得更多.

[19] 欧盟并没有专门提及美国，一般认为欧盟此举也并非专门针对美国，但推动美国加入《公约》无疑是它的重要目标之一.

[20] 欧盟在不同场合和不同文件中列举了八个关键伙伴，包括发达国家（加拿大、挪威、日本和美国）和发展中国家（金砖国家）（巴西、印度、俄罗斯和中国）两类，其中北极国家占到一半。八个关键伙伴的排列顺序变动很小，中国是最后一个.

[21] 参见 Commission Communication, *Developing the International Dimension of the Integrated Maritime Policy for the European Union*, para. 4, pp. 10-12.

[22] 有关这方面的具体讨论请参见各有关国际平台的相关工作文书，限于篇幅和内容安排，本文不一一述评.

[23] 参见 Commission Communication, *An Integrated Maritime Policy for the European Union*, para. 4. 4, p. 14.

[24] 美日等国是海洋科技发达国家，因而它们坚持先到先得、公海自由，希望通过申请专利等手段垄断海洋遗传资源的发现和利用，反对“利益共享”和制定国际法规则.

[25] 以七十七国集团为代表的发展中国家更多地关注海洋遗传资源利用的相关问题，希望通过制度设计来制约发达国家抢先独占海洋遗传资源。一般认为中国现在的情况与广大发展中国家有相似之处，但同时中国的海洋科技水平提升较快，长远利益可能会与其他海洋科技发达国家更接近。因此，前期中国对该问题总体上是“骑墙”立场，没有明确的利益取向.

[26] United Nations, *Oceans and the Law of the Sea*, Resolution adopted by the General Assembly, A/RES/68/70, p. 196.

[27] United Nations, *Oceans and the Law of the Sea*, A/RES/68/70, p. 197.

[28] United Nations, *Oceans and the Law of the Sea*, A/RES/68/70, p. 198.

[29] United Nations, *Oceans and the Law of the Sea*, Resolution adopted by the General Assembly, A/RES/69/245, p. 214.

[30] 海洋保护区是一种指定区域，在该区域内实施特定的规则，通过管理人类活动（如科研或渔业）来保护和养护该区域的海洋生物多样性。根据不同的管理目的在建立的不同保护区内实行不同的规则。利用海洋保护区进行养护与不断提高的保护海洋环境的全球认知度同时发展。各国政府在 2002 年里约热内卢可持续发展世界峰会上承诺至 2012 年建立一个有关海洋保护区的基本网络.

[31] 根据世界保护区数据库（www. protectedplanet. net）记录，全球海洋保护区中，超过三分之一在欧洲；且欧洲的海洋保护区数目增长迅速，如 2012 年为 1 534 个、2013 年增长为 3 162 个、2014 年可能突破 5 000 个.

[32] 这 7 块区域均是拥有丰富的动植物种群的独特水域，众多的海洋哺乳动物、企鹅和其他海鸟在区域内有重要的觅食地，还有一些区域是南极磷虾、南极齿鱼和南极银鱼的育苗场.

[33] 参见 European Union, “Joint Statement on Establishment of Marine Protected Areas in the Southern Ocean, Antarctica,” 16 October 2013, http: //eu - un. europa. eu/articles/en/article _ 14089 _ en. htm, 登录时间：2015 年 7 月 6 日.

[34] 参见 Australian Government, "A Proposal for a Representative System of Marine Protected Areas in the East Antarctic Planning Domain," http: //www. antarctica. gov. au/law - and - treaty/ccamlr/marine-protected-areas, 登录时间: 2015 年 7 月 6 日.

[35] 七十七国集团的主要关切是海洋遗传资源利用的相关问题，欧盟的主要关切是公海保护区，同美日等海洋科技发达国家相比，欧盟和七十七国集团在这方面有共同点。一旦欧盟和七十七国集团达成妥协，它们将在联大中拥有明显的数量优势.

[36] 在全球贸易治理中，由于存在"利益赤字"和"领导赤字"，欧盟将重点由多边贸易体系转向了区域和双边贸易协定；在全球气候治理中，欧盟虽然在某些议题上仍然有一定的领导力，但是已失去了曾有的全局影响力和关键议题的主导力.

[37] 丹麦、芬兰和瑞典是欧盟成员国，冰岛和挪威是欧洲经济区成员，其余北极国家都是欧盟的战略伙伴.

[38] 欧盟理事会要求欧盟委员会、外交事务和安全政策高级代表在 2015 年 12 月出台第三份欧盟北极政策文件.

[39] 参见 European Union, "EU Arctic Policy," http: //eeas. europa. eu/arctic_ region/index_ en. htm, 登录时间: 2015 年 7 月 6 日.

[40] Njord Wegge, "The EU and the Arctic: European Foreign Policy in the Making," *Arctic Review on Law and Politics*, Vol. 3, No. 1, 2012, p. 13.

[41] European Parliament, "Resolution on Arctic Governance," 9 October 2008, www. europarl. europa. eu/sides/ getDoc. do? pubRef=-//EP//TEXT+TA+P6-TA-2008-0474+0+DOC+XML+V0//EN, 登录时间: 2015 年 7 月 6 日.

[42] Commission Communication, *The European Union and the Arctic Region*, COM (2008) 763 final, 20. 11. 2008.

[43] 北极理事会成立于 1996 年，由加拿大、丹麦、芬兰、冰岛、挪威、俄罗斯、瑞典和美国 8 个北极国家组成.

[44] Joint Communication of the Commission and HR, *Developing a European Union Policy Towards the Arctic Region: Progress Since* 2008 *and Next Steps*, JOIN (2012) 19 final, 26 June 2012.

[45] Commission Communication, *The European Union and the Arctic Region*, COM (2008) 763 final, 20. 11. 2008, para. 4, p. 10.

[46] Commission Communication, *The European Union and the Arctic Region*, para. 4, p. 9.

[47] Commission Communication, *The European Union and the Arctic Region*, para. 4, p. 10.

[48] Commission Communication, *The European Union and the Arctic Region*, para. 4, p. 10.

[49] 董跃. 论欧盟北极政策对北极法律秩序的潜在影响. 中国海洋大学学报（社会科学版），2010，(3)：20.

[50] 参见 Arctic Ocean Conference, "The Ilulissat Declaration," Ilulissat, Greenland, 27-29 May 2008, http: //www. oceanlaw. org/downloads/arctic/Ilulissat_ Declaration. pdf, 登录时间: 2015 年 7 月 6 日.

[51] 参见 Arctic Council, "Criteria for Admitting Observers," http: //www. arctic - council. org/index. php/en/about-us/arctic-council/observers, 登录时间: 2015 年 7 月 6 日.

[52] 唐国强. 北极问题与中国的政策. 国际问题研究，2013 (1)：21.

[53] 2009 年 11 月，加拿大就欧盟涉海豹产品相关贸易措施在世界贸易组织（WTO）启动争端解决机制；2014 年 6 月，WTO 争端解决机构裁定欧盟相关措施违反 WTO 相关规定（具体案件信息可参见 WTO 网站: https: //www. wto. org/english/tratop_ e/dispu_ e/cases_ e/ds400_

e. htm，登录时间：2015 年 7 月 6 日）.

[54] 唐国强．北极问题与中国的政策．国际问题研究，2013，（1）：22.

[55] 例如欧盟禁止海豹产品进入其市场就被讥讽为“不了解北极问题”，也成为加拿大拒绝它成为北极理事会观察员的最佳“托辞”.

[56] Council of the European Union, “Council Conclusions on Arctic Issues,” 2985th Foreign Affairs Council Meeting, Brussels, 8 December 2009, p. 1.

[57] Leigh Phillips, “Arctic Council Rejects EU's Observer Application,” 30 April 2009, http://euobserver. com/ 885 /28043，登录时间：2015 年 8 月 13 日.

[58] 胥苗苗．欧盟北极战略升级．中国船检，2014，（8）：40.

[59] European Parliament, “European Parliament Resolution of 12 March 2014 on the EU Strategy for the Arctic,” (2013/2595 (RSP)), http://www. europarl. europa. eu/sides/getDoc. do? type = TA&reference=P7-TA-2014-0236&format=XML&language=EN，登录时间：2015 年 7 月 6 日.

[60] Council of the European Union, “Council Conclusions on Developing a European Union Policy Towards the Arctic Region,” http://www. consilium. europa. eu/en/workarea/downloadAsset. aspx? id=15790，登录时间：2015 年 7 月 6 日.

[61] “热炒”本身也可能是经济实力增加的一个副产品.

[62] European Union, “The EU in the Asia: Facts and Figures Concerning the EU's Engagement in Asia-Pacific,” 11-02-2013, http://eeas. europa. eu/asia/docs/2012_ eu_ in_ asia_ year_ facts_ figures_ en. pdf，登录时间：2015 年 7 月 6 日.

[63] 参见 Council of the European Union, “Guidelines on the EU's Foreign and Security Policy in East Asia,” 11492/12, Brussels, 15 June 2012, http://eeas. europa. eu/asia/docs/guidelines_ eu_ foreign_ sec_ pol_ east_ asia_ en. pdf，登录时间：2015 年 7 月 6 日.

[64] European Union, “Joint EU-US Statement on the Asia-Pacific Region,” 12 July 2012, http://eu-un. europa. eu/articles/en/article_ 12417_ en. htm，登录时间：2015 年 7 月 6 日.

[65] European Union, “EU Declaration on Recent Developments in East Asia's Maritime Areas,” 25 September 2012, http://eu-un. europa. eu/articles/en/article_ 12619_ en. htm，登录时间：2015 年 7 月 6 日.

[66] 2013 年 1 月 22 日，菲律宾单方将其与中国在南海的部分争议诉诸《公约》附件七仲裁，简称“南海仲裁案”。在菲方的单边强力推动下，该案程序目前仍在继续。最新动向是 2015 年 7 月 7-13 日，仲裁庭在荷兰海牙就部分管辖权和可受理性问题举行听审。中国认为菲提起“南海仲裁案”的行为是“政治挑衅”，从一开始就坚持不参与、不接受仲裁的立场，迄今未改变立场（具体案件信息可参见常设仲裁法院（PCA）网站：http://www. pca-cpa. org/showpage65f2. html? pag_ id=1529，登录时间：2015 年 8 月 13 日）.

[67] European Commission, “Remarks by President Barroso Following His Meeting with President Benigno Aquino III of the Philippines,” http://europa. eu/rapid/press-release_ SPEECH-14-600_ en. htm，登录时间：2015 年 7 月 6 日.

[68] 参见 EU Statement, “United Nations Convention on Law of the Sea: Report of the International Tribunal for Law of the Sea,” 9 June 2014, http://eu-un. europa. eu/articles/en/article_ 15126_ en. htm，登录时间：2015 年 7 月 6 日；EU Statement, “United Nations Convention on Law of the Sea: Report of the International Tribunal for Law of the Sea,” 8 June 2015, http://eu-un. europa. eu/articles/en/article_ 16527_ en. htm，登录时间：2015 年 7 月 6 日.

[69] EU Statement, “United Nations Convention on Law of the Sea: Report of the International Tribunal for

Law of the Sea," 9 June 2014, http: //eu-un. europa. eu/articles/en/article_ 15126_ en. htm, 登录时间: 2015 年 7 月 6 日.

[70] 欧盟并没有点中国的名。考虑到中国和俄罗斯都坚持不参与、不接受被他方提起的《公约》附件七仲裁，欧盟的批评可适用于二者。但是，俄罗斯同时坚持不参与、不接受国际海洋法法庭的相关案件，而欧盟在审议国际海洋法法庭报告的会议上并没有提及这一点。由此可见欧盟的上述批评只是针对中国.

[71] 参见中国外交部网站："2015 年 4 月 17 日外交部发言人洪磊主持例行记者会", http: //www. mfa. gov. cn /mfa_ chn/fyrbt_ 602243/jzhsl_ 602247/t1255612. shtml, 登录时间: 2015 年 7 月 6 日.

[72] 据实务部门介绍，在欧盟主要成员国中，德国在这些议题上与美国走得比较近，时不时在国际和多边场合有意无意拿南海问题给中国制造"不愉快"。德国在具体议题上给中国施压主要表现在工作层面，而非领导层面。在外交实务中，出现过双方高层已经达成一致，但在工作层面仍然出问题的情形。2015 年 6 月举行的七国集团领导人峰会前夕，东道国德国总理默克尔曾警告日本不要转移七国峰会的主题，但是最终声明中仍然提及南海和东海，这或许可以作为一种解释.

[73] 在日本—欧盟峰会之后召开的 2015 年七国集团领导人峰会于 6 月 8 日发表声明，延续了七国集团外长会议声明模式，会议东道国仍为德国.

[74] Bruno Hellendorff and Truong-Minh Vu, "Three 'No's' and Four 'Yes's: The EU Possible Contribution to South China Sea Stability," Paper presented at the 6th International Conference: "The South China Sea: Cooperation for Regional Security and Development (November), 2014."

[75] 在世界贸易组织（WTO）争端解决机制中，欧盟直到 2006 年才对中国提起第一起申诉，但中国很快成为欧盟的最主要指控目标。迄今欧盟诉中国已达 7 次，在同期被欧盟诉 WTO 成员中排名第一；但是欧盟单独申诉只有 2 起，其余 5 起都是与其他成员联合申诉，美国参与了其中 4 起、日本参与了其中 2 起（含 1 起美国未参与的案件）.

[76] 受欧债危机影响，总体上，欧盟近几年在对外事务上较之以前有所收缩，但对南海、东海问题似乎是个例外。原因是多方面的，不排除欧盟将其作为中欧关系的筹码（虽然这种可能性目前不大）.

[77] 欧盟在海洋事务方面享有的权能以经《里斯本条约》修订后的《欧盟条约》和《欧盟运行条约》规定为准。但在《公约》事务上，则以欧盟加入《公约》时依照《公约》附件九（"国际组织的参加"）第 5 条第 1 款做出的声明为限.

论文来源：本文原刊于《世界经济与政治》2015 年 10 期，第 60-158 页。

基金项目：中国海洋发展研究中心青年项目（AOCQN201323）；
中国社会科学院欧洲研究所 2015 年创新工程项目。

第三篇　海洋经济

基于 RS-SVM 模型的风暴潮灾害损失测度

赵　昕[*]　王保颂　郑　慧

摘　要： 本文以现有的风暴潮灾害研究为基础，通过构建评估指标体系提出了基于粗糙集—支持向量机模型（RS-SVM 模型）的风暴潮灾害损失测度方法。RS-SVM 模型较好的将二者优点进行结合，消除数据冗余信息的同时可以快速、准确解决非线性问题。在上述研究的基础上，对比单纯使用 SVM 方法与 RS-SVM 组合使用下的风暴潮经济损失测度效果，发现粗糙集与支持向量机在数据属性约简并进行预测过程中，确保了较高的拟合度与较低的误差率。

关键词： 风暴潮；经济损失；粗糙集；支持向量机

近年来，随着海洋强国战略的逐步推进，我国海洋经济进入快速发展阶段，但长期以来仍受到风暴潮灾害影响。根据国家海洋局最新发布的《2013 年中国海洋灾害公报》可知[1]，2013 年我国沿海共发生风暴潮过程 26 次，其中台风风暴潮过程 14 次，直接经济损失达 152.45 亿元，风暴潮总体灾情偏重，直接经济损失为近 5a 平均值（95.96 亿元）的 1.60 倍。特别指出的是 2013 年 9 月 22 日在广东省汕尾地区登陆的“天兔”台风风暴潮，给广东省带来高达 58.57 亿元的直接经济损失[2]。巨额的风暴潮经济损失要求我们必须做好防灾减灾工作，其中风暴潮灾害损失定量评估是风暴潮防灾减灾的重要环节，因此本文基于已有对风暴潮灾害的研究进一步分析了风暴潮灾害的经济损失。

国内外学者大多从风暴潮危险性评估、风暴潮脆弱性测度以及风暴潮综合性风险评价 3 个方面进行定性和定量的研究。风暴潮危险性分析通常借助于数值模式和概率分布估算风暴潮的重现期、风暴潮最大增水范围等[3-7]。风暴潮脆弱性测度主要分为脆弱性曲线构建和综合脆弱性评价两个部分，其中脆弱性曲线构建是通过研究风暴潮增水大小、风暴潮淹没水深等与风暴潮损失之间的关系建立脆弱性曲线[8]；综合脆弱性评价主要是将社会脆弱性列入脆弱性评价体系中，通过构建脆弱性评价指标体系并借助一系列数理模型方法完成风暴潮脆弱性测度工作[9-12]。风暴潮综合风险评估主要从灾害风险的 3 个基本要素——灾害危险性、灾害损失测算、灾害脆弱性出发，通过评估沿海地区

* 赵昕，女，中国海洋发展研究会理事，中国海洋大学教授，研究方向：海洋经济。

风暴潮风险大小进行风暴潮风险区划研究[13-15]。国内对风暴潮经济损失测算的研究较少，大多集中于单一海洋产业损失[16]或将风暴潮与灾害保险联系起来，考虑灾后赔偿问题[17-18]，对风暴潮经济损失的测度没有深入研究，考虑到对风暴潮灾害防灾减灾的重要性，我们将在已有研究基础上，运用粗糙集—支持向量机模型（Rough set-Support vector machine model，简称 RS-SVM 模型）评估风暴潮经济损失大小，以期为防灾减灾工作做出贡献。

一、模型基本原理

（一）粗糙集属性约简

在粗糙集理论中使用二维表描述决策系统中的对象和属性，其中每一行表示论域中的一个对象，每一列表示对象的属性值。该决策系统可用 S 表示，即 $S=<U, A, V, f>$，其中：U 表示非空有限对象集，即 $U=\{x_1, x_2, \cdots, x_n\}$；$A=\{a_1, a_2, \cdots a_m\}$ 表示非空有限的属性集合，由条件属性集 C 和决策属性集 D 组成，即 $A=C\cup D$，$C\cap D=\emptyset$；V 是属性值的值域。f：$U\times A\rightarrow V$ 称为信息函数，使得对每一 $a\in A$，$x\in U$，有 $f(x, a)\in V_a$。

对于任一属性子集 $B\subseteq A$，如果对象 x_i，$x_j\in U$，$\forall r\in B$，当且仅当 $f(x_i, r)f=(x_j, r)$ 时，x_i 和 x_j 是不可分辨的，简记为：$Ind(B)$。

现设 $S=(U, A)$ 为信息表，$B\subseteq A$ 且 $a\in B$。①若 $Ind(B)=Ind(B-\{a\})$，则称 a 在 B 中是不必要的；否则，称 a 为 B 中必要的；②若每一个 $a\in B$ 都为 B 中必要的，则称集合 B 是独立的；否则，称 B 是依赖的；③若有属性集 $B'\subseteq B$，B'为独立的且满足 $Ind(B')=Ind(B)$，则称 B'为 B 的一个约简，记作 $Red(B)$。属性集 B 中所有约简的交集对应等价关系族 B 的核，记作 $core(B)$，$core(B)=\cap Red(B)$。

在对决策表进行属性约简过程中，其结果通常不是唯一的。不管是寻找所有约简结果还是确定最小约简属性集都被验证为 NP-hard 问题，解决这一问题的一般做法是利用启发式算法搜索，力图确定最优或次优的属性解[19-20]。

（二）支持向量机回归

设训练样本向量为 $\{(x_1, y_1), (x_2, y_2), \cdots, (x_k, y_k)\}$ $(x_i\in R^n, y_i\in R, i=1, 2, \cdots, k)$，$k$ 为训练样本个数。支持向量机预测的基本思想是通过一个非线性映射 F，将数据 x_i 映射到高维特征空间 F 中，并在这个高维空间中构造最优线性回归函数[21]：

$$f(x)=\omega\varphi(x)+b \tag{1}$$

式中：ω 和 $\varphi(x)$ 为 m 维向量；b 为偏置量。与传统意义上的经验风险最小化不同，支持向量回归机是基于结构风险最小化原则确定参数，以此确保了较好的预测能力，即

$$\min R_{\omega}=\frac{1}{2}\|\omega\|^2+C\frac{1}{k}\sum_{i=1}^{k}L_{\varepsilon}[x_i, y_i-f(x_i)] \tag{2}$$

式中：$L_{\varepsilon}[x_i, y_i-f(x_i)]=\max\{0, |y_i-f(x_i)|-\varepsilon\}$ 表示 ε-不敏感损失函数，前一项 $\|\omega\|^2$ 表示函数的复杂度；后一项表示训练集上的平均损失，常数 C 则代表函

数复杂度和训练集平均损失间的关系，称为惩罚函数，上式求解可等价于解决一个优化问题：

$$\min \frac{1}{2}\|\omega\|^2 + C\frac{1}{k}\sum_{i=1}^{k}(\xi_i\xi_i^*)$$

$$s.\ t.\begin{cases}[\omega\varphi(x_i)] + b - y_i \leqslant \varepsilon + \xi_i \\ y_i - [\omega\varphi(x_i)] - b \leqslant \varepsilon + \xi_i^* \\ \xi_i,\ \xi_i^* \geqslant 0\end{cases} \tag{3}$$

式中：ξ_i 和 ξ_i^* 为松弛变量，其他字母变量与（1）、（2）式表示含义相同。此问题成为支持向量机的原始问题。由于 ω 维数很大，为便于求解，根据强对偶定理引入 Lagrange 乘子 α_i 和 α_i^*，建立 Lagrange 函数，将这一优化问题转换到对偶空间中得到原始问题的对偶问题[22]：

$$\max_{\alpha_i,\ \alpha_i^*}\sum_{i=1}^{k}[\alpha_i^*(y_i - \varepsilon) - \alpha_i(y_i + \varepsilon)] - \frac{1}{2}\sum_{i=1}^{k}\sum_{j=1}^{k}(\alpha_i - \alpha_i^*)(\alpha_j - \alpha_j^*)K(x_i,\ x_j) \tag{4}$$

式中：$K(x_i,\ x_j) = [\varphi(x_i) \cdot \varphi(x_j)]$ 为核函数，最常用的最优解核函数为高斯函数 $K(x_i,\ y_j) = \exp\left(-\frac{\|x_i - x_j\|^2}{\sigma^2}\right)$。设对偶问题的解为 $\bar{\alpha} = (\bar{\alpha}_1,\ \bar{\alpha}_1^*,\ \cdots,\ \bar{\alpha}_i,\ \bar{\alpha}_i\cdots,\ \bar{\alpha}_k,\ \bar{\alpha}_k^*)^T$，由此可以得到回归函数为：$f(x) = \sum_{i=1}^{k}(\bar{\alpha} - \bar{\alpha}^*)K(x_i,\ x) + \bar{b}$

二、风暴潮灾害损失测度

利用 RS-SVM 模型进行风暴潮灾害损失测度，基本步骤可分为两大部分：第一，将选择好的数据在粗糙集属性约简下进行信息冗余判断，去掉不相关数据；第二，将降维处理后的数据分成训练集和测试集输入到 SVM 模型中，并应用一定算法进行回归参数的最优选取，确定惩罚参数和核函数后对测试集的数据进行拟合处理，以判断该模型是否有效。将粗糙集理论应用到支持向量机模型中，可以减少 SVM 模型的输入数据，加快数据处理速度，有效避免信息冗余，确保所选取的指标都具有代表性，有助于预测误差的减小。在风暴潮损失测度过程中，由于风暴潮历年数据缺失严重，且影响风暴潮损失的指标众多，无法判断影响其损失大小的关键性指标，因此使用 RS-SVM 模型可以较理想的辨别出影响风暴潮灾害损失大小的重要指标，并在有限数据集的前提下对风暴潮灾害损失进行相对准确的测度。

（一）风暴潮灾害损失评估指标的选取

建立合理的指标体系必须充分考虑风暴潮灾害形成机制和现实数据可得性。风暴潮灾害损失是由多种因素引起的，其大小不仅取决于风暴潮增水的大小，还取决于该地区的人口、医疗、渔业等社会经济发展现状。单一指标无法全面刻画风暴潮灾害规律，考虑到风暴潮经济损失会受这些因素的影响，并结合实际数据可得性、风暴潮灾害系统的完备性等原则，本文从致灾因子、承灾体、孕灾环境 3 个角度构建了风暴潮损失评估指标体系，如图 1 所示。

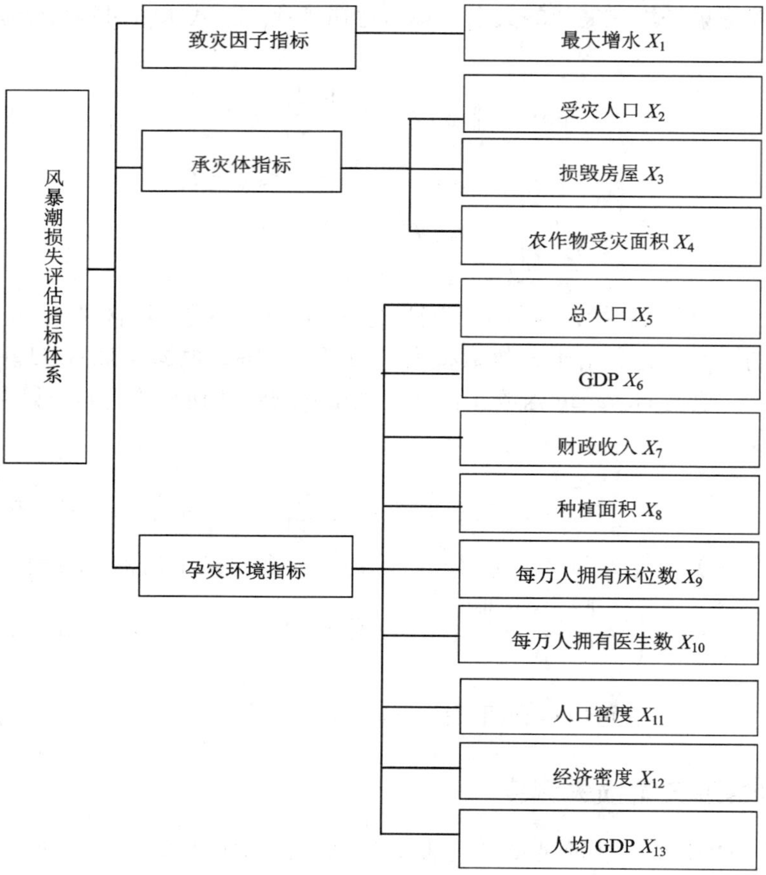

图 1　风暴潮灾害损失评估指标体系

（1）致灾因子：最大增水（厘米）。风暴潮灾害的直接表现因子为增水大小，增水范围越大，在一定程度上越会造成农田、房屋淹没，渔船受损。最大风力、中心气压、降雨量在 100 毫米以上、降雨量在 50～100 毫米、3 天最大降雨量、日最大降雨量等因素也有考虑，但鉴于数据的完整性故只将最大增水作为风暴潮灾害致灾因子的参考指标。

（2）承灾体：风暴潮灾害中承灾体受灾情况不仅包括损毁房屋、受灾人口、农作物受灾面积，同时也有受灾养殖水产面积、损毁堤坝、损毁船只（艘）、损毁码头等因素，但在实际模型应用中，只有少数案例具有完整的数据记录，故选取部分指标作为参考。

（3）孕灾环境：在这里主要指社会经济发展现状及救灾能力。选取人口、GDP、财政收入、种植面积、每万人拥有床位数、每万人拥有医生数、人口密度、经济密度、人均 GDP 等指标作为参考。

（二）粗糙集属性约简

根据上文构建的指标体系，我们以广东省 1990—2011 年发生的历次风暴潮为研究样本，其中去掉个别年份数据不完整的样本集合，最后收集到24次风暴潮灾害发生时的数据信息。在预测过程中，我们随机选取了18个样本作为训练集，剩下的6个样本作为测试集。基于收集到的312个数据运用粗糙集进行属性约简，数据来源于海洋灾害统计公报[23]或广东省历年统计年鉴[24]。

基于粗糙集理论先进行数据的离散化，再进行数据约简处理。使用equal frequency binning进行离散化，使用遗传算法与Johnson算法同时进行约简，取二者重合的变量集合。进行属性约简后得到共有的6个指标。因指标体系中有13个指标，为保证模型的准确性，在遗传算法进行属性约简后又对指标进行了筛选，发现人均GDP是出现次数最多的指标，故最终确定利用RS-SVM模型评估风暴潮灾害损失的指标有：最大增水、受灾人口、损毁房屋、农作物受灾面积、人口、每万人拥有医生数、人均GDP 7个指标。

（三）最优回归参数选取

上述选取的7个指标由于衡量的变量不同，数据差异较大，为了方便分析和计算，我们将以上选取的312个数据以及直接经济损失数据统一标准化，使样本数据归一化到[0，1]区间内。利用粗糙集进行属性约简后需要确定支持向量机中的最优参数，大多数研究都是利用Libsvm工具箱中的交叉验证法确定最优参数，本文比较多种参数寻优算法下的均方误差*mse*和拟合系数*r*，判断其是否为最优方案。我们使用了遗传算法、交叉验证、粒子群算法3种算法进行优化比较，关于3种算法具体的理论可参考已有书籍和研究[25]。最终训练结果如表1所示。

表1 不同算法下的最优参数结果

参数选择方法	*bestc*	*bestg*	*mse*		*r*	
			训练集	测试集	训练集	测试集
交叉验证法	27.857 6	0.003 9	0.011 2	0.000 9	0.907 3	0.890 5
遗传算法	6.011 4	0.014 7	0.013 8	0.001 0	0.906 2	0.889 6
粒子群优化算法	0.619 5	0.100 0	0.015 5	0.001 6	0.895 7	0.818 8

从表1中可以看出，3种参数寻优方法对应的均方误差（*mse*）都很小，拟合系数*r*相差不大，但考虑到测试的准确性，我们以测试集的评估结果为标准，即拟合系数最高的0.890 5为最优参数选择方案。因此基于以上比较，我们仍然仿照已有研究，采用交叉验证法确定最优参数。实际计算时，在Matlab中调用工具箱libsvm-3.1中的SVMcg-ForRegress.m接口来完成。

（四）损失评估与分析

在确定最优参数基础上，利用支持向量机对18组训练集数据进行训练，并对剩下的6组数据进行预测，可以得到拟合值大小以及拟合值与观察值变化趋势，如图2所示。同时继续采用交叉验证方法对属性约简前的数据进行训练预测，与属性约简后的数据进行比较，得到训练集和测试集的拟合系数分别为0.933 2、0.766 9，虽然训练集拟合效果较好，但测试集拟合效果较差，因而基于 RS-SVM 方法的预测结果明显优于单纯使用支持向量机的结果预测。

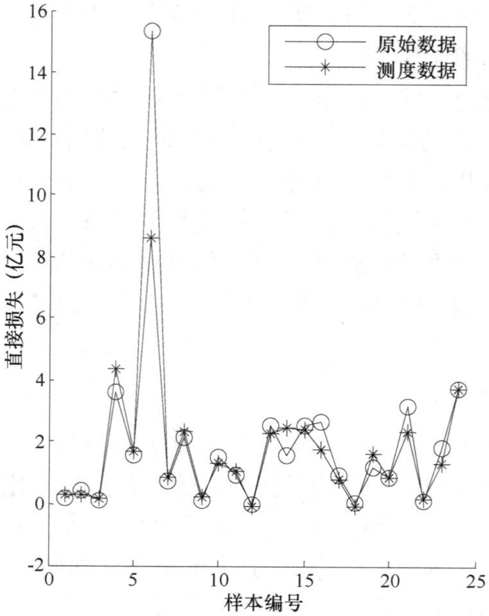

图 2　基于 RS-SVM 的风暴潮灾害损失测度结果对比

对基于 RS-SVM 下的数据拟合值和实际观察值进行比较可以看出，除了序号 6 和序号 21 的实际观察值和拟合值差别较大外，其他预测数据拟合良好。

三、结论

本文以广东省 1990—2011 年历次发生的风暴潮为研究样本，选取历年海洋灾害统计公报、广东省统计年鉴中的风暴潮最大增水、受灾人口、损毁房屋、农作物受灾面积、人口、每万人拥有医生数、人均 GDP 这 7 个指标数据，提出了基于粗糙集和支持向量机的风暴潮经济损失测度模型。使用粗糙集进行指标约简后，采用交叉验证法确定支持向量机模型最优参数，训练集和测试集拟合系数分别为 0.907 3 和 0.890 5，单一的支持向量机模型得到的训练集和测试集拟合系数分别为 0.933 2、0.766 9，说明 RS-SVM 将二者优点进行结合，消除数据冗余信息并快速、准确解决非线性问题，确保了较高的拟合度与较低的误差率。但也存在不足，在支持向量机工作过程中，小样本固然可以完成预测拟合，但大样本数据更能增强结果准确性，所以下一步需要收集更多的风暴潮案例资料，扩大训练集和测试集数量。另外，在选取风暴潮灾害损失的评估指标中，大部分涉及的都是风暴潮的直接经济损失，较少考虑到间接损失的大小，这也是下一步工作的重点。

参考文献

[1] 国家海洋局．2013 年中国海洋灾害公报［EB/OL］．http：//www. soa. gov. cn/zwgk/hygb/zghyzhgb/201403/t20140318_ 31018. html. 2014-03-19.

[2] 国家海洋局．2013 年中国海洋灾害公报［EB/OL］．http：//www. soa. gov. cn/zwgk/hygb/zghyzhgb/201403/t20140318_ 31018. html. 2014-03-19.

[3] 刘科成．上海港可能最大台风暴潮的估算［J］．海岸工程，1984，3（01）：19-29.

[4] TODD L W J. Distributions for storm surge extremes［J］．Ocean Engineering，2000，27（12）：1279-1293.

[5] RAJASEKARAN S，GAYATHRI S，LEE T L. Support vector regression methodology for storm surge predictions［J］．Ocean Engineering，2008，35（16）：1578-1587.

[6] TORO G R，RESIO D T，DIVOKY D，et al. Efficient joint-probability methods for hurricane surge frequency analysis［J］．Ocean Engineering，2010，37（1）：125-134.

[7] MCINNES K L，MACADAM I，HUBBERT G，et al. An assessment of current and future vulnerability to coastal inundation due to sea-level extremes in Victoria，southeast Australia［J］．International Journal of Climatology，2013，33（1）：33-47.

[8] KLEINOSKY L R，YARNAL B，FISHER A. Vulnerability of Hampton Roads，Virginia to storm-surge flooding and sea-level rise［J］．Natural Hazards，2007，40（1）：43-70.

[9] 梁海燕，邹欣庆．海口湾沿岸风暴潮风险评估［J］．海洋学报（中文版），2005，27（05）：22-29.

[10] RYGEL，O'SULLIVAN D，YARNAL B. A method for constructing a social vulnerability index：an application to hurricane storm surges in a developed country［J］．Mitigation and Adaptation Strategies for Global Change，2006，11（3）：741-764.

[11] 张俊香，卓莉，刘旭拢．广东省台风暴潮灾害社会经济系统脆弱性分析——模糊数学方法［J］．自然灾害学报，2010，19（01）：116-121.

[12] 李阔，李国胜．广东沿海地区风暴潮易损性评估［J］．热带地理，2011，31（02）：153-158（177）

[13] LIN N，EMANUEL K A，SMITH J A，et al. Risk assessment of hurricane storm surge for New York City［J］．Journal of Geophysical Research：Atmospheres（1984-2012），2010，115（D18）．

[14] 傅赐福，于福江，王培涛等．滨海新区温带风暴潮灾害风险评估研究［J］．海洋学报（中文版），2013，35（01）：55-62.

[15] 殷克东，王冰，刘士彬．中国沿海风暴潮灾害易损性风险区划研究［J］．统计与决策，2010，17：48-50.

[16] 赵领娣，任林军．风暴潮灾害造成的渔民收入损失评估［J］．海洋开发与管理，2008，09：83-87.

[17] 赵领娣．风暴潮灾害损失补偿与我国再保险市场的完善［J］．中国海洋大学学报（社会科学版），2004，03：71-76.

[18] 郑慧，赵昕．核密度估计在海洋灾害保险纯保费厘定中的应用——以风暴潮灾害为例［J］．海洋环境科学，2012，04：552-554（560）．

[19] PAWLAK Z. Rough sets and intelligent data analysis［J］．Information sciences，2002，147（1）：

1-12.

[20] 安利平．基于粗集理论的多属性决策分析［M］．北京：科学出版社，2008：14-21.

[21] BURGES C J C. A tutorial on support vector machines for pattern recognition［J］. Data mining and knowledge discovery, 1998, 2 (2): 121-167.

[22] 刘道文，樊明智．基于支持向量机股票价格指数建模及预测［J］．统计与决策，2013，02：76-78.

[23] 国家海洋局．中国海洋灾害公报［EB/OL］. http：//www. soa. gov. cn/zwgk/hygb/zghyzhgb/. 2014-03-19.

[24] 广东省统计局．历年广东统计年鉴［EB/OL］. http：//www. gdstats. gov. cn/tjsj/gdtjnj/. 2014-01-01.

[25] MATLAB 中文论坛 . MATLAB 神经网络 30 个案例分析［M］．北京：北京航空航天大学出版社，2010.

论文来源：本文原刊于《海洋环境科学》2015 年 04 期，第 596-600 页。

基金项目：国家自然科学基金面上项目（71373247）。

中国现代海洋经济统计核算体系演变机理研究

姜旭朝*　田　颖　刘铁鹰

摘　要：本文归纳了新中国成立至今中国现代海洋经济统计核算演变的过程与机理，认为中国海洋经济统计核算体系经历了三次重大调整，并对当前海洋经济统计核算演变机理进行了阐释。论证了中国海洋经济统计核算体系演变的方式属于渐进式变迁并具有强制性的特点。中国海洋经济统计核算体系是在内生技术推动下实现的海洋产业结构的演进基础上的演变，海洋技术进步、政府的行政支持、参与全球价值链分工以及海洋产业结构调整共同推动海洋经济统计核算体系制度变迁。

关键词：海洋经济；统计核算；海洋产业结构

一、引言

新中国成立至今，中国现代海洋经济经过60多年的发展，逐渐成为一个相对独立的经济系统。[1]海洋经济的发展离不开科学的海洋经济统计核算。海洋经济统计核算是以海洋经济活动为基础展开的，是国民经济核算的重要组成部分。[2]它将海洋经济各项基本指标进行有机整合，使其既能反映海洋经济总量状况，也能反映海洋经济内部组成部分之间的有机联系，从而实现对海洋经济全貌、结构和内部联系的综合描述。[3]随着海洋经济内涵和外延的不断扩大，海洋经济统计核算的范围也在这一过程中不断完善和发展。

中国海洋经济统计核算经历了从无到有，从零散到系统的不断完善的过程。1952年，新中国政府统计体系建立，最早有关海洋经济的统计核算资料由国家统计局在进行陆域经济统计时向海洋延伸获得。[4]1964年7月，国家海洋局正式成立，在当时主要负责海洋资源和环境的调查资料收集整编和海洋公益服务。从新中国成立之初到80年代末期，没有专门的机构对中国的海洋经济资料进行统计整理，对海洋经济活动的统计核算仅包含在国民经济统计核算向相关海洋经济产业部门的延伸中，很难找到能够全面反映海洋经济发展状况的完整数据。1989年，国务院在赋予国家海洋局的职责中明确提出由国家海洋局负

---

* 姜旭朝，男，山东乳山人，中国海洋发展研究会理事，中国海洋大学经济学院教授，主要从事海洋经济理论与应用研究。

责海洋统计工作。同年，国家海洋局组织开展海洋统计指标体系的研究和前期准备工作。1990 年，国家海洋局组织编订了《全国海洋统计指标体系及指标解释》，界定了海洋产业活动指标的定义和实际统计范围，[5]初步确立了海洋经济统计的分类体系。次年，由国家海洋局、国家统计局和国家计委联合向国务院 16 个涉海部委印发了《关于开展海洋统计工作的通知》，标志着海洋统计工作正式启动。[6]1999 年 12 月 22 日，国家海洋局颁布了海洋经济统计领域的第一个行业标准《海洋经济统计分类与代码》（HY/T052—1999），阐述了海洋产业的定义，并以其性质界定了海洋经济统计核算的范围。2006 年，国家海洋局颁布了海洋经济统计领域的第一个国家标准《海洋及相关产业分类》（GB/T 20794—2006）。同年，经国家统计局批准，国家海洋局实施了《海洋生产总值核算制度》，调查区域范围主要涉及中国 11 个沿海地区、53 个沿海城市，开始了全国范围内的海洋生产总值核算；并分别在第一季度和第四季度，通过《中国海洋经济统计公报》和《中国海洋统计年鉴》发布上年度海洋经济初步核算数据和最终数据。[3]

二、海洋经济统计核算体系调整演变

纵观中国海洋经济统计核算的发展历程，大致经过了三次统计核算体系的演变调整。海洋经济统计核算目录与标准日渐清晰，并逐渐成为国民经济统计核算的重要组成部分。

（一）海洋经济统计核算第一次调整

中国海洋经济统计核算体系的第一次调整以《全国海洋统计指标体系及指标解释》为主要内容。1989 年，国家海洋局承担海洋经济统计工作之后，海洋经济统计核算从国民经济统计核算体系中独立出来，迫切需要有标准可依。通过对当时海洋统计的调查和全国经济的研究，依据在海洋经济总量中占比重较大、对国计民生具有较为重要的作用等标准，1990 年，国家海洋局颁布了《全国海洋统计指标体系及指标解释》。

第一次调整中，统计的海洋产业包括海洋交通运输、海洋水产、海洋盐业、海洋矿产、滨海旅游、海洋能、海水利用、海洋药物等 8 类。受数据来源的限制，实际统计中仅统计了海洋水产业、海运和港口业、海洋盐业、海洋石油和天然气、海滨砂矿和滨海国际旅游等 6 类产业。其中，海洋水产对应之前的海洋渔业，海运和港口业对应之前的海洋交通运输业，实际统计口径变化不大。1995 年 3 月，国家海洋局编制了《中国海洋统计年鉴 1993》，实际统计的海洋产业包括海洋水产、港口与海运、海洋盐业、海洋石油和天然气、滨海国际旅游、海洋科技与教育、海洋服务 7 类。在统计原有产业的基础上《1994 年中国海洋统计年报》中增加了“海洋造船”产业，并将“港口与海运”更名为“海洋交通运输”。1995 年，由国家海洋局、国家统计局和国家计委联合向全国 11 个沿海省（自治区、直辖市）印发了《关于沿海地方开展海洋统计工作的通知》，全国沿海地方的海洋统计工作也随即开展起来[3]。

中国海洋经济统计核算体系第一次调整处于海洋经济统计核算独立之初，它是国家海洋局负责海洋经济统计工作以来首次制定的海洋经济统计核算体系。在前无标准可依的情况下，此次调整主要增加了海洋经济统计核算的大类，并依据海洋产业的特点为更好反映所涉及经济活动的内容对统计核算的部分产业进行了更名。

（二）海洋经济统计核算第二次调整

中国海洋经济统计核算体系的第二次调整以《海洋经济统计分类与代码》为主要内容。2000 年前后，中国海洋经济进入了高速发展时期，在海洋产业增加总值中占据较大比例的产业却未得到统计，部分对海洋经济发展具有重要作用的产业也未被纳入统计范围。例如，在 2001 年占主要海洋产业总产值比重已达 5.82%的海洋电力和海水利用业，对滨海旅游业、海洋交通运输业等海洋其他产业发展具有重要作用的海洋工程建筑业，均未纳入原有的海洋经济统计制度的统计范围。另一方面，一些海洋科学技术日益成熟并被应用于实际生产中，新兴的海洋产业迅速发展起来，但原有统计核算却未对其进行统计。此外，原有海洋经济统计核算体系在实施过程中，出现了指标概念不明确、相关产业分类不确定和部分区域划分模糊等一系列的问题。原有的海洋经济统计核算体系已无法适应我国快速发展的海洋经济。

1999 年 3 月，国家统计局批准执行《海洋统计综合报表制度》，将海洋统计正式纳入国家统计制度。1999 年 12 月 22 日，国家海洋局以《国民经济行业分类与代码》（GB/T 4754-1994）为依据，发布了我国海洋领域的第一个行业标准《海洋经济统计分类与代码》（以下简称代码），规定了海洋经济统计核算的分类原则和分类方法。随后，我国对海洋经济领域的统计核算均以该标准为依据而进行。依据该标准，海洋经济统计核算的实际变化最早在《中国海洋统计年鉴 2001》中得到体现。表 1 对《全国海洋统计指标体系及指标解释》、《代码》与《中国海洋统计年鉴 2001》的统计产业进行了比较。

表 1　《全国海洋统计指标体系及指标解释》、《代码》与《中国海洋统计年鉴 2001》比较

《全国海洋统计指标体系及指标解释》	《海洋经济统计分类与代码》	《中国海洋统计年鉴 2001》
海洋水产	海洋农林渔业	海洋水产
海洋矿产 海洋盐业	海洋采掘业	海滨砂矿 海洋盐业 海洋石油和天然气
海洋药物	海洋制造业	海洋药物 沿海造船 海洋化工
海洋能海水利用	海洋电力和海水利用业	√
×	海洋工程建筑业	√
×	海洋地质勘察业	×
√	海洋交通运输业	√
×	海事保险业	×
×	海洋社会服务业	×
滨海旅游	滨海旅游业	沿海旅游
×	海洋信息咨询服务业	海洋信息服务
×	海上体育事业	×
×	海洋教育和文化艺术业	×
×	海洋科学研究 与综合技术服务业	×
×	国家海洋管理机构	×

注：√表示列出或实际统计的产业且名称一致；×表示未列出或未实际统计的产业。

从地理范围的调整来看，此次统计体系的调整明确定义了沿海地区是指有海岸线的地区，按行政区划分为沿海省（市、自治区），为海洋经济的统计做出了地理范围的界定。从分组与分类方法来看，沿海国际旅游更名为沿海旅游，与之前仅统计国际沿海旅游相比，增加了国内沿海旅游部分。从隶属关系调整来看，以《代码》为依据的第二次统计核算的调整，按第一、第二、第三产业的顺序将海洋经济统计划分为 15 个大类、54 个中类、107 个小类。依据《代码》，《中国海洋统计年鉴 2001》中统计的海洋产业增加到 12 类——海洋水产、海洋交通运输、海洋盐业、海洋石油和天然气、海滨砂矿、沿海旅游、海洋工程建筑、沿海造船、海洋电力和海水利用、海洋药物、海洋化工、海洋信息服务。其中，新增加的海洋产业有海洋工程建筑、海洋电力和海水利用、海洋药物、海洋化工、海洋信息服务。较之前统计核算的产业范围有所增加，但仍与《代码》统计核算规定的产业存在差距。随后，海洋经济统计核算又有了些微调整，主要体现在《中国海洋统计年鉴 2003》将海洋水产更名为海洋渔业，《中国海洋统计年鉴 2004》将海洋电力和海水利用拆分为两个产业分别进行统计。

中国海洋经济统计核算体系的第二次调整处于海洋经济高速发展时期，此次调整一方面从地域范围角度，对海洋经济统计核算所涉及的沿海地区进行了明确界定；另一方面，在已有统计核算体系的基础上，顺应海洋经济作为众多海洋产业活动综合体的特性，对海洋经济横向所包含的产业种类以及纵向各产业下的分类进行了完善，并重点增加了各项海洋服务业，将海洋信息咨询服务业、海洋教育和文化艺术业、海洋科学研究与综合技术服务业、国家海洋管理机构等非物质资料生产产业纳入统计标准。

（三）海洋经济统计核算第三次调整

中国海洋经济统计核算体系的第三次调整以《海洋及相关产业分类》为主要内容。随着海洋经济的迅速发展，一些沿海的陆域生产活动越来越具有涉海的性质，对于由于上下游关联而具有涉海性质的产业是否属于海洋产业存在争议。2006 年，以《海洋及相关产业分类》为主要标志的海洋经济统计核算体系的第三次调整应运而生。为进一步精确和完善海洋经济统计核算工作，这次调整主要解决空间层面海洋经济统计核算的交叉重叠以及海洋产业不同层级类别的交叠问题。此次调整具体有四个原因：自我国开展海洋经济统计工作以来，一直都进行沿海区域的海洋经济统计，但在沿海行政区域分类领域一直都处于空白状态，在实际统计中，存在地域间海洋产业统计的重叠；随着海洋经济的发展，不仅使主要海洋产业产值迅速增长，与之相应的海洋相关产业也出现并迅速成长起来，在此次统计核算的调整中将新出现的海洋相关产业纳入了统计范围；海洋高新技术的研发与应用，催生了众多海洋高技术产业并使其迅速发展；原有海洋经济统计核算体系在隶属关系方面与新时期下海洋产业内涵不符。

海洋经济统计核算的第三次调整，从地域范围调整来看，国家海洋局批准颁布了《沿海行政区域分类与代码》（HY/T094—2006），依据该标准，海洋经济统计核算的范围包括沿海地区、沿海城市和沿海地带三个层次，避免了统计范围交叠问题的发生，使区域统计更有层次性。从分组与分类方法来看，以《海洋及相关产业分类》为标志的海洋经济统计核算的第三次调整对海洋经济活动进行了更鲜明的层次分类，具体体现在：相比较第二次统计核算调整中将海洋经济划分为大类、中类、小类三个层次进行统计，第三次统计核算调整以投入产出为联系纽带，将海洋经济划分为 A 海洋产业和 B 海洋相关产业两个类别，将与海洋产业构成技术经济联系的产业从主要海洋产业中提取出来，单独列为 B 类别海洋相关产业下的大类（如海洋工程建筑业被划分为 A 类别下的海洋工程建筑业和 B 类别下涉海建筑与安装业），两个类别下又设大类、中类和小类，共 4 个层次。从隶属关系来看，此次调整对第二次统计核算调整中的大、中、小类或拆分，或合并，或增加，或对其所属分类进行了调整。包括因海洋高新技术的出现而导致的隶属关系调整（如新增海洋卫星遥感服务业和海洋电信服务业）、因隶属于同一大类的各产业差别较大而导致的隶属关系调整（如海洋电力和海水利用业在《分类》中被划分为海洋电力业和海水利用业）、因海洋经济相关配套服务需求而导致的隶属关系调整（如新增滨海公共运输服务业和海洋金融服务业）、因按产业类型划分而导致的隶属关系调整（如海洋环境监测预报服务业、海洋地质勘查技术服务业等产业被独立出来）。

海洋经济统计核算体系的第三次调整无论在地域范围、分组与分类方法，还是隶属关系上都做了较大调整。作为地域范围调整的《沿海行政区域分类与代码》，是我国在沿海行政区域分类领域的第一个标准。此次调整在确定了以海洋主要产业为核心层，以海洋科研教育管理服务业为支持层，以海洋相关产业为外围层的分类方式的基础上，增加了一大批海洋高技术产业。同时，依据海洋经济不断发展的内涵，本次调整重点对各海洋产业的隶属关系进行了大范围的调整。经过此番调整，初步形成了现行以《沿海行政区域分类与代码》为区域标准，以《海洋及相关产业分类》为产业分类标准的海洋经济统计核算体系。

三、海洋经济统计核算体系演变机理

中国现代海洋经济统计核算体系发展至今，从传统的单一产业扩展为具有紧密关联的海洋经济系统，在这个过程中，海洋经济统计核算范围和细分程度逐渐完善，制度的稳定性逐渐增强。从新古典经济学角度来看，制度变迁的根本原因是制度主体追求利益最大化。而制度本身很难自行调整和改善，随着时间和空间的变化，条件和环境也会发生改变，原来的制度就变得不适宜，只有打破或者改变原有制度的缺陷，建立新的制度，制度变迁的原因也孕育于此。

（一）海洋经济统计核算演变特征

中国现代海洋经济统计核算体系的演变与国民经济的演变密切相关，在这一过程中，演变方式体现为渐进性和强制性的特征。每次调整实现的新的统计核算体系对原有统计核算体系的替代可以理解为制度均衡状态的动态实现过程，而几次重要的海洋经济统计核算调整恰恰是制度非均衡效应的反映。从演变的速度上看，中国海洋经济统计核算体系演变的方式属于渐进式变迁，由于现有的海洋经济统计核算体系的调整都是在以往上期统计核算基础上实现的门类的合并、添加或者细分，各种调整过程平稳，没有出现较大程度的政策波动，从而符合这种渐进式特征。即便是 1990 年前后，国家海洋局独立负责海洋经济统计工作的前后时期，海洋经济统计核算依然具有连贯性特征。早期海洋经济统计核算仅对少数传统海洋产业统计核算，在当时的历史条件下能够稳定下来，是因为适应当时国民经济的发展要求。随着国民经济发展以及国家对外政策的变化，海洋产业的门类逐渐齐全。现有的统计核算体系变迁从《全国海洋统计指标体系及指标解释》到《海洋经济统计分类与代码》再到《海洋及相关产业分类》并不是破旧立新的过程，而是具有很强的连贯性。

另一方面，中国现代海洋经济统计核算体系演变的方式具有强制性变迁特点。中国海洋经济统计核算体系演变是在政府主导下完成的，政府作为制度变迁的第一级完成人，使得三次调整均带有明显的政府统筹色彩。中国海洋经济统计核算体系的均衡状态是以政府为制度变迁主导，形成的对既定制度安排和制度结构的一种满足状态。新中国成立初期，整个国家处于战后恢复状态，政府在海洋领域的宏观经济政策是恢复和发展传统海洋产业，海洋渔业、海洋盐业、海洋交通运输业作为传统海洋产业成为这一时期海洋经济活动的主要领域，海洋经济统计核算体系的初次形成便以此为基础。“文革”期间，国家统计局被撤销，直接阻碍了海洋经济统计工作的开展。之后，中国海洋经济统计核算体系的三次调整，均在以国家海洋局为中心的组织架构下完成。尽管在海洋经济统计核算调整过程中，政府以实现其自身利益最大化为目标，但统计范围和门类逐渐完善的过程也是海洋经济发展的内在要求，这一过程中政府也同样依据海洋产业发展的特点以及内在演变规律进行海洋产业的分类和调整，并尽可能多地考虑市场导向和国家战略的整体需求。

（二）海洋经济统计核算体系演变的动力机制

中国现代海洋经济统计核算体系演变是技术、产业演化和经济全球化共同作用的结果。海洋技术进步推动海洋经济的发展，为海洋经济统计核算体系的完善提供原动力。产业结构的演变使得海洋产业的统计核算在深度和广度上都有所加深。从外部环境上看，由于海洋经济本身具有开放性特征，政府的行政支持以及经济全球化直接推动了海洋经济统计核算在产业门类方面的调整，同时这两方面也从供给和需求两个层面间接推动海洋产业结构的改善，对海洋经济统计核算产生重要的间接影响。

1. 技术进步

从根本上讲，制度演变的内在动力是科技。新古典经济学同样承认生产力对于生产关系演变的决定性作用，特别是技术的内生推动性。中国现代海洋经济统计核算体系演变的内在动力是海洋科学技术的推动和发展。从新中国成立至今，伴随着海洋技术的发展，人类开发利用海洋的空间范围逐渐扩展，海洋产业特别是高新技术产业逐渐形成，海洋经济的统计核算范围也日渐扩大。新中国成立初期，我国的海洋技术发展处于零星起步阶段，由于技术水平低下，在海洋经济领域的统计核算主要围绕传统海洋产业，包括海洋渔业、海洋盐业、海洋交通运输业等。改革开放以后，伴随着生物技术的进步，海洋经济统计核算的范围和细分程度逐渐扩大，如逐渐加深了对与海洋药物的认识，促进了对特定物种的培育繁殖和产业化应用，因而，海洋生物医药业的统计核算逐渐被纳入进来。进入21世纪后，一大批海洋技术逐渐成熟并走出实验室，开始了产业化的进程，通信技术、卫星技术等开始应用于海洋领域，以高技术为支撑的新兴海洋产业在海洋经济中的规模逐渐扩大。伴随着勘探开采技术的发展，海洋矿业、海洋油气业、海洋工程建筑业以及海洋地质勘察业等产业逐渐纳入海洋经济统计核算体系。随着海洋科技逐渐深入到其他领域，海洋科教文卫事业也被提上议事日程，使得海洋经济统计核算的范围进一步扩展。

2. 产业结构演变

中国现代海洋经济统计核算演变与产业结构的变迁密切相关。中国海洋经济统计核算体系既符合我国产业结构演变的一般规律，又反映了海洋经济结构演变的特性。

我国产业结构演变既是产业结构自身调整和发展的过程，也是经济发展方式转变的过程。概括的讲，我国产业结构演变大致经历了改革开放前的计划经济集中管理体制下的产业结构演化（1949—1977 年）、改革开放后产业结构的调整完善（1978—1992 年）、产业结构的市场化演进（1992—2001 年）和产业结构的转型升级（2002 年至今）。中国海洋产业结构经历了由资源依赖型向技术依赖型、由劳动密集型向资本密集型、由单一产业结构向较为完善的三次产业结构的转变。从最初对海洋渔业、海洋盐业等产业的统计，到增加部分海洋重化工业产业如海洋石油、海底矿砂等的统计，都是计划经济体制下对国计民生具有战略意义的产业在海洋经济统计核算领域的体现。改革开放以后，海洋经济产业结构逐渐完善，增加了滨海旅游业等产业。进入 20 世纪 90 年代，特别是市场经济体制建立后，海洋产业的市场化程度逐渐加快，原先因计划管理而缺乏市场化有效运作而没有被纳入海洋经济统计核算的产业伴随着市场经济的快速发展而逐渐纳入统计范畴，如在细分产业中增加了海洋电力业和海洋信息服务业等。进入 21 世纪，国家产业结构调整向高效、节约、生态型转化，高技术产业得到迅速发展，产业结构转型升级逐渐被提上国家战略需要。伴随着产业结构的转型升级，围绕海洋产业的配套支撑产业被大范围的纳入进来，如海事保险业、海洋社会服务业、海洋教育和文化艺术业、海洋科学研究与综合技术服务业等。海洋产业的细分程度和统计核算隶属关系也逐渐完善。

同时，海洋经济统计核算体系的调整也顺应海洋产业演变的规律。区别于传统的陆地产业，海洋产业结构中强调第二产业的地位和作用。我国海洋产业结构的演变表现为首先从第一产业到第三产业，然后从第三产业到第二产业，再从第二产业到第三产业为主导的动态演变性特征。[7] 中国海洋经济统计核算的演变是海洋产业结构演变的体现。从海洋经济统计核算的首次形成到第一次调整，海洋经济统计核算的主要范围是海洋第一产业，同时也会涉及滨海旅游等海洋第三产业，在海洋经济统计核算口径的第二次调整中海洋工程建筑、沿海造船、海洋化工等海洋第二产业逐渐被纳入进来。而当《海洋及相关产业分类》颁布实施的时候，在对海洋工程建筑业等产业进行统计的同时，增加了海上体育事业、海洋教育和文化艺术业、海洋科学研究与综合技术服务业等海洋第三产业。三次海洋经济统计核算口径的调整明显受到了海洋产业结构演变的内在规律的影响。

3. 国际分工

国际上产业与贸易的分工转移也推动了中国海洋经济统计核算体系的演变。随着对外联系的加强，海洋经济的发展受到国外先进技术和经验引进的影响显著，产业结构和层次逐渐完善。建国初期，对外开放程度较低，仅有渔业、盐业等与人们生活密切相关的产业被纳入海洋经济统计核算体系。随着国外先进技术的引入和国际分工的加强，20世纪70年代末，经济发展对砂矿、石油等的需求增大，我国通过与国外共同开发海洋矿产的方式，不断学习并提高开采技术，将海洋石油和滨海砂矿纳入统计范围，以衡量相应产业的发展水平和对国家经济发展的贡献度。改革开放政策提出后，国际贸易中滨海国际旅游增加了国家收入并一直保持着较高的增长速度，被纳入海洋经济统计核算体系。进入21世纪，特别是加入WTO之后，在对外经济技术合作的基础上，我国海洋经济参与国际海洋经济分工与合作，受到国际产业和技术转移与调整的影响，部分海洋产业如海洋工程与钻井平台建设与发达国家建立了广泛的合作机制。国际贸易中，国家海洋经济的国际合作更加紧密，积极参与国际产业价值链分工，使得海洋产业的第三次调整中，海洋产业门类逐渐丰富，海洋产业隶属关系也逐渐清晰。

从经济学角度看，中国海洋经济统计核算体系是在内生技术推动下实现的海洋产业结构的演进基础上的演变，在这个过程中需求供给因素、技术因素、制度因素以及全球化因素会从不同方向作用于海洋产业结构的调整，进而对海洋经济统计核算体系的变迁与发展产生重要的影响（图1）。海洋技术进步、政府的行政支持、参与全球价值链分工以及海洋产业结构调整共同推动海洋经济统计核算体系制度变迁。

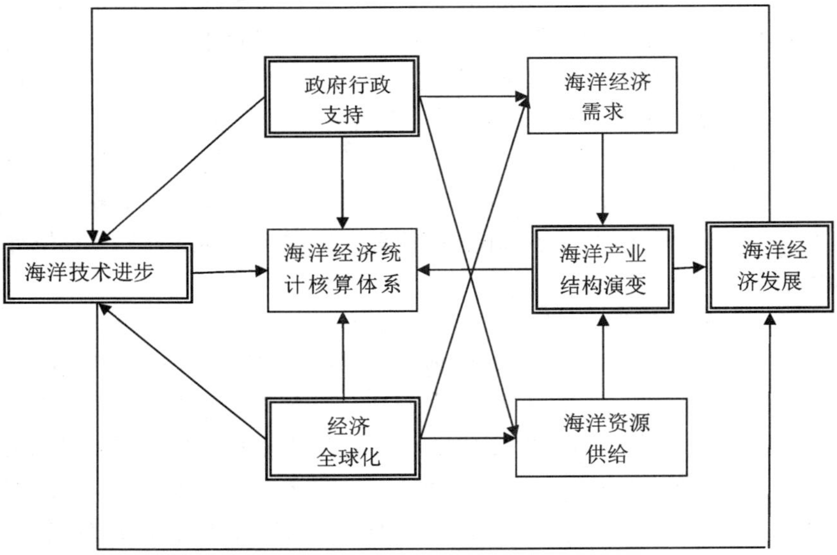

图1 海洋经济统计核算体系演变的动力机制

四、结论与讨论

新中国成立至今，中国现代海洋经济统计核算大体经历了三次调整。从传统的单一产业扩展为具有紧密关联的海洋经济系统。在这个过程中，海洋经济统计核算范围和细分程度逐渐完善，制度的稳定性逐渐增强。海洋经济统计核算体系的演变机理研究表明，中国海洋经济统计核算体系演变的方式属于渐进式变迁并具有强制性变迁特点，海洋经济统计核算体系的调整是长期的内外因共同起作用的结果，海洋技术进步、政府的行政支持、参与全球价值链分工以及海洋产业结构调整共同推动海洋经济统计核算体系制度变迁。其结果在一定程度上扩展了海洋经济统计核算的范围并且提升了海洋经济统计核算的数据质量，使得海洋经济系统内部产业部门的隶属关系逐渐清晰。

当前，中国已成为世界上海洋经济统计核算体系横向涵盖范围最广的国家之一，统计核算体系日趋完善，统计标准逐渐统一。然而，海洋经济在统计核算过程中或多或少地存在误报、漏报、错报等问题，历次统计口径调整也缺乏对于绿色海洋经济核算的考量。在海洋资源与环境约束加剧的前提下，未来海洋经济统计核算应重视对海洋第三产业和海洋环境资源的账户编制和数据统计，在对传统海洋产业统计核算的基础上，完善海洋第三产业和环境资源统计核算账户，开展绿色海洋经济统计核算，实现生态环境约束下海洋经济统计核算的完备性和准确性。同时，海洋经济统计核算离不开定期组织全国性的海洋经济调查。国家海洋局应成立海洋经济统计调查队，定期开展全国范围的海洋经济统计调查，从全面性、系统性和准确性等方面实现常规性的海洋经济数据的统计调查。总之，海洋经济统计核算应以国民经济统计核算为依据，以完善的海洋经济统计核算制度和标准的制定为保障，在充分反映海洋自然属性和社会属性的基础上，借助全国性的海洋经济调查，逐渐形成独立完整的绿色海洋经济统计核算体系。

参考文献

[1]　姜旭朝，刘铁鹰．海洋经济系统：概念、特征与动力机制研究［J］．社会科学辑刊，2013，(4)：72-80.
[2]　王克桥，朱杰．对海洋经济核算方法的初步探讨［J］．统计研究，2008，(11)：92-95.
[3]　何广顺．我国海洋经济统计发展历程［J］．海洋经济，2011，(2)：6-11.
[4]　宋旭光．新中国经济统计发展的历史考察［J］．财经问题研究，2013，(3)：21-26.
[5]　姜旭朝，毕毓洵．中国海洋产业体系经济核算的演变［J］．东岳论丛，2009，(2)：51-56.
[6]　王晓惠．海洋统计工作的发展与展望［J］．海洋信息，2004，(1)：13-15.
[7]　张静，韩立民．论海洋产业结构演变［J］．中国海洋大学学报（社会科学版），2006，(6)：1-3.

论文来源：本文原刊于《中国海洋大学学报（社会科学版）》2016 年 03 期，第 14-19 页。

基金项目：国家社科基金重点项目（13AJL002）；
国家海洋局海洋发展战略研究所委托项目（B15M00190）。

中国海洋经济绿色全要素生产率测度及影响因素研究

丁黎黎[*] 朱 琳 何广顺

摘 要：本文利用熵值法构建了“资源与环境损耗指数”，并测算了资源环境双重因素下，我国沿海11地区的海洋经济绿色全要素生产率，最后基于面板数据Tobit模型考察了不同因素对海洋经济绿色全要素生产率的影响。结果表明：技术进步是我国海洋经济绿色全要素生产率增长的主要源泉，而技术效率和规模效率的作用并不明显；沿海地区海洋经济增长对资源依赖和环境污染的程度呈现出较大的差异性；海洋产业结构、海洋专业技术水平、海洋管理制度对海洋经济绿色全要素生产率增长具有显著的正向影响，而工业规模对海洋绿色全要素生产率具有显著的负向影响。

关键词：绿色全要素生产率；资源与环境损耗指数；DEA-Malmquist指数模型；Tobit回归

一、引言

《中国海洋经济统计公报》显示：2013年全国海洋生产总值达5.4万亿元，比上年增长7.6%，海洋生产总值占国内生产总值比重达9.5%。海洋经济正日益成为国民经济新的增长点，利用传统经济增长理论深入研究海洋经济增长问题已成为热点问题。2013年《中国海洋经济发展报告》认为，未来10~20年，我国战略性海洋新兴产业将引领海洋经济持续健康发展，但海洋环境资源问题将成为制约中国未来发展海洋经济的瓶颈因素。目前，国内对沿海地区海洋经济全要素生产率的研究较少，研究的重点集中在资本、劳动、科技对海洋经济增长影响等方面[1,2]，忽视了海洋经济发展所造成的海洋资源耗竭、海洋生态环境破坏等问题。虽然海洋经济绿色增长的内涵及特征已经被明确界定，海洋经济的全要素生产率测度也有所涉及，但海洋经济绿色增长源自于技术效率还是技术进步？沿海地区之间是否存在显著的差异？又是哪些具体因素影响着海洋经济绿色增长？这些问题的研究缺失将削弱我国海洋可持续发展政策制定的理论支撑性和针对性。

绿色视角下的经济增长研究主要通过寻找期望产出（GDP）生产过程中对环境造

* 丁黎黎，女，中国海洋大学教授、硕士生导师。研究领域：海域资源资产化管理、海洋经济发展与规划。

成污染（如CO_2、SO_2、COD等）的坏活动，来测算经济增长中的绿色问题[3,4]。然而海洋经济是一种特殊经济体系，其破坏活动不仅体现在环境破坏，还包括海洋资源消耗。统计报告显示：由于近海资源过量开发，一些海洋资源已开始衰竭。如我国的海洋捕捞业已面临优质经济鱼类的消失。因此，如何将“海洋资源消耗、环境退化”等坏影响活动引入到海洋经济增长问题中，以及考虑这些活动后海洋经济全要素增长率是否仍然显著？都是需要继续深入研究的课题。

基于Malmquist生产率指数分析方法[5]的优势，本文采用该方法进行了我国沿海地区海洋经济绿色全要素生产率的测度。从研究视角来看，本文沿袭绿色GDP视角，尝试将资源依赖与环境污染这两种“坏影响”同时引入DEA-Malmquist生产率指数研究框架。利用熵值法衡量资源依赖程度与环境污染程度指标，并拟合成为“资源与环境损耗指数”，避免利用单一污染物指标及只包含环境或资源单方面指标进行实证分析时的片面性。实证测算了资源环境双重因素下，2003—2012年我国沿海11地区的海洋经济绿色全要素生产率，并且重点分析了海洋经济中的海洋产业结构、海洋专业技术水平、海洋管理制度等因素对海洋经济绿色增长效率的影响。从研究目的来看，本文从另外一种方法和视角，剖析了“中国式”海洋经济成为国民经济新增长点背后的事实。

二、海洋经济绿色全要素生产率的测度与差异性分析

（一）变量选择与数据说明

本文决策单元为全国沿海11个地区，数据分析时间跨度为2003—2012年。根据海洋经济体的实际情况，选择两个投入变量，两个产出变量进行海洋经济绿色全要素生产率测度。具体的投入产出指标如下：①资本投入。本文使用“海洋经济资本存量”作为资本投入指标。由于目前没有海洋固定资产投资的相关统计数据，海洋资本存量估计也是本文一个重要工作。具体步骤如下：首先，估算出沿海地区资本存量，这里我们选取张军（2004）[6]对中国1952—2000年中国省际资本存量估算的成果，计算出2000年各沿海地区的现价资本存量；其次，以10.96%的折旧率[7]及2001年沿海地区全社会固定资产投资价格指数，结合2001年沿海地区全社会固定资产，求得基期2001年沿海地区资本存量现价，及以2001年为基期的2003—2012年沿海地区可比价资本存量；最后，估算沿海地区海洋资本存量。为消除价格因素的影响，在修正资本存量时采用的是海洋生产总值及沿海地区生产总值可比价数据。②劳动投入。本文参考以往研究成果[8]，选取“涉海就业人员数”作为劳动力投入指标。③期望产出。以沿海地区海洋生产总值（GOP）作为期望产出，为与海洋经济资本存量价格保持一致，以2001年不变价格折算。④非期望产出。不同以往研究，本文把“资源依赖”与“环境污染”这些“坏活动”，整合成“资源与环境损耗指数”作为非期望产出，弥补传统研究中选择单一污染物指标作为环境污染变量及只有环境或资源单方面变量而造成的效率评价偏差。资源依赖主要体现在海洋渔业资源、海洋油气资源、海洋矿业资源以及海域资源等海洋经济活动直接（一次）开发利用的资源方面。根据统计数据可获得性，采用“海洋捕捞产量”指标体现对渔业资源的依赖性。对于海洋油气、海洋矿业等资源而言，其产量近似于对这些资源的消耗量，因此采用能源消耗代替这类资源消耗，衡量创造

GOP 过程中的油气和矿业资源依赖度。由于海洋经济能源消耗的数据无法直接获取，本文先将各类能源消耗量统一换算为标准煤，得出各地区总体一次能源消耗量，最后根据海洋生产总值在沿海地区生产总值中所占比重估算出海洋经济所需的一次能源消耗总量。环境污染主要考虑陆源污染物对海洋环境的影响，且在污染物排放量上只考虑生产过程中产生的污染物排放量，不将居民生活过程中所产生的污染物排放量计算在内。选取了海洋环境污染物中的“沿海工业废气排放量”、“沿海工业废水排放量”、“沿海工业固体废弃物排放量”作为衡量海洋环境污染程度的指标。

（二）资源与环境损耗指数的构建

本文尝试用熵值法，通过指标变异程度来确定指标权重。用熵值法构造的“资源与环境损耗指数”的倒数代替非期望产出指标，过程如下：

（1）指标的无量纲处理

原始指标数据矩阵为：

$$X_{ij} = (x_{ij})_{m\times n}$$

其中，X_{ij}为地区 i 第 j 个指标的取值。则地区 i 第 j 个指标值的比重为：

$$X'_{ij} = X_{ij} \Big/ \sum_{i=1}^{m} X_{ij}$$

因此，原始矩阵可转化为无量纲矩阵 $X'_{ij} = (x'_{ij})_{m\times n}$。

（2）计算指标 j 的熵值 e_j

$$e_j = \frac{1}{\ln m}\sum_{i=1}^{m} X'_{ij}\ln x'_{ij}, \quad e_j \geq 0$$

（3）计算指标 j 的差异性系数 e'_j

给定指标 j，各样本的 X'_{ij}差异性越小，熵值 e_j 越大，指标 j 在综合评价中的作用越小。本文定义 $e'_j = 1 - e_j$，则 e'_j 越大，指标 j 在综合评价中越重要。

（4）计算指标 j 的客观权重 w_j

$$w_j = e'_j \Big/ \sum_{j=1}^{n} e'_j = (1 - e_j) \Big/ \sum_{j=1}^{n} (1 - e_j)$$

（5）计算资源与环境损耗指数 REP_i

$$REP_i = \sum_{j=1}^{n} X'_{ij} W_j$$

REP_i 为第 i 个样本的“资源与环境损耗指数”。REP_i 越大，资源依赖程度及环境污染程度越高。本文计算了沿海地区 2003—2012 年的“资源与环境损耗指数”，限于篇幅，仅大致描绘出其变化趋势。

根据沿海地区资源与环境损耗指数变化趋势图（见图 1），本文指出：①2004 年大部分地区指数出现了先增后降的拐点。这与 2003 年我国首次颁布的《全国海洋经济发展规划纲要》有直接关系，该纲要对促进沿海地区经济合理布局和产业结构调整，保证我国海洋经济可持续快速发展具有重要意义。②2006—2010 年各地区指数呈现较平稳的变化趋势。这与沿海各地区的“十一五”发展规划时间相吻合。此期间，沿海各地区在“坚持节约资源和保护环境的基本国策”的宏观政策指导下，进入了海洋经济全面发展时

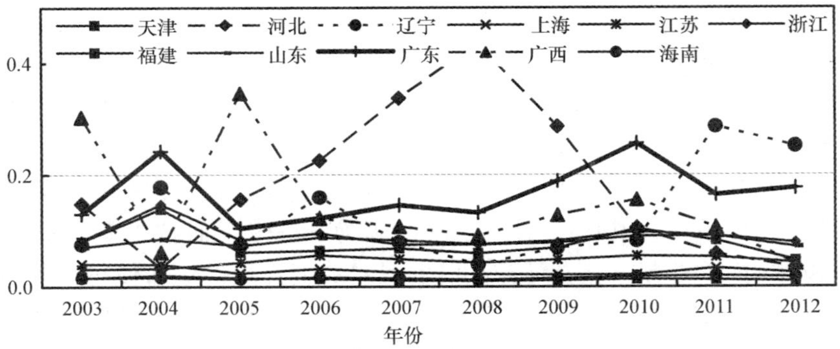

图 1　2003—2012 年沿海地区资源与环境损耗指数变化趋势

期[9]。这一期间大部分地区的资源与环境损耗指数相对较低。③2011 年以后各地区指数出现了下降趋势。“十二五”时期在转变发展方式与结构调整的倒逼机制下，海洋经济发展节奏放缓，进入阶段调整时期。④个别地区出现了特有变化。例如，广西壮族自治区 2003—2006 年期间指数波动幅度较大，2006 年广西开始大规模出台海洋资源环境保护方面政策后，其指数下降并趋近平缓。河北省是我国重要的工业基地，尤其“十一五”期间，石油、炼焦煤、冶金等资本密集型行业呈现增速发展状态，增速背后的陆源污染物，对近海环境造成了巨大压力，使得河北资源与环境损耗指数远高于其他地区。

（三）DEA-Malmquist 模型实证结果

（1）海洋经济绿色全要素生产率指数测算结果分析

首先比较分析了我国海洋经济传统全要素生产率和绿色全要素生产率（见表 1，TFP 代表全要素生产率）。从总体状况来看，加入资源与环境损耗指数后，2003—2012 期间的海洋经济绿色 TFP 指数平均增长率低于传统 TFP 指数，年均增长率降至 8.3%，小于 10.5%。因此，未将资源与环境纳入海洋经济全要素生产率的测算研究不仅会使效率评价缺乏真实性，也会导致海洋经济全要素生产率的测算结果出现较大偏差。当海洋经济增长效率被高估时，由此得出的政策建议便会带有一定的偏差和误导性。

表 1　2003—2012 年海洋经济传统全要素生产率和绿色全要素生产率指数测算结果

时期	TFP 指数	绿色 TFP 指数	技术效率指数	绿色技术效率指数	技术进步指数	绿色技术进步指数
2003—2004	1. 267	1. 242	0. 968	1. 115	1. 309	1. 113
2004—2005	1. 222	1. 049	0. 927	0. 801	1. 319	1. 309
2005—2006	1. 264	1. 187	1. 021	1. 043	1. 238	1. 138
2006—2007	1. 042	1. 058	1. 052	1. 031	0. 991	1. 026
2007—2008	1. 034	1. 068	0. 996	1. 011	1. 038	1. 057
2008—2009	0. 946	0. 924	1. 145	1. 091	0. 826	0. 847
2009—2010	1. 104	1. 055	0. 931	0. 947	1. 186	1. 114
2010—2011	1. 072	1. 075	1. 027	1. 061	1. 044	1. 014
2011—2012	1. 043	1. 118	0. 670	0. 799	1. 557	1. 399
均值	1. 105	1. 083	0. 962	0. 982	1. 149	1. 102

其次分析了海洋经济绿色 TFP 指数增长的特征（见表 1 和图 2）。从海洋经济绿色 TFP 指数增长来源的分解情况看（见图 2），前沿技术变化对绿色 TFP 具有较强的正效应作用，而效率变化在总体上对绿色 TFP 的影响为负。因为技术变化带来的正效应远大于效率变化带来的负效应，所以我国海洋经济仍然可实现绿色全要素生产率的正增长。从时间序列来看，绿色 TFP 指数增长存在年际差异。其中，2004—2005 年的绿色 TFP 指数增长出现不同，其中技术进步率增幅为 30.9%，而技术效率却下降幅度为 19.9%。原因在于 2003 年《全国海洋经济发展规划纲要》的颁布使得一些沿海地区盲目进行海洋经济的规模性扩张，从而导致技术效率恶化。2006—2008 年为绿色 TFP 指数的低增长时期。这与“十一五”规划中要求能源强度降低 20%和主要污染排放物总量减少 10%的节能减排约束性指标政策是密不可分的。2008 年美国次贷危机引起的世界金融危机影响到我国海洋经济的发展，使得 2008—2009 年绿色 TFP 指数再次下降，并呈现负增长直至 2010 年恢复为正增长。2011—2012 年绿色 TFP 指数虽呈现高值，但依然受惠于技术变化的增幅（39.9%），各种生产要素的集约利用效率没有发生应有的改善，要素的过度集聚使规模效率也有所下降，这也是我国海洋经济出现“低效率的高增长”现象的根源所在。

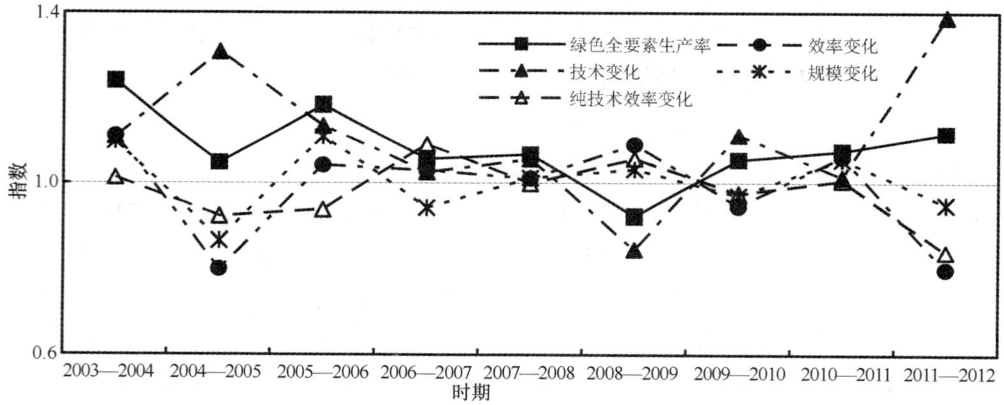

图 2　2003—2012 年海洋绿色全要素生产率增长的分解及趋势变化

（2）沿海地区海洋经济绿色全要素生产率测度结果分析

从区域层面（见表 2）可以得到以下结果：不加入资源与环境损耗指数时，沿海地区传统 TFP 指数均显示正增长，这与关于沿海地区经济效益的研究文献得到一致结论[2,7]。加入资源与环境损耗指数后，11 个沿海地区绿色 TFP 指数增长呈现差异性。在分析期间内，沿海地区绿色 TFP 指数大部分省市均呈现下降，这与我国海洋经济绿色 TFP 指数发展趋势呈现一致性。其中，海南绿色 TFP 指数增长速度最慢且出现负增长，这是由于其技术进步率的下降导致。海南海洋产值仅占全国很小的份额，形成了典型的“大海洋小产业”格局，海洋经济方面技术进步水平较低，第一产业比重过高，渔业资源过度依赖造成了技术进步率下降。天津、上海的技术进步、技术效率均推动了绿色 TFP 指数增长。辽宁、浙江、福建、山东、广东 5 省的绿色 TFP 指数增长主要源于技术进步的提高而非技术效率的改善，其中辽宁、浙江、福建、山东是纯技术效率和规模效率共同恶化导致；广东仅是规模效率恶化造成，而辽宁、浙江、山东、广东都是典型的要素集聚程度较高的地区，要素集聚已经出现了集聚过度的特征，进而导致这些地区的规模效率出现不同程度的下降。

表 2 2003—2012 年沿海地区海洋经济传统与绿色全要素生产率指数对比分析

地区	不加入资源与环境损耗指数					加入资源与环境损耗指数				
	TFP指数	技术进步指数	技术效率指数	纯技术效率指数	规模效率指数	TFP指数	技术进步指数	技术效率指数	纯技术效率指数	规模效率指数
天津	1.043	1.120	0.931	0.987	0.943	1.048	1.048	1.000	1.000	1.000
河北	1.262	1.203	1.049	1.037	1.011	1.213	1.104	1.099	1.037	1.060
辽宁	1.055	1.150	0.918	0.975	0.941	1.054	1.149	0.918	0.975	0.941
上海	1.191	1.191	1.000	1.000	1.000	1.167	1.167	1.000	1.000	1.000
江苏	1.276	1.203	1.060	1.038	1.022	1.181	1.135	1.040	1.032	1.008
浙江	1.063	1.161	0.916	0.927	0.988	1.063	1.161	0.916	0.927	0.988
福建	0.982	1.078	0.910	0.919	0.990	0.981	1.078	0.910	0.919	0.990
山东	1.048	1.177	0.891	0.904	0.986	1.048	1.177	0.891	0.904	0.986
广东	1.065	1.117	0.954	1.000	0.954	1.065	1.117	0.954	1.000	0.954
广西	1.170	1.169	1.000	1.000	1.000	1.199	1.084	1.106	1.000	1.106
海南	1.046	1.080	0.969	1.000	0.969	0.932	0.932	1.000	1.000	1.000
均值	1.105	1.149	0.962	0.980	0.982	1.083	1.102	0.982	0.980	1.002

三、海洋经济绿色全要素生产率的影响因素分析

（一）变量选择与数据说明

本节探讨影响我国海洋经济绿色 TFP 发展的内在因素。许多文献已证明了国民经济发展中的 GDP、FDI、贸易额等对海洋经济 TFP 产生重要影响[2,8,10]。不同于以往研究，本文认为海洋经济作为资源与环境高度依赖的区域经济，不仅具有海洋经济区位优势，而且受政府区域政策干预明显。因此，影响因素选择如下：①从海洋经济视角选取三个指标。其中，海洋产业结构（OIND）指标选择海洋第三产业总产值占 GOP 的比重来衡量，原因在于海洋第三产业低消耗低污染特征对海洋绿色经济发展有着积极意义；港口经济活跃水平（PE）指标选择沿海港口货物吞吐量来衡量；海洋专业技术水平（OTE）选择每万从业人员拥有技术人员数这一指标，原因是海洋科技人员是推动技术进步的最直接要素。②从政策视角选择两个指标。其中，环境污染治理投资（EG）指标选择海洋工业环境污染治理投资总额来表示；海洋管理制度（OMR）指标以沿海地区各年出台的海洋管理制度总数表示。本文查找的海洋管理制度主要涉及海洋资源开发管理与环境保护及与海洋经济发展相配套的海洋科技的相关政策和条例。③从陆源污染视角选择“工业规模”一个指标，原因在于海洋环境污染主要来自于陆源工业污染。

（二）面板 Tobit 模型实证结果

由于海洋经济绿色 TFP 有些介于 0 和 1 之间，若用最小二乘法直接进行回归，会因无法完整呈现数据导致估计存在偏差[11]。为解决这类问题，本文构建了面板 Tobit 回归模型进行实证分析。

$$GTFP_{it}=\beta_0+\beta_1OMR_{it}+\beta_2OIND_{it}+\beta_3IS_{it}+\beta_4PE_{it}+\beta_5OTE_{it}+\beta_6EG_{it}+\varepsilon_{it}$$

其中，被解释变量 $GTFP_{it}$ 为第 i 个沿海省市第 t 年的海洋绿色 TFP，解释变量为 OMR_{it}，$OIND_{it}$，IS_{it}，PE_{it}，OTE_{it}，EG_{it}，β_0 为截距项，β_1，β_2，β_3，β_4，β_5，β_6 为各解释变量的待估参数，ε_{it} 为残差项。应用 Eviews6.0 软件，对模型中的各参数进行估计，结果参见表 3。

表 3　Tobit 模型估计参数及结果

解释变量	系数估计值	标准差	Z 统计量	P 值
β_0	1.123***	0.373	3.006	0.003
IS	-1.542***	0.354	-4.536	0.000
OIND	0.368**	0.209	1.759	0.038
PE	-1.13E-06	1.28E-06	-0.885	0.376
OTE	0.527***	0.165	3.187	0.001
EG	0.008	0.012	0.672	0.502
OMR	0.067*	0.037	1.787	0.074

注：*为在 10%水平下显著；**为在 5%水平下显著；***为在 1%水平下显著。

根据表 3 统计结果，本文进一步分析了海洋经济绿色 TFP 的影响因素。①海洋专业技术水平（OTE）对海洋经济绿色 TFP 的正向作用最大，且在 1%的水平上通过了显著性检验。这正说明海洋经济绿色增长离不开海洋技术水平的进步，另一方面也间接说明我国海洋经济绿色增长主要来自技术进步，而非来自技术效率。②海洋产业结构（OIND）的正向作用次之。在这种强正向关系作用下，海洋经济绿色 TFP 指数随着第三产业扩张而增大，从而证实了海洋产业结构优化和升级是实现海洋经济绿色增长的重要路径。③海洋管理制度（OMR）在 10%的水平上对海洋经济绿色 TFP 也具有正向作用。原因在于我国海洋经济的发展模式为政策导向型，作为“十一五”、“十二五”规划开局之年的 2006 和 2011 年，沿海地区出台的海洋资源管理与环境保护等新政策对海洋经济绿色增长具有影响作用。但是，OMR 的正相关系数（0.07）较小，意味着海洋管理制度出台的数量对海洋经济绿色 TFP 的影响不是很大，原因可能是国家及各地区政府在政策落实与监管力度上不足，控制能力及管理水平不高。④工业规模（IS）具有显著的负向影响。沿海地区的工业规模对海洋经济绿色 TFP 具有较大的逆向作用，原因在于沿海地区工业发展产生的“三废”绝大部分通过直接入海，河水和地表径流、酸雨等形式流入近海，影响着近岸海域的环境。⑤港口经济活跃水平（PE）的影响系数为负，但没有通过显著性检验。说明港口经济的活跃水平对海洋经济绿色增长具有一定的抑制作用，但不显著。因为港口吞吐量的增长表明沿海地区贸易的增长，虽然能对海域环境产生一定的污染，但其对海洋经济发展的促进作用却优于此。⑥环境污染治理投资（EG）的影响系数为正，影响系数（0.008）很小且没有通过显著性检验。表明工业环境污染治理投资在推动海洋经济绿色发展过程中并没有发挥应有的作用，主要原因在于工业污染治理是末端治理，并不是从源头进行防治，这样造成投资较大，额外浪费资源，难以获得较好的经济回报，而且不能从根本上消除污染。

四、结论与启示

本文以“绿色增长”理念重新审视海洋经济增长，将“海洋资源消耗、环境污染”等坏影响活动引入到海洋经济增长问题中，分析了我国沿海地区2003—2012年总体海洋经济绿色TFP，以及沿海地区海洋经济绿色TFP的影响因素，得到如下的结论与启示。

（1）在效率及影响因素分析中均可以看出，海洋经济绿色TFP增长的主要源泉仍然是技术进步。前沿技术变动的技术变化在整个样本时期内对生产率增长呈现显著正效应，技术效率出现恶化趋势并对绿色TFP产生负影响，要素或经济的过度集聚使规模效率有所下降。因此，资源与环境双重约束下的技术进步和技术效率改进都是海洋绿色全要素生产率增长中必须同时兼顾的两个方面。沿海地区要一方面重视培育海洋经济发展的新要素，大力发展与储备海洋开发高新技术，提高海洋开发的技术水平和能力；另一方面，在发展海洋经济引进先进技术过程中，以技术效率改进为着力点，坚持效率与规模并重的原则，促使技术效率的提高，这对依赖资源与环境的海洋经济而言尤为重要。

（2）部分沿海地区的海洋经济发展呈现出“黑色”模式。在样本期内，河北、辽宁、广东、广西的资源与环境损耗指数整体较高，但沿海地区的资源与环境损耗指数整体变化趋势在2006年及2011年呈现下降趋势。说明这些沿海地区的海洋经济曾出现过盲目扩张阶段，形成对资源过度依赖和环境污染的“黑色”发展模式。在经历了以资源和环境换海洋经济增长之后，各级政府面临着产业结构调整与升级等一系列的新挑战。因此，沿海地区加快产业结构调整和升级势在必行，在提高海洋第三产业的比重的同时发展海洋新兴产业，提高海洋产业现代化水平。

（3）海洋经济绿色TFP增长依托于海洋经济的发展和海洋管理制度的支持。优化海洋产业结构、推动港口经济、促进科技投入等活动一直是我国政府为实现“海上中国”的重要任务，同时研究表明沿海地区的工业规模严重影响着近岸海域资源与环境。因此，针对海洋资源和生态环境，应出台海洋科技发展政策，促进科技创新，保障海洋资源高效开发利用，保障海洋经济的可持续发展；此外，应建立健全清洁生产的实施政策，使沿海地区工业从“末端治理”向“前段预防”转移，加强沿海工业环境保护技术支持，制定新的沿海工业污染物排放标准；最后，沿海各地区在制定和实施各种海洋管理制度的同时，还应积极采用协调、指导、行政干预、服务保障等多种管理措施，来提高政策制度的管理水平，推进海洋绿色经济增长。

参考文献

[1] 常玉苗. 我国海洋经济发展的影响因素——基于沿海省市面板数据的实证研究［J］. 资源与产业，2011，(5)：95-99.

[2] 苏为华，王龙，李伟. 中国海洋经济全要素生产率影响因素研究——基于空间面板数据模型［J］. 财经论丛，2013，(5)：9-13.

[3] 李静. 中国区域环境效率的差异与影响因素研究［J］. 南方经济，2009，(12)：79-87.

[4] 王兵，吴延瑞，颜鹏飞. 中国区域环境效率与环境全要素生产率增长［J］. 经济研究，2010，(5)：55-66.

[5] Oh D H, Heshmati A. A sequential Malmquist-Luenberger productivity index: Environmentally sensitive productivity growth considering the progressive nature of technology［J］. Energy Economics, 2010, 32 (6): 1345-1355.

[6] 张军. 中国省际物质资本存量估算［J］. 经济研究，2004，(10)：35-44.

[7] 单豪杰. 中国资本存量K的再估算［J］. 数量经济技术经济研究，2008，(10)：17-31.

[8] 赵昕，郭恺莹. 基于GRA-DEA混合模型的沿海地区海洋经济效率分析与评价［J］. 海洋经济，2012，(5)：5-10.

[9] 丁黎黎，王正伟，雷沁. 我国海域使用权招标拍卖市场机制分析与完善［J］. 企业经济，2014，(3)：160-163.

[10] 孙伯良，王爱民. 浙江省海洋经济-资源-环境系统协调性的定量测评［J］. 中国科技论坛，2012，(2)：95-101.

[11] 刘新民，王垒，李垣. 企业家类型、控制机制与创新方式选择研究［J］. 科学学与科学技术管理，2013，(8)：102-110.

论文来源：本文原刊于《中国科技论坛》2015年02期，第72-78页。

基金项目：中国海洋发展研究中心项目（AOCQN201314）；
教育部人文社科规划项目（14YJA630007）；
国家自然科学基金（71471105）。

条件价值评估法在人工鱼礁经济效果评价中的应用

姜　书*　赵　鹏

摘　要： 合理的人工鱼礁建设有利于改善海域生态环境、恢复海洋渔业资源，具有显著的经济效益和生态效益。目前，我国沿海地区广泛开展了人工鱼礁建设，但缺乏对人工鱼礁经济效果的综合评价。人工鱼礁的经济价值包括使用价值和非使用价值，由于非使用价值无法通过市场将其货币化，因此需要采用评价非市场物品的方法——条件价值评估法对人工鱼礁的非使用价值进行评估。本文在回顾人工鱼礁效果评价研究的基础上，结合条件价值评估法的经济原理和基本内容，根据人工鱼礁经济价值的不同类型，提出了相应的评价方法，构建了条件价值评估法在人工鱼礁经济效果评价中的应用框架，为今后的实证研究提供了理论基础。

关键词： 人工鱼礁；条件价值评估法；经济效果

由于捕捞强度过大，捕捞方式不合理，我国海洋渔业处于过度捕捞的状态，再加上海洋污染等问题，造成了渔业资源衰退、海洋生态系统退化等严重问题。为消除或缓解这一问题，我国出台了捕捞产量“零增长”、“负增长”等政策，以期实现捕捞渔业的可持续发展。同时，在渔业资源修复方面，我国积极推进人工鱼礁等海洋牧场项目，建设渔场和增养殖场，以期改善海域生态环境、恢复渔业资源[1]。人工鱼礁是人们为了诱集并捕捞鱼类（水生生物），保护增殖水产资源，改善水域环境，进行休闲渔业等活动而有意识地设置于预定水域的构造物[2]。我国从 20 世纪 70 年代末至 80 年代中期开始在沿海试验性地投放人工鱼礁。2000 年以来，人工鱼礁建设作为保护和恢复海洋渔业资源、修复海洋生态环境和促进渔业可持续发展的重要举措，在沿海省市掀起了新一轮高潮。伴随着人工鱼礁的大规模建设，如何定性定量地分析其实际效果也成为学术界日益关注的焦点。目前，我国关于人工鱼礁效果的研究主要集中在生态效果和直接经济效果两个方面，缺乏对人工鱼礁作为一种环境资源的非使用价值的评价，这不可避免地导致无法相对准确地估算人工鱼礁的总经济价值。选择合适的评价方法估算人工鱼礁的非使用价值，对全面掌握人工鱼礁多样化的效果有着重要的作用。针对人工鱼礁的非使

* 姜书，女，浙江大学博士。主要研究方向：渔业经济、海洋经济。

用价值，本文将引入世界范围内广为应用的非使用价值评价方法——条件价值评估法[3]，介绍其经济学原理和基本内容，提出条件价值评估法在人工鱼礁经济效果评价中的应用框架。

一、人工鱼礁效果评价研究综述

有关人工渔礁效果评价研究的综述主要包括两个方面：人工鱼礁对渔业资源修复效果的研究和人工鱼礁经济效果的研究。

（一）人工鱼礁对渔业资源修复的效果

在我国，目前关于人工鱼礁的研究大多从物理学和生态学的角度进行[4,5]。其中，在人工鱼礁选址研究方面，虞聪达[6]、王飞等[7]通过对海区投礁相关的物理、化学和生物影响因子进行调查分析，并以此为依据选择和确定人工鱼礁投放的海区。在人工鱼礁的集鱼效果方面：有通过观测实验水槽内人工鱼礁模型的集鱼状况，分析各种礁体形状结构对鱼类诱集效果的研究[8,9]；有通过对鱼礁投放海域进行的拖网本底和跟踪调查、刺网调查，利用各项评测指标，对人工鱼礁的集鱼效果以及集鱼种类进行分析的研究[10,11]；有通过对人工鱼礁投放区域和未投放区域的声学调查，分析建礁后海域生物分布和资源量密度变化情况的研究[12]。以上研究，不论是通过实验水槽的观测，还是通过对投礁海域的实地调查，结果都显示人工鱼礁对鱼类聚集有一定的效果，但集鱼效果因礁体形状结构不同而有所变化。同时，海域实地调查研究也证明了礁区内水域平均生物资源量密度高于礁区外水域，并且随着建礁时间的推移，礁区内水域的生物资源总量基本呈增长趋势。显然，上述研究倾向于认为，人工鱼礁建设对集鱼和修复渔业资源有一定的效果。

另外，我国也较为广泛地开展了有关人工鱼礁海域生物群落特征等方面的研究。通过对人工鱼礁区和对照区生物群落以及环境的调查，吴忠鑫等确定了影响鱼礁区游泳动物群落结构的控制因子[13]，章守宇等、尹增强等发现人工鱼礁区的生物个体增重率明显，证明了人工鱼礁建设有利于渔业资源增殖[14,15]，而廖一波等的研究也证明了投放人工鱼礁能显著影响大型底栖动物群落的结构，有利于投礁海域的生态修复[16]。

（二）人工鱼礁的经济效果

人工鱼礁设置带来的经济效果可以分为直接经济效果和间接经济效果。直接经济效果主要体现在海域投礁后渔获量的增加、渔获金额的提高。间接经济效果体现在以下三个方面：一是缩短往返捕捞作业渔场时间，减少捕捞作业的费用；二是提高捕捞业关联产业的效益；三是通过休闲渔业和滨海旅游业的兴起带动沿岸地域经济的发展。

1. 人工鱼礁直接经济效果的研究

目前，我国关于人工鱼礁经济效果的研究，相对于人工鱼礁的物理学和生态学研究，还处于起步阶段，并且主要集中在直接经济效果研究领域。其中，在人工鱼礁经济效果的理论分析和定性分析方面，刘金霞等通过对人工鱼礁的材料成本和投放成本的调查，分析了不同材料的人工鱼礁的经济效益[17]；林光纪将人工鱼礁划分为公共性人工鱼礁、私人性人工鱼礁、俱乐部性人工鱼礁和拥挤性人工鱼礁，并分别阐述了其经济学特性[18]。在人工鱼礁经济效果的定量分析方面，尹增强等通过对东海区资源保护型人工鱼礁项目的调查，选取净现值、动态投资回收期、内部收益率和易本比等作为评价指标，计算了人工鱼礁的经济效果，即基于渔业资源密度的增加而产生的直接经济效果[19]。

国外关于人工鱼礁经济效果的研究，可以分为直接经济效果研究和间接经济效果研究两大类。在直接经济效果研究领域，玉置泰司等、玉置泰司分别以日本福岛县相马原釜地区的人工鱼礁项目和日本鹿儿岛奄美大岛地区的浮鱼礁项目为研究对象，通过对鱼礁设置前后渔获量的比较，测算出人工鱼礁的直接经济效益[20,21]。Pichkering 等论述了通过观察人工鱼礁区捕捞量变化，测算人工鱼礁直接经济效益的可行性[22]；Whitmarsh 等对葡萄牙南部地区人工鱼礁海域以及对照区渔获量的调查，显示人工鱼礁的设置有助于提高当地渔民的渔业收入[23]；Islam 等分析了人工鱼礁投设前后渔获量的变化，以此测算了人工鱼礁的直接经济效益，同时指出由于缺乏有效的渔业管理手段，导致出现了个体渔民与大马力捕捞船之间的捕捞竞争、个体渔民的经济利益被削弱的问题[24]。

2. 人工鱼礁间接经济效果研究

在人工鱼礁间接经济效果研究领域，玉置泰司总结了日本鹿儿岛奄美大岛地区浮鱼礁项目的间接经济效果——既缩短了渔场距离与捕捞作业时间、减少了捕捞作业费用，同时又促进了捕捞业相关产业制冰业的发展[21]。Rendle 等的研究显示，人工鱼礁区域潜水休闲产业的发展得益于人工鱼礁的建设，并以潜水休闲产业的产出作为衡量人工鱼礁经济效果的标准之一[25]。上述研究将人工鱼礁的间接经济效果聚焦于渔业作业成本的减少、渔业关联产业产值的增加等人工鱼礁的间接使用价值；接下来综述介绍的研究则将人工鱼礁的非使用价值货币化，测算了人工鱼礁在非使用价值方面的间接经济效果。

关于人工鱼礁非使用价值的研究，国外学者已利用条件价值评估法做了探索性的工作，即通过询问滨海旅游者或滨海休闲产业参与者对人工鱼礁建设支付意愿的方式，评价人工鱼礁项目的间接经济效果。下文将概括性地介绍国外基于条件价值评估法评价人工鱼礁间接经济效果的研究。在日本，人工鱼礁项目作为国家事业始于 20 世纪 50 年代，日本人工鱼礁项目投入大、时间长。为了定量掌握人工鱼礁项目的经济效果，日本水产厅和渔业相关协会共同开展了“渔港渔场的经济效果多样性评价方法”的研究，并制定了评价指南。同时，以千叶县、宫城县和大分县的人工鱼礁事业为例，利用条件价值评估法测算了人工鱼礁的间接经济效果[26]。在欧美，也有一些学者开展了运用条件价值评估法对人工鱼礁项目间接经济效果的研究。例如：Pickering 等、Sutton 等论述了运用条件价值评估法分析人工鱼礁经济效益的可行性[22,27]；Oh 等通过比较潜水者在人工鱼礁海域和天然礁海域进行潜水休闲活动的支付意愿值，指出人工鱼礁具有替代天然礁的功能[28]；Polak 等也运用条件价值评价法测算了人们为保护珊瑚礁和渔业资源而设置人工鱼礁所愿意支付的金额[29]。此外，Chen 等以台湾澎湖海域的人工鱼礁为研究对象，测算出在游钓和冲浪项目上，人们愿意为人工鱼礁设置支付的费用分别为 170 万美元和 190 万美元，研究结论显示，建设人工鱼礁项目可以带来持续稳定的经济收益[30]。

二、条件价值评估法的研究进展和基本内容

（一）条件价值评估法的发展历程

条件价值评估法（Contingent Valuation Method）指的是，当环境质量变化不仅无法衡量，且无法通过有形的市场交换确定此类变化的市场价格时，就可以通过直接询问环境资源使用者或者专家，在假想情况下对于给定数量的某种环境物品或者环境劳动量愿意支付或者接受补偿的金额，以此来估算环境资源价值和环境保护收益。[31] 在我国，条件价值评估法又被翻译为意愿价值评估法、支付意愿调查法等。

条件价值评估法最早是由斯瑞艾・旺蒂（Ciriacy-Wantrup S. V.）在 1947 年提出的。1963 年，戴维斯运用这一方法分析了游憩活动的收益。此后，条件价值评估法被广泛地应用于非市场物品或设施的收益评价研究。1979 年，美国资源协会在《水系及相关土地资源规划的原则及标准》中，明确指定了条件价值评估法是美国联邦公共项目收益评价的三种推荐方法之一。在世界范围内，条件价值评估法被应用于旅游、运动、医疗等领域[32-35]，并成为部分国家和地区法定政策所接纳的重要收益评价方法。如图 1 所示，世界范围内关于条件价值评估法的案例分析等研究论文从 20 世纪 90 年代开始平稳增长。在我国，条件价值评估法研究虽然起步较晚，但进入 21 世纪后，我国学者运用这一方法开展的环境、能源和城市规划等研究[36-40]成果开始在国际学术期刊上发表。但是，条件价值评估法在渔业资源、海洋生态环境领域的应用还非常少。

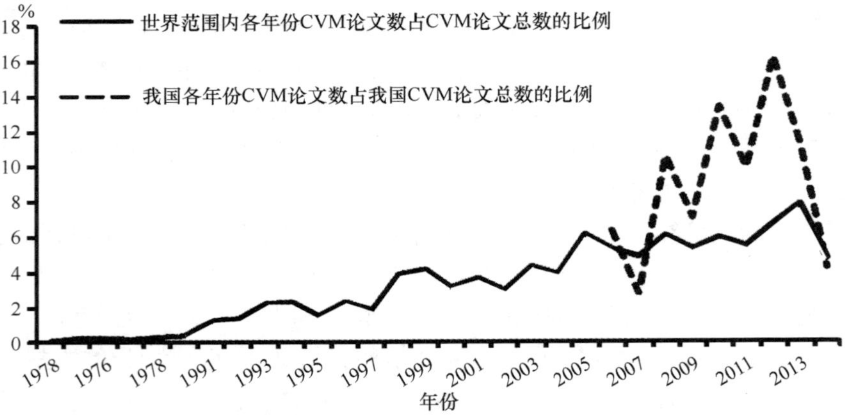

图 1　世界范围以及我国条件价值评估法相关论文发表年份分布

注：采用 web of science 的核心合集数据库数据，查询得到条件价值评估法相关研究论文 1 355 篇，根据国家地区分类，我国的论文数为 142 篇

（二）条件价值评估法的基本内容

条件价值评估法通过构建假想的市场，运用社会调查的手段，取得人们对评价对象的支付意愿或接受意愿，再通过统计学方法得到人们对评价对象的整体偏好特征，用反映的评价对象的消费者剩余来作为评价对象的价值。据此，在曹洪军等著的《环境经济学》中，条件价值评估法被定义为“基于个人需求曲线和消费者剩余理论，通过估

算环境资源使用者对环境物品和环境劳动量的支付意愿或接受意愿来估算环境资源价值的方法”。其中，支付意愿（Willingness to Pay）是指“人们为某一环境质量得到改善或者防止环境退化而愿意支付的金钱的最大值”，而接受意愿（Willingness to Accept）是指“当环境质量遭到损失，人们享受环境质量的权利被剥夺而不得不忍受环境恶化时愿意接受补偿的最小值”。

条件价值评估法的经济学原理可以这样表述，消费者对各种市场商品、环境质量的舒适性具有消费偏好，消费者个人对市场商品的消费用 X 表示，作为公共物品的环境物品的投入用 Q 表示，消费者个人的效用表示为 $U(x, q)$。图 2 中曲线 U_1 和 U_2 表示消费者个人的等效用曲线，横轴代表对消费者有效用的公共物品的成本，纵轴代表消费者个人的消费。当有一项消费者认为某一环境质量得到改善或者防止环境退化的公共项目（如人工鱼礁）建成后，表示公共项目成本的货币量从横轴的 q_1 移动到 q_2，消费者的效用也随之从 U_1 增加至 U_2，那么，此公共项目带来的消费者剩余等于 x_2 减去 x_1，即直线 AB 所对应的金额，直线 AB 表示的就是消费者对人工鱼礁建设的支付意愿；相反，如果上述有利的公共项目被废除时，消费者效用从曲线 U_2 下降至 U_1，此公共项目失去的消费者剩余等于 x'_1 减去 x_2，即直线 CD 所对应的金额，直线 CD 表示的就是消费者在有利的公共项目被废除时的接受意愿。

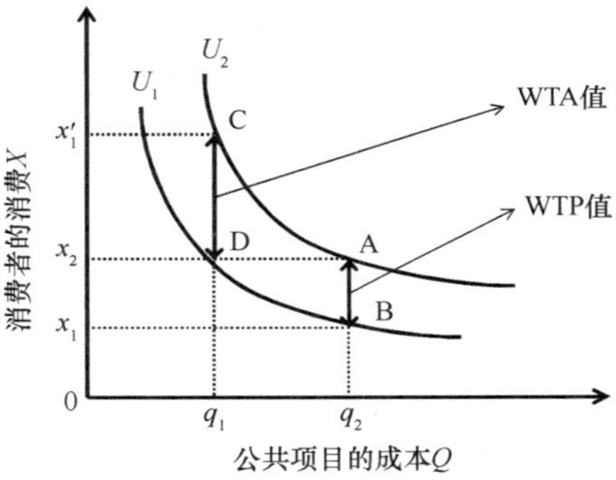

图 2　条件价值评估法的经济学原理示意图

由于条件价值评估法是通过直接询问人们的支付意愿，因此也被称为陈述偏好法。在运用条件价值评估法对环境资源或某项公共项目进行评估时，将调查所得的个人支付意愿或接受意愿再进行加总，得出总支付意愿或总接受意愿值，以表示该公共项目的价值。对于任何与人密切相关的自然环境特征，都可以用条件价值评估法来研究人们的支付意愿或接受意愿。条件价值评价法可以在两种不同类型的情况中应用，一是“估计具体环境特征的价值，例如旅游景点的休闲价值、用以休闲娱乐的海滩的质量、野生物种的保护、未开垦区域的人口密度、狩猎及钓鱼的经历、有毒废物的处置、原始河流的保护等”；二是“估计人们为各种环境质量影响赋予的价值”[3]。本文将条件价值评估法运用于人工鱼礁经济效果的评价属于对环境特征价值的评估范畴。

三、条件价值评估法在人工鱼礁经济效果评价中的应用框架

（一）人工鱼礁经济价值的类型

人工鱼礁具有良好的集鱼、增大生物资源量的作用，其集鱼效果已通过各试验水槽的测试与实地海域的调查等研究得到确认。同时，人工鱼礁作为海洋牧场建设的重要环节，还有保护和改善优化海洋生态环境的效果。根据环境价值的分类，将人工鱼礁项目所带来的总经济价值分为两大类——使用价值和非使用价值，其中使用价值又可分为直接使用价值和间接使用价值。如图 3 所示，直接使用价值包括提高渔获量、增加渔获金额；间接使用价值包括促进渔业相关产业的发展、减少渔业投入成本、提高捕捞作业效率，具体体现在促进水产加工业、水产品流通业、制冰业等渔业相关产业的发展，减少渔船燃油成本、往返于渔场的时间成本等；非使用价值的存在价值在货币化过程中，具体表现在潜水、游钓等休闲活动的经济效益，以及人工鱼礁改善海洋生态环境后对滨海旅游业带来的经济效益等方面。

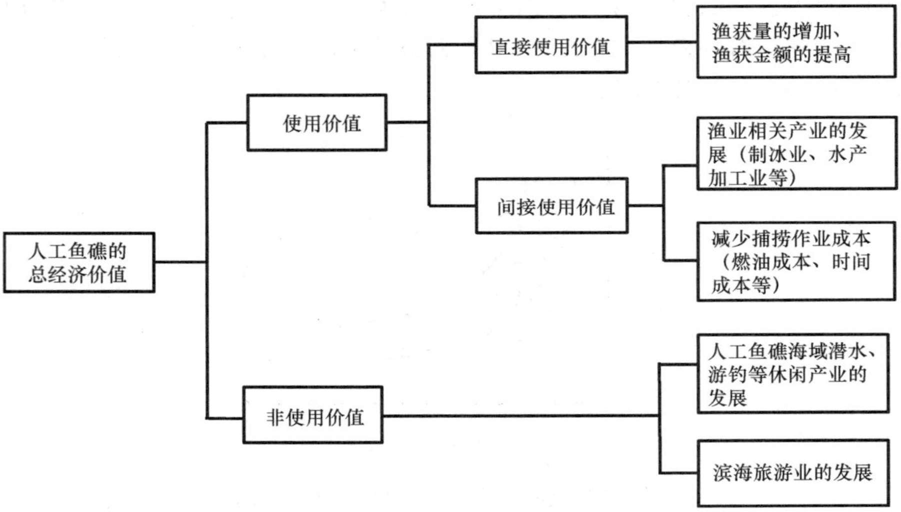

图 3　人工鱼礁总经济价值的分类

（二）人工鱼礁经济价值的评价方法

人工鱼礁的经济价值包括了使用价值和非使用价值，所以在测算收益时需要综合考虑这两部分价值，对应的评价方法如表 1 所示。其中两类使用价值——直接使用价值和间接使用价值，可以通过对渔获金额、相关产业的增加值等直接进行测算，实现其经济价值的货币化。对于非使用价值，无法直接通过市场来评价，也不能通过间接观察市场估价，需要采用以条件价值评估法为代表的非市场评价方法，以人们对人工鱼礁建设的总支付意愿来实现其非使用价值的货币化。

表 1　人工鱼礁经济价值的评价方法

	使用价值	非使用价值
经济价值	提高渔获量、增加渔获金额 促进制冰业、水产加工业、水产品流通业等渔业相关产业的发展 减少渔船燃油成本、捕捞作业渔场往返的时间成本	通过对参与潜水、游钓、滨海旅游等休闲活动的人们的调查，得到相应的总支付意愿
收益的货币化	效益可货币化	效益不可货币化
效果分析方法	直接测算	条件价值评估法等方法

（三）条件价值评估法在人工鱼礁经济价值评价中的应用

综上所述，利用条件价值评估法测算人工鱼礁的非使用价值时，应首先运用社会调查的手段，对在人工鱼礁海域参与游钓、潜水等休闲活动的人们进行调查，取得反映人们对人工鱼礁事业项目的消费者剩余——支付意愿；再通过统计学方法计算得出反映人们对人工鱼礁事业项目的整体偏好特征——总支付意愿；最后，以实地社会调查和统计学计算的方法，测算得到的总支付意愿表示人工鱼礁事业项目的非使用价值。在具体实施时，可以按照以下几个步骤开展评价工作。

（1）开展事前调查，确定研究对象的效果。收集相关沿海地域的资料，掌握人工鱼礁的设置以及人工鱼礁设置后的海域使用情况，确定人工鱼礁的效果范围。

（2）选定对人工鱼礁非使用价值的经济评价方法。通过对各经济评价方法的特性和优缺点的整理与分析，确定研究将采用的评价方法。

（3）开展收集样本数据的前期准备。计划以调查问卷的形式收集样本数据时，需要根据研究地的实地情况，确定问卷调查的回收方法、目标回收数量、开展调查的时间和问卷的设计等。计划以用口头询问的形式收集样本数据时，则需要根据研究地的实地情况，确定开展调查的时间和问题的设计等。

（4）实施问卷调查或口头询问以收集数据。采用调查问卷的形式开展实地调研时，需要进行分发、回收和整理问卷以获取数据。采用口头询问的形式开展实地调研时，需要一对一地询问并听取回答以采集数据。

（5）效果的测算。整理问卷调查形式或口头询问形式所收集的数据，排除异常数据，利用条件价值评估法进行人工鱼礁的非使用价值的测算。

我国在沿海各地开展了大规模的人工鱼礁建设，关于人工鱼礁物理学、生物学方面的研究已有很大的进展。人工鱼礁项目作为公共事业，利用收益-成本分析方法将其收益和成本用货币值来计量，比较人工鱼礁项目的收益与其消耗的成本，对人工鱼礁项目的政策制定和人工鱼礁项目的可行性分析有着重要的作用。但是，我国关于人工鱼礁项目的收益，也就是经济效果的研究还相对较少，并且主要集中在研究人工鱼礁的使用价值带来的直接经济效果方面，缺乏综合的全面的经济效果研究。全面评价人工鱼礁的经济效果，需要综合分析测算人工鱼礁的使用价值和非使用价值带来的多样化效果。条件价值评估法是评估公共事业非使用价值的重要而有效的方法，本文综述了国外应用条件价值评估法在人工鱼礁经济效果评价方面的相关研究，介绍并分析了条件价值评估法的内容和经济学原理，提出了条件价值评估法在人工鱼礁效果评价中的应用框架，为今后的实证研究提供了理论基础。

参考文献

[1] 陈勇，于长清，张国胜，等．人工鱼礁的环境功能与集鱼效果［J］．大连水产学院学报，2002，17（1）：65- 69.

[2] 杨吝，刘同渝，黄汝堪，等．中国人工鱼礁理论与实践［M］．广州：广东科技出版社，2005.

[3] 巴利·C·菲儿德，玛莎·K·菲尔德．环境经济学［M］．原毅军，陈艳莹，译．大连：东北财经大学出版社，2010.

[4] 刘彦，赵云鹏，崔勇，等．正方体人工鱼礁流场效应试验研究［J］．海洋工程，2012，30（4）：103-108，130.

[5] 林军，章守宇，叶灵娜．基于流场数值仿真的人工鱼礁组合优化研究［J］．水产学报，2013，37（7）：1023-1031.

[6] 虞聪达．舟山渔场人工鱼礁投放海域生态环境前期评估［J］．水产学报，2004，28（3）：316-322.

[7] 王飞，张硕，丁天明．舟山海域人工鱼礁选址基于 AHP 的权重因子评价［J］．海洋学研究，2008，26（1）：65-71.

[8] 王淼，章守宇，王伟定，等．人工鱼礁的矩形间隙对黑鲷幼鱼聚集效果的影响［J］．水产学报，2010，34（11）：1762-1768.

[9] 周艳波，蔡文贵，陈海刚，等．10 种人工鱼礁模型对黑鲷幼鱼的诱集效果［J］．水产学报，2011，35（5）：711-718.

[10] 汪振华，章守宇，王凯，等．三横山人工鱼礁区鱼类和大型无脊椎动物诱集效果初探［J］．水产学报，2010，34（5）：751-759.

[11] 袁华荣，陈丕茂，黎小国．江门三号人工鱼礁集鱼效果初步评价［J］．广东农业科学，2011，（6）：129-133.

[12] 李娜娜，陈国宝，于杰，等．大亚湾杨梅坑人工鱼礁水域生物资源量声学评估［J］．水产学报，2011，35（11）：1641-1649.

[13] 吴忠鑫，张磊，张秀梅，等．荣成俚岛人工鱼礁区游泳动物群落特征及其与主要环境因子的关系［J］．水产学报，2012，32（21）：6737-6746.

[14] 章守宇，张焕君，焦俊鹏，等．海州湾人工鱼礁海域生态环境的变化［J］．水产学报，2006，30（4）：475-480.

[15] 尹增强，章守宇，汪振华，等．浙江嵊泗人工鱼礁区小黄鱼生长特征与资源合理利用的初步研究［J］．中国生态农业学报，2010，18（3）：588-594.

[16] 廖一波，曾江宁，寿鹿，等．象山港人工鱼礁投放对大型底栖动物群落结构的影响［J］．海洋与湖沼，2014，45（3）：487-495.

[17] 刘金霞，王琦，谷德贤．不同材料类型人工鱼礁建设的经济效益浅析［J］．河北渔业，2008，（6）：3-6.

[18] 林光纪．人工鱼礁物品经济学特性［J］．福建水产，2005（2）：6-10.

[19] 尹增强，章守宇．东海区资源保护型人工鱼礁经济效果评价［J］．资源科学，2009，31

(2): 2183-2191.
[20] 玉置泰司，多屋勝雄．人工魚礁における資源管理による経済効果の評価-福島県相馬地区の事例分析一［J］．漁業経済研究．1997，42（1）：28-48.
[21] 玉置泰司．浮魚礁の経済効果-鹿児島県奄美大島海区を事例として-［J］．地域漁業研究．2002，42（2）：103-118.
[22] Pickering H, Whitmarsh, D & Jensen, A, et al. Artificial reefs as a tool to aid rehabilitation of coastal ecosystems: Investigating the potential [J]. Marine Pollution Bulletin, 1998, (37): 505-514.
[23] Whitmarsh D, Santos M N, Ramos J, et al. Marine habitat modification through artificial reefs off the Algarve (southern Portugal): An economic analysis of the fisheries and the prospects for management [J]. Ocean and Coastal Management, 2008, 51 (6): 463-468.
[24] Islam G M N, Noh K M, Sidique S F, et ah. Economic impact of artificial reefs: A case study of small scale fishers in Terengganu , Peninsular Malaysia [J]. Fisheries Research, 2014, (151): 122-129.
[25] Rendle E J, Rodwell L D, et al. Artificial surf reefs: A preliminary assessment of the potential to enhance a coastal economy [J]. Marine Policy, 2014, (45): 349-358.
[26] 社団法人フィッシャリーナ協会，水産庁漁港漁場整備部計画課，漁港魚礁の多面的な経済評価手法で開発報告書［R］，2005.
[27] Sutton S G, Bushnell S L, et al. Socio-economic aspects of artificial reefs: Considerations for the Great Barrier Reef Marine Park [J]. Ocean and Coastal Management, 2007, 50 (10): 829-846.
[28] Oh C, Ditton R B, Stoll J R, et al. The Economic Value of Scuba-Diving Use of Natural and Artificial Reef Habitats [J]. Society and Natural Resources, 2008, 21 (6): 455-468.
[29] Polak O, Shashar N, Economic value of biological attributes of artificial coral reefs [J]. Journal of Marine Science, 2013, (70): 904-912.
[30] Chen J L, Chuang C T, Jan R Q, et al. Recreational Benefits of Ecosystem Services on and around Artificial Reefs: A Case Study in Penghu, Taiwan [J]. Ocean and Coastal Management, 2013, (85): 58-64.
[31] 曹洪军等．环境经济学［M］．北京：经济科学出版社，2012.
[32] Awad I M. Using econometric analysis of willingness-to-pay to investigate economic efficiency and equity of domestic water services in the West Bank [J]. The Journal of Socio-Economics, 2012, 41 (5): 485-494.
[33] Armbrecht J. Use value of cultural experiences: A comparison of contingent valuation and travel cost [J]. Tourism Management, 2014, (42): 141-148.
[34] Castellanos P, Garcia J, Sanchez J M. The Willingness to Pay to Keep a Football Club in a City: How Important are the Methodological Issues? [J]. Journal of Sports Economics, 2010, 12 (4): 464-486.
[35] Bijlenga D, Bonsel G J, Birnie E. Eliciting willingness to pay in obstetrics: Comparing a direct and an indirect valuation method for complex health outcomes [J]. Health Economics , 2011, (20): 1392-1406.
[36] Zhao J, Liu Q, Lin L, et al. Assessing the comprehensive restoration of an urban river: An integrated application of contingent valuation in Shanghai, China [J]. Science of the Total Environment, 2013, (458-460), 517-526.
[37] Chen W Y, Jim C Y. Contingent valuation of ecotourism development in country parks in the urban

shadow [J]. International Journal of Sustainable Development and World Ecology, 2012, 19 (1): 44-53.

[38] Yang W, Chang J, Xu B, et al. Ecosystem service value assessment for constructed wetlands: A case study in Hangzhou, China [J]. Ecological Economics, 2008, 68 (1-2): 116-125.

[39] Sun C, Zhu X. Evaluating the public perceptions of nuclear power in China: Evidence from a contingent valuation survey [J]. Energy Policy, 2014, (69): 397-405.

[40] Jianjun J, Chong J, Lun L. The economic valuation of cultivated land protection: A contingent valuation study in Wenling City, China [J]. Landscape and Urban Planning, 2013, (119): 158-164.

论文来源： 本文原刊于《中国海洋大学学报（社会科学版）》2016 年 01 期，第 24-29 页。

基金项目： 中国海洋发展研究中心项目（AOCQN201322）。

基于 Cummins 模型的中国财险业台风灾害偿付能力评估

郑　慧[*]　贾敦智[**]

摘　要： 发生频率高、致灾影响大的台风灾害已成为制约沿海地区生产生活正常运行的重要因素，而现行以政府为主导的单一救灾方式易造成巨大的财政负担。商业保险等市场机制的引入，无疑成为海洋灾害风险分散的有益尝试。对此，基于 Cummins 偿付反应函数模型，以台风频发、灾情较重的浙江、福建、广东、海南 4 省为研究对象，计算中国财险市场对台风灾害损失的偿付能力。结果显示，中国财险业对台风灾害损失的实际赔付率仅为理论值的 16%，保险市场对台风灾害损失有较充裕的偿付空间。最后，从平衡市场力量、培育参与主体、拓展融资渠道等方面，探讨了建立台风灾害保险、提升保险赔付能力的对策建议。

关键词： 财险业；台风灾害；偿付能力；Cummins 模型

一、引言

作为海洋大国，中国辽东半岛到东南沿海的广大沿海地区为台风灾害多发区。2014 年 7 月 18 日超强台风“威马逊”在海南省登陆，造成全省约 325.83 万人受灾（其中 25 人死亡，6 人失踪）、16 297 公顷农作物受损，以及 2 万多间房屋倒塌，因灾直接经济损失近 120 亿元。面对巨大的台风灾害损失，灾前预防及灾后的损失补偿工作显得尤为重要。政府救助、社会捐助、政策性保险和商业保险是灾害补偿的四个主要途径。在欧美等发达海洋国家，台风保险早已属于政府主导下的常态化保险产品。与之相比，中国虽早已将台风灾害划入企业（家庭）综合险、车辆险、工程险等险种的保险责任有内，但是范围针对性的台风保险至今尚未出台。这不仅降低了保险市场对台风灾害损失补偿的效率，更加重了政府救灾的财政负担。2013 年 11 月 12 日党的十八届三中全会提出建立巨灾保险制度，这意味着建立健全以保险为主要手段的市场化海洋灾害风险分散机制，已成为维护沿海地区和谐发展，促进海洋经济健康稳定发展的重要问题。那

* 郑慧，女，山东潍坊人，中国海洋大学经济学院，讲师，硕士生导师，主要研究方向风险管理、海洋经济。
** 贾敦智，女，山东济南人，中国海洋大学经济学院硕士研究生，主要研究方向风险管理。

么，目前中国财险业对台风灾害损失的承载水平究竟如何？偿付能力是否已得到了充分释放？如果没有，怎样才能有效发挥保险市场在海洋灾害风险管理中的积极作用呢？带着这些疑问，本文着手对中国财险业台风灾害损失偿付能力进行分析。

保险市场偿付能力研究大致可分为两类：一类是对保险公司整体偿付能力的研究。Bar Niv and Hershbarger 利用 MDA 和 Logit 模型对保险公司的偿付能力进行了估计，并提取出决定测算准确性的 8 个关键指标。[1]张伟借助因子分析方法，分析了保险公司财务报表中影响偿付能力的核心科目。[2]崔巍对比分析了中外资保险公司的财务数据，以此尝试计算了两类保险机构的偿付水平并据此比较了中外资保险机构的偿付能力差异。[3]另一类是保险市场灾害偿付能力的研究。Cummins，Doherty 和 Anita 以 Borch 的研究为基础，推导了给定灾害损失条件下保险市场承保能力的反应函数，并以美国财险业为例进行了实证计算。[4,5]在此基础上，左斐对中国财险业巨灾损失偿付能力进行了度量；[6]张艳尝试评估了云南省农业巨灾保险的偿付能力；[7]杨志坚运用肯尼系数及 Cummins 等提出的偿付反应函数，计算了中国财险业巨灾损失偿付能力，并给出了巨灾风险分散机制的设计方案。[8]但现有文献大多集中于对保险市场整体巨灾损失的偿付能力分析，所得到的研究结论对于具体灾害险种设计以及偿付水平分析的参考性有待提高。基于此，本文针对发生频率高且致灾损失较重的台风灾害，引入 Cummins 等提出的财险公司巨灾损失偿付反应函数，结合灾情较重的浙江、福建、广东、海南 4 省台风致灾损失数据，尝试对中国财险业台风灾害损失偿付能力进行估算，以期明晰中国保险市场对台风灾害损失的承载能力，为建立兼具科学性和长效性的台风灾害保险机制提供理论参考。

二、保险偿付能力模型构建

（一）基本假设

谈及保险市场对灾害损失偿付能力的研究，较为经典的是 Cummins 等利用偿付反应函数对保险人灾害损失偿付能力进行的测算。Cummins 等认为单个保险人的偿付能力要包括给定损失条件下保险人赔付能力的数值大小及效率高低两个方面。将市场上所有保险人的偿付能力加总，即得到整体保险市场偿付能力总和。Borch 提出“在不考虑交易费用的情况下，将所有保险公司汇总的‘联合经营安排’是帕累托最优的风险分摊”。根据这一思想，继而得出偿付能力最大化条件，即：独立的保险人所持有的保险市场组合的净份额量以及其能够提供的产品定价，将取决于该保险人与保险市场组合的相关度。灾害损失决定了市场份额总量阈值，因而灾害保险偿付能力计算需以灾害损失分布拟合及均值估计为前提。

与此同时，由于行业盈余数量、负债及行业内保险人之间盈余的配置方式和配置效率等因素，直接决定着财险市场巨灾损失的超额赔付能力，因此，灾害保险偿付能力测度中这些变量的设置也是重要环节。结合 Borch 及 Cummins 等的研究，本文偿付能力计算的基本假设如下。[4,5]

假设 1：给定既定灾害损失条件下，对投保人（被保险人）的最大化赔付是保险人进行负债配置的根本目标；

假设2：在对投保人（被保险人）最大化赔付的目标下，独立的保险人所持有的保险组合与保险市场面临的总损失完全相关；

假设3：在确定保险市场面临的灾害损失分布后，各独立保险人均无额外收益。也就是说，假定保险市场是完全竞争的，并且各保险公司所有者权益与净保费收入之和决定了各自偿付能力的上限。

（二）偿付能力理论模型

反应函数（Response Function）是偿付能力计算中的关键步骤。Cummins 等在研究财险行业对巨灾损失偿付能力时对这一函数进行了详尽的分析。[4] 其基本原理如图 1 所示。

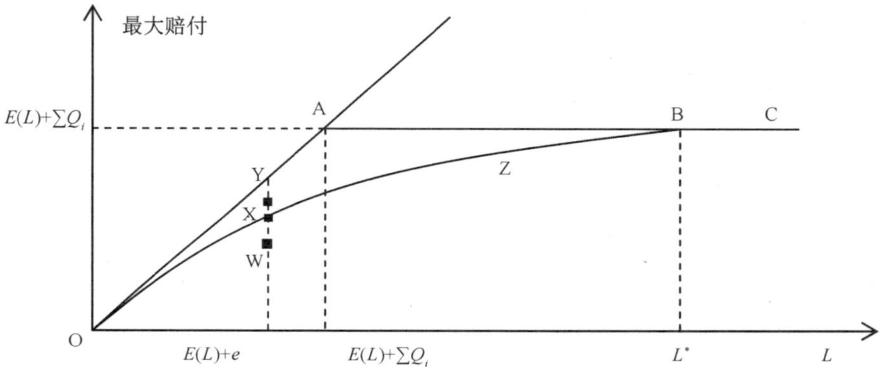

图 1 保险业应对巨灾损失的反应函数

图 1 的横轴与纵轴分别代表了财险行业可能面临的总损失、财险行业预期的赔付支出。$\left[E(L)+\sum Q_i\right]$ 为保险人能提供的最大赔付。其中，$E(L)$ 代表因灾期望损失。假设保险人费率厘定满足平衡原理，即期望损失与保险人的纯保费相等。$\sum Q_i$ 代表保险公司初始权益或前期盈余积累。线段 OA 斜率为 1，它代表在保险人偿付能力范围内的损失全部赔付，因而 OAC 代表了既定损失下的保险人最大赔付。$[E(L)+e]$ 为灾害实际损失额，e 代表无法预测的超额损失。W 与 Y 两点分别代表在存在同样的超额损失 e 时，由于致灾风险分散程度不同而产生的两种极端赔付能力。进一步说，W 点代表当资本及风险分散程度较差时的预期支付；Y 点则代表风险分散程度较好情况下的预期赔付。很明显 Y 点处的赔付率要大于 W 点。而 X 点代表的则是在发生超额损失 e 时，保险业预期赔付的平均值。那么，把不同超额损失下的 X 点相连，就可以得到财险业巨灾损失的反应函数 OZ。通常 OZ 会位于 OA 的下方，且 OZ 对 OA 的偏离越大，保险人偿付能力不足的情况就会越严重。B 点代表保险人偿付能力上限，当灾害损失大于 L^* 时，保险人的偿付能力就会显著下降。具体而言：

对于任意一个保险人 i 来说，支付超出预期索赔单位保单的平均盈余是：

$$E\left(\frac{T_i}{n_i}\right)=\left(\frac{1}{n_i}\right)\int_0^{Z_i}\left[E(L_i)+Q_i-L_i\right]f(L_i)\,d\,L_i \tag{1}$$

式（1）中 $Z_i = E(L_i) + Q_i$ 。为得出反应函数的具体形式，在给定灾害损失 L 下，保险行业总权益终值为：

$$\sum_{i=1}^{N} E(T_i | L) = \sum_{i=1}^{N} \int_{0}^{Z_i} [E(L_i) + Q_i - L_i] f(L_i | L) \, d L_i \tag{2}$$

$\sum_{i=1}^{N} E(T_i \mid L)$ 实际上就是图 1 中纵轴数值（$E(L) + \sum Q_i$）与反应函数 OZ 的水平距离。由此可以将反应函数定义为：

$$R \mid L = E(L) + \sum Q_i - \sum_{i} E(T_i \mid L) \tag{3}$$

观察式（2）可知，得到 L 所服从的分布是确定并简化反应函数形式的前提。据此，接下来将结合中国台风灾害损失的具体数据来确定财险业的偿付能力反应函数。

三、实证分析

（一）台风灾害损失分布拟合

对中国 1985—2012 年台风灾害所造成的直接经济损失数据去通胀［数据来源为《中国海洋年鉴》（1986—2013 年）］，选择较常用的正态分布和对数正态分布进行数据分别拟合，两种分布下的累积概率分布拟合图如图 2。

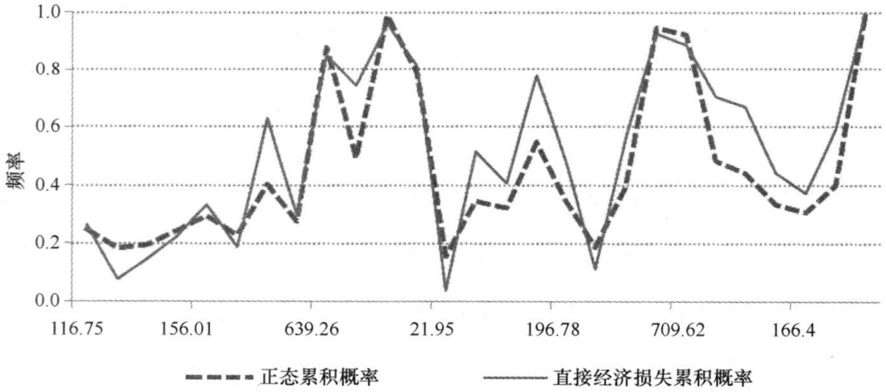

图 2　正态累积概率分布拟合

观察图 2 和图 3，可知中国台风灾害损失更接近对数正态分布。为了避免检验的偶然性，这里将经过去通胀处理后的台风灾害损失数据代入 Eviews 软件中做了两种分布拟合的 Q-Q 图如图 4。

在忽略图中最大值与最小值的前提下，对数正态分布各点更加接近拟合曲线。Q-Q 图的检验结果再次印证了中国台风灾害损失服从对数正态分布的假设，即有关财险业对台风灾害损失的偿付能力度量及偿付反应函数推导，都是在损失数据服从对数正态分布的假设下进行的。

根据对数正态分布的性质，可以得到既定损失下财险业应对台风灾害损失的反应函数表达式为：

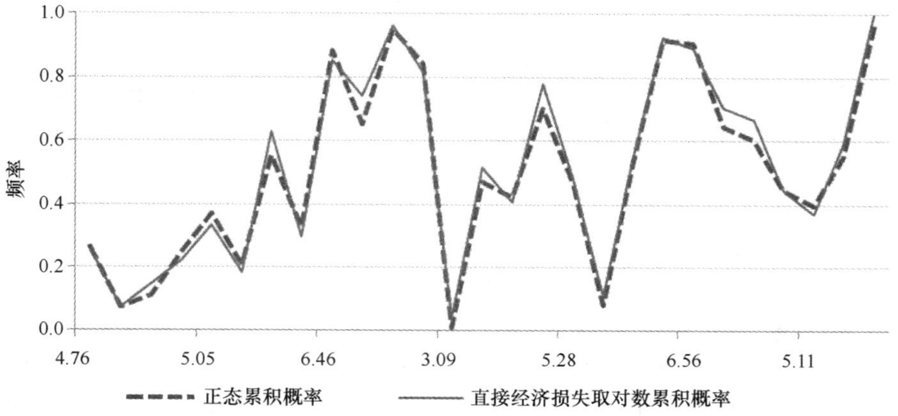

图 3　对数正态累积概率分布拟合

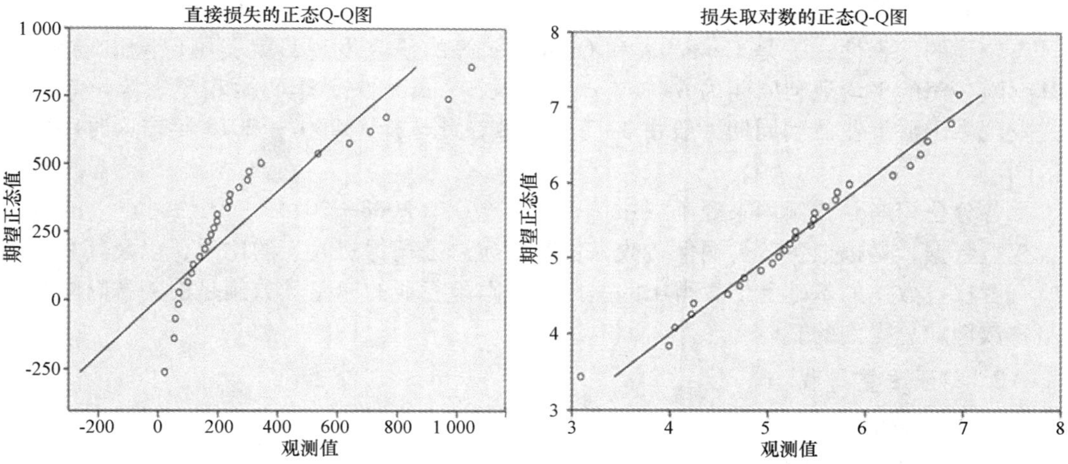

图 4　Q-Q 图检验结果

左图为正态分布，右图为对数正态分布

$$R_i \mid L = P_i + Q_{i0} - E(T_I \mid Q_{i0},\ L) = (P_i + Q_{i0})\,N(-D_{1i}) + e^{D_{2i}} N\left(D_{1i} - \varphi_i\sqrt{1-\gamma_i^2}\right) \tag{4}$$

其中：

$$D_{1i} = \frac{\ln(P + Q_0) - \delta_i - \dfrac{\varphi_i\,\gamma_i}{\varphi_L}(\ln L - \delta_i)}{\varphi_i\sqrt{1-\gamma_i^2}}$$

$$D_{2i} = \delta_i + \frac{\varphi_i\,\gamma_i}{\varphi_L}(\ln L - \delta_L) + \frac{\varphi_i^2}{2}(1-\gamma_i^2)$$

式（4）中，P_i 是保险人 i 样本区间净保费①的期望值，Q_{i0} 是评估时点上保险人 i 的权益资本，$N(\cdot)$ 为标准正态分布函数，δ_i 与 δ_L 是对数正态分布的标准差，φ_i 与 φ_L 是对数正态分布风险因子（标准差与均值的比值），γ_i 为财险行业赔付额的对数 $\ln L$ 与单个保险公司 i 赔付额的对数 $\ln L_i$ 之间的相关系数。

（二）偿付能力评估

1. 样本与数据的选择

作为一类频发的海洋灾害，台风的致灾区域主要集中在东南沿海一带，在此本文选择浙江省、福建省、广东省和海南省作为主要研究对象，运用 4 省财险公司经营数据完成后续定量分析。此外需要指出的一点是，从理论上来说，应该把 4 个省份所有财险公司的历年统计数据都纳入实证分析中，但是本文仅选取了人保财险、太保财险与平安财险三大保险集团财险分公司在 4 个省份 2007—2013 年间的净赔款数额以及 3 家公司在评估时点（2013 年末）的所有者权益数据。原因有三：一是部分财险公司的成立较晚，无法提取到足够数据；二是上述三大保险集团的财险业务份额占到全国的 63%以上，具有较强的代表性；三是 Cummins 和 Outreville 等的研究发现，就美国保险市场而言，其财险公司的平均盈利周期为 6~8 年；而冀玉娜和郑海涛、李心愉和李杰等学者的研究发现中国财险业盈利周期一般在 4~7 年，故在此选择了 2007—2013 年作为时序分析区间。

各分公司净赔款额均来源于《中国保险年鉴》（2008—2014），评估时点上的所有者权益数据，是根据各分公司保费收入占其相应总公司保费收入的比重，以及其总公司所有者权益数据的基础上估算得出的。此外，财险行业的净赔款数额是由 4 省财险公司赔款数额加总得到的。

2. 实证度量过程

（1）参数估计

一般情况下，财险公司赔付额变化会存在明显的时间趋势特征，因而在使用时间序列残差获得 detrended 参数之前必须消除这些影响。接下来，需要估计的参数主要包括：三家财险分公司的损失标准差 σ_i^2 、财险行业的损失标准差 σ^2 、各财险分公司损失数据与行业总损失数据的相关系数 ρ_i 、raw 参数与 detrended 参数。在此基础上进一步计算对数正态分布反应函数中的 v_i 、v_L 、ω_i 、ω_L 与 γ_i 。

首先进行三个值的 raw 参数估计：

$$\hat{\sigma}_i^2 = \frac{1}{T-1}\sum_{t=1}^{T}(L_{it}-\bar{L}_i)\ ;\ \hat{\sigma}^2 = \frac{1}{T-1}\sum_{t=1}^{T}(L_t-\bar{L})^2;\ \hat{\rho}_i = \frac{\frac{1}{T-1}\sum_{t=1}^{T}(L_{it}-\bar{L}_i)(L_t-\bar{L})}{\hat{\sigma}_i\hat{\sigma}}$$

其中，$\bar{L}_i = \frac{1}{T}\sum_t L_{it}$ ，$\bar{L} = \frac{1}{T}\sum_t L_t$ ，t 为年份，取值为 1~7，$t=1$ 表示 2007 年，T 代表样本总数，此处 $T=7$。

① 净保费=原保费-再保险分出+再保险摊回

根据损失服从对数正态分布假设前提，为了计算对应的 detrended 参数，建立回归方程：

$$Ln(L_{it}) = \beta_{0i} + \beta_{1i}t + \omega_{it}$$
$$Ln(L_t) = \beta_0 + \beta_1 t + \omega_t \tag{5}$$

其中，ω_{it} 与 ω_t 为回归方程的残差，去除掉时间趋势后的 detrended 参数 σ_i^2 、σ^2 就等于回归方程残差 ω_{it} 、ω_t 的方差。

给定 95% 置信区间，对对数正态分布下的各参数进行估计，得到 raw 参数、detrended 参数及具体的回归检验结果如表 1 和表 2 所示。

表 1 参数估计结果

项目	均值	区间估计	标准差		相关系数
			raw	detrended	
人保财险	9.449 3	(9.324 869, 9.573 708)	0.260 4	0.116 9	0.894 0
太保财险	8.413 9	(8.333 017, 8.494 882)	0.554 5	0.076 0	0.996 2
平安财险	8.549 4	(8.471 116, 8.627 777)	0.564 2	0.073 6	0.991 7
总体	10.505 0	(10.432 073, 10.577 841)	0.408 8	0.068 5	1.000 0

表 2 回归检验结果

项目	调整 R^2	F 值	P 值
人保财险	0.798 5	19.813 4	0.006 695
太保财险	0.977 4	260.915 5	0.000 017
平安财险	0.979 6	288.838 7	0.000 013
总体	0.966 3	173.190 2	0.000 045

在表 2 的回归检验结果中，调整的拟合优度反映了回归模型对观测值的拟合效果，且它的值越接近 1，拟合程度越好。由数据分析结果，该项指标均比较接近 1，可以得出财险公司的赔付变化确实具有显著的时间趋势；同时，各变量的 F 值均大于临界值 [$F_{0.05}(1, 5) = 6.607891$]，可以认为回归方程中的被解释变量（财险公司的损失对数）与解释变量（设定的时间 t）之间的线性关系在总体上是显著的；而检验结果中 P 值均小于 $\alpha = 0.05$，因此拒绝原假设，即认为时间 t 对财险公司的赔付确实有显著影响。

（2）损失范围设定

根据 Cummins 等在模型中的规定，行业承保的既定损失范围为：

下限=总赔款

上限=可用于支付赔款的总货币资金=总赔款+权益

这里依据历年台风灾害致灾损失情况，将既定台风灾害成本损失范围定为 667 亿~967 亿元，并在中间每隔 50 亿元做一个区间。

3. 实证结果

结合偿付反应函数中各变量的实际数据，计算在既定损失下我国财险公司的最大偿付能力具体额度。在评估时点上（2013 年末），4 省财险公司在 667 亿~967 亿元成本损失范围内的最大偿付能力如表 3 所示。

表 3　2013 年浙江、海南、广东、福建 4 省财险业台风巨灾损失偿付能力　单位：亿元

巨灾损失	人保财险		太保财险		平安财险		行业总体	
	Raw	detrended	raw	detrended	raw	detrended	raw	detrended
667	11.346 5	389.533 0	176.543 3	176.543 3	278.580 1	278.580 1	466.469 9	844.656 4
717	11.877 8	12.763 8	176.543 3	176.543 3	278.580 1	278.580 1	467.001 2	467.887 2
767	12.395 7	13.320 3	176.543 3	176.543 3	278.580 1	278.580 1	467.519 1	468.443 7
817	12.901 4	13.863 7	176.543 3	176.543 3	278.580 1	278.580 1	468.024 8	468.987 1
867	13.395 8	14.394 9	176.543 3	176.543 3	278.580 1	278.580 1	468.519 2	469.518 4
917	13.879 8	14.915 1	176.543 3	176.543 3	278.580 1	278.580 1	469.003 2	470.038 5
967	14.354 3	15.424 9	176.543 3	176.543 3	278.580 1	278.580 1	469.477 7	470.548 4

为更加形象的描述行业赔付效率，下面用图 5 来表示去时间趋势前后的赔付率。

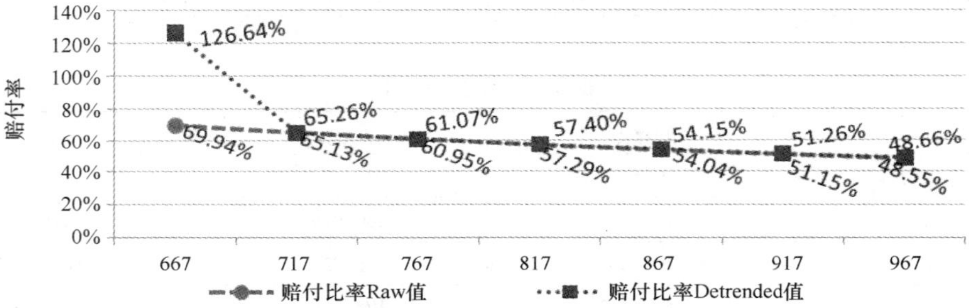

图 5　2013 年末浙江、海南、广东、福建 4 省财险业既定损失下的最大赔付率

由表 3 及图 5 可以得到关于财险业台风灾害损失偿付的几点重要结论：

首先，财险业的赔付效率随台风灾害损失的增大而减少。

其次，由 detrended 参数估算得到的赔付效率比由 raw 参数得出的赔付效率要高。也就是说，时间因素对财险公司赔付额的影响是显著的。

再次，从表 3 中三家财险公司在既定损失额度下各自的最大赔付额可以看出，太保和平安的最大赔付额是一个固定的值（即保费收入加所有者权益）。行业总赔付额度的变化，主要是人保财险赔付额变化引起的。这一结论一方面反映了人保财险在财险市场中的重要地位，另一方面也体现了中国财险市场上各保险公司之间发展的不平衡。

最后，当台风损失达到 717 亿~967 亿元时，根据 detrended 参数计算得出的最大赔付率理论值为 65.26%~48.66%，但是这一理论结果与实际情况还是有一定差距的。以 2004 年台风“云娜”为例，“云娜”给浙江省造成了 180 多亿元的直接经济损失，但台风过后保险业仅仅为此支付了 16.6 亿元的理赔金额，赔付比率不到 9%，也就是说中国财产保险市场对台风灾害损失的承保能力还有巨大的提升潜力。

四、结论

近年来随着全球气候的变化，中国沿海地区台风灾害发生频次高、影响范围广及受灾程度重的致灾特征更加明显，对台风灾害的预防及损失补偿成为制约沿海地区社会经济发展的紧要命题。而根据本文实证分析结果可知，中国财险业对台风灾害损失的实际赔付率并不高，仅占理论赔付率的16%，也就是说保险市场的海洋灾害风险分散功能并未理想释放，台风灾害损失的商业化保险承保空间还是较为充裕的。

为了更积极地发挥保险市场对台风灾害损失救助与补偿的贡献能力，本文认为应该从以下方面着手改进。首先，平衡财险公司经营地位，鼓励中小保险公司集团化发展，提高财险业整体承保能力。其次，借鉴美国、英国等应对飓风、洪灾的经验，尝试政府主导下，采用税收优惠政策、推行强制性台风灾害保险等手段，达到培育、扶持台风灾害保险市场主体的效果。另外，探索台风灾害损失补偿多元化融资方式，比如以台风为标的发行巨灾债券、成立政府联合再保险项目等，为灾害保险市场运行提供充足的资金支持。

参考文献

［1］ Ran Bar Niv, Robert Hersbarger, Classifying Financial Distress in The Life Insurance Industry［J］. Journal of Risk and Insurance, 1990：110-136.

［2］ 张伟．财产保险公司偿付能力实证分析［J］．江西财经大学学报，2004，(4)：16-18.

［3］ 崔巍．我国财险公司偿付能力的实证研究［D］．苏州：苏州大学，2013.

［4］ J David Cummins, Neil Doherty and AnitaLo. Can Insurers Pay for the "Big One"? Measuring the Capacity of an Insurance Market to Respond to Catastrophic Losses［J］. Journal of Banking and Finance, 2002, (3)：557-583.

［5］ Borch K. Equilibrium in Reinsurance Market［J］. Econometric, 1962：(30).

［6］ 左斐．中国财产保险业巨灾损失赔付能力实证分析［J］．灾害学，2012，(1)：116-120.

［7］ 张艳，范流通，卜一．政策性农业巨灾保险偿付能力评估：基于云南试点的调查［J］．保险研究，2012，(12)：43-51.

［8］ 杨志坚．我国财险业巨灾风险承保能力研究［D］．厦门：厦门大学，2014.

论文来源：本文为第三届海洋发展论坛投稿。

基金项目：国家自然科学基金项目（71503238）。

溢油污染对滨海旅游业的损害研究

倪国江* 孙明亮 吕明泉

摘 要： 石油业和滨海旅游业是现代产业体系中关联度较小的两个产业部门，但它们在现代社会共同具备的快速发展特点，使两者之间形成了“破坏与被破坏”的特殊关系。海上石油开采输运、海上船舶运输和港口码头作业等生产活动的快速增长，导致溢油污染事故随之增多，对同样快速发展的滨海旅游业构成威胁和破坏，致使滨海旅游业赖以生存和发展的海岸和海洋生态环境遭受损害，带来程度不等的经济损失和社会负面影响。本文以分析导致滨海旅游业受损的溢油污染来源为前提，全面剖析溢油污染对滨海旅游业的损害构成及损害程度影响因素，旨在引导政府和全社会重视溢油污染防治，采取措施消除或减小对滨海旅游业的威胁和破坏。

关键词： 溢油污染；滨海旅游业；损害

滨海旅游业因优美的海岸和海洋生态环境而生存，因强劲的市场需求而发展，也因突发灾害而遭受威胁和破坏。因地处海滨，长期以来滨海旅游业面临的安全威胁主要来自海洋自然灾害，人为灾害对滨海旅游业的影响较小。但随着人们海岸和海上生产活动的增多，各种人为灾害也呈现出增多的趋势，甚至对滨海旅游业产生更大的破坏力，造成严重的生态环境、经济和社会损害。源于石油开采输运、海上船舶运输、港口码头作业等生产活动引发的溢油污染，因其破坏力大、影响范围广、恢复期长而成为滨海旅游业发展面临的主要威胁和破坏因素。

一、导致滨海旅游业受损的溢油污染来源

从发生的溢油事故看，导致滨海旅游业受损的溢油污染来源主要有三个方面：海岸和海上石油生产活动、海上船舶运输和港口码头作业活动。

（一）海岸和海上石油生产活动引发的溢油污染

海岸和海上石油生产活动，是在海岸和海洋空间进行石油勘探、开采、管道输运及加工等一系列活动的总称。在海岸和海上石油生产活动中，因制度缺失、管理疏忽、设备故障、人为突发事件、自然灾害等问题，可能引发原油和各种油制品泄漏，导致溢油

* 倪国江（1972-），男，博士，中国海洋大学，研究方向为海洋科技创新与海洋发展。

事故。20世纪70年代以来，随着海岸和海上石油生产活动的增多，国内外发生了多起严重溢油污染事故，致使海岸和海洋生态环境遭受巨大破坏，给滨海旅游业带来难以估量的损害。

主要事故有：1988年7月Piper Alpha石油公司的石油生产平台爆炸溢油事故，原因是人为疏忽；1991年1月海湾战争期间伊拉克军队点燃科威特境内油井引发的石油泄漏事故，原因是战争中人为引发；2010年4月美国南部墨西哥湾“深水地平线”钻井平台爆炸溢油事故，制度和管理缺失是事故主因；2010年7月我国大连新港输油管线爆炸溢油事故，原因是管理存在漏洞；2011年6月我国中海油蓬莱“19-3油田”溢油事故，原因是制度和管理存在缺陷；1974年密西西比河口附近钻塔倒塌溢油事故，原因是海底滑坡，钻塔被毁，造成石油外溢。

（二）海上船舶运输引发的溢油污染

海上货物和原油船舶运输的蓬勃发展，伴随而来的是溢油污染事故的增多，对海洋资源和生态环境以及包括滨海旅游业在内的海洋产业体系造成严重影响和破坏。

在溢油污染事故中，多由海上货物和原油船舶运输引发，起因主要有恶劣天气和海况、船舶触礁与搁浅、船舶火灾、船舶碰撞等。主要事故有：1967年3月利比里亚籍超级油轮“托利·卡尼翁”号触礁溢油事故；1978年3月超级油轮“阿莫戈·卡迪兹”号触礁溢油事故；1979年7月超级油轮“大西洋女皇”号和“爱琴海船长”号受强热带风暴袭击发生碰撞导致大爆炸引发溢油事故；1983年南非开普敦附近“贝利韦尔城堡”号油轮失火爆炸引发溢油事故；1989年3月阿拉斯加州威廉王子湾美国埃克森公司的“埃克森·瓦尔迪兹”号油轮搁浅造成溢油事故；1991年5月伊朗籍油轮“ABT夏日”号在非洲南端发生火灾引发爆炸，导致溢油事故；1991年4月超级油轮“阿莫戈·卡迪兹”号的姐妹船——“M/T天堂”号发生爆炸，造成溢油事故；1996年2月利比里亚油轮“海上女王”号在英国西部威尔士圣安角附近触礁，引发溢油事故；1999年12月马耳他籍油轮“埃里卡”号在法国西北部海域遭遇风暴断裂沉没引发溢油事故；2002年11月利比里亚籍油轮“威望”号在西班牙加利西亚海域断裂沉没造成溢油事故。

（三）港口码头作业活动引发的溢油污染

港口码头是水陆连接、船舶装卸、中转集疏运的枢纽，每天有大量船舶进出，各种作业活动繁多，易引发溢油污染事故，不仅给港口码头自身环境安全造成很大压力，也对港口码头周边发展滨海旅游业及可持续的港口经济带来负面影响。

造成油污染的原因，一是到港船舶产生油污水。主要包括机舱舱底油污水、燃油舱或油船货油舱作为压载舱时所产生的压舱油污水、油柜或油舱清洗时所产生的洗舱油污水等。资料表明，船舶排放的压载水、洗舱水及机舱水在船舶油污染总量中占75%[1]。据调查，船舶每年向我国湛江港排放油污水达3.31×10^4吨，平均按含油量1‰计，则每年向湛江港港池排放的燃料油高达33.1吨[2]。二是港口码头装卸作业时发生溢油漏油。船舶在港口码头进行装卸作业时，溢油、漏油等问题时有发生。这些跑、冒、滴、漏、渗现象一般是从装卸油的管线、阀门、接口等处产生的，这与设备保养不良、人员操作不规范有关。据统计，约有92%的溢漏油事件发生在船舶装卸作业时，意外事故仅占8%[3]。

二、溢油污染对滨海旅游业的损害

溢油污染对滨海旅游业的损害是多方面的，不仅会损害滨海旅游业赖以生存的资源和生态环境，而且会影响餐饮住宿业、运输业、工商业等与之紧密关联产业的正常运营，导致从业人员收入降低和生活福利水平下降，政府税收和财收减少，造成区域经济社会发展减慢甚至停滞。

（一）生态环境损害

经济社会的发展和人们在海岸与海洋生产活动的增多，使滨海旅游生态环境面临的人为损害呈增多的趋势。总体来看，海岸和海上石油生产作业、海上船舶运输所带来的溢油污染，是当前滨海旅游生态环境面临的主要威胁。滨海旅游生态环境具体由海水、海底沉积物、生物、岸滩、礁石等生物和非生物成分构成，因此溢油污染对滨海旅游生态环境的损害，可分为海水损害、海底沉积物损害、生物损害、岸滩和礁石损害等类型。

1. 海水损害

海水是构成滨海旅游景观的核心元素，海水质量遭到破坏，滨海旅游的景观价值会受到严重影响。溢油是破坏海水资源的重要元凶，溢油入海后将迅速扩散，在海面形成油膜，隔绝海水与大气的物质交换，破坏正常的复氧条件，从而减少进入海水的氧的数量，进而降低海洋的自净能力[4]。溢油发生或漂移进入滨海旅游景区海面，将降低海水观赏价值，破坏海水浴场的游泳功能。受溢油污染影响，海水自净能力下降，滨海旅游景区海水恢复原状需要很长时间，对滨海旅游造成长期的负面影响。

2. 海底沉积物损害

分布在海底的泥沙、动植物遗骸等沉积物具有良好的观赏价值，是滨海旅游景观的构成部分。溢油进入海水后，会发生吸附沉淀过程。油膜和分散液滴通过吸附在海洋中的悬浮颗粒物上，随之沉落海底；溶解的烃类吸附在固体颗粒物上沉淀。这些携带溢油的颗粒状物质沉落到海底后，会对海底沉积物造成污染，并随海流移动，扩大污染范围，滨海景区的海底景观价值因此遭到破坏，影响景区正常经营活动。

3. 生物损害

生活在滨海旅游景区的生物资源是重要的观赏景观，主要包括海洋中的浮游生物、游泳动物、底栖生物，以及滨海陆地的各种动植物。溢油进入海面，几小时后便会发生光化学反应，生成醌、酮、醇、酚、酸和硫的氧化物等，对海洋生物有很大的危害[5]。溢油污染会破坏生物生存的环境和食物源，进而对生物的生存状态带来影响，造成损害。而生物损害又不可避免地影响到滨海旅游景区生物资源的景观价值和食物价值，给滨海旅游业带来损失。

4. 岸滩和礁石损害

海滨的沙滩和礁石是滨海旅游景区基本的景观元素，沙滩还与海水共同组成了天然海水浴场。发生溢油事故后，在风和潮汐的作用下，海面浮油或油水的混合物涌到岸上，经阳光和海浪作用，或干化形成油污，或裹挟沙石、碎屑形成小颗粒，呈不规则状分布在沙滩和礁石上，造成严重污染，不仅损害沙滩和礁石作为滨海旅游组成元素的观赏价值，而且使沙滩作为天然浴场组成部分所承载的休憩功能也被损害，致使游客数量减少，造成滨海旅游损失。

（二）经济损害

滨海旅游业具有较强的产业关联性，对餐饮、住宿、娱乐、交通、商业等行业的辐射带动作用显著。滨海旅游业发展，则这些行业跟随发展；滨海旅游业受损，则会影响到这些行业的正常经营活动，进而对区域整体的产业和经济发展带来损害和消极影响。根据受损主体差异，溢油污染给滨海旅游业造成的经济损害主要表现为如下 4 个方面。

1. 景区观光娱乐设施损害

景区观光娱乐设施是指为滨海旅游景区提供配套服务的一切设施，根据所处位置可分为岸上设施和海上设施。前者包括海水浴场更衣室、海水滑梯、海滩戏水游泳池、海洋馆、沙滩运动场等；后者包括游船、游艇、帆船、冲浪板、海上潜水基地、海上垂钓基地等。景区观光娱乐设施损害因此可分为岸上设施损害和海上设施损害。

（1）岸上设施损害

溢油污染发生后，油膜或油污颗粒可能随潮水进入更衣室建筑，对其墙角或地面造成污染，游泳者会因此产生厌恶心理而拒绝在此更衣，景区来自浴场更衣室的收入将减少，同时景区还要承担因更衣室被污染而带来的清污费用；建造于滨海旅游景区的海水滑梯、海滩戏水游泳池、沙滩运动场等设施，一旦受到溢油污染，滑梯粘上油污或泳池、运动场沙滩混杂进油污颗粒，将会破坏设施功能，参加娱乐活动的游客数量会减少，甚至无人愿意利用景区这些娱乐设施，景区来自娱乐活动的收入会大大降低，还要承担因此造成的破坏损失和清污费用。

（2）海上设施损害

溢油进入滨海旅游景区，停泊或在海面移动的游船、游艇、帆船、冲浪板等海上旅游娱乐设施将难以避免被污染，遭受经济损失。在特定海域开发的潜水基地、海上垂钓基地如遭受溢油污染，将不得不关门谢客，因此要承担因为停业带来的经济损失，若因停业违反了事先签订的服务协议，还要担负相应的赔偿损失。

2. 景区门票收入损害

门票收入是滨海旅游景区正常运行的重要保证，也是地方政府财政收入的重要来源。在受到溢油污染威胁和破坏的状况下，会对游客到滨海旅游景区游览的计划产生影响，使景区游客数量减少。若污染严重，景区可能在未来一段时间内不得不关门歇业，从而就没有游客进入景区。游客数量减少或没有游客，造成门票收入的减少或无门票收入，从而给景区和地方政府带来严重的减收影响。

3. 相关服务业损害

餐饮、住宿、娱乐、交通、商业等行业与滨海旅游业的发展正相关，若滨海旅游业因溢油污染受损，这些行业必将受到影响，遭受经济损失。

（1）餐饮业损害

溢油污染对滨海旅游景区造成破坏的直接后果是游客数量减少，甚至无游客到景区游览。而那些依赖于景区游客的酒店餐馆的上客数量自然会减少或无顾客上门，造成营收损失。若溢油污染影响持续时间长，游客数量久未恢复，再加上营业房屋租金、人工费等因素的影响，酒店餐馆所受经济损失会更大，可能不得不关门歇业。

（2）宾馆业损害

受溢油污染导致的景区游客数量的减少，会对依赖于景区生存的宾馆造成直接负面影响。如果是在旅游旺季，这种影响可能会是致命的。游客数量的减少，导致宾馆住客率下降，营收降低，经济损失明显，宾馆业遭受沉重打击。

（3）交通业损害

滨海旅游景区因溢油污染导致的游客减少现象，不可避免会对当地客运交通业产生影响，尤其对专门服务于滨海旅游景区的专线交通的影响较大，出租车行业也会明显受到游客减少带来的不利影响。

（4）商业损害

在滨海旅游景区以及临近景区的零售业集聚区，拥有数量众多的主要面向游客的商业网点，如日用品零售店、旅游纪念品销售店、土特产店等，如果溢油污染造成景区游客数量下降，这些商业网点将受到直接的影响，导致销售数量减小，商家收入降低，有的网点在营业额过低的情况下可能不得不关门歇业，且仍要承担租金损失。

（5）旅游中介业损害

依赖于组织游客到滨海旅游景区游览而生存的旅行社，其业务和收入会受到景区溢油污染的直接影响。溢油污染破坏了景区的生态环境，优美的滨海景观遭受破坏，失去了对游客的吸引力，计划通过旅行社到达景区的游客会改变旅游计划，旅行社业务大大减少，营收因而受到影响，经济损失不可避免。

4. 政府损害

政府是处理溢油污染事故的主导者，发生溢油事故后，政府必须在第一时间协调各方力量，争取以最高的效率组织人财物处置溢油污染，将溢油污染带来的生态、环境和经济损害降到最低限度，同时对被溢油污染破坏的滨海旅游景区，还要采取措施尽快地修复和完善，使景区尽早恢复正常经营，以避免更多的损失。政府所做的这些处置工作，需要投入大量的人财物资源，虽然在责任追究环节，可以依法追讨处置溢油污染的损失，但所得补偿难以完全弥补全部经济损失。

（三）社会损害

溢油污染给滨海旅游业带来的社会损害，表现为对相关人员身心和生活的损害、对景区社会美誉度的损害、对政府声誉的损害等。与生态环境损害和经济损害相比，社会损害似乎看不见、摸不着，实际损害状况很难用数字和语言进行具体描述，但不能否认社会损害是客观存在的。对溢油污染，若没有及时有效的采取处置措施，将给滨海旅游业造成严重的损害，导致广泛持久的不良社会影响。

1. 对相关人员身心和生活的损害

依托众多的滨海旅游景区，吸引了大量从业人员，包括行业管理部门从业人员、景区管理和服务人员以及为游客提供住宿、餐饮、交通、购物、休憩等服务的各类人员，这些人构成了服务于滨海旅游的从业人员主体，他们的身心健康和生活状态与滨海旅游紧密相关。溢油污染对滨海旅游的破坏，使他们直接受到影响。

溢油污染在滨海旅游景区发生后，相关从业人员会因污染而在身心和生活上受到影响。油类含有砷、铬、镍、苯胺、多环芳烃和卤代烃等对人体有毒的物质，对人体具有致癌作用。暴露在景区环境中的石油，经挥发进入大气，污染空气，被人体吸收后，可能诱发肠、胃、肝、肾等组织病变，危害身体健康。作为景区管理人员，最先要面对溢油污染，要在第一时间围堵、清理溢油污染，身体难免要接触油污，因此最有可能受到油污伤害，引起身心健康损害；相关政府人员参与处置溢油污染，身心健康面临着受到损害的风险；依托于景区从事各种商业活动的各类人员，在溢油污染发生后，他们为抢救经营物品、参与处置溢油污染，也都有可能沾染油污，遭受身心健康损害。

因滨海旅游遭受溢油污染而对相关从业人员的损害，会导致对他们正常生活的蔓延式损害。他们的身心损害需要付出金钱和时间进行康复治疗，会打破个人和家庭正常的工作和生活状态。因景区处置溢油污染而不能顺利开放景区经营，会中断依附于景区的各类商业活动，给从业人员带来经济损失，影响他们正常的生活和工作活动，可能引发社会不稳定因素。

2. 对滨海旅游社会美誉度的损害

滨海旅游景区受到溢油污染后，良好的生态环境和优美景观遭到破坏，已到达景区的游客和新闻媒介会将当前的景区状态广而告之，引发强烈的社会关注和反响，以往建立的良好的滨海旅游景区和滨海旅游美誉会在一夜间被颠覆，人们因其价值不高或无价值而改变前往景区的旅游计划，因此带来严重的社会美誉损害。从实践来看，恢复被破坏的滨海旅游景区社会美誉需要较长的时间，需要付出很大的代价，滨海旅游因污染而遭受的不良社会影响将是深远的和长期的。

3. 对政府声誉的损害

溢油污染不同于一般的污染，需要采取管理的、经济的、技术的一系列手段加以处置，政府要在其中发挥主导作用，通过及时、高效、系统的行动，将溢油污染对滨海旅游的损害控制在最低程度。如果政府没有采取相应的处置措施，将扩大事故影响的范围和程度，给事故发生地政府部门的声誉带来严重不良影响，导致社会对政府产生不信任感。

三、损害程度的影响因素

溢油污染对滨海旅游业的损害程度受多种因素的影响，且这些因素相互交织、彼此影响，共同决定着事故的损害程度。具体影响因素如下：

（一）溢油污染事故严重程度

一般而言，溢油污染对滨海旅游业的损害状况，与溢油污染事故严重程度大小成正比。中大型溢油污染事故会给滨海旅游景区带来严重损害，小型事故损害程度则较小。但如果考虑事故发生地距离景区的距离、事故发生时的气候和天气状况等因素，程度相同或近似的事故则可能会出现不同的损害结果。

（二）发生地距离景区距离

溢油污染对滨海旅游景区的损害程度，和其发生地点与滨海旅游景区的距离有直接的关系。距离远，损害则小；距离近，损害则大。因此，对于距离溢油事故易发地较近的滨海旅游景区，尤其要加强溢油污染预防，制定合理预案，保证在发生溢油事故后能及时有效的采取措施，避免或降低溢油污染损害。

（三）事故发生时气候、天气和洋流状况

溢油污染事故发生时的气候、天气和洋流状况，影响其对滨海旅游景区的损害程度。溢油污染发生后，流淌到海面的溢油借助风力和洋流四处漂移，在顺风顺水的情况下，很快会到达滨海旅游景区，并迅速地对景区生态环境造成影响。而如果是逆风逆流，则可能移向背离景区的方向，溢油就无法到达或只有少部分到达景区，损害程度较小甚至可以忽略不计。

（四）景区地形地貌

因为景区地形地貌的差异，所遭受溢油污染的损害程度也会有所不同。海湾、岬角、坡度小的沙滩和滩涂，一旦涌入溢油，由于水动力条件较弱很难通过水体运动带出，污染面因此会迅速扩大，损害也随之加重。

（五）政府应急预案完备和实施状况

政府作为溢油污染事故处置的组织者和协调者，其应急预案完备和实施状况对控制溢油污染损害程度具有至关重要的影响。在临近滨海旅游景区的溢油污染事故易发和多发地，政府部门若充分考虑发生溢油污染的可能性，提前制定完备的应急预案，加强组织协调机制、人员队伍、油污处理设施和善后工作机制建设，将大大提升应对溢油污染的能力。

（六）社会参与事故处置的力度

处置溢油污染对滨海旅游的破坏，降低损害程度，需要政府、景区和相关行业从业人员的共同努力。而对于影响范围较大的事故，仅仅依靠政府和从业人员是不够的，还需要当地社会层面的共同努力，在人财物调配上形成合力，才能实现溢油事故处置效应最大化。

参考文献

[1] 郭志平．我国面临的近海石油污染以及防治［J］．浙江海洋学院学报（自然科学版），2004，(3)：269-272.
[2] 周琼，李先国．沿海港口油污染深度处理研究进展［J］．化学工程与装备，2008，(12)：100-102.
[3] 张九新．海上溢油对海洋生物的损害评估研究［D］．大连：大连海事大学，2011：15.
[4] 张九新．海上溢油对海洋生物的损害评估研究［D］．大连：大连海事大学，2011：15.

[5]　Prince R C, Carrett R m, Bare R E, et al. The roles of photo xidation and biodegration in long-term weathe-ring of crude and heavy fuel oils [J] . Spill Science & Technology Bulletin. 2003, (2) : 145-156.

论文来源： 本文原刊于《环境与可持续发展》2015 年 03 期，第 75-78 页。
基金项目： 中国海洋发展研究会项目（CAMAOUC201405）。

海水健康养殖业内涵特征及发展对策研究

刘 堃*

摘 要： 积极发展海水健康养殖业是转变海洋渔业发展方式和建设现代海洋渔业的战略选择。本文在界定海水健康养殖业概念的基础上，基于经济学视角比较了健康养殖与传统养殖两种模式，指出海水健康养殖能有效利用海洋环境的自净能力，降低传统养殖模式引发的外部不经济性，但不等于养殖生产过程的“零排放”。针对我国海水健康养殖业发展过程中存在的实际问题，本文提出夯实并放大全国水产遗传育种技术协作网的平台功能、积极研发专属环保型配合饲料、因地制宜推广健康养殖技术等多种培育和发展海水健康养殖业的对策措施。

关键词： 海水养殖；健康养殖模式；外部性

一、引言

新中国成立以来，我国海水养殖业先后经历了以藻、虾、贝、鱼、海参等海珍品为代表的五次发展浪潮，自 20 世纪 90 年代初已成为世界最大的海水养殖生产国。然而，在资源环境刚性约束日趋加剧的背景之下，可养殖水域大幅度缩减带来的养殖空间危机以及养殖方式落后带来的质量和效益危机，使得海水养殖业面临着转变增长方式、向健康养殖模式转型的历史性选择。2013 年 6 月，《国务院关于促进海洋渔业持续健康发展的若干意见》明确指出，要加大水产养殖池塘标准化改造力度，推进近海养殖网箱标准化改造，大力推广生态健康养殖模式。目前，具有资源消耗低、投入产出高、综合效益好等特点的海水健康养殖业已成为我国沿海地区着力培育的海洋战略性新兴产业之一。今后一段时期是我国适应经济发展“新常态”、大力推进海洋生态文明建设、促进绿色低碳发展的“战略机遇期”。要充分把握历史机遇，采取多元创新举措，加快发展海水健康养殖业。

---

* 刘堃（1986-），男，博士，山东新泰人，助理研究员，研究方向：海洋产业经济与政策。

二、海水健康养殖业的内涵界定

一般来讲，海水养殖主要分为池塘养殖、筏式养殖、底播养殖、网箱养殖等模式。这几种养殖模式并没有绝对的“健康”与“非健康”之分，每一种养殖模式都会对生态环境或他人用海造成一定影响，存在着外部性。海水健康养殖业是相对于粗放的、半精养的传统养殖业而言的，是海洋生物资源可持续开发与利用的重要途径，从亲体选择、苗种生产到养成阶段水质管理和饲料营养均有严格的要求[1]。生产活动至少包括以下内容（图 1）：

（1）养殖适宜在我国推广的水产优良养殖品种；

（2）使用天然或营养全面的人工配合饲料；

（3）养殖密度或养殖方式基本不对生态环境产生负面影响；

（4）生产健康、安全的无公害水产品。

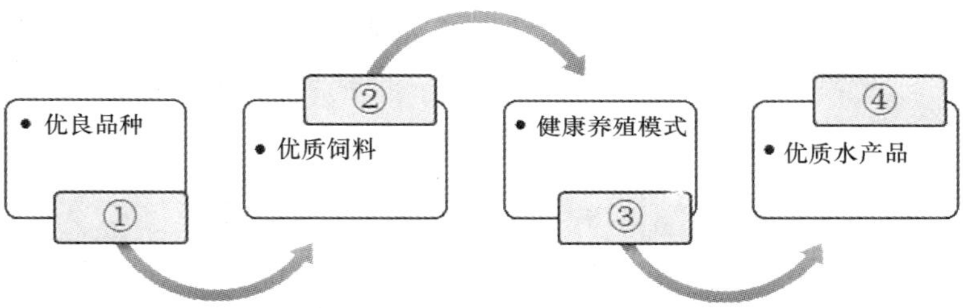

图 1 海水健康养殖生产活动的关键环节

从技术创新的演进规律来看，海水健康养殖业是建立在传统海水养殖业基础上，在现代健康养殖技术扩散与渗透下形成的产业门类。传统养殖模式在经过技术改造之后，都可以转化为具有高效、节能、高密度集约化和排放可控的健康养殖模式。例如，多营养级的综合养殖是近年提出的在整合传统养殖模式基础上形成的一种健康海水养殖模式。它是由不同营养级生物（例如投饵类动物、滤食性贝类、大型藻类和沉积性食物动物等）组成的综合养殖系统，系统中一些生物排泄到水体中的废物成为另一些生物的营养物质来源。因此，这种方式能充分利用输入到养殖系统中的营养物质和能量，可以把营养损耗及潜在的经济损耗降到最低，从而使系统具有较高的容纳量和可持续食物产出[2]。

三、海水健康养殖模式与传统养殖模式的经济学比较

我国现有的养殖模式以粗放、半精养的养殖模式为主，人工调控程度较低。海水养殖对生态环境的污染主要来自于残饵、粪便等，而人工合成饵料的残饵、养殖生物的排泄物等都富含各种营养物质。例如，虾类养殖污染主要来自新生残饵溶出的 N、P 营养物质，以及养殖排海水中大量的硫化物、NO、NH_4和悬浮固体。若按年饵料效率为 15%~20%，饲料系数为 2 计算，我国年产 20 万吨对虾，则有上万吨以上的排泄物、上

亿立方米的养虾废水注入大海[3]。鱼类养殖污染除了残饵以外，还包括鱼类的粪便及其排泄物，这些物质中所含的营养物（即 N、P）和有机质对水体和底泥将产生富营养化影响。

外部性是指在没有市场交换的情况下，一个生产单位的生产行为（或消费者行为）影响了其他生产单位（或消费者）的生产过程（或生活水准）。换句话讲，外部性是一个经济主体对他人福利施加的一种未在市场交易中反映出来的影响[4]。具体到海水养殖业，其外部性主要是指海水养殖企业或养殖户在养殖过程中对环境的损害没有计入市场交易的成本和价格。传统粗放的养殖模式一定程度上污染了养殖区域水质，同时也损害了其他海域水体使用者（如旅游观光者、垂钓者、航道使用者等）的利益。在养殖活动中，养殖企业或养殖户较多地关注养殖产量或收益，并没有有效承担环境成本和治理环境污染的责任。如图 2 所示，*MB* 和 *MC* 表示传统养殖模式下边际养殖收益与成本，纵轴代表价格，横轴代表养殖数量和污染规模，*MPC* 与 *MSC* 分别为治理污染的边际私人成本与边际社会成本，*MEC* 为边际外部成本。传统粗放的养殖模式使得边际社会成本 *MSC* 远大于边际私人成本 *MPC*，养殖企业或养殖户根据利润最大化原则，以牺牲环境和他人利益为代价，将养殖产量定在 Q_1，而非社会最优产量 Q，于是就有 $MEC=MSC-MPC$。

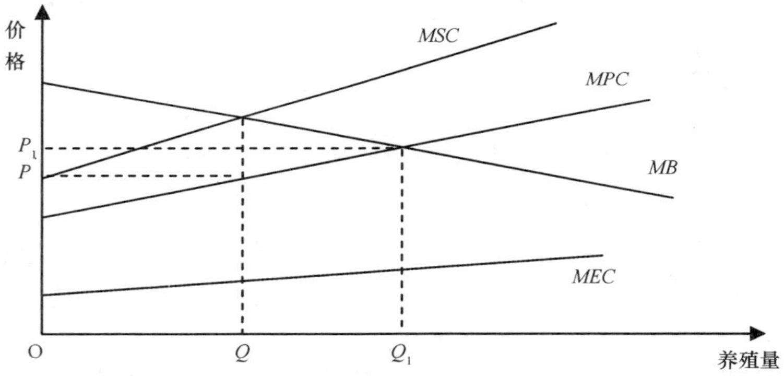

图 2　传统养殖模式引发的负外部性

海水健康养殖能够有效减少养殖生产过程中向海洋排放的污染物，在一定程度上实现在特定水域，充分利用海洋的自净能力与现有的自然资源条件，有效降低传统养殖模式引发的外部不经济性，促使 *MSC* 与 *MPC* 趋近，*MEC* 变小，使得经济效益最大化与养殖生产可持续化及对应的放养规模（密度）相匹配。例如，对虾养殖在 20 世纪 80 年代末环境和病害问题非常突出，生产要素投入表现出明显的边际报酬递减，最终导致 90 年代初全国性虾病的暴发。相比较而言，90 年代中期以后兴起的对虾精养技术对不良环境和病害的适应性明显强于 80 年代的粗养和半精养技术，使我国近岸海域的对虾养殖承载量大幅度提高。在虾病泛滥的 20 世纪 90 年代中期，辽宁营口、天津汉沽、江苏赣榆等地对虾养殖“示范区”的精养池取得了亩产数百千克的产量，而与“示范区”相邻的大量低产虾池依然病害严重，产量萎靡不振[5]。

值得注意的是，海水健康养殖能有效利用海洋环境的自净能力，但不等于养殖生产过程的“零排放”。从对海洋生态环境的影响来讲，能够做到污染物的零排放固然是件好事，但技术上可行并不等同于经济上有效。在技术上片面追求零污染、零排放，可能会因为成本过高而在生产作业领域无法真正实施[6]。

图3中纵坐标表示海水养殖所排放的污染价格或成本，横坐标表示污染排放水平。*MCC* 表示污染控制的边际成本。在海水养殖生产过程中产生的污染一定的情况下，排放越多，养殖者需要控制的污染就越少。因此，图中的 *MCC* 线向右下方倾斜。*MDC* 为污染的边际损害成本。*OF* 代表海洋环境可以净化的污染量，即海洋的自净能力。在海洋自净能力为 *OF* 的情况下，为实现对海水养殖污染的最优控制，污染排放水平应当被确定在污染成本最小的 $MCC=MDC$ 这一水平上，即被控制在 Q^*。如果实行所谓的“零排放”（排放水平在 *O* 点），则不仅会导致边际控制成本 *MCC* 过高而很难实现，而且还会导致海洋环境本身具有的自净能力白白浪费，造成效率损失。

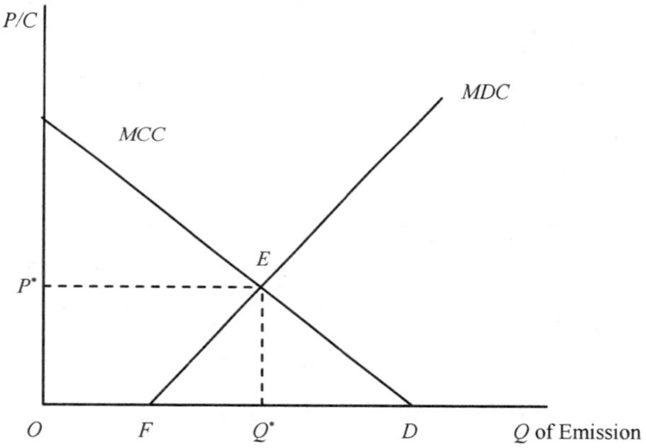

图3 环境具有一定净化能力时“零排放”的低效

四、我国海水健康养殖业发展现状与存在问题

经过长期探索，我国海水健康养殖品种扩大到大菱鲆、刺参、皱纹盘鲍、对虾、梭子蟹等近百种，其中30多个品种实现了规模化养殖；养殖空间从近海滩涂向外海与深水拓展，立体化养殖、陆上集约化养殖模式发展较快；已形成了多种具有较高推广价值的健康养殖模式，效益十分显著，其中以工厂化循环水养殖和深水网箱养殖最具代表性。据不完全统计，目前我国工厂化海水养殖中，约有10%~20%的养殖面积采用封闭、半封闭循环水养殖模式，养殖品种以大菱鲆、（褐）牙鲆、半滑舌鳎、石斑鱼等海水鱼类为主。我国海水网箱养殖始于20世纪80年代初，深水网箱养殖则发端于90年代末。目前，深水网箱养殖在我国沿海地区已初具规模，推广应用范围比较广，主要建立了冷水性鱼类抗风浪网箱养殖产业基地、大黄鱼抗风浪网箱养殖产业基地、卵形鲳鲹及军曹鱼抗风浪网箱养殖产业基地，浙江、广东、海南等地已基本形成深水抗风浪网箱养殖产业群。截至2013年，我国深水网箱养殖产量达73 885吨，取得了比较可观的经

济效益[7]。此外，沿海各省份还积极推行滩涂和浅海生态养殖模式，建立起多营养层次生态养殖新模式，大幅度提高了海洋生态环境容量和生产效率。

总的来看，我国海水健康养殖取得了显著进展，既改善了养殖环境，又拓展了养殖空间，已成为海水养殖业持续健康发展的重要途径，但在一些关键环节上还存在诸多问题。

（一）良种培育工作明显滞后

良种是海水健康养殖业发展的基础。长期以来，种质培育一直是我国海水健康养殖的薄弱环节之一，现有的海水养殖品种中只有少数几个是经过人工选育或杂交后代的利用，多数还停留在野生种质的利用阶段。单一品种长期的高密度养殖往往会诱发养殖种类的高度一致性，对外来干扰和病害的爆发性流行缺乏抵抗力，出现抗逆性差、性状退化等问题。当前我国海水养殖良种覆盖率的提高严重依赖良种引进。在国内选育技术不能满足生产需要的情况下，我国陆续从国外引进了部分良种，一定程度上丰富了国内的海水养殖品种结构，但从长期来看，若持续依赖良种引进，而自身选育技术始终不能取得突破，将会加重我国海水养殖业的种源风险，陷入“引进-养殖-退化-再引进”的恶性循环，使得海水养殖业难以实现可持续发展。

（二）优质饲料供应环节存在缺口

在国际鱼粉价格、劳动力成本及能源价格不断上涨的背景下，提高渔用饲料资源的利用率，研发和推广新型、环保配合饲料，是海水健康养殖业发展的保障。目前，我国许多水产品种的养殖主要依赖天然动物性饵料，成本高、效率低、卫生质量差，容易对养殖水域造成污染。为开发新型饵料，国内科研机构进行了大量研究，但由于我国起步较晚，开发利用技术仍比较落后，在饲料系数、质量稳定性、加工工艺、对水质的影响等方面的研究与国外仍存在一定差距，拥有自主知识产权的优质配合饲料品种较少，成套配方技术和产业化工程不能满足现实生产需求，适宜于不同生物、不同生长阶段的营养性添加剂和非营养性添加剂（抗生素、酶制剂、益生素及促生长剂等）等系列配套饲料多数依赖进口。若优质饲料供应缺口长期得不到弥补，将严重制约我国海水健康养殖业的发展。

（三）健康养殖模式的推广面临多重约束

健康养殖模式是海水健康养殖业发展的核心环节。当前，工厂化循环水养殖、深水网箱养殖等典型海水健康养殖模式已在我国部分地区实现了推广，其经济和环境效益得到了充分验证。然而，受成本、管理水平、产业组织等多重因素制约，海水健康养殖模式的大范围推广仍面临诸多挑战。主要原因是，健康养殖设备的制造和运行成本以及深水网箱养鱼的固定成本都比较高，制约着新模式的推广。例如，在鲆鲽类养殖中，养殖户购买一套高级循环水养殖设备至少要花费 60 万元，初中级循环水养殖设备的投资成本相对较低，但也需 30 万元左右，这对于那些无法获得贷款的养殖户来讲，无疑是一笔不小的开支。另外，深水网箱养殖海水鱼类的生产经营成本要高于传统木质网箱，在养殖品种、生产周期、经营规模基本相同的情况下，除在劳动生产率方面占有优势外，深水网箱养鱼的生产经营安全率、投资回收期、生产费用产出率、成本利润率等几项指标均不及传统网箱养鱼（如表1），从而影响了养殖户采用该养殖模式的积极性[8]。

表1 无风险状态下两种网箱养鱼模式的成本比较 单位：元/千克

网箱类型	设备折旧	苗种	饵料	工资	海域使用金	其他费用	合计
传统网箱	0.9	3.33	8	1.08	0.68	1	14.99
深水网箱	3.25	3.33	10.5	0.72	0.47	1	19.27

注：无风险是指在无病害和无台风的状态。

由传统海水养殖向海水健康养殖转型升级的过程中，除了要更新厂房和养殖设备等“硬件”设施外，生产管理、员工素质等“软件”要素也亟待升级。工厂化循环水养殖具有明显的工业属性，对电器自控、设施工程、环境工程和经济管理等专业技术和管理水平都有较高的要求，管理的精细化和复杂化程度远远超出传统养殖模式。然而，目前我国大部分养殖场都缺乏系统科学的养殖技术和管理规范，对从业人员的教育与培训明显滞后，现行的管理和技术水平难以满足实际生产需求，从而增加了新模式推广的难度。

五、我国海水健康养殖业发展的对策建议

海水健康养殖模式是一种以人为本、以产业可持续发展为目标，实现养殖和环境协调发展的生产模式。针对我国海水健康养殖发展存在的主要问题，培育和发展海水健康养殖业的对策包括以下三个方面。

（一）夯实并放大全国水产遗传育种技术协作网的平台功能

拓展全国水产遗传育种技术协作网的服务水平和范围，积极组织开展水产育种理论与技术研讨，进一步开展育种科研项目合作和协作、技术交流、培训与推广服务，包括设施建设和设备配套、育种方案、人员培训等。值得注意的是，在良种培育的理论与实践研究中，要注重保护和开发土著品种，加强大宗养殖品种的遗传改良。保护和开发土著品种不仅可以发挥我国水产学科优势，而且也可避免外来物种带来的生态风险。我国本土滩涂贝类可养种类很多，仅北方海区就多达十余种。除菲律宾蛤仔外，还有毛蚶、魁蚶、泥蚶、中国蛤蜊、四角蛤蜊、泥螺等。这些贝类大多适于潮间带养殖环境，已成为市场畅销的品种[9]。通过开发土著品种和人工培育新品种，提高养殖对象的种质质量与选择空间，为满足市场需求提供种质资源保证。

（二）积极研发专属环保型配合饲料

营养全面的优质饲料的使用和普及是海水健康养殖业技术进步的重要标志之一。从长期来看，由于渔业资源的稀缺性和市场需求的增加，鱼粉价格上涨的趋势不会改变。为此，一方面针对重点养殖品种，从水产动物的营养生理角度出发，研究水产动物产品品质的营养控制技术，并关注添加剂和药物残留对食品安全的影响；另一方面，研究开发替代鱼粉原料的蛋白源。理论上菜粕、花生粕、棉籽饼等植物蛋白可以替代鱼粉，植

物蛋白在水产饲料加工上的应用，不但能减少水产饲料加工企业对动物性蛋白原料的需求，还能促进水产饲料业向生态、低能耗的方向发展[10]。

（三）多途径鼓励健康养殖技术的推广与应用

鉴于目前的技术条件，海水健康养殖设备的综合成本短期内不会明显降低，因此在产业发展过程中，应充分利用好国家的扶持政策，将海水健康养殖系列装备，如工厂化循环水养殖设施、深水网箱及配套设备等与国家农业基础设施改造补贴、农机补贴等政策有机结合起来，减轻海水养殖企业的设备负担，促进海水健康养殖技术的推广应用。

在健康养殖技术的培训与推广过程中，应根据养殖主产区企业的基础条件和技术水平，因地制宜地进行分类指导，帮助企业构建科学合理的健康养殖模式。如鲆鲽类产品中半滑舌鳎、鲆鲽苗种等高附加值的生产对象，宜采用全循环水养殖系统，而对于循环水养殖成本接近于市场价格的大菱鲆的养殖，则鼓励采用“简化版”的循环水或半循环水模式。在海水健康养殖模式推广过程中，要大力培养既懂养殖技术，又懂精细化管理的高素质人才，提升高端养殖装备的生产效率。一是重视对渔业劳动者开展养殖技术、无公害生产技术、养殖装备操作及维护知识等生产技术的培训，提高企业员工内在素质与职业能力；二是建立有效的竞争机制和激励机制，做好专业型人才的引进工作；三是要稳步提高员工福利水平，为员工负担社会、医疗、养老等保险费用，同时创造良好的工作氛围，促使企业员工将个人价值实现与企业长远发展相融合[11]。

参考文献

[1] 刘堃．中国海洋战略性新兴产业培育机制研究［D］．青岛：中国海洋大学，2013.

[2] 宋迁红．海水健康养殖新模式——访黄海水产研究所方建光研究员［J］．科学养鱼，2009，(1)：4-5.

[3] 余江，杨宇峰，叶长鹏．海水养殖环境污染及控制对策［J］．海洋湖沼通报，2006，(3)：111-112.

[4] 保罗·萨缪尔森，威廉·诺德豪斯．经济学（第十六版）．北京：华夏出版社：266.

[5] 李大海．经济学视角下的中国海水养殖发展研究——实证研究与模型分析［D］．青岛：中国海洋大学，2007：81-84.

[6] 雷霁霖，杨正勇，倪琦等．促进鲆鲽类养殖产业朝循环经济方向持续健康发展——基于鲆鲽类主产区调研的战略思考［J］．中国工程科学，2010，(8)：70-78.

[7] 国家海洋局海洋发展战略研究所课题组．中国海洋发展报告（2014）．北京：海洋出版社，2014.

[8] 李大海．深水网箱与传统网箱养殖海水鱼类的比较经济学分析［D］．青岛：中国海洋大学，2004：1-3.

[9] 张国范．发展滩涂贝类养殖，构建环境友好海水健康养殖体系［J］．中国科学院院刊，2004，(6)：442-445.

[10] 戴亚娟，杨正勇，王方方．鲆鲽类鱼饲料价格上涨因素浅析［J］．湖南农业科学，2011，

(2)：23-25.
[11]　刘堃. 鲆鲽类产业价值链的分析及优化——以青岛市鲆鲽类产业为例［D］. 青岛：中国海洋大学，2010.

论文来源：本文原刊于《渔业信息与战略》2015 年 03 期，第 186-191 页。
基金项目：国家社会科学基金重点项目（11AJL009）；
中国海洋发展研究中心项目（AOCZD20130）。

第四篇　海洋生态

山东省海洋生态文明建设探讨

王守信[*]

摘　要： 本文在总结山东省海洋生态文明建设成效和各地建设模式的基础上，比较分析海洋生态文明建设面临的形势、矛盾和问题，提出全省海洋生态文明建设的思路、目标，创新性地提出通过实施“8573”行动推进全省海洋生态文明建设，为生态文明建设提供积极尝试和有益借鉴。

关键词： 海洋生态文明；“8573”行动；生态保护

党的十八大把“生态文明建设”纳入“五位一体”总布局，十八届五中全会强调树立贯彻“创新、协调、绿色、开放、共享”的发展理念，从而为海洋生态文明建设指明了方向、明确了道路。当前，山东省海洋生态文明建设要认真贯彻中共中央、国务院《关于加快推进生态文明建设的意见》精神和国家海洋局《海洋生态文明建设实施方案》具体要求，抢抓机遇，充分发挥优势，补齐短板，实现创新发展。

一、山东省海洋生态文明建设的探索及成效

（一）山东省海洋生态文明建设的探索

近年来，山东省委、省政府认真贯彻落实党中央、国务院决策部署，不断完善海洋生态环境保护体系，大力推进海洋保护区建设，广泛开展海洋生态修复与治理，率先在全国建立海洋生态红线制度和海洋生态损失补偿制度，积极创建国家海洋生态文明示范区，为沿海地区经济社会发展和建设海洋经济强省提供蓝色生态屏障。

1. 加强海洋保护区和示范区建设

在全国率先启动省级海洋生态文明示范区创建，创建5个国家级海洋生态文明示范区、10个省级海洋生态文明示范区。全省已建立各类省级以上海洋保护区68处，总面积约83万公顷，占全国62.96%，形成了较为完善的保护区体系，使海域重点海洋生态系统、地质地貌、珍稀生物资源等得到有效保护。

2. 实施生态整治修复

自2010年以来，实施了荣成月湖湿地整治工程、寿光市小清河口海岸带综合整治

---

* 王守信，中国海洋发展研究会学中务理事，山东海洋与渔业厅厅长，硕士研究生，研究力向：海洋综合管理和渔业行政管理。

修复工程、乳山市潮汐湖生态修复与岸线整治工程等25个海洋环境整治示范项目。在渤海沿岸实施了60个修复及能力建设项目，并在全国率先实施“渔业资源修复行动计划”，增殖放流各类水产苗种190亿单位，增加种群数量，改善和优化水域生态。

3. 推进管理制度创新

在全国率先制定出台《山东省海洋生态损失补偿费损害赔偿费征收管理办法》，累计征收海洋生态损失补偿费近5亿元。2013年山东省率先在全国建立渤海海洋生态红线制度，2015年又完成黄海海洋生态红线划定，率先建立全海域的海洋生态红线制度。黄海生态红线划定完成后，全省共建立划定红线区224个，其中禁止开发区59个、限制开发区165个，生态红线区总面积9 669.26平方千米，占山东省管辖海域总面积的20.44%。全省重要海洋生态脆弱区、敏感区实现全覆盖，为“十三五”海洋生态环保工作提供重要管控手段。

4. 加强监测体系建设

全省共有40家海洋环境监测机构，初步形成以省海洋环境监测中心、沿海7个市海洋环境监测中心（站）和32家县（区）级海洋环境监测机构组成的三级海洋环境监测业务体系，基本实现监测站位在近岸海域重点功能区、典型生态系统区、重点开发区等的全覆盖。

（二）山东省海洋生态文明建设的成效

在海洋生态文明建设的实践和探索中，山东全省上下形成“必须强化陆海统筹，综合治理；必须强化规划引领，长远发展；必须强化人—海和谐，共生共存”3个理念。各地立足实际，探索形成各具特色的建设模式。

1. 河海共治模式

以青岛市为代表推进重要海湾综合治理。青岛市实施胶州湾岸线治理保护3年行动计划（2013—2015年），树立“陆海统筹、综合治理”理念，坚持生态优先、整体规划、全面治理，实行治海先治河、治河先治污、河海共治。

2. 黄金岸线再造模式

以威海市为代表加强优质岸线资源保护。威海市主要采取4项措施：“拆”，对与区划规划不相符的近海养殖、低端制造、违法建设项目等逐步搬迁、拆除；“修”，修复岸线60千米余；“保”，对生态脆弱区、禁止利用区实行最严格保护措施；“增”，通过工程、生物等技术手段，增加海洋生物资源量，建设海底牧场，恢复和打造珍贵的黄金海岸。

3. 保护区平台打造模式

以烟台市为代表加强海洋保护区建设。烟台市已建崆峒列岛、千里岩岛等省级以上海洋与渔业保护区31个，保护区面积达2 571.57平方千米，占海域面积的21%，为海洋生态文明建设留足充裕空间。

4. 生态屏障构筑模式

以日照市为代表充分发挥生态优势促进生态保护。日照市着眼于保护蓝天、碧海、金沙滩，围绕保护自然岸线资源，“一张蓝图干到底”，持续进行海洋生态文明品牌打造，建成 100 km 余的海岸线带和 3 条生态走廊，形成近海独具特色的生态屏障。

5. 河口生态建设模式

以东营市为代表加强入海河口海洋生态保护恢复。东营市建立黄河口生态修复长效稳定投入机制，重点在河口开展湿地修复、保护和污染治理。同时重点将河口海洋生态保护与建设工作纳入地方科学发展综合考核，对河口污染责任事故、陆源排污、海洋保护区建设、经费投入等要素进行量化考核，有效提升地方对重要河口及邻近海域生态保护的重视程度。

二、目前山东省海洋生态文明建设形势比较

尽管山东省海洋生态文明建设已经起步，并且在一些方面走在全国前列，但海洋生态文明建设工作面临的形势、矛盾和问题仍十分突出。

（一）与发达国家相比存在差距

美国在《21 世纪海洋蓝图》中提出“加强沿岸规划和管理，将沿岸管理和流域管理相结合”以及“基于生态系统的管理”等新理念，通过陆海统筹加强海洋环境保护，将海洋、海岸带和大湖区管理相提并论。日本从 20 世纪 90 年代就把发展循环经济、建立循环型社会作为实施可持续发展战略、建设海洋文明的重要途径和方式。澳大利亚把中小学作为开展海洋教育的重要场所，许多州制定社区海洋教育发展计划，增强全民海洋意识。

（二）与中央要求和形势发展存在差距

党的十八大把生态文明建设纳入中国特色社会主义事业“五位一体”总体布局，提出要“保护海洋生态环境”。2015 年 4 月，中共中央、国务院出台《关于加快推进生态文明建设的意见》，提出要加强海洋资源科学开发和生态环境保护；7 月，国家海洋局印发《海洋生态文明建设实施方案》，明确了“十三五”期间海洋生态文明建设的时间表和路线图。其他沿海省（市、自治区）认真贯彻落实中央要求，积极探索海洋生态文明建设，形成了“国家顶层设计、地方细化落实”的格局，作为海洋大省，山东加快推进海洋生态文明建设形势紧迫。

（三）与建设目标和人民群众的期待相比存在差距

突出表现在以下几个方面：①海洋资源严重退化，以莱州湾为例，鱼卵子鱼数量持续下降，渔业资源严重衰退，传统产卵场、索饵场、渔场功能受到破坏；②陆源污染对近岸海域环境影响较大，例如，莱州湾主要河流入海断面水质多为劣五类，第四类和劣于第四类海水水质的面积约占整个海湾面积的 30%，近年来全省监测的入海排污口邻近海域中，每年均有 50%以上的海域不能满足海洋功能区要求；③海洋开发与保护矛盾突出，船舶建造、港口物流、油气化工等临港重化工产业及沿海城镇化建设开发密度高、占用岸线多，造成海岸人工化趋势明显，可供开发的海岸线和近岸海域后备资源严重不足；④海洋环境灾害和风险增长较快，赤潮仍呈多发态势且有毒化趋势明显，海水入侵、土壤盐渍化、海岸侵蚀等灾害发生率也很高；⑤海洋生态文明建设基础比较薄

弱，海洋环保和预报减灾能力建设不足，管理水平和手段落后，监测观测布局和评价产品还不够合理、不够优化，与陆上环保和气象部门在监测预报的精准度和服务水平上差距较大。

面对海洋生态文明建设的严峻形势和艰巨任务，还须积极作为、敢于担当，创造性地开展工作，确保海洋生态文明建设“走在前列”，为生态山东和经济文化强省建设做出贡献。

三、山东省海洋生态文明建设的目标

今后一个时期，山东省海洋生态文明建设的总体思路是，认真贯彻落实中共中央、国务院《关于加快推进生态文明建设的意见》，坚持陆海统筹治理，坚持改革和创新驱动，以海洋生态文明示范区和海洋保护区建设为着力点，实施“8573”行动，促进海洋产业转型升级，改善海洋生态环境，建立健全海洋生态文明制度体系，努力建设生态海洋、安全海洋、健康海洋，实现人与海洋和谐共处，为“海上丝绸之路”和“海上粮仓”建设构筑蓝色生态屏障。

（一）海洋开发格局进一步优化

有效控制海域空间开发强度和开发规模，严格落实全海域的生态红线制度，自然岸线保有率不低于40%，有效管制围填海面积，稳定滨海湿地等自然生态空间面积，使生产生活用海空间布局更趋合理，海洋开发与生态保护更趋协调，海洋产业结构更趋合理，初步形成科学合理的海洋空间开发格局。

（二）海洋资源利用更加高效

合理安排海洋资源开发时序，实现海域、海岛和岸线资源市场化、精细化配置，集约利用程度不断提高，单位岸线和用海面积利用效率显著提升。围填海利用率100%，近海渔业捕捞强度保持零增长，开发式养殖用海面积占养殖用海面积比重超过80 %[1]。

（三）近岸生态环境趋于好转

近岸海域海水环境质量逐步改善。重要海洋功能区水质达标率明显提高，海洋生物多样性得到有效保护。恢复自然岸线430千米，海岸线整治修复长度达到580千米。

（四）生态文明制度体系基本确立

海洋法规和配套政策制度措施不断健全完善，政府、市场和社会公众在海洋生态文明建设中的主体作用得到有效发挥。以生态系统为基础的海洋综合管理和统筹协调机制基本建立。

（五）管理能力和水平明显提高

到2020年，海洋生态环境保护体系不断加强，海洋环境监测以及应急减灾能力和水平明显提高。海洋保护区规范化管理水平有较大提高，海洋保护区面积达到管辖海域面积的30%，国家级、省级海洋生态文明示范区、国家级生态保护与建设示范区的创建和管理取得较大成效。

四、着力实施海洋生态文明建设“8573”行动

为将山东省海洋生态文明建设的目标任务落到实处，山东省海洋与渔业厅在与省委政研室等部门联合开展调查研究的基础上，提出全省海洋生态文明建设的“8573”行动。

（一）抓好海洋生态文明建设“八项重点任务”

一是组织编制海洋主体功能区划。明确不同海域主体功能和生态功能，合理布局生产、生活、生态用海，划定海洋生态红线，建立全海域的海洋生态红线制度，划定生态红线区。

二是调整优化海洋产业结构。加快推进传统产业改造和转型升级，大力发展以海洋生态修复、海洋环境整治、海洋生态渔业和海洋循环经济为主导的海洋生态经济，着力培植壮大海洋新兴产业。

三是加强污染防治和海洋生态环境保护与修复。严格海洋环境监管与污染防治，加大陆海统筹力度，开展海洋生态综合整治，加快推进海洋生态文明建设示范区和生态保护建设示范区建设。

四是建立健全海洋生态文明制度体系。推进海洋生态文明建设、海岛管理等地方立法，完善海洋生态补偿、海洋监管制度。

五是强化海洋科技创新。加强海洋生态产业和生态环境保护领域关键技术的研发，建设海洋生态文明领域工程技术中心、创新平台，推进东亚海洋合作平台等载体建设。

六是提升海洋生态文明建设基础保障能力。加强海洋监测评价和预报减灾体系建设，完善海洋环境监测网络和业务布局；推进信息化建设，实施“互联网+”海洋生态文明行动计划。

七是加强海洋综合管理创新。严格围填海管理和监督，将自然岸线保护纳入沿海地方政府政绩考核；实施海域使用权招拍挂出让制度，推进海域使用权市场化出让。

八是提升全社会海洋生态文明意识。拓宽公众参与渠道，加强社会监督，完善全社会海洋生态文明意识教育和宣传体系。

（二）实施海洋生态文明建设“五大工程”

一是实施浅海海底森林营造工程。采取播植海藻、投放人工鱼礁等措施，建设海洋牧场，恢复浅海渔业生物种群；着力打造30个左右人工鱼礁型海洋牧场示范区，规划建设“9带40群”人工鱼礁场。

二是实施蓝色海湾治理工程。在莱州湾、胶州湾、荣成湾、丁字湾等加强海洋生态、景观和原始地貌的修复保护，到2020年实现全省10个左右重点小海湾治理。

三是实施重要河口治理和生境修复工程。对黄河、小清河等重点入海河口近岸区域采取河口清淤、植被恢复等措施，修复受损河口生境和自然景观，到2020年完成全省20个左右主要入海河口邻近海域的整治修复。

四是实施黄金岸线恢复工程。在沿海以沙滩、礁岩等为主体的优质地质岸段开展整治修复，在滨海城镇区、休闲旅游区、重要生态区实施退养还滩、开堤通海等，建设滨

海休闲绿色廊道、原生态海岸景观等，拓展公众亲水岸滩，到2020年整治修复破损岸线53千米。

五是实施潮间带湿地绿色屏障工程。综合运用植被恢复、海岸带生态防护林建设等手段，在滨州、东营、潍坊以及其他潮间带湿地丰富地区开展滨海湿地修复工程，到2020年新增芦苇4 000公顷、碱蓬1 500公顷和柽柳林500公顷。

（三）开展海洋生态文明建设“七个试点”

一是在青岛开展陆海统筹、河海共治试点，总结推广胶州湾海洋生态环境综合治理的经验；

二是在东营开展黄河三角洲海洋生态建设试点，总结推广东营河口湿地海洋生态保护经验；

三是在烟台开展海岛生态文明建设试点，总结推广烟台海岛保护示范管理经验；

四是在潍坊开展滨海新区海洋生态保护与经济社会融合发展试点，总结推广潍坊在推进滨海新区建设与发展中加强海洋生态环境保护的经验；

五是在威海开展黄金海岸生态综合整治试点，总结推广威海岸线保护经验；

六是在日照开展占用优质岸线退出试点，总结推广日照优质岸线恢复再造经验；

七是在滨州开展海洋保护区规范化管理试点，总结推广滨州海洋保护区规范化建设管理经验。

（四）推进海洋生态文明建设“三类项目”

一是实施海洋生态治理修复类项目，包括海洋生态环境保护、营造，海湾、河口、岸线、湿地等修复、恢复等项目；通过项目实施，保护浅海生境，为“海上粮仓”建设奠定坚实的“仓储”基础，促进生态渔业和碳汇渔业的发展。

二是实施海洋生态能力建设类项目，包括生态环境监测体系、观测预报体系、海域动态管理体系和应急响应体系建设；通过项目实施，不断完善全省海洋环境监测和观测机构布局，提高海洋生态环境保护、海域综合管理以及海洋生态文明服务和保障水平，提升对突发海洋环境风险、海洋环境事故、海洋灾害的预警和应急处置能力。

三是实施海洋生态示范创建类项目，包括在试点市选取相对应的具有示范性、引导性、创新性、可复制性的项目；通过项目实施，将试点市的可复制、可推广的经验具体化、项目化，先试验、先示范、先检验[2]，为全面提升海洋生态文明建设水平提供综合管理创新示范。

五、增强海洋生态文明建设合力

（一）切实加强对海洋生态文明建设的组织领导

切实加强对海洋生态文明建设的组织领导，逐步把海洋生态文明建设任务纳入各级政府重要决策和经济社会发展总规划。省政府有关部门要按照职责分工各负其责、密切配合、形成合力，共同推进全省海洋生态文明建设。

（二）不断加强海洋生态文明建设示范创新

编制实施山东省海洋生态文明建设规划，并将海洋生态文明建设的核心内容纳入山东省“十三五”国民经济和社会发展规划。沿海各地应按照全省推进海洋生态文明建设的总体部署，编制海洋生态文明建设规划，确定一批基础条件较好、代表性和典型性较强的区域重点推进生态文明示范建设，探索不同的建设模式。

（三）不断加大投入力度，建立海洋生态文明建设的稳定投入机制

统筹海域使用金等资金，围绕“8573”行动科学合理安排资金，切实提高资金使用效益。沿海各地也要不断加大对海洋生态文明建设的投入，建立长效资金保障支持。

（四）进一步细化任务目标

结合各级科学发展综合考核，优化海洋生态文明建设的指标，探索建立基于海洋资源消耗、海洋环境损害、海洋生态修复、海洋生态效益等方面的约束和激励机制。坚持陆海统筹，进一步加强陆源污染防治，逐步改善近岸海域水环境质量。

参考文献

[1]　李剑桥．山东提出海洋生态文明建设目标［N］．中国渔业报，2015，11（23）：1.
[2]　王守信．创新思路凝聚力量推进海洋生态文明建设［N］．中国海洋报，2015，10（14）：A1.

论文来源：本文原刊于《海洋开发与管理》2016年04期，第30-34页。

海洋生态资本概念与属性界定

陈 尚 等*

摘 要： 海洋生态资源是人类社会经济发展的基础，对其进行资本化界定是对其进行价值评估和资本化管理的前提。本文基于自然资本和生态系统服务两大理论，结合国内外学者对“自然资本”、“生态资本”等概念的界定和认识，考虑海洋生态系统的特性，提出了海洋生态资本的概念，认为海洋生态资本是能够直接或间接作用于人类社会经济生产、提供有用的产品流或服务流的海洋生态资源。海洋生态资本的价值是指海洋生态资本的存量价值及其产生的收益流价值，包括各类海洋生态资源的现存量价值及其组成海洋生态系统整体而产生的生态系统服务价值。本文比较了海洋生态资本与海洋生态系统服务、海洋生态资本与海洋生态资产、海洋生态资本与海洋自然资本、海洋生态资本与海洋资源的异同，进而探讨了海洋生态资本的一般属性及其特殊属性。

关键词： 海洋生态资本；生态资源；生态系统服务；生态资产；自然资本

海洋生态资源是人类社会经济发展的基础和保障。一个国家占有和支配的海洋生态资源规模在很大程度上决定了其海洋经济发展水平，乃至整个国家的经济和福利水平。海洋生态资源是海洋产业系统的重要投入要素，从而可以看做是一种“资本”。Serageldin（前世界银行副行长）把“资本”划分为自然资本、人造资本、人力资本和社会资本四类[1]。海洋生态资源是自然资本的重要组成部分，海洋生态资本是自然资本的组成部分。

国内外关于自然资本的研究很多[2-6]。其中具有代表性的是 Daly 的研究，他认为自然资本是指能够在现在或未来提供有用的产品流或服务流的自然资源及环境资产的存量[2]。另外，Paul. Hawken 等在《自然资本论》中提到：由资源、生命系统和生态系统构成的自然资本是经济运转和创造价值所需的资本[3]。“生态资本”[4-7]和“生态资产”[8,9]的概念是国内学者提出的。生态资本和生态资产都是指生态环境和资源。穆治辊从经济学的角度提出生态资本就是能够带来经济和社会收益的生态资源和生态环

* 陈尚，男，国家海洋局第一海洋研究所研究员，硕士生导师。研究方向：海洋生态系统综合分析与评价、海洋生态系统服务与生态补偿。参与本文撰写的还有任大川，李京梅，夏涛，王栋，杜国英，王其翔，柯淑云，王丽，王敏，赵志远。

境[4]。黄兴文等人从会计学的角度提出生态资产是指所有者对其实施生态所有权并且所有者可以从中获得经济利益的生态景观实体[8]。郑伟等认为海洋生态资产是指国家拥有的，现在和未来能够提供各种产品和服务的适应性、进化性生态实体，包括海洋生物和非生物环境[10]。

由于海洋的流动性，海洋生态系统与陆地生态系统有着显著的差别，因此针对陆地自然资源或生态资源的资本化研究理论、价值组成、评估指标体系和方法不能完全适用于海洋生态资源的资本化研究。有必要针对海洋生态资源的特点，建立海洋生态资本的概念体系、价值体系及其评估技术方法体系。笔者基于经济学的价值理论、自然资本理论和生态系统服务理论，充分考虑海洋生态系统和陆地生态系统的差异，研究提出了海洋生态资本的概念体系及其价值的结构要素，建立了海洋生态资本的评估指标体系和评估技术方法。本文深入诠释了海洋生态资本的概念并进行属性分析。

一、海洋生态资本的概念界定

（一）海洋生态资本的定义

本文认为，海洋生态资本（Marine Ecological Capital）是指能够直接或间接作用于人类社会经济生产、提供有用的产品流或服务流的海洋生态资源，包括海洋生物及其生境（海水、表层海底），以及它们组成的海洋生态系统整体。换句话说，海洋生态资本是指在一定条件下，于现在或未来，能够自主地或者同其他资本存量一起提供产品流和服务流，以增进人类福利和服务于社会、经济及自然环境的海洋生态资源。

（二）海洋生态资本价值的定义

按照目前主流经济学普遍接受的观点，价值指某一主体对另一主体的某种目标或期望状况产生的贡献和效益程度[11]。由此，从内涵上讲，海洋生态资本的价值是海洋生态资本在满足人类的追求和欲望方面为人类带来的收益和贡献。海洋生态资本的价值一般表现为海洋生态资本为人类带来的货币化收益。根据自然资本理论，海洋生态资本是存量，其本身有存量价值。另外，海洋生态资本还能产生收益，进而产生收益流价值。

海洋生态资本的存量价值由海洋生物资源存量价值和海洋生境资源存量价值构成。海洋生境与海洋生物紧密相关，有海洋生物栖息。海洋生物及生境资源一起组成海洋生态系统整体。

海洋生态资本的价值不仅体现在其存量价值上，更多地体现在海洋生态资源（海洋生物及其生活的水体、表层海底）组成的海洋生态系统整体为人类提供的服务价值上面。海洋每年产生的绝大部分服务不会变成实物量以增加海洋生态资源的存量，而是为人类所利用进而产生价值。

因此，海洋生态资本的价值是指海洋生态资本的存量价值及其产生的收益流价值，包括各类海洋生态资源的现存量价值及其组成海洋生态系统整体而产生的生态系统服务价值。

（三）海洋生态资本与海洋生态系统服务的比较

简单地讲，海洋生态资本是于现在或未来能够为人类提供效益流的海洋生态系统整体，而海洋生态系统为人类提供的效益被称为海洋生态系统服务[12]。因此，海洋生态系统服务是一个与海洋生态资本具有紧密联系的概念。经济学认为，资本是能够为未来提供有用产品流和服务流的存量。海洋生态资本也不例外，它是海洋生态资源的存量形式，它提供的产品流和服务流在生态经济学领域称为海洋生态系统服务。海洋生态系统服务是一个流量的概念，各项服务由海洋生态系统产生，以产品流或服务流的形式作用于社会经济系统，增进人类福利，从而形成服务价值。

海洋生态系统服务是海洋生态资本概念界定和特征描述中不可或缺的内容。海洋生态系统为人类提供4组14项服务[13]。4组服务包括：海洋供给服务、海洋调节服务、海洋文化服务和海洋支持服务。其中，海洋供给服务（Provisioning Service）指一定时期内海洋生态系统提供的物质性产品和产出，包括食品生产、原料生产、氧气生产和基因资源提供；海洋调节服务（Regulating Service）指一定时期内海洋生态系统提供的调节人类生存环境质量的服务，包括气候调节、废弃物处理、干扰调节和生物控制；海洋文化服务（Cultural Service）指一定时期内海洋生态系统提供文化性产品的场所和材料，包括休闲娱乐、科研服务和文化用途；海洋支持服务（Supporting Service）指海洋生态系统保证其供给服务、调节服务和文化服务的提供所必需的基础性和支撑性服务，包括初级生产、营养物质循环和生物多样性维持。

可见，海洋生态资本为人类带来的效益和价值是通过海洋生态系统服务实现的，因此，海洋生态系统服务的价值直接影响海洋生态资本的价值。也可以说，海洋生态系统服务价值是海洋生态资本价值的重要组分。但是，两者在价值上内在联系并不代表两者在本质上的关系，海洋生态系统服务并不是海洋生态资本的组分，而只是海洋生态资本产生的一种收益流。

（四）海洋生态资本概念名称的进一步说明——“资本”与“资产”之间的选择

在“海洋生态资本”概念名称的确定上存在着两种观点：一种倾向于把名称定为“海洋生态资本”，另一种倾向于定为“海洋生态资产”。在文献综述中也可以发现，某些学者界定和研究“生态资本”，而某些学者则界定和研究“生态资产”，并且“生态资本”与“生态资产”有着一定的联系和区别。因此，为何将研究对象界定为“海洋生态资本”、而不是“海洋生态资产”，这里有必要做进一步说明。在概念名称的确定过程中，作者经过不断思考和辨析，考虑“资本”与“资产”的主要区别以及海洋生态系统的特点，并征求多位相关领域专家的意见，最终在“资本”与“资产”之间选择了前者，将研究对象定名为“海洋生态资本”。下面就“资本”与“资产”的主要区别——“生产投入性”进行详细分析。

资本是一个经济学概念，指能够为人们提供产品和服务等收益流的物质、能量或信息的存量。根据经济学对于资本的界定和诠释，资本的关键特征在于收益性和生产投入性。收益性不言而喻，而生产投入性是指资本应当作为一种投入性生产要素，成为产业链和产业网络的生产过程中的中间产品。这一关键特征是资本与资产的主要区别。

资产是会计学概念，指个人或企业所有的能够带来未来收益的物品和资源，其基本特征是收益性和权属性，特别强调对物品和资源的产权界定，以及根据产权控制收益的流向。可见资产特别强调权属性，但不强调生产投入性；而资本强调生产投入性，但不强调权属性。

本文将海洋生态资源称为海洋生态资本，主要是考虑其在自然—经济—社会复合系统中的“生产投入性”特征。海洋生态资本的生产投入性特征主要通过海洋生态资源和生态系统服务转化为或者作用于自然—经济—社会复合系统的各种生产要素来体现的。在经济学中，生产要素是指进行物质生产所必需的一切要素及其环境条件。早期的经济学理论认为生产要素包括劳动力、资本和土地（代指各类自然资源）三部分；但随着社会生产的迅速发展和技术、管理的不断革新，某些新要素投入到生产过程中，并日益发挥重要作用，构成现代经济学中的生产要素内涵，即劳动力要素、物质资本要素、自然资源要素、技术与信息要素、管理要素、生产环境与条件要素。海洋生态资源就属于自然资源要素，海洋生态系统服务可以转化为自然资源要素、技术与信息要素，也可以作用于劳动力要素、生产环境与条件要素，从而直接或间接地投入到生产过程中，体现出“资本”的生产投入性。如图 1 所示。

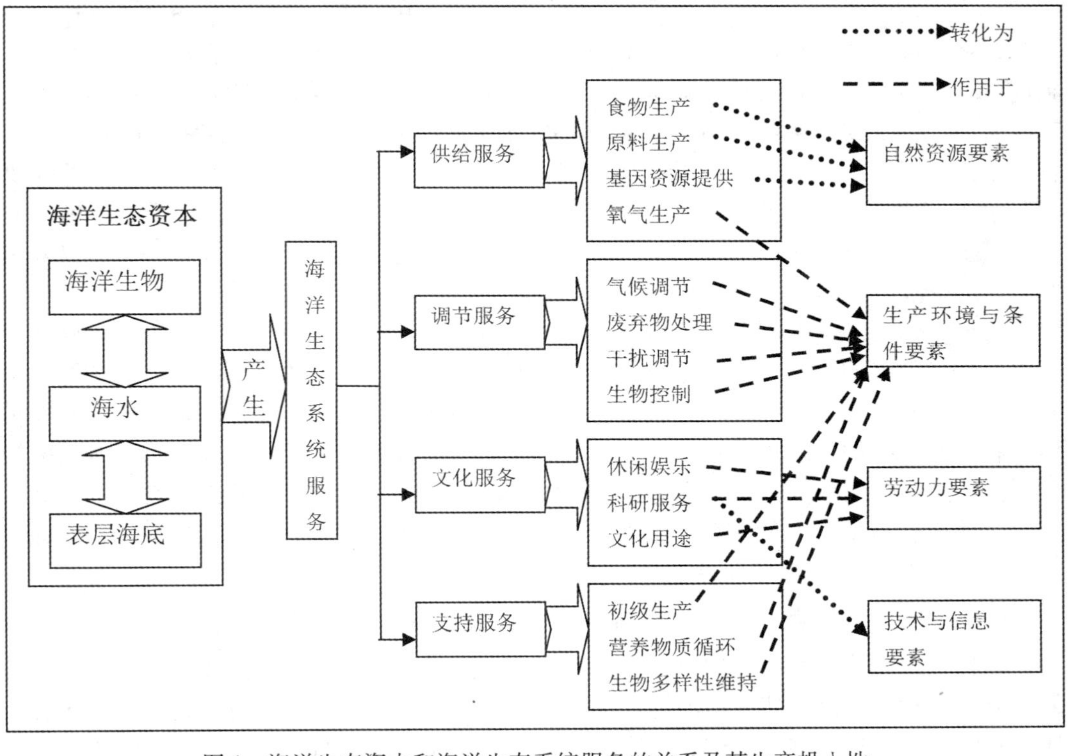

图 1　海洋生态资本和海洋生态系统服务的关系及其生产投入性

海洋生态系统服务可分为 4 组 14 项（图 1）。食品生产主要指通过捕捞和养殖获取生物资源的过程，相当于将生物资源转化为食品生产的自然资源要素投入，进而得到食品的产出，体现了“转化为自然资源要素”的生产投入性。原料生产主要指海洋生物资源、海水及化学物质及海砂资源等转化为自然资源要素进入各自的生产过程，作为工业生产的原料保证生产的顺利进行，产出相应的产品，体现了“转化为自然资源要素”

的生产投入性。基因资源提供指海洋生物为现代生物科学及相关产业提供了可转化为经济价值的基因和遗传物质，也即转化为自然资源要素投入到相关的高技术产业，体现了生产投入性。氧气生产指海洋浮游植物和大型藻类通过光合作用制造氧气释放到空气中，氧气是人类生存与生活的必需物质，是工业生产的原材料之一。气候调节指海洋浮游植物和大型藻类通过光合作用固定二氧化碳，进而减少大气中二氧化碳的含量，减弱温室效应，起到调节气候的作用，保障了人类社会经济生产过程的环境条件，从而体现了“作用于生产环境与条件要素”的生产投入性。干扰调节、生物控制和废弃物处理的作用与气候调节类似，即保证和改善人类生活、生产所需的适宜环境条件，体现了“作用于生产环境与条件要素”的生产投入性。休闲娱乐和文化用途指人们通过海洋生态系统获得娱乐、文化方面的享受，得到精神的愉悦和满足，从而更好的生活、工作和进行生产，即作用于劳动力，通过劳动力投入生产而影响生产过程，体现了“作用于劳动力要素”的生产投入性。科研服务指海洋生态系统提供科学研究的素材和场所的过程，使人们获得知识、提高技能，从而体现了“作用于劳动力要素”的生产投入性；同时，科研成果可以直接转化为技术或信息要素投入生产，进而体现了“转化为技术和信息要素”的生产投入性。初级生产、营养物质循环和生物多样性维持是整个生态系统服务中的支持性服务，为其他各项服务及其生产投入性提供基础性的环境和条件，相当于作用于要素投入和生产过程的环境与条件，体现了“作用于生产环境与条件要素”的生产投入性。由此可见，海洋生态资本提供的各类生态系统服务都能转化为或者作用于生产要素，从而投入到生产过程中，体现出资本的生产投入性。基于此，采用“海洋生态资本”而非“海洋生态资产”概念。

另外，采用海洋生态资本名称，在开展价值评估时可以回避海洋生态资源的权属界定困境。我国海域的所有权都是国家所有，不是私有的，企业及个人可以申请获得一定期限的使用权，没有所有权。开展海洋生态资本评估，不需要考虑海洋生态资源的权属界定和资源收益的分配流向问题。同时，海洋生态资本评估的目的是以货币的形式来衡量海洋生态系统的价值，能为人类社会经济生产和生活提供哪些产品或服务，不是为了进行市场交易，不需要明晰的权属界定。因此，从价值评估的角度来说，采用“海洋生态资本”概念比“海洋生态资产”概念更恰当。

（五）海洋生态资本与海洋自然资本的比较

国外学者在谈到生态资本时多采用“自然资本”的概念，但是我国学者给予明确的区分。生态资本是自然资本的组成部分之一。海洋自然资本指能为人类产生效益的海洋自然资源，包括生物、水体、海底、矿产、海洋能以及它们组成的海洋系统整体，以大尺度的大气循环、水动力循环、地质演化过程、生物地球化学过程和生命过程串联起来。海洋生态资本指能为人类产生效益的海洋生态资源，包括生物及其生境（水体和表层海底）以及它们组成的海洋生态系统整体，以中小尺度的生物地球化学过程和生态过程串联起来。可见，海洋生态资本是海洋自然资本的重要组成部分。海洋自然资本包含生态资本的范畴，它除了含有海洋生态资本的要素和组分之外，还涉及矿产、海洋能、海底以及其他在某些条件下不属于生态资本的要素。因此，海洋生态资本与海洋自然资本是一对既有区别又有联系的概念。

（六）海洋生态资本与海洋资源的比较

海洋生态资本与海洋资源是两个显著不同的概念。前者包括海洋生物及其生境（海水、表层海底）以及海洋生态系统整体；后者包括海洋生物、海水、矿产、海洋能、海洋空间、海洋旅游等6类资源，但不涉及海洋生物、海水和表层海底的耦合关系以及生态系统等内容。两者都包括海洋生物资源、海水资源和海底表层矿产资源（如海砂）。表层海底以下的矿产（如石油、天然气、可燃冰、煤、黄金）并非海洋生态系统的组分，形成之后也未参与生物过程，因此不属于生态资源，也不构成生态资本。海洋能（如波浪能、潮汐能、温差能）和空间资源（如海洋运输）虽与海水有一定联系，但未涉及生物过程，不属于生态资源，因而也不属于生态资本。旅游资源是海洋生物、水体、海岸、沙滩、滩涂、海岛、大气等多要素的综合体，包含了部分海洋生态资源。

二、海洋生态资本的属性界定

（一）海洋生态资本的一般属性

海洋生态资本具有资本的3个基本属性：收益性、生产投入性和稀缺性。

1. 收益性

海洋生态资本是人类生存和发展的物质基础和基本条件，既为人类提供看得见的生态产品（比如水产品），也提供更多无形的生态服务（比如气候调节、休闲娱乐）。这些生态产品和服务作为一种福利流为人类带来了巨大的收益，体现了极大的收益性[10]。海洋生态资本对人类具有十分重要的使用价值，不仅能够给人类带来巨大的经济利益，而且能够带来良好的生态收益和社会效益。这就使得海洋生态资本相比于其他生态资本具有更为广泛的收益性。同时，海洋生态资本的合理开发与有效保护可以保证其长期向人类提供各种福利。其中生物资源还能依靠其自生累积使资本增值，带来长期的经济与生态效益。

2. 生产投入性

经济生产过程需要投入一定数量、质量和结构的要素，其形式可以是劳动力、物质资本、自然资源、技术与信息、管理、生产环境与条件等。海洋生态资源，比如鱼虾贝藻、海水，已经成为海洋经济生产过程必不可少的生产要素。海洋生态系统服务，比如废弃物处理、气候调节、休闲娱乐，通过作用于劳动力要素、生产环境与条件要素，都直接或间接地保证和增进了生产系统的产出数量和质量，体现了丰富而显著的生产投入性。

3. 稀缺性

人类对海洋的开发与利用已经造成了海洋生态环境严重污染和海洋生态资源严重破坏，导致海洋生态资本的存量减少及其质量下降，导致海洋生态资本对人类提供的服务流和福利流供给减少。原来稀缺的经济生物资源更加稀缺，原来不稀缺的海水和海砂资源因为受到污染而变成稀缺资源，海洋生态系统提供的服务也变得稀缺。按照目前人类活动的规模和速度来看，海洋生态资本还将保持受损趋势，其稀缺性将不断加剧。

（二）海洋生态资本的特殊属性

由于海洋生物资源具有生命，海洋生态系统的组成相当复杂，加上海水广泛流动，因此海洋生态资本具有以下特殊属性：阈值性、整体性、相生相克性、时空复杂性、流动性、权属界定的有限性、显著的公共物品性和外部性。

1. 阈值性

海洋生态资本能够承载人类生存与经济发展对其产生的需求，但其承载力具有一定的阈值，超过阈值进行开发利用将会导致海洋生态资源存量减少和质量下降。海洋生物资源、海水资源和海砂资源都需要达到一定的规模、满足一定的质量标准才能用于经济生产。向大海排污发挥海洋的废弃物处理服务也不宜超过海洋的自净能力。滨海旅游区能接纳的游客数量也是有限的。因此，海洋生态资本具有显著的阈值性特征。在阈值范围内的使用，增加海洋生态资本的价值；超过阈值范围的使用会损害海洋生态资本。

2. 整体性

虽然海洋生态资本主要是由海洋生物、水体和表层海底三类海洋生态资源组成，但是它们是以其共同组成海洋生态系统的形式存在于自然界之中。海洋生态系统是一个有机的整体，内部各组分和要素之间存在着紧密的、复杂的物质、能量和信息联系，具有相对稳定的结构和功能。海洋生态资本的价值更多来自这三类海洋生态资源通过相互作用共同提供的生态系统服务价值。没有它们的共同作用，任何一项价值都无法长期的存在和实现。海洋生态资本提供的价值是以整体结构稳定和组分完整为前提的。某一组分受损或者缺失，就会影响到生态资本的价值。由此可见，海洋生态资本各部分紧密关联，构成一个整体而存在，每一部分都是不可缺少的。

3. 相生相克性

海洋生态资本价值的组成要素之间存在相生相克的关系。比如，藻类和贝类养殖提供水产品的同时，增强海域的气候调节和废弃物处理能力；废弃物处理服务与养殖生产、休闲娱乐存在此消彼长的关系。如果向海域排放的废弃物过多，就会影响到海域的养殖生产和休闲娱乐服务。

4. 时空复杂性和流动性

海洋生态资源的分布具有高度的时空复杂性。在水平尺度上，沿着经纬度分布着不同的生态资本要素。从海岸向海方向，分布着贝类、小型鱼类、大型鱼类。在水深梯度上，从水体表层、中层、底层到海底分布着浮游植物、浮游动物、中上层鱼类、底层鱼类、底栖生物等多种生态资本要素。即使同一海域，在不同的时间则可能以不同的资本形式，提供不同的服务流。比如某一海域，平时用于捕鱼，体现了供给服务特征；而在休渔期，则用于休闲娱乐和旅游，体现了文化服务的特征。由于海水的流动性和海洋生物的运动能力，很多海洋生态资本要素都具有高度流动性，在多个海区之间主动或被动地移动，因此，海洋生态资本的价值经常是异地实现。最明显的例证就是提供供给服务的洄游性鱼类，渤海产卵、黄海成长、东海越冬被捕捞。

5. 权属界定的有限性

海洋生态资本本身具有很强的公共物品性质，难以准确界定其权属。在我国，海域属于国家所有，企业和个人可以申请海域使用权。譬如，海域使用证、排污证、养殖证、捕捞许可证，都属于有限的权属界定。海洋生态资本不同于人造资本和人力资本，其独特的性质决定了某些资本要素难以明确界定权属。比如，气候调节、氧气生产服务难以界定是哪个海域贡献的，无法确定它们归属于何人。因此，海洋生态资本的权属界定具有有限性。

6. 显著的公共物品性和外部性

由于海洋生态资本具有时空复杂性和流动性，海洋生态资源的分布经常随季节跨区变动，难以进行准确的空间界定，因此，海洋生态资本的价值通常跨区实现，从而具有显著的外部性。同时，海洋生态资本分布的跨区变动及其价值的跨区实现，导致生态资本及其收益难以界定权属，经常多个主体共同使用，从而体现其非排他性。另外，由于海洋生态资本提供服务数量巨大，比如气候调节和氧气生产服务，具有广泛的受益群体，同时他们之间不会影响对方对这些服务的使用，因而体现其具有非竞争性。根据环境经济学理论，具有非竞争性和非排他性的物品被称为公共物品。海洋生态资本的非排他性和非竞争性使其具备了非常显著的公共物品性。

三、结论

海洋生态资本是指能够直接或间接作用于人类社会经济生产、提供有用的产品流或服务流的海洋生态资源，包括海洋生物及其生境（海水、表层海底），以及它们组成的海洋生态系统整体。海洋生态资本具有收益性、生产投入性、稀缺性等一般属性和阈值性、整体性、相生相克性、时空复杂性、流动性、权属界定的有限性、显著的公共物品性、外部性等特殊属性。海洋生态资本的价值是指海洋生态资本的存量价值及其产生的收益流价值，包括各类海洋生态资源的现存量价值及其组成海洋生态系统整体而产生的生态系统服务价值。海洋生态资本和海洋生态系统服务、海洋资源、海洋生态资产、海洋自然资本等概念具有一定的区别和联系。

参考文献

[1] Serageldin I. Sustainability and the Wealth of Nations——First Steps in an Ongoing Journey. Washington, D. C: World Bank. 1996: 18-19.

[2] Daly H E. Beyond growth the economics of sustainable development. Boston: Beacon Press, 1996: 25-76.

[3] Paul H, Amory L, L. Hunter L. 自然资本论：关于下一次工业革命. 王乃粒，诸大建，龚义台，译. 上海：上海科学普及出版社，2000.

[4] 穆治辊. 增进生态资本：可持续发展的基本要求. 科学导报-资源环境，2004，1：55-57.

[5] 范金，周忠民，包振强. 生态资本研究综述. 预测. 2005，(5)：30-35.

[6] 李海涛，许学工，肖笃宁. 基于能值理论的生态资本价值. 生态学报，2005，6 (6)：1383-1390.

[7] 王海滨，邱化蛟. 实现生态服务价值的新视角（一）—— 生态服务的资本属性与生态资本概念. 生态经济，2007：14-17.

[8] 黄兴文，陈百明. 中国生态资产区划的理论与应用. 生态学报，1999，(5)：602-606.

[9] 胡聃，张艳萍，文秋霞，陈超，刘天星，王震，许开鹏．北京城市生态系统总体资产动态及其与城市发展关系．生态学报，2006，7（7）：2207-2218.

[10] 郑伟，石洪华，陈尚，张朝晖，王宗灵，丁德文．海洋生态资产属性与价值特征的浅析．海洋环境科学，2007，8（4）：393-396.

[11] Stephen C Farber，Robert Costanza，Matthew A Wilson. Economic and ecological concepts for valuing ecosystem services. Ecological Economics，2002，（41）：375-392.

[12] Millennium Ecosystem Assessment（MA）. Ecosystems and Human Well-being：Synthesis. Washington DC：Island Press，2005.

[13] 陈尚，张朝晖，马艳等．我国海洋生态系统服务功能及其价值评估研究计划．地球科学进展，2006，21（11）：1127-1133.

论文来源：本文原刊于《生态学报》2010 年 30 期，第 6323-6330 页。

基金项目：国家海洋局 908 项目（908-02-04-03）；
山东海洋与渔业厅 908 项目（SD-908-02-10）；
福建海洋与渔业厅 908 项目（FJ908-02-02-07）；
山东省科技厅项目（2007GG10005012）；
国家自然科学基金项目（31072211）；
国家海洋局海洋行业公益项目（2011418006）。

生态政治化视阈下全球海洋生态危机及其对策研究

杨振姣*　孙雪敏　王　娟

摘　要：进入21世纪，生态与政治的关联更加紧密。本文从生态危机入手，对全球海洋生态危机进行概述，并在此基础上厘清全球海洋生态危机及其与政治危机的关系，分析了解决这一危机面临的现实困境，最后通过探究海洋生态问题在政治上的症结所在，进一步从机制、制度框架及生态政治理念三个层面提出解决海洋生态危机的对策。

关键词：生态政治化；生态政治运动；全球海洋生态危机；应对对策

全球海洋生态危机是21世纪人类面临的主要挑战之一。人类生存和发展受到了海洋生态环境问题广泛和严重的威胁，国际社会对此也进行了广泛的关注。“现在，生态活动已不仅是个经济和技术问题，也是一个包含着政策主张与选择的政治问题。”[1]将生态问题提升到政治高度，在生态政治化的现实语境下探究全球海洋生态危机，具有独特价值和卓越意义。

一、生态政治运动的缘起、发展脉络

工业革命带给我们生活上的便利，但同时也带来了“副产品”——空气污染，水污染，资源锐减等一系列生态问题。随着生态问题的日益加剧，作为有着独立思考意识的公民开始反思人与自然、社会与自然的关系。人们越来越关注自己生存的唯一家园——地球。正如俄国学者 A. И. 科斯京所言，“全球尤其是生态的警钟让人们不得不去重新审视所有可能冲突的力量、原因和特点。一个重要的任务就是在对全球过程进行跨学科和政治学思考的基础上有意识地形成全球政治”[2]

随着全球性生态危机和由此引发的生存危机日益加重，20世纪60年代末开始，一场生态政治运动在世界各国尤其是西方发达国家愈演愈烈。20世纪60—70年代西方工业国家的工业危机引发了环境保护运动，揭开这场运动序幕的是包括雷切尔·卡逊《寂静的春天》等当时的一系列生态学专著。1972年，随着联合国《人类环境宣言》

* 杨振姣，女，中国海洋大学法政学院，公共管理系副教授、博士、硕士生导师。中国太平洋学会海洋管理委员会委员。研究方向：土地资源管理、海洋管理与政策、国际政治与关系。

和罗马俱乐部研究报告《增长的极限》的发表，各国纷纷把解决生态危机问题纳入政府的政策议程，普通民众的生态危机意识也逐渐开始觉醒。70 年代以后，世界各国把“地球日”、“世界环境日”等作为契机不断唤醒和加强民众的生态危机和环境保护意识，至今方兴未艾。1981 年，美国经济学家莱斯特·R·布朗在《建立一个可持续发展的社会》一书中提出的“可持续发展”概念与联合国世界环境与发展委员会于 1987 年发布的研究报告《我们共同的未来》，共同为可持续发展战略的提出奠定了基础。1992 年在巴西召开的联合国环境与发展大会上，提出了全球性的可持续发展战略，它为各国应对和解决全球性生态危机提供了重要的国际制度框架。20 世纪 90 年代，生态学马克思主义的生态危机理论在批判资本主义制度的基础上探寻生态危机的根源，产生了广泛而深远的影响。另外，在生态政治运动的推动下，80 年代、90 年代发达国家和发展中国家纷纷建立了众多生态组织和生态绿党（简称生态党或绿党），“生态政治学、政治生态学等新兴交叉学科开始形成，传统政治发展观也由此向政治生态发展观转变。”从此，在生态政治化的背景之下，全球性生态问题的解决向各国提出了新的挑战。

二、全球海洋生态危机原因和特点

进入 21 世纪，面对日益严重的生态问题，越来越多的学者深入研究生态危机，许多学者从冲突的角度来理解，例如，生态危机是指“人类改造自然活动与调节不同程度生态环境机体动态平衡过程之间的冲突的反映”；是指“急剧增长的人类社会改造自然界的活动与协调整个生物圈不同层次间的动态平衡并威胁到自然系统中不可逆转的变化的过程之间所表现出来的冲突”。[3] 日本研究者 K. 穆沙科吉认为，几百年来发达国家是这种动态进程的“领袖”[4]。又有学者在与生态灾难的比较中来界定生态危机，认为“生态危机是指各种指数都近似于灾难性生态状况，而且不能在短暂的时期采取必要措施，生态危机就会转变为生态灾难。”也侧重强调了其影响的广泛性，“不管是从规模上还是严重程度和影响力上看，这种生态状况不仅具有地区性和跨地区意义，而且还影响到整个国家乃至整个世界”。有学者认为生态危机概念是与“生态失衡”概念相联系的。1949 年，美国学者福格特首次提出“生态失衡”[5]的概念，他把由于人类对自然环境的过度开发而引起生态条件的恶化所导致的不利于人的生存与发展的现象，概括为“生态失衡”。生态危机实质上就是指生态系统的一种失衡状态，指这个和谐有序的生命系统由于外力干扰特别是人的活动导致的严重不协调。[6]

结合前人对生态危机和全球危机所下的定义，笔者将全球海洋生态危机的含义概括为：

全球海洋生态危机主要是指由于人类对海洋生态系统中物质和能量的不合理开发、利用，超越了海洋自身的承载力致使海洋生态系统的结构和功能失衡，最终可能导致整个海洋生态系统对环境的适应力下降并与人类改造的活动相互冲突，从而给人类自身的生存和发展带来全球范围内的灾难性危害的现象。这就意味着人类急剧增长的经济活动超过了全球海洋生态体系的承受能力并破坏了全球海洋生态环境的稳定性，即导致了全球性海洋生态危机。

（一）全球海洋生态危机的原因分析

当代全球海洋生态危机的严峻形势向我们提出了挑战，我们需要深入反思全球海洋生态危机产生的根源所在。鉴于此，笔者从人与自然的关系、人与人的关系两个维度剖析海洋生态危机的原因。

1. 人与自然关系方面的原因

在传统的人类中心主义的价值观作用下，人类将自己视为万物的主宰，一味地向自然索取。海洋是人类获取资源的主要来源之一。海洋生物是人类重要的海鲜食品。19世纪中期海洋捕鱼量增长了9倍而且还在持续上涨。据统计，1949年捕鱼量为2 000万吨，1964年为6 400万吨，而到了1980年上涨为7 200万吨。进入20世纪，随着科技的进步，包括海洋渔业、海洋交通运输业，海洋油气业，滨海旅游业等在内的海洋产业蓬勃发展，给人类带来巨大经济收益，但同时由于人类过度追求经济的高速增长而忽视了海洋生态环境承载力与海洋经济的可持续发展，导致海洋环境的污染程度超越了海洋自身的净化能力，海洋资源的攫取程度也超过了海洋的承载力，最终引发了海洋环境污染、生物多样性锐减、海洋自然资源安全、海洋能源安全等全球性海洋生态危机 。

2. 人与人的关系方面的原因

布克钦曾说，“所有的生态问题均植根于社会问题 ”[7]。他指引我们通过审视社会领域来寻找生态问题的症结所在。人与人之间在资源占有、社会力量、交往身份等方面总是存在一种地位上的“势差”。因而，一部分人成为支配者而另一部分人成为被支配者。[8]正是这种人与人之间的“势差”，使得不同的人在享受环境所带来的好处以及保护生态环境的权责分配上存在差异。布克钦明确指出：“如果不彻底地处理社会内部的问题，我们就不可能清楚地理解目前的生态问题，更不可能解决生态问题。”[9]发展中国家与发达国家由于在经济实力，资源占有方面存在“势差”，使得双方在全球环境治理方面的责任和义务确定问题上存在分歧。发达国家忽视自己的发展是建立在对包括海洋在内的生态环境的污染基础之上，一味要求发展中国家应承担责任，这种责任分歧降低了治理的效率，同时模糊了问题的焦点：协商共同治理环境还是划分责任与义务。生态环境的恶化最终会导致南北国家的资源枯竭，增加各种冲突的可能并且阻止合作性解决方案的发展。[10]不同国家对生态问题的价值判断不尽相同，这种“南北争论”进一步加剧了全球海洋生态危机。

（二）全球海洋生态危机的特点

1. 跨国性

全球海洋生态危机的跨国性特点是由两方面因素导致的，其一，由自然因素导致的，海洋具有流动性以及全球海洋生态系统的统一性和整体性，使得跨国污染成为一种可能。其二，由人为因素导致的，由于工业化的扩展、经济全球化的影响，全球环境日益一体化了，一国将在本国处理费用高昂或危险的各种废物通过国际贸易等方式越境到其他国或直接向海洋倾倒污染物的行为，更加剧了全球海洋生态危机的跨国性。

2. 外溢性

海洋生态环境具有世界公共物品的属性，这意味着全球海洋生态危机不可避免地具有外溢性特点。这种外溢性体现在：一是在规模、波及范围上，一国发生海洋生态危机，如果得不到及时有效的遏制，将会对周边国家产生威胁。二是全球海洋生态危机不仅对自然生态系统的可持续发展产生影响，而且有可能导致国家之间的冲突，比如环境难民引发的政治危机和社会危机等。

3. 潜伏性与不可逆转性

全球海洋生态危机的出现是一个累积的过程，人类的生活垃圾、工业废料、化肥农药，大都通过河流带进了海洋。这种潜在的危险如果超出了海洋生态系统自身所能修复的阈值，最终将导致全球海洋生态危机。然而，危机一旦爆发，将难以修复海洋生态系统。据估计，1989 年 3 月 24 日的“埃克森·瓦尔迪兹”号漏油事故造成大约 28 万只海鸟、2 800 只海獭、300 只白头海雕以及 22 头虎鲸死亡，造成了灾难性环境后果，这有力体现了全球海洋生态危机的不可逆转性。

三、厘清海洋生态危机与政治危机之间关系

海德格尔曾说：“人不是存在者的主宰，人是存在的看护者”[11]，但近现代以来，人类无形中把征服自然作为自己的使命，成为环境污染的制造者。人与自然的关系失衡，不单纯是生态环境的恶化，人类社会、经济、文化的发展都受到了严重制约。生态危机如果得不到及时有效的遏制，生态问题会迅速蔓延并进一步恶化。后果不仅是影响整个自然生态环境的可持续发展，对国家安全和政治安全也将造成威胁。

美国学者罗豪尔特认为，危机是指对一个社会系统的基本价值和行为准则架构产生严重威胁，并且在时间压力和不确定性极高的情况下必须对其做出关键决策的事件。[12]全球海洋生态危机具有跨国性与蔓延性特点，需要各国面对危机时能迅速做出反应，将损害降至最低，这向国家的治理能力提出了挑战。“非传统安全问题具有潜在性、突发性、扩散性和一时难控等特点，通常以危机的形式呈现出来，对政府的治理与控制能力极具挑战性。”[13]在全球化的视野下，海洋生态危机的跨国性、持续性、不可逆转性表现得尤为突出。一次恶性海洋生态危机的发生，对一个国家的安全与发展所造成的破坏极有可能超越一场军事战争。

目前在一些生态环境破坏严重的地方，已经出现生态难民。生态难民是指“由于生态系统的恶化和环境质量的下降导致失去生存基础的居民”[14]。例如，由于人类对地球环境的破坏，生态失衡，由此造成的温室效应导致全球海平面上升，南太平洋岛国图瓦卢不得不举国移民新西兰。生态难民的大量迁徙，不仅对本国政治统治造成威胁，同时也破坏了别国正常的社会秩序和生存方式，进而引发国际政治格局的变动。

环境破坏成为影响国家间冲突的新的变量，可能导致更多源于资源的战争，进而影响全球政治格局。20 世纪 90 年代和 21 世纪初，中东地区的冲突很大程度上和石油有关。伴随着海洋生态危机形势的进一步加剧，世界各国因海洋资源和海洋权益引发的冲突不断升级，全球海洋生态政治化成为世界海洋政治新的议题。[15]当前南海争端问题凸

显，一方面由于南海地处太平洋和印度洋之间，战略地位优越。[16]另一方面，也反映了南海周边国家对海洋资源争夺和开发的重视。近年来，海洋资源的经济和重要性显得愈发突出，部分原因是世界人口和经济生产的稳步增长，使得对海洋资源的开发越来越迫切。海洋空间，从海底到海面都被看成是可以为不断增长的人口提供必需资源的地方。然而，随着海洋经济作用的不断增加，南海渔业资源不断遭到破坏。最近一份中国的调查表明，在南沙群岛北部的捕鱼量已经逐渐减少，渔业资源在10年之内将因非法和过度捕捞而耗尽。[17]对海洋资源的无限制开发和利用，将会引发海洋资源锐减，如果对于这种危机的恶化态势不加遏止的话，海洋生态危机将会导致海洋生态安全受到威胁，各国因争夺资源而导致的摩擦和冲突将会越来越频繁。我们看到的海洋环境污染、海洋资源短缺等无非是海洋生态危机的表面现象，由此引发的潜在的政治动荡更应该受到重视。如果不把海洋生态环境问题提到国家政治战略高度来考虑，本可避免或可控制的一些海洋生态危机事件，最终很可能演化成一场政治灾难。

某种问题一旦上升到政治高度，这个问题在各国政策议程选择上就拥有了优先地位。在某种意义上讲，全球海洋生态问题导致了全球海洋生态危机，生态危机又成为公民生态政治运动的原动因和基础，将海洋生态危机作为政治范畴并纳入政治家的视野，把全球海洋生态问题上升到政治层面即可称之为全球海洋生态政治化。生态政治化意味着解决生态问题是政治进程的无上命令。在生态政治化的背景下，我们应认识到解决全球海洋生态危机势在必行。首先，海洋生态问题对国内政治安全构成了潜在的威胁。直接威胁是显而易见的，间接的威胁侧重强调由于海洋生态环境恶化，所引起的对国家统治合法性地位的冲击，甚至会引发严重的政治危机和社会危机。其次，海洋生态危机还会成为国家间冲突的新的增量。最后，海洋生态危机如果不能有效解决，将有损国家生态形象。从环境角度来诋毁中国的形象，这是西方霸权主义的新的表现形式，对此我们不得不有所应对。[18]我们应该看到，生态危机的解决，一方面可以造福于本国国民，另一方面，也有利于树立良好的大国形象，不给西方霸权主义企图通过诋毁中国形象来动摇中国政治统治以可乘之机。

四、解决全球海洋生态危机面临的现实困境

全球海洋生态危机无论在规模、波及范围还是其影响后果方面都具有明显的跨国性。这就需要包括发达国家与发展中国家，国家行为体与非国家行为体在内的各个利益相关者，共同致力于营造良好的全球海洋生态环境，实现人与自然的和谐、统一。然而，正如先哲亚里士多德（A. Aristole）所言，凡是属于最多数人的公共事务，常常是最少受人照顾的事务，对于公共的一切，他至多只留心到其中对他个人多少有些相关的事务。[19]在实践层面，海洋生态环境的治理是全球性公共物品，不同利益主体相互博弈，难以有效地化解危机。笔者从以下四个方面来剖析在解决全球海洋生态危机的过程中面临的各种挑战和困境。

（一）发展中国家与发达国家间的责任分歧

不同国家在应对全球海洋生态危机所带来的挑战时，责任分配方面存在着不公平现象，而这种不公平进而导致责任赤字或不足。发展中国家与发达国家由于在自身经济发

展程度、综合国力等方面存在差异，使得双方在影响全球海洋生态政策的出台过程中权利不均衡，手中掌握的资源也相差甚远，具体体现在海洋生态危机的全球治理中涉及公平与民主核心内容的基本赤字上。发达国家忽视自己的发展是建立在对包括海洋在内的生态环境的污染基础之上，只是单纯地要求发展中国家应承担责任，这使得在全球海洋生态危机的应对中，“南北争论”成为一个重要障碍。由于各国受利益驱使，很容易导致集体行动的“囚徒困境”。“集体行动的问题与全球公共产品的提供联系在一起，比国内环境下的公共产品的提供面临更多的挑战。”[20]

（二）主权国家与国际社会间的利益博弈

主权国家与国际社会之间的利益博弈主要表现在国家主权在多大程度上被削弱的问题上。在全球治理的理念下，解决海洋生态危机，需要主权国家让渡一部分国家权力给国际社会力量（包括跨国组织，国际非营利组织，公民等），使国家行为体和非国家行为体可以在治理全球海洋生态危机时发挥各自的作用，共同维护人类的长远利益。然而，在这种情况下，国家主权受到多方削弱，势必会造成对国家主权的冲击。在传统的国际体系中，在应对全球性危机时，主权国家是唯一的权力中心，而20世纪90年代应运而生的全球治理理念倡导多元主体共同参与，需要主权国家释放更多的政治和社会空间。主权国家和国际社会之间的长期博弈，降低了各自在危机解决中的作用和地位，双方只有从博弈走向合作才是明智的选择。

（三）不同区域之间的利益分歧

海洋生态环境的公共性、流动性、复合性等特点决定了跨区域进行海洋生态危机合作治理的可能性。而且，全球海洋生态危机的有效解决，很大程度上得益于在地区层面及时对潜在的威胁进行遏制，及时化解和消除全球性危机，降低治理成本。然而，在实际应对危机时，不同区域具有不同的利益取向，从而表现出不同的行为选择。正如日本学者宫本宪一所言，环境具有共同性和非排他性，但同时也具有区域固有财产的性质。该性质对于海洋环境而言表现在，不同区域享受海洋所带来的经济和社会效益程度不同，对于海洋环境的保护和海洋危机的解决表现出的价值取向就不同。因此，我们看到，许多海洋生态资源的（掠夺性的）开采和占有，是区域性政治共同体“出于自身战略地位的安全考虑，为了比其他的共同体更占优势、更为强大而进行的”[21]。从而使得全球海洋生态危机的解决面临来自区域层面的巨大挑战。

（四）发展经济与保护海洋生态环境间的失衡

“不增长就死亡”的论调在很大程度上，促使人们片面追求经济的高速增长，忽略了经济发展与保护海洋生态环境之间的统一，导致海洋生态系统的结构和功能失调以及海洋生命维持系统的瓦解。在可持续发展战略的倡导下，我们应顺应自然、尊重自然。我们不能采取只知索取不懂回报式的疯狂开采模式，而应更多地着眼于长远利益，保护海洋生态，实现人与自然的可持续发展。在发展经济与保护海洋生态之间的博弈中，如果人类一味地通过掠夺海洋来获取经济收益，那么“经济的负外部性”将使我们面临难以抗拒的巨大的生态灾难。

五、全球海洋生态危机的解困之路

全球海洋生态安全是维持世界和平与持续发展的关键。确保世界和平是《联合国宪章》的宗旨和目的，也是全人类共同的愿望。然而，随着全球人口数量的增加，对空间、资源、食物等的需求不断增加，对海洋和其他生态系统带来的压力越来越大。[22]因此我们不仅要认清全球海洋生态环境面临的严峻形势，而且意识到各国应从对全球海洋生态破坏的现状中惊醒，认识到肆无忌惮地破坏海洋生态系统的危害性，共同治理被损坏的海洋生态环境。

（一）国际范围内合作机制和危机管理机制的建立

联合国环境计划（United Nations Environmental Program，NNEP）事务总监长 Klaus Toepfer 曾经指出“海洋不是分散的共同体，而是创造新共同体的空间”。一方面强调了海洋不能按照人为标准进行划分的自然环境特征，另一方面表明保护包括海洋生态系统和海洋生物资源在内的多样化海洋资源，必须加强共有海洋的国家之间的合作。基于海洋流动性和海洋生态系统整体性的特点，海洋生态危机一旦发生，世界上很多国家都会受到影响。在海洋生态政治化的背景下，海洋生态安全需要包括主权国家、非国家行为组织等多元主体的共同维护，仅仅依靠单一的政府主体难以解决复杂的海洋生态危机。据此，应构建全球范围内的合作机制和危机管理机制来共同应对全球海洋生态危机。

首先，倡导建立多元化主体的合作机制。一方面，生态系统是没有政治区划和国家边界的，海洋生态问题更不会只停留在某国内部而不影响其他国家。因此，对于主权国家而言处于同一生态圈的各国应致力于建立相互合作、相互依存的安全机制，共同应对海洋生态危机。巴克斯特指出：“人类政治结构的缺失——将会妨碍人类处理作为生活在生物圈中的一种动物物种所面临的严峻的问题、生命的威胁、生命的变化无常……在满足生命需要的过程中，没有相关的政治组织来管理和控制人类作用于生物圈的行为，人类迟早要耗尽生命的支持系统。”因此，“我们需要一些机制来对那些‘相互联系性’给予应有关心，并且在追求生态正义的过程中，确保人类的协调努力贯穿整个生态圈”[23]。总之，主权国家应致力于建立国际合作机制，加强多元国家共同参与，积极应对全球海洋生态危机。

另一方面，我们应意识到“全球市民社会”（Global Civil Society）在海洋生态治理中的重要作用。美国国际环境政治学家让尼·利普舒兹（Ronnie D. Lipschutz）认为，全球市民社会是一种“跨越边界空间的知识和行动网络”，非政府组织和社会运动是它的重要内容。全球市民社会作为一种与国家相对应的领域，它“否定国家的最高权力或主权权利可以凌驾于个人和公众的主权权利之上”，它之所以是全球的而不同于国内市民社会，“不仅是因为那些联系穿越了国界并在全球的、非领土的区域运作”，更因为它是“全球市民社会成员据以行动的全球意识日益增长的结果”。[24]解决全球海洋生态问题的关键是提高世界统一社会的组织性和可控制性。那么通过国家让渡部分主权给国际非政府组织（INGOs）、跨国社会运动（Transitional Social Movements）等全球市民社会力量，从而使全球市民社会建立起了由当地到地区、全球层面的网络组织体系，形成一种自下而上的全球化（globalization from below）。这可以弥补传统的以国家民族为基础的国际体系在应对和解决全球海洋生态危机时的无能为力。因此，全球市民社会无疑是国际范围内合作机制的又一重要行为体。

其次，由于全球海洋生态危机具有跨国性、外溢性、潜伏性和不可逆转性，所以各国不仅需要建立合作机制，还应采取危机管理的方式方法，建立起全球海洋生态危机管理机制。当今时代的危机管理（Crisis Management，简称CM）是指个人或组织为了预防危机的发生或减轻危机所造成的损害，尽早从危机中恢复过来，针对可能发生的危机采取的管理行为。[25]从危机管理的角度需通过行政、经济、法律等多种手段，各国应建立起一套统一完善的国际应急管理预警机制、信息公开机制、评价和监督机制，从而在提高危机管理水平中改善国家的治理能力、预防和控制危机的能力。

“凡事预则立，不预则废”。全球海洋生态危机的潜伏性和突发性，使得危机一旦爆发，往往“牵一发而动全身”。因而各国应该未雨绸缪，建立起一整套能应对全球海洋生态危机的预防性合作机制。危机的全过程一般包括潜在、爆发、高潮、转化和消融等阶段。相应地，全球海洋生态危机管理机制包括危机预警机制、信息透明机制、危机反应机制、危机控制处理机制、危机善后救助机制、舆论监督机制、部门协调机制。各国在全球海洋生态危机应急管理机制的指导下，可以迅速处理突发性事故，保护可持续发展的成果。

（二）相关制度和法律的构建与完善

全球环境变化和生态环境问题对现有政治经济结构的挑战，向我们提出了世界重新设计与组织的严肃课题。为此，我们需要探究全球海洋生态问题在政治上的症结所在，进一步提出有效解决全球海洋生态危机的对策。否则，环境问题“只能仅仅停留在经验的层次上，甚至不能成为一个话题”。[26]

在解决全球海洋生态危机时，应尝试通过一种新的政治构思——构建起公民为维持生态可持续性而参与政治生活的行为规则与规章的框架，使公民将决策权掌握在自己手中，“有权利、也有责任去挑战非持续性”，有资格、也有能力“介入政治以及其他形式的抗拒和反对环境恶化的结构性原因与不可持续性实践的非环境因素的斗争”[27]。通过建立有效的公众参与决策机制和决策制度，完善和公开决策程序，为公众更好地参与全球海洋生态危机的相关政策的制定提供畅通渠道，从而避免决策的盲目性，增加决策过程的透明度。

同时，还应加强《联合国海洋法公约》等相关法律法规的建立和完善。当代国际生态安全保护的法律渊源事实上就是国际环境保护的相关法律法规。国际生态环境安全制度应当从全人类共同安全的高度，致力于国际环境保护法规和机制的发展与完善，反对和警惕国际生态环境安全保护的单边主义倾向。因此我们应该广泛开展全球海洋生态环境保护领域的交流与合作，进一步完善与海洋生态危机相关的法律制度和国际公约。

（三）加强生态政治理论和海洋生态安全的理论研究

生态安全是环境问题与安全问题结合形成的一种新概念，属于非传统安全的范畴。生态问题日益恶化所引起的环境安全问题正日益得到国家和社会各界的重视，学术界相关研究成果也逐步增多。目前对与环境安全相关的一系列问题尽管尚未达成统一认识，但唤醒了人们的环境安全意识，使得生态安全成为世界各国普遍关注的话题。

国内外学者面向各自不同的研究领域对生态政治理论进行了深入探索，提出了许多关于生态政治理论的成果，对我们在新形势下有效应对与化解生态危机提供了重要的借鉴。但从根本上说，国内外学术界对生态政治理论的研究仍存在不足之处。一是更多学者偏重于宏观层面的研究，学理意味浓厚，缺乏具体的实证分析，提出的一些政策措施缺乏可行性；二是缺乏多学科的综合研究，对生态政治理论从心理学、伦理学、历史学等视角进行探讨的成果较少。[27]我们还应进一步加强生态政治理论和海洋生态安全的理论研究，为有效解决全球海洋生态危机提供理论依据。

（四）生态政治理念的开启

人与自然的关系是复杂而多向度的，人的自由实现永远不会摆脱自然规律的限制，但又不能仅仅止于此。在生态政治化的背景下，解决全球性海洋生态危机需要我们揭露出危机的根源，并在此基础上建立一种同海洋生态环境的良性运转相匹配的生态政治理念。

首先要树立起整体价值观。这种整体价值理念要求人们在处理人与自然的关系时把人置于整个自然系统中，把握人与自然、人与人的关系，最终在人与自然平等、和谐关系的基础上，在实现不同伦理共同体的生态和谐的基础上，实现人类与自然的健康发展。海洋是一个统一的生态系统，相比于分割明确的主权国家的领土划分，更具有连贯性、完整性。这意味着，我们应用一种整体价值观，重新审视人类与海洋之间的关系。人类共有一个地球，人类具有根本利益的共同性。当代人所面临的全球海洋生态危机涉及超越国家利益的全球整体利益，这就需要人们树立起整体价值观，变革以前各国孤立的管理自然资源和发展经济的传统模式，要求发展过程中国内和国际间的合作。

其次，要遵循可持续发展的理念。对于寻求具有生态和社会正义的新世界的人们来说，可持续发展是必然的选择。具体来讲，可持续发展的理念包括发展的可持续性，发展的共同性与整体利益相一致以及发展的公正性。作为这一社会的基石，我们应该看到，可持续性不仅意味着尊重自然环境，而且意味着公平分配经济的和社会的报酬和机会，这样，所有人都能休戚与共地奔向未来。[28]生态政治理念遵循可持续的发展模式，开启了解决全球海洋生态危机的方向，并指引我们用发展的眼光实现人类与海洋的可持续发展。

再次，要建立民主协商、平等参与新型合作理念。尊重各国维护自身利益的合理要求，从而达到互惠互利、共同解决全球海洋生态危机的“双赢”目的。在全球化日益发展的新形势下，各国应逐渐从以前排斥他国获益的“零和博弈”思想演变为“双赢、共赢”的理念，强调沟通、协商、配合、协作的和谐观念，顺应时代的发展潮流；[29]同样，随着全球海洋生态环境依存度的增强，国际合作愈加密切，“和谐世界”被各国接受的基础也就更加广泛和深刻，越来越多的人会发现和谐世界不是乌托邦。国际合作的发展与完善，为和谐世界的建立提供了契机，只要我们共同努力，顺应时代潮流和国际形势，地球也能成为一个和谐的世界。

当代世界环境治理的变迁可以通过表 1 体现出来[30]。在应对全球海洋生态危机时，建立起国际范围内的合作机制，既可以顺应世界环境治理变迁的趋势，也可以为主权国家和全球市民社会搭建一个平台，从而更加顺利实现全球性环境问题的治理。

表 1 世界环境治理的变迁

分类	私有人	公有的	第三部分
跨国的	跨国公司	政府间国际组织	NGO
国家的	全国性公司	20 世纪的模式	国内非盈利组织
次国家的	地方企业	州级—地方政府	地方团体

最后，要树立起公民参与的政治理念。在生态政治化的背景下，解决全球海洋生态危机，除了政府这一重要的参与主体之外，更重要的是公民的积极参与。正如丹尼尔・A・科尔曼所言："能否以民主的方式赋予公民实现变革的力量，这就决定了我们能否把对地球的爱护转化为实际的行动。"为此，必须倡导建立公民参与的政治理念。在应对和处理危机的过程中，应用一种整体思维方式，改变公共政策和公民行为中零散、片面的思维方式。应不断提高公民的海洋安全意识、参与意识，并且要切实提高公众对政府决策的知情权、参与权和监督权，使公民切实参与到海洋生态安全政策的运作过程中，促使全球责任内化为公民的个人责任和行为准则，从而让公民真正践行"胸怀全球，行于当地"的原则。

六、结语

为了使海洋资源和海洋环境得到永续利用，人类必须确保全球海洋环境的安全。人与海洋之间的矛盾激化必将影响人与人、国家与国家之间的关系，因此，应该从生态政治的角度审视国际关系和国家安全。当代生态政治无疑将进一步走向政治的中心。生态政治化的视域下探究全球海洋生态危机的应对策略顺应人类文明发展的潮流，是人类对自身与自然界关系认识的一个深化和飞跃，是立足全球放眼未来的一种理论，必将具有强大的生命力和广阔的发展前景，对于指引我们更好地解决全球海洋生态危机具有重大的借鉴意义。

参考文献

[1] 郇庆治 . 自然环境价值的发现［M］. 广西人民出版社，1994.

[2] ［俄］A. И. 科斯京 . 生态政治学与全球学［M］. 武汉大学出版社，2008.

[3] 胡谷明，徐邦俊等译 . A. И. 科斯京著 . 生态政治学与全球学［M］. 武汉大学出版社，2008.

[4] 穆沙科吉 K. 冲突的政治文化内幕与全球化管理［J］. 政治文集，1991，（3）：5-7.

[5] ［美］威廉・福格特 . 生存之路［M］. 北京：商务印书馆，1981.

[6] 唐正东，臧佩洪译 . 詹姆斯・奥康纳著 . 自然的理由一生态学马克思主义研究［M］. 南京：南京大学出版，2003.

[7] MURRAY B. Remaking Society［M］. Montreal，Quebec：Black Rose Books，1989.

[8] 李义天 . 地区共同体：生态政治学的处方及其问题［J］. 南京林业大学学报，2008，（2）：54

-55.

[9] MURRAY B. What is Social Ecology [M]. Michael E Zimmerman. Environmental Philosophy. Prentie-Hall, 1993.

[10] THOMAS F Homer-Dixon. On the Threshold: Environmental Changes and Causes of Acute Conflict [J]. International Security, 1999, (2). 77-78.

[11] 宋祖良. 海德格尔与当代西方的环境保护主义 [M]. 哲学研究, 1993.

[12] 殷卉. 高语境文化中的公共危机应对 [J]. 企业导报, 2011, (8): 240-242.

[13] 俞晓秋等. 非传统安全论析 [J]. 现代国际关系, 2003, (5): 69-70.

[14] 钱箭星. 国际政治视野中的环境安全——兼论当代中国的环境安全 [J]. 国际展, 2010, (5): 28-38.

[15] 张海滨. 环境与国际关系 [M]. 上海人民出版社, 2008.

[16] 李金明. 南海波涛—东南亚国家与南海问题. [M]. 江西高校出版社, 2005.

[17] ARMIDA S A. Economic Aspects of Energy Resources and Its Implication for Sustainable Development [J], The Indonesian Quarterly, 2001, (4): 55-63.

[18] 丁德文. 海洋生态事关国家安全 [J]. 绿叶, 2006, (3): 38-39.

[19] [希] 亚里士多德. 政治学 [M]. 北京: 商务印书馆, 1965.

[20] WEISS T G. Governance, Good Governance and Global Governance: Conceptual and Actual Challenges [J], Third World Quarterly, 2000, (5): 795-814.

[21] 李义天. 地区共同体: 生态政治学的处方及其问题 [J]. 南京林业大学学报, 2008, (6): 54-61.

[22] LIMBURG K E, FOLKE C. The ecology of ecosystem services: Introduction to the special issue [J], Ecological Economics, 1999, (2): 179-182.

[23] 布赖恩·巴克斯特. 生态主义导论 [M]. 重庆出版社, 2007.

[24] RONNIE D L, Mayer J. Global Civil Society and Global Environmental Governance: The Politics of Nature from Place to Planet [M]. Albany: Stat e University of New York Press, 1996.

[25] 朱德武. 危机管理—面对突发事件的抉择 [M]. 广东经济出版社, 2002.

[26] Morse S, STOCKING M. People and Environment [M]. Development for the Future, 1995.

[27] 李仙娥, 万冬冬. 国内外生态政治理论研究现状述评 [J]. 价值工程, 2011, (2): 183-184.

[28] [美] 丹尼尔·A·科尔曼. 生态政治: 建设一个绿色社会 [M]. 梅俊杰译, 上海: 上海译文出版社, 2006.

[29] 刘伟彦. 非传统安全视角下国际合作的新特点—以禽流感为个案分析 [D]. 上海社会科学院硕士学位论文, 2008.

[30] CLARK W C. Environmental Globalization [M], 2000.

论文来源： 本文原刊于《东南学术》2015 年 06 期，第 128-135 页。

基金项目： 中国海洋大学海洋发展研究院资助项目（2013JDZS03）；
中国海洋发展研究会重点项目（CAMAZD201502）。

论海洋生态损害国家损失索赔

——兼评《海洋生态损害国家损失索赔办法》

梅　宏[*]　曹彩容

摘　要：海洋生态损害索赔是海洋行政主管部门代表国家进行的公益损害求偿，应当得到各部门、各单位和社会公众的支持与监督。《海洋生态损害国家损失索赔办法》解决了我国各级海洋部门职责划分不清、索赔程序不统一等突出问题。修改后的《民事诉讼法》《环境保护法》的规定表明，不仅“法律规定的机关”具有海洋生态损害国家损失索赔权，适格的社会组织亦可作为替补原告提出海洋生态损害索赔。建立海洋生态损害多元化救济机制，可更好地维护海洋生态利益。

关键词：海洋生态损害；海洋生态损害国家损失；索赔权

一、海洋生态损害

海洋生态损害，参照《海洋生态损害评估技术指南（试行）》，系指海上溢油、危险品化学品泄漏、围填海、排污、海洋倾废以及海洋矿产资源开发等涉海非法行为造成海洋生态系统及其生物因子、非生物因子有害影响的事实后果。

损害是对权利主体行使权利的妨害，故探讨损害的构成离不开权利。生态损害虽然具备传统损害概念的某些特征，它也是人的行为所造成的不利的后果，却并不是指某个民事主体的权益所遭受的不利后果，[1]而是指人类的行为对生态环境本身的消极影响。[2]海洋生态系统并非法律中的权利主体，无所谓“行使权利”、“利益丧失”。那么，海洋生态损害只是海域所属国家的损害吗？不能肯定。海洋无疆，海域有界，国家管辖海域由法律界定，难及于海洋生态系统的范围，故严重的海洋生态损害事件会引起相邻国家关注，甚至成为跨国环境外交问题。由此看来，法律上界定的“海洋生态损害”，是因事发海域所属生态系统遭受侵害而致该生态系统中所有人以健康、稳定的海洋生态系统为指向的公共利益受损的法律事实。这一公共利益，系指生态系统基于其客观属性向该生态系统中所有人提供的生存、发展需要之满足，在法学研究中多被称为“生态利

* 梅宏，男，中国海洋大学法政学院法律系副教授，博士后，研究方向：环境法学，国际法学；曹彩容，女，中国海监第一支队，硕士，研究方向：海洋法学。

益”。海洋生态损害进入法律调整领域的原因，在于其侵害了人类赖以生存与发展的海洋生态利益。

生态利益意识的觉醒，生态利益观念的形成，是近半个世纪以来人们遭遇生态危机时“反而求诸己”的表现。生态危机愈演愈烈，客观上催促生态利益被法律确认为一种新的法益，得到明文保护。不过，包括我国在内的不少当代国家尚未在实定法中规定生态利益。从利益分析角度考量，海洋生态损害不时发生的根源，是生态利益这一随着经济社会发展而出现的具有普遍需求和广泛冲突的新型利益未得到充分、有效的法律保护，相应地，当事人的重视程度不高，该利益遭受侵犯的可能性随之增加。

生态利益是典型的公共利益，其因不法侵害行为而丧失，由此造成的损失，是全体人的损失，与公民、法人、其他组织或部门的私益损失无关。海洋生态损害事件影响广泛，因受侵害的权益并非私人权益而难以按照民事法律的通常办法提起普通侵权之诉。在一国范围内，代表全民意志、维护公共利益的机构是国家政府。当然，维护生态利益，公众监督、参与必不可少。如果海洋生态损害的影响超出一国管辖范围，则损害所及的国家均有权就其国家损失要求赔偿。

从海域管理的角度说，重大海洋生态损害事件发生后，该海域的所有权主体——国家遭受权益侵害，造成国家损失。面对影响面广、调查难度大、证据收集困难的“海洋生态损害事件”，国家政府及其部门具有及时调集多方力量、通过官方途径向事故责任方施压等优势。近 30 年来，国内外重大海上溢油事故引发的生态损害索赔诉讼，都是由掌握海洋管理权力的政府及其部门依法提起。例如：在 *Cadiz* 号巨型油轮油污案中，法国政府基于预计实施恢复生态系统的计划进行索赔；*Patmos* 号漏油事故案中，意大利政府作为国家遗产的受托人就“公众忍受了丧失享受的乐趣的痛苦”主张赔偿；“塔斯曼海”轮油污损害索赔案中，我国政府依据《海洋环境保护法》第 90 条第 2 款规定的“生态损害索赔权”行使诉权；墨西哥湾溢油事故发生后，美国政府也是以其在谈判中背倚政治与法律的强势及其司法部启动刑事调查程序对英国石油公司造成的压力，迫使英国石油公司设立初始资金数额为 200 亿美元的溢油响应基金，并建立“海湾海岸索赔工具”运作该基金。虽然美国的法律制度中早已确立“公民诉讼制度”，但是，面对海上溢油生态损害索赔这类繁难案件，公民、环保组织通常难以组织长时间的海洋环境监测、调查、取样、分析，不具备与事故责任方谈判、施压的条件。[3]

国家是全体社会成员的代表，国家对海域加以管理或予以支配的公权利（权力）本源于该国公民的权利。“权利—权力”的关联与制约关系，决定了国家被依法赋予海洋生态损害国家索赔权时，应当受到公民、团体的制度化监督。完善“权利—权力”的关联与制约关系，是应对海上溢油生态损害的索赔实践向我国立法提出的要求。《民事诉讼法（修正案）》第五十五条规定：“对污染环境、侵害众多消费者合法权益等损害社会公共利益的行为，法律规定的机关和有关组织可以向人民法院提起诉讼。”海洋生态系统因涉海非法行为所致不利后果，表现为事发海域油污厚重、生物遭灾、生态破坏等现象，“反映”为海洋环境容量损失、海洋生态系统服务功能耗减等海洋监测结论。这些都构成对该生态系统中所有人共享的生态利益的妨害。海洋生态损害国家索赔之诉，是由国家代表事发海域所属国家的全体人员向不法行为人提起的环境公益诉讼。

这一诉讼，和其他公益诉讼一样，非唯“法律规定的机关”可以提起，“有关组织”亦可成为原告主体。一方面，由于立法不足，我国海洋执法机关在准备海上溢油生态损害国家索赔时遇到诸多司法难题，因此应尽快构建我国的海上溢油生态损害国家索赔制度；另一方面，学者对政府的“环境公益代表资格的唯一性”存疑，指出“政府也并非环境公益的唯一代表，我们必须走出‘公益等于国家公益’的误区，体现环境公益维护者的多元取向。”[4]

修订后的《环境保护法》结合我国的实践，在第五十八条中规定了可以向人民法院提起环境公益诉讼的“社会组织”的认定条件。2014 年 12 月 8 日通过的《最高人民法院关于审理环境民事公益诉讼案件适用法律若干问题的解释》第二条又对“可以认定为《环境保护法》第五十八条规定的社会组织”做出规定，至此，环境公益诉讼案的原告主体，在我国法律上得到明确、具体的规定。这些规定当然适用于属于环境公益诉讼的海洋生态损害索赔之诉。

2015 年 6 月 5 日，大连环保志愿者协会向大连海事法院提起环境公益诉讼，状告中石油公司“7.16 事故”造成大连市海洋环境重大污染，并向其索赔 6.45 亿元，用于修复生态环境。大连市环保志愿者协会会长杨白新向媒体介绍，在收回的 10 000 份有效调查问卷中，赞成起诉中石油公司“7.16 事故”污染案的占 96%。“环境是一种公共财富，环境污染和环境破坏必然损害到每一个社会成员的利益，因此，维护良好的环境是每个社会成员的共同愿望……我们想使环境公益诉讼与行政监管、社会参与、经济调节相配合，从而实现大连环境状况的根本好转。”另外，中华环保联合会环境法律服务中心督查诉讼部部长马勇也向媒体表示，“我们也在考虑将来启动环境公益诉讼的方式来要求生态的修复。”[5]由此看来，“环境公益维护者的多元取向”已由学者的呼吁落实为当下的司法实践。

二、海洋生态损害国家索赔权的分配及其行使程序

构建海上溢油生态损害国家索赔制度，是“加强生态文明制度建设”的具体表现，有助于海洋行政主管部门切实履行《海洋环境保护法》和承担海洋生态损害国家索赔工作的职责。

为指导各级海洋行政主管部门代表国家开展海洋生态损害索赔工作，国家海洋局制定了《海洋生态损害国家损失索赔办法》（以下简称《办法》），于 2014 年 10 月公布。

《办法》围绕海洋生态损害国家损失索赔的目的依据、适用范围、索赔内容、索赔主体、索赔途径、保全措施、信息公开、赔偿金用途等方面提出了明确的规定和要求，有针对性地解决了我国海洋生态损害国家索赔工作存在的重要事项缺乏专门规定、各级海洋部门职责划分不清、索赔程序不统一等突出问题。

《办法》第四条规定，国家海洋局负责全国海洋生态损害国家损失索赔工作的监督管理，地方海洋行政主管部门和国家海洋局派出机构分别承担不同管辖海域内海洋生态损害国家损失索赔工作。其中，地方管理海域内海洋生态损害国家损失索赔工作的分工，由省级海洋行政主管部门自行规定；跨省、地方管理海域以外国家管辖海域的海洋生态损害国家损失索赔工作，由所在海区国家海洋局派出机构承办。这一规定明确了

“国家海洋局主抓监督管理，国家海洋局派出机构和地方海洋行政管理部门依据管辖海域分片管理”的职责划分格局，使《海洋环境保护法》第九十条第二款规定的“代表国家对责任者提出损害赔偿要求”的“行使海洋环境监督管理权的部门”得以细化。

《办法》第六条至第十二条明确了行使海洋生态损害国家索赔权的基本程序，即预判—评估—发送索赔函—协商、仲裁或诉讼。索赔程序法定化，为海洋行政主管部门行使索赔权提供程序指南，使案前技术准备工作，与海洋生态损害事故责任人的协议、异议，因非诉解决无果再转诉讼索赔的过程合法、合理，同时，有助于社会各界依法了解海洋行政主管部门进行海洋生态损害索赔的工作步骤，避免急迫、无序的国内外舆论扰乱依法推进的索赔工作。

《办法》虽以规范海洋行政主管部门的海洋生态损害国家损失索赔工作为中心，未专门涉及公众参与机制，却也在第五条和第十四条规定了诸如“海洋环境监督管理部门加强沟通、配合，建立海洋生态损害信息共享机制”、索赔工作相关信息应当依法“予以公开，接受社会监督”等内容。这说明，《办法》的制定者准确地认识到，担负海洋生态损害国家索赔职责的海洋行政主管部门需要与环保、海事、渔业等部门联系与合作，需要海洋信息公开及共享的工作机制支持，在全社会监督的法制环境中及时、有效地提出海洋生态损害的公共利益诉求。就连海洋生态损害行为的发现，也需要“接到相关报告、通报”等方式作为重要补充。海洋生态损害索赔是海洋行政主管部门代表国家进行的公益损害求偿，所得到的“海洋生态损害国家损失赔偿金”亦“应按照国家财政有关法规进行管理”，用于受害海域的海洋生态恢复与建设。一言之，海洋生态损害索赔，是为维护社会公共利益，而非政府部门利益；是为救济国家管辖海域的生态利益损失，而非国库财产损失。海洋行政主管部门代表国家履职，应当得到各部门、各单位和社会公众的智识支持与公开监督。海洋行政主管部门被依法赋予“海洋生态损害索赔权”，亦应担负及时、有效地作为并向社会公开信息的法定义务。

《办法》第十三条规定，海洋行政主管部门提出的海洋生态损害索赔要求，不影响公民、法人、其他组织或部门依法提出的其他索赔要求。按照《<海洋生态损害国家损失索赔办法>解读》，“《办法》适用于各级海洋行政主管部门代表国家对责任者提出海洋生态损害赔偿，不同于公民、法人和其他组织依法提起的私益索赔，也不影响其他部门依法提出的其他索赔要求。”问题是，《办法》出台时，我国《环境保护法》2014年修订案已公布，该法第五十八条规定，对污染环境、破坏生态，损害社会公共利益的行为，符合条件的社会组织可以向人民法院提起诉讼。而今，修改后的《环境保护法》已施行，故笔者认为，《办法》第十三条中的“其他索赔要求”不仅包括“私益索赔”，也包括符合条件的社会组织向人民法院依法提起的海洋生态损害索赔。①

三、适格的社会组织

“海洋生态损害国家损失”一词出现在《办法》的名称中，着实耐人琢磨。

---

① 据报道，2015年7月初，大连市环保志愿者协会状告中石油公司“7.16”起火事故，以庭前和解形式结束；和解内容包括：中石油公司拿出2亿元用于海洋修复和保护。这一案例正是修改后的《环境保护法》实施第一年中由符合条件的社会组织向人民法院依法提起的海洋生态损害索赔案。

损害与损失是两个不同的概念，在英美法中表述迥异：损害为 damge，损失为 loss。损害是一种事实状态，系因侵害行为而致，其强调的是不法行为的后果，而损失强调的是权利主体的利益丧失。损害的事实状态必然带来损失的后果。损失不限于损害的财产价值表现形式，还包括无形损失等“损害的非财产价值表现”。有损害必定有损失，有损失不一定有损害。换言之，并非所有的损失皆缘自损害。民事主体行使权利不当也会带来损失。

如果损害和损失不分，不仅造成人们概念上的混乱，而且容易导致在确定损害赔偿的民事责任时随心所欲和遗漏，影响了法律的公正和完整。从这个意义上说，《办法》在名称中出现“损害”、“损失”两个词，不仅有助于救济那些无法用财产价值表现形式来体现的国家利益丧失，也有助于明确属于国家的各类损失是海洋行政主管部门向责任者索赔的法律依据。因此《办法》规定的索赔主体只有各级海洋行政主管部门，而未提及“环境保护法第五十八条规定的社会组织”。

损害是由违反法律义务的行为造成的。《办法》第二条规定了十二类“导致海洋环境污染或生态破坏，造成国家重大损失”的行为，包括新建、改建、扩建海洋、海岸工程建设项目，围填海活动及其他用海活动等。这些不法行为的后果既包括海洋生态损害，也包括“次生污染损害”。后者虽不属于海洋生态损害，却是在应对海洋生态损害过程中发生的损害，是对特定环境造成的“排放型”损害。而海洋生态损害是对海洋生态系统造成的“功能型”损害，其影响的权利主体具有不确定性，其妨害的权益是生态利益，故这种新型损害所致后果包括该生态系统中所有人普遍遭受的公共利益损失。《办法》作为国家海洋局依据《海洋环境保护法》第九十条第二款制定的规章，只涉及海洋行政主管部门代表国家提起的对国家造成损失费用总计超过 30 万元的重大损失索赔。这意味着，并非海洋生态损害带来的所有损失均可由“法律规定的机关”提出索赔。海洋行政主管部门代表国家对责任者提出的海洋生态损害赔偿，不影响其他部门依法提出的其他索赔要求，例如，蓬莱“19-3 油田”溢油事故发生后，农业部积极开展养殖渔业、天然渔业资源损害索赔。

仅就海洋生态损害国家损失索赔而言，海洋行政主管部门是担负海洋生态损害国家索赔职责的“法律规定的机关”，其便于获得技术支持与法律支持，依据《办法》中明确规定的索赔程序开展索赔工作。不过，除了“法律规定的机关”具有海洋生态损害国家损失索赔权，符合“环境保护法第五十八条规定的社会组织”亦可成为索赔主体。《民事诉讼法（修正案）》第五十五条、新修订的《环境保护法》第五十八条的规定，完善了我国环境公益诉讼制度的规定，不仅有利于督促海洋行政主管部门履职，且明确了海洋生态损害国家损失索赔的“替补”原告。适格的社会组织亦可提起海洋生态损害索赔，不仅体现了环境民主原则，也说明生态利益是社会公共利益，可以由适格的社会组织依法维护。再者，如学者言，“人们所见的每一次生态损害中都包含没有被人们认识到的损失。”[6]基于特有的视野、智识和观念，适格的社会组织可以发现海洋生态损害造成的各种损失。这种来自广大民间的社会组织不仅人员广泛，且有持续、深入工作的可能，其对海洋生态损害索赔之诉的密切关注，使之得以配合、监督“法律规定的机关”工作，甚至在必要时作为替补原告向责任者提出海洋生态损害索赔。我国立法的上述新规定，将有利于建立海洋生态损害多元化救济机制，更好地维护海洋生态利益。

参考文献

[1] 李承亮．侵权责任法视野中的生态损害［J］．现代法学，2010，(1).
[2] 竺效．反思松花江水污染事故行政罚款的法律尴尬———以生态损害填补责任制为视角［J］．法学，2007，(3).
[3] 梅宏．海上溢油生态损害索赔实践向立法提出的要求［J］．江西理工大学学报（社会科学版），2012，(4).
[4] 钭晓东．论环境法功能之进化［M］．北京：科学出版社，2008：278.
[5] 周辰．搁浅两年康菲漏油事件索赔案重启：养殖户提索赔逾 2 亿［ED/OL］．(2015-6-13). http：//www. thepaper. cn/newsDetail_ forward_ 1341167_ 1.
[6] 徐祥民，高振会，杨建强，等．海上溢油生态损害赔偿的法律与技术问题研究［M］．北京：海洋出版社，2009：262.

论文来源： 本文原刊于《海洋开发与管理》2015 年 09 期，第 99-102 页。
基金项目： 山东省社科规划项目（13CFXJ08）；
中国海洋大学海洋发展研究院自设项目（2013JDZS02）；
中国海洋发展研究中心青年项目（AOCQN201223）。

略论海洋功能区划兼容性的内涵、特征及判定方法

岳 奇* 赵 梦 徐 伟

摘 要：海洋功能区划是海域综合管理的重要手段，海洋功能区划的兼容性问题是海域使用管理中面临的较为常见的问题之一。海洋功能区划兼容性的本质是海域使用方式间的协调，具有方向性、条件性等特征。海洋功能区划兼容性判定时应遵循区划目标优先、区划管理要求优先、维护基本功能优先及基本功能开发优先等四个原则。建立用海方式兼容性判定对照表，为用海项目审批和海洋功能区划体系发展可提供技术支撑。

关键词：海洋功能区划；兼容性；特征；判定方法

一、引言

海洋功能区划是《海域使用管理法》确立的重要制度，是根据海域区位、自然资源、环境条件和开发利用需求，将海域划分为不同类型的海洋基本功能区，为海洋开发、保护与管理提供科学依据的基础性工作。新一轮的全国和各沿海省（市、区）的海洋功能区划2012年已经国务院批准实施。本轮海洋功能区划分类体系、基本概念等均有所调整，更加注重对区划兼容性的管理和应用。因此，如何对海洋功能区划的兼容性进行理解、分析和判断，是当前海洋功能区划领域的突出问题。进行区划兼容性的分析和研究其必要性主要体现在以下三个方面。

首先，区划兼容性的研究是完善区划体系的需要。目前海洋功能区划体系已基本建立，在区划层级上形成了全国、省、市县三级海洋功能区划体系，在区划技术上形成了《海洋功能区划编制技术导则》、《省级海洋功能区划编制技术要求》、《市县级海洋功能区划编制技术指南》等技术规范，但功能区划中有关概念、新理念仍缺乏科学全面的释义，容易产生不同理解。因此，为完善区划体系，必须对海洋功能区划中的兼容性进行研究，建立一套关于海洋功能区划兼容性分析的方法与判断标准。

其次，科学审批用海需要以明晰区划兼容性为前提。海洋功能区划是项目用海选址

---

* 岳奇，男，博士研究生，毕业于中国海洋大学，国家海洋技术中心工程师，主要从事海洋功能区划、围填海管理技术研究。

的依据，海域使用必须符合海洋功能区划。项目用海与海洋功能区划完全符合易于判定，但项目用海与海洋功能区划兼容的判定则存在一定难度和主观性。目前，项目用海是否兼容的判定主要存在三种情形，一是用海者在提交申请前的主观判断；二是用海审批部门在收到用海申请后，依据对用海区位的海域功能掌握，进行兼容性的综合判定；三是项目用海评审阶段，评审专家根据个人经验进行的综合裁定。这三种判定方式均存在主观性强、缺乏判定依据等问题，[1]使得区划的客观性得不到充分体现。

再者，各级区划实施需要深入开展兼容性的研究。我国仍处于经济快速发展时期，海洋已上升为国家战略，东部沿海地区相继实施了海洋发展规划，海洋生态文明建设任重道远。海洋功能区划是以上内容得以顺利开展实施的管理抓手和政策工具。海洋功能区划的兼容性研究和判定方法标准的建立，将增强海洋功能区划实施应对不确定性的能力，[2]适应旺盛的建设用海需求和生态文明建设需求，提高区划的灵活性，保障区划实施。

二、国内外关于海洋功能区划兼容性研究现状

目前，国内外专门对于海洋功能区划兼容性的研究总体较少。国外已有研究主要集中在海域使用和海洋环境保护的兼容的研究，国内主要集中在对土地规划、城市规划兼容性的研究，以及对海洋功能区划符合性的研究。这些研究为本题的研究奠定了基础。

国外对于海域使用兼容性的研究总体较少，这主要是由于国外海域开发利用的规模和强度不高，涉及的用海主体和用海类型少。马来西亚的帕劳雷当海洋公园按照功能划分为珊瑚礁观赏区、季节性封闭区、恢复区、娱乐区等 7 类功能区，并按照对海域自然属性影响程度不同建立了潜水、划船、捕捞等用海活动的利用指南；澳大利亚大堡礁海洋公园同样也将海域划分为一般利用、科学研究等 7 类功能区，对各种用海活动间的兼容关系进行了研究，并以列表的方式进行了说明。2009 年 Ehler C，Fanny D. 等人对海域使用活动的兼容性进行过研究，他们将用海冲突按照“时间、空间重复可管控”到“相互排他”的类别进行分类，并以图示的方式进行了说明。[3]

国内土地使用兼容性的研究主要集中在城市规划领域。城市规划中土地使用兼容的概念通常指同一块城市土地空间范围内，不同用地性质的活动共同存在的可能性或相互替换的可行性。土地空间的兼容性受土地周边环境耐受程度影响，主要反映该用地周边环境对该地块使用性质的约束关系。[4]城市土地的兼容性提出增加了土地使用的弹性，为管理者解决用地矛盾，提高城市规划的综合管控提供了支撑。

海水的空间联动、水体交换等特征决定了海域资源具有复合性，其复合性的特征决定了海域功能具有多宜性。在 20 世纪 90 年代初海洋功能区划起步阶段时，就将海域功能按照主导功能、兼容功能来划分，现行的新一轮海洋功能区划同样吸收了“兼容”的理念。我国对功能区划符合性的分析研究主要集中在海域使用方面，如徐伟、夏登文等人 2010 年对项目用海是否符合海洋功能区划给出了判定的方法、标准和步骤；[5]王江涛、刘百桥等人 2011 年对海洋功能区划符合性的有关概念、判定方法等进行了初探，并以港口功能区为例进行了研究；2014 年，岳奇等人以兼容的对立面“排他”为研究对象，研究了海域使用的排他类型、特征及计算方法，并对兼容和排他的关系进行分

析，提出“若分别采用一个特征数值表征特定用海的兼容性和排他性程度，则他们的总和或乘积可能是确定的”。[6]

三、海洋功能区划兼容性内涵和特征

（一）海洋功能区划兼容性的内涵

兼容性（compatibility）通常是计算机领域的术语，一般指硬件之间、软件之间或是软硬件组合系统之间的相互协调工作程度。在海洋管理领域的兼容性一般指海洋功能区划的兼容或不同用海活动之间兼容。

海洋功能区划的兼容性是指，海域基本功能之间、或是海域使用活动与海洋功能区规定的基本功能和各项管理要求之间的协调程度。该定义可做如下释义：（1）海域资源的功能多宜性决定了各种功能间存在兼容的情形。（2）用海活动的功能区划符合性分为完全一致、兼容、有条件兼容和不符合 4 种类型，完全一致是指用海类型和功能区确定的基本功能类型完全一致，同时用海活动同功能区各项管理要求均符合；兼容是指用海类型虽与功能区的基本功能类型不一致，但用海活动不会对功能区基本功能造成不可逆转的改变，同时用海活动符合功能区单元的海域使用和海洋环境保护要求；有条件兼容是指在满足一定条件的条件下用海活动不会对基本功能造成不可逆转的改变；不符合是指与功能区管理要求不一致。（3）兼容是符合的特殊情况，按照《省级海洋功能区划编制技术要求》，海洋基本功能是在现有认识条件下确定的最佳功能，一切开发利用活动均不得对海洋的基本功能造成不可逆转的改变，因此可将兼容理解成广义范围下的符合。

根据兼容的定义即可得出，兼容存在两种类型，分别是各功能间的兼容和海域使用同基本功能间的兼容。各功能间的兼容性可理解为《省级海洋功能区划编制技术要求》确定的 8 个一级类基本功能和 22 个二级类基本功能，相互之间协调程度，如工业与城镇用海区可兼容农渔业功能。海域使用同基本功能之间的兼容是指，该海域使用类型与功能区基本功能确定的海域使用类型不一致，但其不会或在一定条件下不会对该功能区的基本功能造成不可逆转的改变。

（二）海洋功能区划的兼容性的主要特征

1. 海洋功能区划兼容性的本质是用海活动间的协调性

由于基本功能间的兼容其本质上是基本功能确定的主要用海类型间的兼容，因此两种兼容类型在本质上是一样的，如工业与城镇区与农业区两种基本功能的兼容性判定，实际上是对两种基本功能区确定的用海类型是否会对另外一个基本功能造成不可逆转的改变的判定。归根结底，海洋功能区划的兼容就是用海活动间的兼容，是不同用海方式在同一海域空间不同或相同时间区间下，相互间的协调程度（见图 1）。

2. 海洋功能区划的兼容性具有方向性

兼容是相对基本功能和海域使用活动而言的，由于不同的用海类型或用海方式对海域自然属性的改变程度不同，导致其对该海域的基本功能的影响程度也不同。总体来说，兼容具有向下兼容的方向性特征，具有单向性，即对海域自然属性影响大的用海方

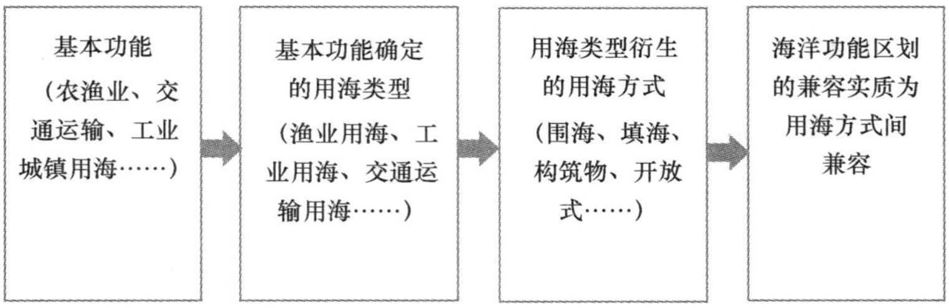

图 1　海洋功能区划兼容的本质示意图

式，兼容对自然属性影响小的用海方式，反向则不成立（见图 2）。这是由于对海域自然属性影响小的用海通常不会对海域基本功能区造成不可逆转的改变。比如，农渔业区内的渔业基础设施区可以兼容开放式养殖，开放式养殖不会对渔业基础设施区确定的渔港建设这一基本功能造成不可逆转的改变，反之在养殖区内不兼容渔港建设用海，因为填海会造成该区域养殖条件的灭失。

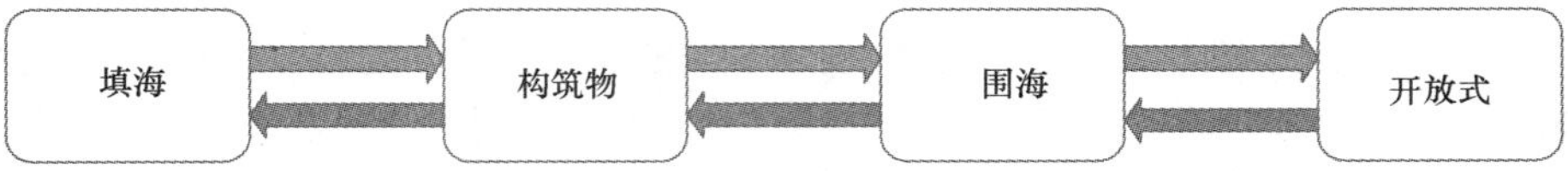

图 2　主要用海方式的兼容方向示意图

注：图中下行箭头表示不可兼容，上行箭头表示可以兼容，箭头指向为被兼容的用海方式

3. 海洋功能区划的兼容性是有相对的、有条件的

兼容的前提是不会对基本功能造成不可逆转的改变，不存在完全兼容的两种用海方式，兼容并非绝对的，或者说总是难以确认某种用海方式肯定不会对海域基本功能不造成不可逆转的改变，通常给予兼容的结论都需要加以一定的限制条件。如，一般意义上围填海不会对填海功能造成不可逆转的改变，但若围海不当（规模过大、改变水冲淤环境、造成污染加剧等），有可能造成局部区域不再适宜开展填海，或者有可能影响功能区环境保护目标；再如通常意义上不兼容的两种用海方式，可能其中一种用海方式反而利于功能区基本功能的维护和提升。如图 3，通常来说养殖区内不兼容突堤建设，但图中突堤的建设改变了排污口污染物流向，维护改善了养殖区环境条件，在此背景下，突堤用海是被养殖区兼容的。

四、海洋功能区划兼容性判定原则和步骤

某项目用海是否兼容的判定可遵循以下 4 条原则和步骤开展。

一是区划目标优先。《全国海洋功能区划（2011—2020 年）》提出到 2020 年，海水养殖用海的功能区面积不少于 260 万公顷，海洋保护区面积达到管辖海域 5%以上，近岸海洋保护区面积 11%以上，近岸海域保留区面积大于 10%，大陆自然岸线保有率不少于 35%，整治修复岸线不少 2 000 千米，省级海洋功能区划还设定了具体的围填海总量控制指标及特色指标。[7] 在进行海洋功能区划兼容性的判定时，首先要以能否有利

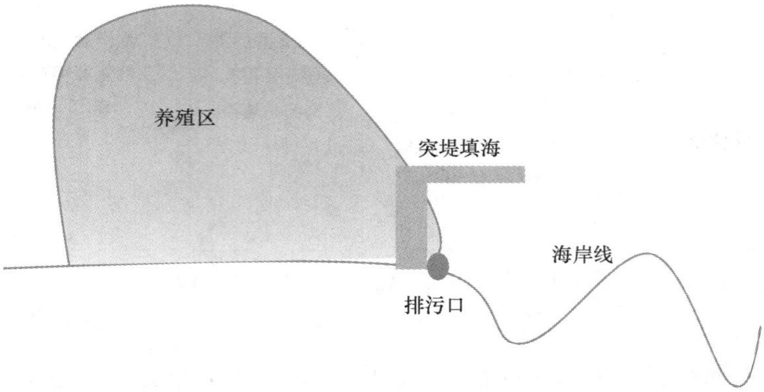

图 3　某用海案例

于区划目标实现为原则，对于会造成区划目标难以实现的用海，不应判定为兼容的范畴。

二是区划管理要求优先。本轮海洋功能区划的管理要求分为三个方面，一是八类基本功能区的总体管理要求，二是每个功能区单元的管理要求，三是区划保障措施中的管理要求。其中每个功能区单元的管理要求又分为海域管理要求和海洋环境保护管理要求，海域管理要求提出了用途管制、用海方式控制和整治修复措施，海洋环境保护要求明确了生态保护重点目标和功能区环境质量保护目标。在进行兼容性判定时，要和功能区划三个方面的管理要求进行一一核对，尤其是与所在功能区单元的管理要求核对，对于功能区单元用途管制和用海方式控制要求中明确禁止的，以及会破坏生态保护重点目标和不符合环境保护质量目标要求的，不得判定为兼容的范畴。

三是维护基本功能优先。对于不违背区划目标、区划管理要求未明确禁止的，可能存在兼容或不兼容两种结果，在此情况下进行是否兼容的判定时，要以维护海域基本功能为前提。对于会造成海域基本功能不可逆转改变的，不得判定为兼容的范畴。

四是基本功能开发优先。即对基本功能开发情况进行分析，在区划期限内，对于基本功能已有明确开发计划的，项目用海不得影响基本功能的开发，此时其兼容的条件是不对基本功能造成不可逆转的改变，且在基本功能开发前终止海域使用。

功能区划是否兼容具体项目用海的判定技术路线图见图 4。

对于项目用海与海洋功能区划兼容性判定的 4 个方法步骤，其中区划目标符合性判定、区划管理要求符合性判定及基本功能开发计划协调性分析等 3 部分内容较容易判定，直接和海洋功能区划比对后便可得到结论；对于基本功能维持的判定不能直接得到判定结论，需要对项目用海对基本功能影响综合分析评价后才能得到结果。前文已阐明功能区划兼容性的本质是不同用海方式间的兼容性，因此只要研究不同用海方式间的兼容性判定，便可解决基本功能维持的判定问题。

根据不同用海方式对海域自然属性的影响程度，采用特尔斐法，将他们的影响程度从低到高分为 1~5 个等级，各用海方式的海域自然属性影响等级见表 1。其中对海域自然属性影响程度大的可以兼容影响程度小的用海方式。

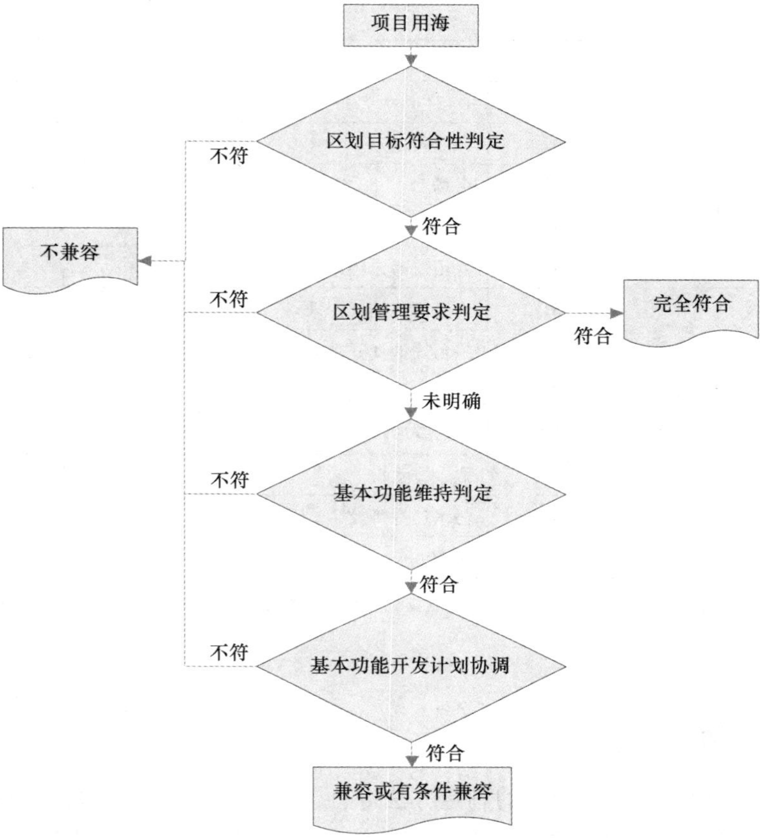

图 4　项目用海兼容判定的技术路线图

表 1　不同用海方式对海域自然属性的影响程度

一级方式		二级方式		海域自然属性影响程度
编码	名称	编码	名称	
1	填海造地	11	建设填海造地	5
		12	农业填海造地	5
		13	废弃物处置填海造地	5
2	构筑物	21	非透水构筑物	4
		22	跨海桥梁、海底隧道等	2
		23	透水构筑物	2
3	围海	31	港池、蓄水等	1
		32	盐业	1
		33	围海养殖	2

续表

一级方式		二级方式		海域自然属性影响程度
编码	名称	编码	名称	
4	开放式	41	开放式养殖	1
		42	浴场	1
		43	游乐场	1
		44	专用航道、锚地及其他开放式	1
5	其他方式	51	人工岛式油气开采	4
		52	平台式油气开采	3
		53	海底电缆管道	1
		54	海砂等矿产开采	3
		55	取、排水口	2
		56	污水达标排放	4
		57	倾倒	4

*注：其中，海域自然属性影响程度 5 为完全改变，4 为重大改变，3 为一般改变，2 为较小改变，1 为几乎没有改变。

五、结束语

本文对海洋功能区划兼容性的判定方法进行了初步探讨，期望可以在海洋功能区划的管理和应用中达成共识，统一标准，完善海洋功能区划的理论和应用。通过研究可见，海洋功能区划兼容性问题的本质是海域使用方式间的协调问题，对海洋功能区划兼容性的研究根本上就是研究不同用海方式对海域自然属性的影响问题。本文对用海方式对海域自然属性影响程度的分析采用了特尔斐法，同时研究中也忽略了不同用海方式对海域功能的影响方面不同的问题，并未对海域各种功能进行分类、分层研究，提出的判定方法也更多是原则性的探讨，需要继续更深入地研究。

海洋功能区划的兼容性问题是海洋功能区划体系发展中必然面临的问题，也是海域使用管理中面临的较为常见的问题之一。海洋功能区划兼容性的研究对于完善区划制度、丰富区划理论体系、保障依据区划科学审批用海及促进各级区划实施提供了理论方法支撑，可以提高基于生态系统的海洋功能区划科学化管理决策水平，对海洋管理和海域资源可持续开发利用具有积极意义。

参考文献

[1] 刘百桥．我国海洋功能区划体系发展构想［J］．海洋开发与管理，2008，25（7）：19-20.

[2] 王江涛，刘百桥．海洋功能区划符合性判别方法初探——以港口功能区为例［J］．海洋通报，2011，30（5）：496-497.

[3] Ehler C，Fanny D. Marine Spatial Planning：A Step-by-step Approach toward Ecosystem-based Man-

agement [R] . Paris: UNESCO, 2009: 20-23.
[4] 司马晓，邹兵．对建立土地使用相容性管理规范体系的思考 [J] . 城市规划汇刊 2003，(4): 12-13.
[5] 徐伟，夏登文，刘大海等．项目用海与海洋功能区划符合性判定标准研究 [J] . 海洋开发与管理，2010，27 (7): 4-5.
[6] 岳奇，赵梦，徐伟．海域使用排他的类型、特征及计算方法研究 [J] 海洋环境科学，2015，34 (2): 206-210.
[7] 张绍丽．加强海洋功能区划体系建设着力保障海洋经济发展 [N] . 中国海洋报，2011-4-26 (003).

论文来源： 本文原刊于《中国海洋大学学报（社会科学版）》2016 年 3 期，第 32-36 页。

基金项目： 公益性行业科研专项（201505001）；
中国海洋发展研究会重点项目（CAMAZD201504）。

基于 BP 神经网络方法的山东省海洋生态安全评价

苟露峰* 高 强** 高乐华

摘 要： 本文基于2002—2012年山东省海洋生态安全的相关数据，从生态安全、经济安全和社会安全3方面选取26个指标构建海洋生态安全评价指标体系，运用BP神经网络对山东省海洋生态安全发展现状和演变趋势进行评价，并结合评价指数和超载度标准进行分析。结果表明：①BP神经网络通过对历史数据的学习，能够实现海洋生态安全的评价，是一种切实可行的生态安全评价方法。②就各子系统而言，2010—2012年山东省海洋生态安全子系统安全程度呈现上升趋势，经济安全子系统和社会安全子系统的安全程度均呈现下降趋势，综合生态安全程度呈现下降趋势。③总体而言，2010年和2011年山东省海洋生态安全处于较为安全等级，2012年生态安全处于临界安全等级，海洋生态安全出现了恶化的趋势。

关键词： 海洋生态；安全评价；BP神经网络；山东省

海洋生态安全是海洋经济和社会发展的基本条件。由于海洋经济的快速增长，海洋生态安全状况加速恶化，20世纪90年代后期，国内外学者开始广泛关注海洋生态安全问题的研究，形成了丰富的研究成果，为海洋资源和环境的开发、利用、保护和实践等提供了较好的理论支撑。国外的相关研究主要建立在生态安全现状[1,2]、生态安全评价[3]，具有较为完整的概念体系和系统的操作方法[4]。国内的研究重点包括海洋生态安全评价的理论[5,6]、指标[7]、方法[8]、具体海域的实证研究[9]以及重要资源的安全问题探讨等内容。就海洋生态安全评价而言，中国的相关研究起步较晚，研究内容涉及海洋生态安全评价的理论和指标[10]、评价信息系统研究[11]、评价模型管理系统研究[12]、海洋经济、海洋油气业及海洋运输业的安全评价[13]、海洋生态安全评价的实证研究等方面，总体上相关研究仍不多见，因此，有必要加强研究。

目前，中国海洋生态安全评价的方法体系尚处于探索阶段，成熟的方法不多，主要有因素综合评价法、灰色GM（1，1）模型、物元分析法、能值分析、可拓分析、情景

* 苟露峰，女，山东青岛人，博士研究生，主要从事海洋经济研究。

** 高强，男，陕西绥德人，博士生导师、教授，主要从事海洋经济管理和农业经济管理研究。

分析及生态足迹法，这些方法一般需要采用线性或者指数模型等回归统计进行评价，而海洋生态安全的影响因素之间的关系往往是非线性的，很难通过具体的数学模型进行描述。另外，在评价过程中，一些模型需要人为赋权，增加了研究的主观性。BP 人工神经网络（Back Propagation Network，BP Network）是一种极其复杂的非线性系统动力学模型，其强大的非线性映射能力、学习能力和容错能力，对解决规律不显著、用统计方法难以处理的非线性预测问题有着得天独厚的优势，用于生态适宜度评价相比传统方法有其突出的优越性[14]，其 Kolmogorov 连续定理更是从数学方面证实了神经网络用于时间序列预测的可行性及有效性[15]。本文基于 BP 人工神经网络这一综合评价方法对山东省 2002—2012 年的海洋生态安全进行评价，以期对山东省海洋生态安全的有效调控与管理提供决策参考，实现后续海洋经济的可持续发展。

一、评价指标体系的建立及数据来源

（一）研究区概况

山东省位于中国东部沿海、黄河下游，境域包括半岛和内陆两部分，总面积 15.71 万平方千米，山东半岛三面环海，岸线长 3 024 千米，占全国大陆海岸线的 1/6，全省近海海域 17 万平方千米，占渤海和黄海总面积的 37%，海洋物种资源丰富，生物多样性种类繁多，为全省海洋经济的发展和生态建设提供了重要的物质基础。但是，在海洋经济迅速发展的同时，相应的生态环境、经济和社会矛盾等发展不协调问题也日益凸显，海洋经济的迅速发展给海洋生态安全带来了前所未有的挑战。同时，海洋生态安全问题也在一定程度上制约了区域海洋经济的可持续发展。因此，对其进行生态安全评价研究，有助于协调经济、社会发展和生态环境之间的矛盾，为海洋经济的后续发展提供借鉴。

（二）构建评价指标体系

海洋生态安全是指一定的时空范围内，通过对海洋资源的合理利用和管理，使海洋生态系统能够保持其结构和功能不受破坏或少受破坏的均衡状态，并为保障人类生态、经济和社会的可持续发展提供均衡稳定的自然资源，维持海洋生态安全系统复合体的协调发展[16]。海洋生态安全评价作为海洋生态安全研究的重要内容之一，其指标的选择则要结合海洋生态安全的特点，不仅要考虑海洋生态环境现状，还要反映对海洋生态安全有潜在影响的重要因素以及人类活动的影响，是一项探索性很强、很复杂的工作。海洋生态安全系统是以人为主体，以经济安全子系统、社会安全子系统为核心，以生态安全子系统为基础的多功能复合系统，其结构要素有生态安全子系统、经济安全子系统和社会安全子系统，强调人类活动和经济运作及其对生态环境的影响，能够从不同角度反映海洋生态安全各指标间的相互作用机理，有利于反映海洋生态安全评价的系统过程。

据此，遵循指标选取的科学性、完整性、实用性、独立性、可操作性和可比性等原则，为了保证评价指标体系选择地科学性和完备性，在进行海洋生态安全评价时，先采用分析法将评价目标分解为多个子系统目标，结合现有的各种海洋生态评价指标的基础上，综合运用 Delphi 法和层次分析法（AHP）完成对指标的筛选，剔除冗余指标，确定并保留重要指标；完成指标筛选后，采用 SPSS 中的因子分析法处理指标间的共线性问题，结合定性分析判断指标的完备性，从而保证在指标确定上做到重要性和完整性的严谨配合。基于前期的研究成果[17,18]，本文按照海洋资源的可持续利用目标，结合山东省实际情况，从生态安全、经济安全、社会安全 3 个方面筛选出 26 个指标构建评价体系（见表 1），在权重的计算上，由于指标相对较多，为避免主观因素的影响，选取客观性较强的熵权法[19]。评价指标按照对海洋生态安全的影响程情况，可分为正安全趋向指标和逆安全趋向指标：正安全趋向指标的数值越大，表明维护和改善海洋生态安全的能力越强；逆安全趋向指标数值越小，表明维护和改善海洋生态安全的能力越强。

表 1　山东省海洋生态安全评价指标体系

目标	系统	指标	指标解析	指标性质
山东省海洋生态安全评价	生态安全	C1 生物多样性	海洋生态监测区底栖生物多样性均值	正
		C2 严重污染海域面积	中度污染以上海域占污染海域比重	逆
		C3 人均海水产品产量	海水产品产量与地区总人口之比	正
		C4 年均赤潮发生次数	相应海域赤潮发生次数	逆
		C5 海域养殖面积	海水养殖面积占海水可养殖面积比重	正
		C6 单位面积工业废水排放量	单位土地面积排放工业废水量	逆
		C7 单位面积工业固体废物产生量	单位土地面积产生工业固体废弃物	逆
		C8 海洋自然保护区面积比重	海洋自然保护区面积占国土面积比重	正
		C9 环保投入占 GDP 的比重	环境污染治理投资占地区 GDP 的比重	正
		C10 近岸海洋生态系统健康状况	生态监控区近岸海洋生态系统健康状况	正
	经济安全	C11 人均海洋生产总值	海洋生产总值与地区总人口之比	正
		C12 海洋生产总值占 GDP 的比重	海洋生产总值与地区 GDP 之比	正
		C13 海域利用效率	单位确权海域面积内海洋生产总值	正
		C14 人均固定资产投资增长率	固定资产投资总额与地区总人口之比	正
		C15 海洋第三产业占海洋 GDP 的比重	海洋第三产业占海洋 GDP 比重	正
		C16 海洋第二产业占海洋 GDP 的比重	海洋第二产业占海洋 GDP 比重	正
		C17 人口密度	单位土地面积承载人口数量	逆
		C18 城镇化水平	非农业人口占总人口数量的比重	逆
		C19 受教育程度	大专以上人口比重	正
		C20 涉海就业人员比重	涉海就业人员占社会总就业人数比重	正
	社会安全	C21 城镇居民人均可支配收入	城镇居民家庭人均可用追中消费支出和其他非业务性支出以及储蓄的总数	正
		C22 城镇居民人均消费总额	城镇居民个人和家庭用于生活消费以及集体用于个人消费的全部支出	正
		C23 恩格尔系数	食品总支出占人均消费总支出的比重	逆
		C24 海洋科研机构从业人员数增长率	海洋科技人员占涉海就业人员比重	正
		C25 海洋科研课题数增长率	海洋科研机构平均承担科研课题数量	正
		C26 海洋科研机构密度	单位面积内海洋科研机构数量	正

（三）数据来源

研究数据主要来源于2002—2012年《山东统计年鉴》《中国统计年鉴》《中国海洋统计年鉴》《中国环境统计年鉴》《中国海洋环境质量公报》《中国城市统计年鉴》、山东统计信息网，部分较难获得的数据由笔者根据资料整理而得。

二、评价方法及过程

（一）BP神经网络评价方法

1. 评价方法的选择

BP神经网络通常由输入层、隐层、输出层3层构成[20]。其运行原理为：隐含层节点通过基函数执行一种非线性变化，将输入空间映射到一个新的空间，输出层则在这个新的空间实现线性加权组合。

假设神经网络有 n 个输入层、m 个输出层和 p 个隐层，则神经网络的输入表示为：

$$x_i^1 = \sigma\left(\sum_{j=1}^{n} w_{ij}^0 x_j + w_{i0}^0\right),\ i = 1,\ 2,\ \cdots,\ p \tag{1}$$

神经网络的输出层输出为：

$$y_i = \sum_{j=1}^{p} w_{ij}^0 x_j^1 + w_{i0}^0 \Big),\ i = 1,\ 2,\ \cdots,\ m \tag{2}$$

BP神经网络激发函数一般采用对数sigmoid函数：$\sigma(x) = 1/(1+e^{-x})$，输出层误差计算模型为 $\Delta y_i = y_i(1-y_i)(Y_i-y_i)$，其中：$w_{ij}^0$ 代表相互两层神经元之间的权重；Y_i 为期望输出值。由于sigmoid函数的取值及神经网络的最终输出范围是［0，1］，因此需要先对样本进行归一化处理，以消去单位及数量级对评级结果的影响。

对于正趋向向指标，公式为：

$$y_{ij} = (\max x_j - x_{ij})/(\max x_j - \min x_j) \tag{3}$$

对于逆趋向向指标，公式为：

$$y_{ij} = (x_{ij} - \min x_j)/(\max x_j - \min x_j) \tag{4}$$

以年份数据作为样本，总样本数为11，指标数为26。因此，$i=1，2，\cdots，26$；$j=1，2，\cdots，11$。

2. 评价模型与评价指数

状态空间是欧式几何空间用于定量描述系统状态的一种有效方法[21]。本文结合状态空间模型，采用“超载度”表征生态安全状况，超载度越高，系统越不安全。超载度的表达式为：

$$O_p = 1/|M_p| = 1/\sqrt{\sum_{i=1}^{n} w_i y_{ij}^2}；\ REO = 1/|M| = 1\Big/\sqrt{\sum_{p=1}^{3} w_p O_p^2} \tag{5}$$

其中：O_p（$p=1，2，3$）为各个子系统的评价指数；REO 为海洋生态安全的总评价指数；w_p 代表三个子系统的权重。

（二）确定海洋生态安全等级及其标准

海洋生态安全评价指标体系确定后，就需要明确各项指标的安全标准，才能对海洋生态安全状况进行评价，目前学术界还未形成统一认可的海洋生态安全分级标准。本文在确定安全等级标准时，主要基于以下几点[22-24]：①已有的国家标准或国际标准的指标值；②参考国内外海洋生态的研究现状，确定指标值；③借鉴现有的生态、经济与社会协调发展的理论，将其定量化作为指标值；④对重要但缺乏相关数据的指标，暂用类似指标值替代。具体操作上，本文将海洋生态安全状况按照等分原理划分为五个安全等级：安全、较为安全、临界安全、较不安全和极不安全，其描述及对应分值如表2。

表2 安全分级标准

等级	安全状态	描述	分值
V	安全	海洋生态服务功能处于理想状态，海洋生态系统拥有较强的再生能力，海洋利用进行良性循环	[0，0，2]
IV	较为安全	海洋生态服务功能可以满足社会需求，海洋生态系统基本上实现可持续发展，生态灾害发生频率较低	(0.2，0.4]
III	临界安全	海洋生态服务功能基本具备，但已经出现退化迹象，生态灾害发生频率上升	(0.4，0.6]
II	较不安全	海洋丧失大部分生态服务功能，生态灾害严重并危害人们正常生活，生态恢复所需时间较长、恢复成本较高	(0.6，0.8]
I	极不安全	海洋完全丧失生态服务功能，受到灾害性毁灭，不适合居住，海洋生态系统已经崩溃，无法修复	(0.8，1.0]

三、结果及分析

（一）BP神经网络评价结果

根据实际情况，山东省海洋生态安全的各项指标与安全状况间存在着较为复杂的非线性函数关系$f(x_1, x_2, \cdots, x_{26})$。运用MatlabR2012b应用软件的newrb工具箱，先将2002—2012年的数据进行归一化处理（见图1），然后将2002—2009年的各项指标数据作为神经元的节点输入，对BP神经网络进行训练，完成神经网络的自学习过程，获得各指标与海洋生态安全程度的关系。再输入2010—2012年的各项指标数据，最终得到三个子系统安全等级的评价结果（见表3）。其中，确定隐层激活函数为tansig，输出层激活函数为logsig，网络训练函数为trainrp，训练误差设置为0.00001，学习速率设置为0.1，最大训练次数为20万次，隐层节点数为7，动态参数及sigmoid参数等为默认值。结果运行10次后，输出结果，样本拟合误差为5.18E-4，模拟结果较为满意。

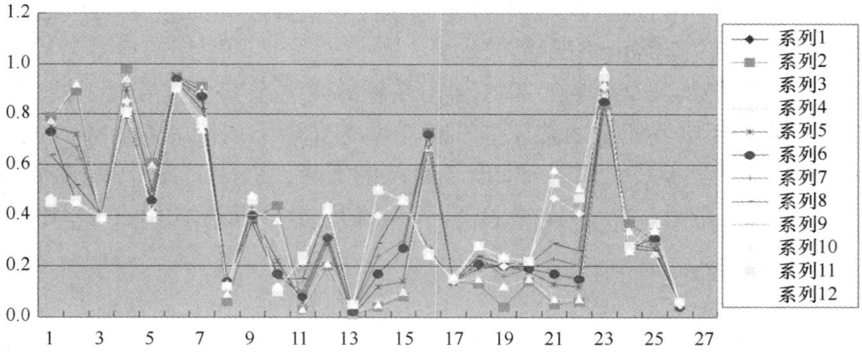

图 1　2002—2012 年无指标无量纲化数据处理结果

表 3　2010—2012 年山东省海洋生态安全评价结果

年份	各子系统生态安全评价结果			综合结果
	生态安全	经济安全	社会安全	
2010	0. 551（Ⅲ）	0. 387（Ⅳ）	0. 382（Ⅳ）	0. 351（Ⅳ）
2011	0. 563（Ⅲ）	0. 398（Ⅳ）	0. 403（Ⅲ）	0. 387（Ⅳ）
2012	0. 541（Ⅲ）	0. 406（Ⅲ）	0. 427（Ⅲ）	0. 415（Ⅲ）

（二）结果分析

从时序上看，三个生态子系统的变化各有特点。2010—2012 年山东省海洋生态安全子系统、经济安全子系统和社会安全子系统安全程度间的差异正在缩减，表明山东省海洋生态安全系统正在向着均衡方向发展。同时，生态安全子系统呈现上升趋势，经济安全子系统和社会安全子系统的安全程度呈现同向发展，且均表现出下降趋势，综合生态安全程度呈现下降趋势，表明这两个子系统给海洋生态安全系统整体安全程度带来了不小的影响。

从生态安全子系统看，海洋生态安全系统总体呈现转好的趋势但出现反复的情况，主要原因在于海域污染面积、海域养殖面积及环保投入占 GDP 的比重，而海域污染面积及可利用海域养殖面积的大小又在很大程度上取决于海洋环境的治理情况。对比另外两个子系统，生态安全系统的安全程度相对较低，这是由于前期忽视对环境保护导致生态系统的恶化，且修复改善生态环境需要漫长的过程。

从经济安全子系统看，海洋经济安全系统安全程度呈下降趋势。目前山东省经济的发展模式仍以粗放、外延式为主，经济发展对资源能源依赖性较高，资源消耗和环境污染的问题仍然突出，如果继续漠视经济发展能源消耗和生态环境的治理，那么区域经济可持续发展的实现问题将不容乐观。

从社会安全子系统看，海洋社会安全系统的安全程度也出现了下滑。这是由于快速城市化、工业化吸引了大量外来人口，不断增大的人口密度和较高的人口自然增长率正在逼近区域的承载力极限，而就业人员的比重增幅较小。同时，海洋科研从业人员数和科研课题数增长率的下滑也是海洋社会安全系统出现下降趋势的原因。从社会安全角度看，山东省海洋生态安全将面临严峻考验。

从综合评价结果看，2010 年和 2011 年山东省海洋生态安全程度处于较为安全的状态，而 2012 年则处于临界安全状态，尽管海洋生态安全子系统的安全评价处于上升阶段，但是由于经济安全子系统和社会安全子系统的下降，总体上看，山东省海洋生态安全状况出现了衰退的趋势，从 2010 年和 2011 年的 IV 级下降到 2012 年的 III 级。

四、讨论与结论

（1）运用 BP 神经网络对山东省海洋生态安全、经济安全和社会安全子系统的发展态势进行评价，并对海洋生态安全评价结果进行了分析总结，结果表明，BP 神经网络模拟效果较好，评价结果比较符合山东省海洋生态安全的实际发展趋势，说明 BP 神经网络用于海洋生态安全系统的评价是比较科学的，具有一定的参考价值。

（2）2002—2012 年，山东省海洋生态安全总体上呈略有下降的态势，但下降速度较为缓慢。2010 年和 2011 年山东省海洋生态安全为较为安全等级，2012 年生态安全为临界安全等级，海洋生态安全出现了恶化的趋势。

（3）本文对海洋生态安全系统评价的理论和方法进行了初步探索，并以山东省为例进行了定量研究，但海洋生态安全评价涉及的影响因素繁多，评价体系和方法仍需在实践中不断完善发展。尤其是各因素间的作用机理，将是未来一段时间探索和研究的重点。

近年来，山东省海洋生态安全发展态势未得到根本性转变，这与其城市化快速扩张、工业化迅速发展、人口快速增长、产业结构失衡、海洋利用方式不合理等因素有重要联系。2010—2012 年山东省海洋经济安全程度和社会安全程度均呈现单调下降趋势，标准着海洋生态服务功能已出现退化症状，海洋资源利用率不高，极有可能发生海洋生态灾害事件；山东省的海洋生态安全子系统的安全程度已经出现转好的趋势，在这个关键时期，决不能放松对环境的治理，杜绝生态环境问题的反弹。为促进山东省海洋生态安全向好的趋势发展，建议采取以下措施：

（1）加快建设资源节约型社会，转变经济发展模式，提高资源的集约化利用程度，立足资源环境的承载能力，走资源节约与环境友好的可持续发展道路。

（2）近年来，山东省的人口密度不断攀升，城镇化的发展速度滞后于人口增加的速度。因此，应立足于山东省的资源、环境条件和区域功能逐步构建外来人口的调控机制，合理引导人口流向，实现人口与资源环境、生态、经济和社会之间协调发展。

（3）在处理产业关系时，要注重产业结构和区域经济结构的优化调整，加快推进新型工业化步伐，大力发展战略性新兴产业和现代服务业，提高第三产业的比重，促进就业。

（4）进一步推进海洋资源环境领域的科技创新，加强海洋生态建设、新能源开发等方面的科技攻关，加大对海洋科研的投入力度，鼓励海洋技术创新，积极推进海洋科研成果的产业化应用。

（5）随着生态环保和资源节约观念日益深入人心及山东省在海洋生态压力影响下

积极采取应对措施，海洋生态安全子系统发展态势良好，在未来“两型社会”建设步伐的稳步推进中，应进一步提高全省海洋生态环境综合整治和保护的水平，延续全省海洋生态安全子系统发展趋好的态势。

全面科学的评价指标体系是评价结果符合区域实际的关键，然而，由于多方面因素的影响，部分数据较难获得，部分指标的考虑不全面，因此，指标体系也不够健全和完善，今后有待改进。本文仅对山东省海洋生态安全问题进行了探讨，对其他相关安全问题的系统研究，在以后将做进一步研究。此外，海洋资源安全研究应包括数量和质量安全、经济安全、生态安全、社会安全、产权安全和文化安全，本文仅对山东省海洋生态安全问题进行了初步探讨，对其他安全问题的综合研究将是未来的研究方向。

参考文献

[1] J. T. Kildow, A. Mcllgorm. The importance of estimating the contribution of the oceans to national economies [J]. Marine Policy, 2010, 34: 367-374.

[2] Ángel Borja, Mike Elliott. Marine monitoring during an economic crisis: The cure is worse than the disease [J]. Marine Pollution Bulletin, 2013, 68: 1-3.

[3] Ángel Borja, Suzanne B. Bricker, Daniel M. Dauer, et al. Overview of integrative tools and methods in assessing ecological integrity in estuarine and coastal systems worldwide [J]. Marine Pollution Bulletin, 2008, 56: 1519-1537.

[4] T. A. Stojanovica, C. J. Q. Farmerb. The development of world oceans & coasts and concepts of sustainability [J]. Marine Policy, 2013, 42: 157-165.

[5] 杨振姣，王娟，王刚，范洪颖．非传统安全体系中海洋生态安全的地位与意义 [J]．中国渔业经济，2012，30（4）：143-149.

[6] 兰冬东，马明辉，梁斌，等．我国海洋生态环境安全面临的形式与对策研究 [J]．海洋开发与管理，2013（2）：59-64.

[7] 初建松．大海洋生态系管理与评估指标体系研究 [J]．中国软科学，2012，（7）：186-192.

[8] 路文海，曾容，向先全．沿海地区海洋生态健康评价研究 [J]．海洋通报，2013，32（5）：580-585.

[9] 王晓红，李适宇，彭人勇．南海北部大陆架海洋生态系统演变的 Ecopath 模型比较分析 [J]．海洋环境科学，2009，28（3）：288-292.

[10] 杨建强，崔文林，张洪亮，等．莱州湾西部海域海洋生态系统健康评价的结构功能指标法 [J]．海洋通报，2003，22（5）：58-63.

[11] 郭嘉良，王洪礼，李怀宇，等．海洋生态经济健康评价系统研究 [J]．海洋技术，2007，26（2）：28-30.

[12] 陈豫，黄冬梅，杨东方．海洋生态模型管理系统的设计与实现 [J]．海洋科学，2009，33（4）：45-49.

[13] 于谨凯，杨志坤，单春红．基于可拓物元模型的我国海洋油气业安全评价及预警机制研究 [J]．软科学，2011，25（8）：22-26.

[14] 孙世军，严晓飞，等．基于 BP 人工神经网络的小城镇生态规划研究—以梅河口市中和镇为例 [J]．经济地理，2010，（9）：1473-1478.

［15］ 卢学强，梁雪惠，卢学军．神经网络方法及其在非线性时间序列预测中的应用［J］．系统工程理论与实践，1997，（6）：97-99.
［16］ 杨振姣，董海楠，姜自福．我国海洋生态安全多元主体参与治理模式研究［J］．海洋环境科学，2014，33（1）：130-137.
［17］ 左伟，王桥．区域生态安全评价指标与标准研究［J］．地理学与国土研究，2002，18（1）：67-71.
［18］ 吴开亚，金菊良，王玲杰．区域生态安全评价的 BP 神经网络方法［J］．长江流域资源与环境，2008，（2）：317-322.
［19］ 贾艳红，赵军，南忠仁，等．熵权法在草原生态安全评价研究中的应用：以甘肃牧区为例［J］．干旱区资源与环境，2007，21（1）：18-21.
［20］ 闻新．MATLAB 神经网络应用设计［M］．北京：科学出版社，2001.
［21］ 毛汉英，余丹林．环渤海地区区域承载力研究［J］．地理学报，2001，56（3）：343-351.
［22］ 朝辉，田定湘，等．中外生态安全评价对比研究［J］．生态经济，2008，（7）：44-49.
［23］ Rees W E. Ecological footprints and appropriated carrying capacity：What urban economics leaves out［J］．Environment Urban，1992（4）：121-130.
［24］ 王开运．生态承载力复合模型系统与应用［M］．北京：科学出版社，2007.

论文来源：本文原刊于《海洋环境科学》2015 年 6 月 03 期，第 427-432 页。
基金项目：中国海洋发展研究会重点研究项目（CAMAZD201403）；
国家海洋局公益性行业科研专项（201405029）；
教育部高等学校博士点基金（20130132120033）。